21世纪高职高专规划教材·机械专业基础课系列

机械制造工艺学

主　编　王　力
副主编　刘淑兰　林　辉
主　审　李维东

中国人民大学出版社
·北京·

图书在版编目（CIP）数据

机械制造工艺学/王力主编
北京：中国人民大学出版社，2010
21 世纪高职高专规划教材·机械专业基础课系列
ISBN 978-7-300-12185-7

Ⅰ.①机…
Ⅱ.①王…
Ⅲ.①机械制造工艺-高等学校：高等学校-教材
Ⅳ.①TH16

中国版本图书馆 CIP 数据核字（2010）第 095080 号

21 世纪高职高专规划教材·机械专业基础课系列
机械制造工艺学
主　编　王　力
副主编　刘淑兰　林　辉
主　审　李维东

出版发行	中国人民大学出版社		
社　　址	北京中关村大街 31 号	**邮政编码**	100080
电　　话	010-62511242（总编室）		010-62511398（质管部）
	010-82501766（邮购部）		010-62514148（门市部）
	010-62515195（发行公司）		010-62515275（盗版举报）
网　　址	http://www.crup.com.cn		
	http://www.ttrnet.com（人大教研网）		
经　　销	新华书店		
印　　刷	三河市汇鑫印务有限公司		
规　　格	185mm×260mm　16 开本	**版　　次**	2010 年 8 月第 1 版
印　　张	16.75	**印　　次**	2016 年 8 月第 3 次印刷
字　　数	399 000	**定　　价**	28.00 元

前　言

本书是根据教育部制定的《高职高专教育机械类专业人才培养目标及规格》要求编写的。本教材主要供高等职业院校和高等工程专科院校机械类或近机械类有关专业师生使用，也可供各类成人高校相近专业选用以及有关工程技术人员参考。

“机械制造工艺学”是一门实践性很强的专业课程，教材的内容应与学生实践基础相适应。多年的教学实践证明，如果学生对最基本的加工方法不了解，仅掌握工艺理论部分的教学内容，是无法掌握工艺的内涵的。因此，在理论知识的深度上应尽量体现够用和实用的原则，在课程内容选择上应尽可能考虑职业性、技术性和应用性的特点。

本教材参考学时数为70学时左右，并注意与生产实习和课程设计等教学环节紧密结合。

全书由广东技术师范学院天河学院王力副教授主编，广东信息职业技术学院李维东教授主审。王力编写了绪论、第2章、第3章、第4章、第7章；刘淑兰编写了第5章、第6章；林辉编写了第1章、第8章。

在本书的编写过程中，参考了有关教材、手册等资料，并得到不少同行的支持和帮助，在此一并表示衷心感谢！

由于编者水平有限，书中难免有错误和不妥之处，恳请专家、同仁以及广大读者批评指正。

编　者

2010年6月

目　　录

绪　论

一、机械制造业在国民经济中的地位

机械制造业是国民经济发展的支柱产业，其发展水平和规模是衡量国家科技水平和经济实力的重要标志，而机械制造业的发展和进步，又在很大程度上取决于机械制造技术水平的高低。在科学技术高速发展的今天，现代工业对机械制造技术提出了越来越高的要求。特别是计算机技术的快速发展也促进了机械制造行业新技术、新工艺的迅速发展，使产品质量和生产效率得到大大提高，为国民经济的快速发展做出了很大贡献。

二、我国机械制造工业的发展状况

新中国成立前，我国机械制造工业十分落后。新中国成立后经过 60 多年的建设，尤其是改革开放 30 多年来，我国机械制造业得到很大的发展。据资料介绍，1980 年中国制造业增加值仅占世界的 1.5%；1990 年，中国制造业增加值超过巴西，位居发展中国家和地区之首，占世界的 2.7%，进入了世界制造业 10 强；2000 年，中国制造业增加值占世界的 7.0%，仅次于美国、日本和德国，在世界 10 强中居第四位；2004 年，中国在全球制造业中的份额提高至 10%，排名超过德国，上升至世界第三位。

当前，机械制造技术的发展主要表现在以下几个方面：

1. 机械制造向高柔性化和高自动化方向发展

随着国内外市场竞争越来越激烈，机电产品更新换代周期缩短，多品种中小批量生产已成为目前和今后生产的主要类型。因此，以解决中小批量生产自动化问题为主要目标的 CNC（计算机数控）、MC（加工中心）、CAD/CAM（计算机辅助设计/计算机辅助制造）、FMS（柔性制造系统）、CIMS（计算机集成制造系统）、CAPP（计算机辅助工艺设计）以及 AMT（先进制造技术）等高新技术受到越来越多的重视，数控机床等自动化制造设备的应用比例迅速增加，适应了生产类型由大批量生产向多品种小批量生产及产品更新换代快的方向转变，缩短了生产周期，提高了生产效率，保证了产品质量。

2. 机械制造向高精度方向发展

精密、超精密加工技术在高科技领域和现代制造行业中占有非常重要的地位。目前，日本大阪大学和美国 LLL 实验室合作研究超精密切削，成功实现了 1nm 切削厚度的稳定切削。中小型超精密机床的发展已经比较成熟和稳定，美、英等国家还研制出了有代表性的大型超精密机床，可完成超精密车削、磨削和坐标测量等工作，机床的分辨率可达 0.7nm，代表着现代机床的最高水平。

3. 机械制造向高速和高效率方向发展

高速切削、强力切削以及提高切削加工效率也是机械制造技术发展的一种趋势。目前，陶瓷轴承主轴的转速已经达到 15 000～50 000r/min，采用直流电动机的数控进给速度可达每分钟数十米，高速磨削的切削速度可达 100～150m/s。

三、本课程的性质、任务及内容

“机械制造工艺学”是一门机械类专业的主干专业课程。通过本课程的学习，学生应基本掌握分析和解决机械制造中一般工艺技术问题的能力，并达到以下几点要求：

(1) 掌握切削加工的基本理论和工艺特点，具有选择毛坯和零件加工方法的基本知识和实际操作能力。

(2) 了解各种主要加工方法所用设备与工具的工作原理、结构及组成，具有选择设备和工艺装备的能力。

(3) 具有编制中等复杂零件机械加工工艺规程的初步能力。

(4) 具有设计中等复杂程度机床夹具的初步能力。

四、本课程的特点与学习方法

1. 综合性

“机械制造工艺学”是一门综合性很强的专业课程，它要用到多种学科的理论和方法。传统机械制造技术涉及各类制造方法和过程，如毛坯制造、热处理、机械加工、表面处理和装配，另外还涉及设备及工艺装备等硬件；而现代制造技术则涉及计算机技术、信息技术和其他高新技术，以及产品设计、管理和经济学等学科。各学科之间相互渗透、结合、互补与促进是现代科学技术的特点和发展趋势，人才培养必须适应这种要求。

在学习本课程时，要特别注意紧密联系和综合应用以往所学过的专业基础课和专业课，如“金属工艺学”、“机械制图”、“互换性与测量技术”、“机械设计基础”、“计算机应用技术”、“电工电子学”等，注意应用多种学科的知识来分析和解决机械制造技术中的实际问题。

2. 实践性

“机械制造工艺学”本身就是机械制造生产实践的总结，因此具有很强的实践性。机械制造技术要求对生产实践活动不断进行综合，并将实践经验条理化和系统化，使其逐步上升为理论；与此同时又要及时将其应用于生产实践中，通过生产实践来检验其正确性和可行性，从而指导生产实践活动。

在学习本课程时，要特别注意理论联系生产实践，要善于运用所学知识分析和解决生产实践中的技术问题。为此，在学习本课程期间，应尽可能安排现场教学及一定时间的生产实习。通过实践教学环节来加深所学专业知识。

3. 灵活性

“机械制造工艺学”总结的是机械制造生产活动中的一般规律和原理，将其应用于生产实践时要充分考虑企业的具体情况，如生产规模的大小，技术力量的强弱，设备、资金、人员的状况等。对于不同的生产条件，所采用的生产方式和生产规模可能完全不同。即便在相同的生产条件下，针对不同的市场需求和产品结构以及生产现场的实际情况，也可以采用不同的工艺方法和工艺路线，这些都充分体现了机械制造技术的灵活性。

在学习本课程时，要特别注意充分理解机械制造技术的基本概念，牢固掌握基本理论和基本方法，并灵活应用于生产实践中，切忌死记硬背、生搬硬套。要注意多向生产实践学习，不断积累和丰富实际知识和经验，因为这些都是掌握基本理论和基本方法的前提。

第 1 章　基本概念

【学习内容】

机械加工工艺过程是生产过程的重要组成部分。它是利用切削加工的方法，通过直接改变毛坯的形状、尺寸和质量，使之成为合格产品的过程。这一过程涉及生产过程、工艺过程、生产纲领、生产类型以及基准等有关基本概念。

【学习要求】

理解组成机械加工工艺过程的基本概念，如工序、工步、走刀、安装、工位、生产类型与工艺特点、基准及分类。

第 1 节　生产过程与机械加工工艺过程

一、生产过程

在制造机械产品时，将原材料转变为成品的各个相互关联的劳动过程的总和称为生产过程。它包括以下内容：

(1) 原材料、半成品的运输和保管。

(2) 生产与技术准备工作（如工艺装备的设计与制造、生产组织工作等）。

(3) 毛坯制造（如铸造、锻造、焊接、冲压毛坯等）。

(4) 零件的机械加工与热处理。

(5) 产品（包括部件）装配与调试。

(6) 产品检验。

(7) 产品的涂装和保管。

根据机械产品复杂程度的不同，工厂的生产过程还可按车间分为若干车间的生产过程。某一车间的原材料或半成品可能是另一车间的成品；而它的成品又可能是其他车间的原材料或半成品。例如，铸造车间的成品是机械加工车间的原材料或半成品，而机械加工车间的成品又是装配车间的原材料或半成品。

二、工艺过程

所谓工艺就是制造产品的方法。工艺过程是生产过程中的主要组成部分，是指在生产过程中改变生产对象的形状、尺寸、相对位置和性能，使其成为半成品或成品的过程。以工艺文件的形式确定下来的工艺过程称为工艺规程。机械产品的工艺过程可分为铸造、锻造、冲压、焊接、机械加工、热处理、电镀、涂装、装配等。机械制造工艺学只研究机械加工工艺过程和装配工艺过程。

机械加工工艺过程是利用机械或电加工方法（如切削加工、磨削加工、电加工、超声波加工、电子束及离子束加工等)，直接改变毛坯的形状、尺寸、相对位置和性能等，使其转变为合格零件的过程。将零件、外协件、标准件装配成组件、部件或成品并达到装配要求的过程称为装配工艺过程。机械加工工艺过程直接决定零件和产品的质量，对产品的成本和生产周期都有较大的影响，是机械产品整个工艺过程的主要组成部分。

三、机械加工工艺过程的组成

机械加工工艺过程是由一个或若干个顺次排列的工序组成。每一个工序又可分为一个或若干个安装、工位、工步和走刀。

1. 工序

工序是指一个或一组操作者，在一个工作地点或一台机床上，对同一个或同时对几个工件进行加工所连续完成的那一部分工艺过程。工序是工艺过程的基本组成部分，是生产计划、成本核算以及质量检验的基本单元。划分工序的主要依据是看操作者、工作地点、工件和连续作业这四个要素是否变更，若其中任一要素发生变更即构成新的工序。

这里所说的连续作业是指工序内的工作需连续完成，不能插入其他工作内容或者进行阶段性加工。例如，粗加工、精加工一批轴，如果是由一个工人在同一台设备上对一个工件连续进行粗加工、精加工，然后再对另一个工件进行同样的加工，则是一道工序。但在实际生产过程中，粗加工后为了消除工件所产生的内应力而往往安排人工时效，然后再精加工；或者为了减小粗加工时切削力、切削热产生的变形对加工精度的影响，一批工件全部粗加工之后，再进行这批工件的精加工，这时粗加工与精加工就是两道不同的工序了。

如图1—1所示阶梯轴，当单件小批量生产时，其工艺过程及工序的划分如表1—1所示，共有四道工序。当大批量生产时，其工艺过程及工序的划分如表1—2所示，共分六道工序。

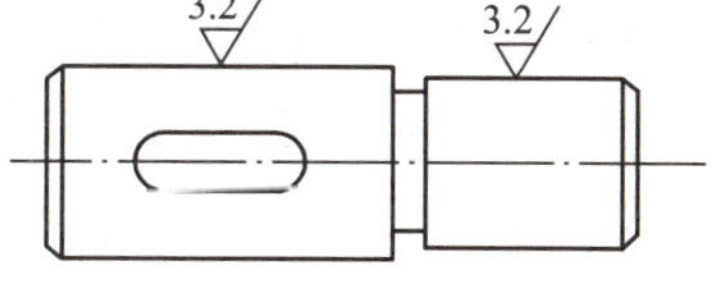

图1—1 阶梯轴

表1—1 阶梯轴单件小批量生产的工艺过程

工序号	工序内容	设备	工序号	工序内容	设备
1	车端面、钻中心孔	车床	3	铣键槽、去毛刺	铣床
2	车外圆、切槽及倒角	车床	4	磨外圆	磨床

表1—2 阶梯轴大批量生产的工艺过程

工序号	工序内容	设备	工序号	工序内容	设备
1	铣两端面、钻中心孔	组合机床	4	铣键槽、去毛刺	铣床
2	粗车外圆及倒角	车床	5	去毛刺	钳工台
3	精车外圆、倒角及切槽	车床	6	磨外圆	磨床

2. 安装

安装是指工件在加工之前，在机床或夹具上需要先定位、再夹紧的过程。在一道工序中，工件可能需要安装一次，也可能需要安装几次。例如，表 1—1 中的工序 1 和工序 2 均有两次安装，而表 1—2 中的各道工序只有一次安装。为了减少安装误差和辅助时间，在一道工序中应尽量减少安装次数。

3. 工位

为了减少安装次数，常采用回转工作台、转位（移位）夹具，使工件在一次安装中，先后处于几个不同的位置进行加工。工件在机床上所占据的每一个待加工位置称为一个工位。如图 1—2 所示为在回转工作台上一次安装完成工件的装卸、钻孔、扩孔和铰孔的四工位加工实例。采用这种多工位加工方法，可以提高加工精度和生产率。

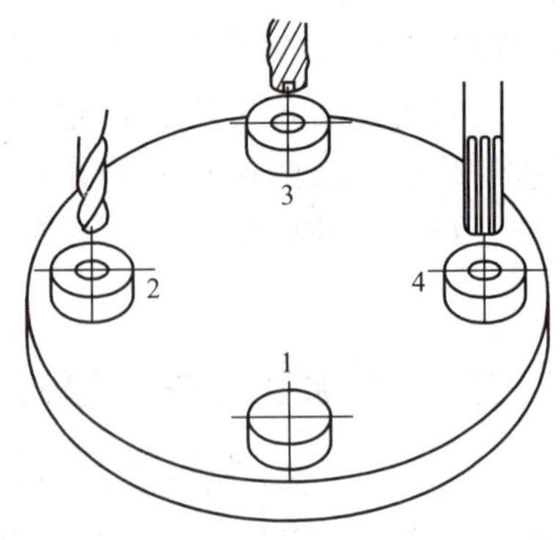

图 1—2　多工位加工

工位 1—装卸工件；工位 2—钻孔；工位 3—扩孔；工位 4—铰孔

4. 工步

工步是指在加工表面不变、加工工具不变、切削速度和进给量不变的条件下所连续完成的那一部分工序内容，即所谓“三不变、一连续”。以上三种因素中任一因素改变后，即成为新的工步。一道工序可以只包括一个工步，也可以包括多个工步。例如表 1—1 中的工序 1 需要车两个端面、钻两个中心孔共四个表面，所以本道工序有四个工步。

为了提高生产率，常采用多刀同时加工一个工件的几个表面，该工步称为复合工步，并且在工艺文件中视为一个工步，如图 1—3 所示。另外，为了简化工序内容的叙述，将在一次安装中连续进行的若干相同的工步，也视为一个工步。如图 1—4 所示，在一次安装中，用一把钻头连续钻削四个 ϕ15mm 的孔，则视其为一个工步，表示为钻 4×ϕ15mm 孔。

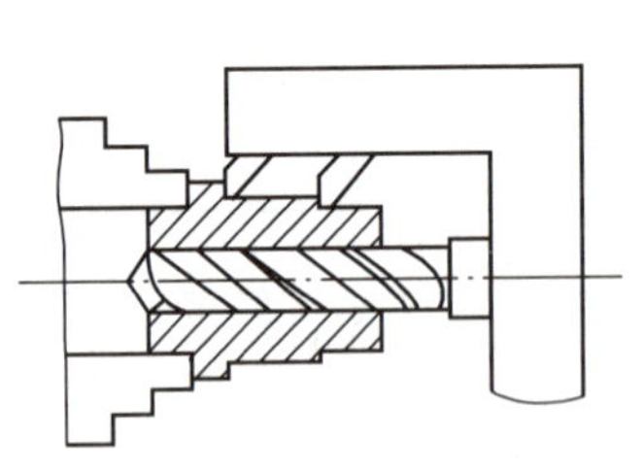

图 1—3　复合工步

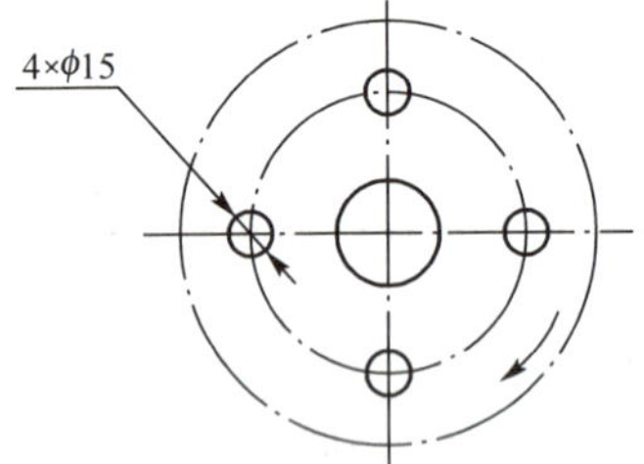

图 1—4　加工四个相同表面的工步

5. 走刀

在一个工步内，如果被加工表面需切除的金属层很厚，一次切削无法完成，则可分多次进行切削，每进行一次切削就是一次走刀。由此可见，一个工步可以包括一次走刀或多次走刀。走刀是构成工艺过程的最小单元。

机械加工工艺过程由工序、安装、工位、工步、走刀等组成，它们之间的关系如图 1—5 所示。

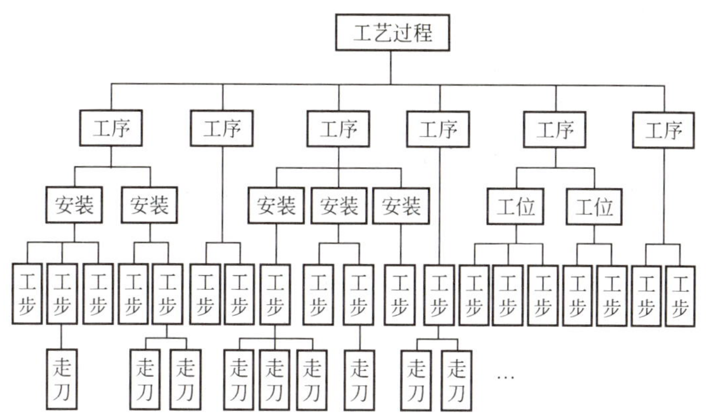

图 1—5 机械加工工艺过程的组成

第 2 节 生产纲领与生产类型

一、生产纲领

生产纲领是指企业在计划期内应生产的产品产量。计划期为一年的生产纲领称为年生产纲领或年产量。机械产品中某零件的年生产纲领可按下式计算：

$$N=Qn(1+a+b) \tag{1—1}$$

式中：N——零件的年产量（件/年）；

Q——产品年产量（台/年）；

n——每台产品中该零件的数量（件/台）；

a——零件的备品率（%）；

b——零件的废品率（%）。

机械产品中某零件的生产纲领确定之后，还需根据生产车间的具体情况将零件在计划期间分批投入生产。一次投入生产同一产品（或零件）的数量称为生产批量。

二、生产类型及其工艺特征

1. 生产类型

生产类型是指企业（或车间、工段、班组等）生产专业化程度的分类，一般分为单件生产、成批生产和大量生产三大类。

(1) 单件生产。

单件生产的基本特点是，生产的产品种类、规格较多，主要根据订货单位的要求来确定。每种产品仅制造一个或几个，很少重复生产。例如，重型机械、专用设备制造和新产品试制等都属于单件生产。

(2) 大量生产。

大量生产的基本特点是，同一产品的生产数量很大，工作地点长期按一定生产节拍进行同一零件的某道工序的加工。例如，汽车、拖拉机、轴承等产品的生产都属于大量生产。

(3) 成批生产。

成批生产的基本特点是，在一年中分批次生产相同的零件，生产呈周期性重复。例如，机床、工程机械、液压传动装置等许多标准通用产品的生产都属于成批生产。

根据成批生产每批投入生产的产品数量（即批量）不同，成批生产又可分为小批生产、中批生产和大批生产三种。小批生产的工艺特征与单件生产相似，常将两者合称为单件小批生产。大批生产的工艺特征与大量生产相似，常将两者合称为大批大量生产。

在企业里，生产纲领决定了生产类型。但是，不同的产品大小和结构复杂程度对生产类型也会有影响。表 1—3 是不同产品生产类型与生产纲领的关系。

表 1—3　不同产品生产类型与生产纲领的关系

生产类型	工作地点每月承担的工序数（工序数/月）	产品生产纲领（台/年或件/台）		
		重型（零件质量大于 2 000kg）	中型（零件质量 100～2 000kg）	轻型（零件质量小于 100kg）
单件生产	不做规定	<5	<20	<100
小批生产	20～40	5～100	20～200	100～500
中批生产	10～20	100～300	200～500	500～5 000
大批生产	1～10	300～1 000	500～5 000	5 000～50 000
大量生产	1	>1 000	>5 000	>50 000

2. 工艺特征

对于不同的生产类型，其生产组织、生产管理、车间管理、毛坯选择、设备工装、加工方法和工人的技术等级要求均有不同的工艺特征，具体见表 1—4。

表 1—4　各种生产类型的工艺特征

工艺特征	生产类型		
	单件小批生产	中批生产	大批大量生产
加工对象	经常变换	周期性变换	固定不变
零件互换性	零件缺乏互换性，主要依靠钳工修配	大部分零件可互换，少数零件需试配或修配	零件具有广泛的互换性，少数零件采用分组或调整法装配
毛坯制造方法与加工余量	木模手工造型或自由锻造，毛坯精度低，加工余量大	金属模造型或模锻，毛坯精度和加工余量中等	广泛采用模锻或金属模机器造型，毛坯精度高，加工余量小
机床设备	采用通用机床和部分数控机床，按机床种类和大小采用机群式排列	采用部分通用机床和高效机床，按加工零件类别分工段排列	广泛采用高效专用机床，按流水线和自动线排列
夹具	采用通用夹具或组合夹具	广泛采用专用夹具	广泛采用高效专用夹具
刀具与量具	采用通用刀具和万能量具	较多采用专用刀具和量具	广泛采用专用刀具和量具
对工人的技术等级要求	需要技术水平较高的工人	需要一定技术水平的工人	对操作工人的技术要求较低，对调整工人的技术要求较高
工艺文件	简单的工艺路线卡	有比较详细的工艺规程	有详细的工艺规程

（续前表）

工艺特征	生 产 类 型		
	单件小批生产	中批生产	大批大量生产
生产率	低	中	高
成本	高	中	低
发展趋势	采用数控机床及柔性制造单元加工	采用成组技术、数控机床或柔性制造系统加工	采用计算机控制的自动化制造系统加工

第3节 基准及分类

任何一个零件都是由许多表面构成的，而这些表面之间往往有一定的尺寸和相互位置要求。因此，在加工、测量或装配过程中，就必须以某个或几个表面为依据来进行其他表面的加工、测量或装配，零件表面之间的这种相互依赖关系便引出了基准的概念。所谓基准，就是指生产对象（如零件、部件等）上用来确定其他点、线、面的位置所依据的那些点、线、面。

根据基准作用的不同，基准可分为设计基准和工艺基准两类。

一、设计基准

在零件设计图样上所采用的基准称为设计基准。这是设计人员从零件的工作条件、性能要求出发，适当考虑加工工艺性而选定的。零件图样上可以有一个也可以有多个设计基准。

如图1—6所示零件图样，表面2、3和孔4轴线的设计基准是表面1；孔5轴线的设计基准是孔4轴线。

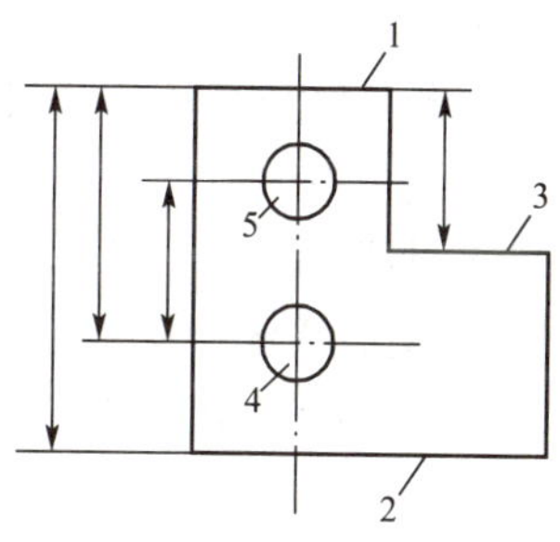

图1—6 设计基准

二、工艺基准

在工艺过程中所采用的基准称为工艺基准。根据工艺基准作用的不同又可分为工序基准、定位基准、测量基准和装配基准。

1. 工序基准

在工序图上，用来确定本道工序被加工表面加工后的尺寸、形状、位置的基准，称为工序基准。与设计基准不同的是，工序基准是由工艺技术人员从保证零件的设计要求出发，为满足加工工艺需要而选定的。

如图1—7(a) 所示的工件，A为加工表面。本道工序中，对A面的距离尺寸要求是A对B的尺寸H，角度位置要求为A对B的平行度（当没有特殊标注时，平行度要求包括在尺寸H的尺寸公差范围内），故外圆母线B为本道工序的工序基准。如图1—7(b) 所示的工件，加工表面为D孔，要求其中心线与A面垂直，与C面和B面分别保证距离尺寸为L_1和L_2。因此，表面A、B、C均为本道工序的工序基准。工序基准除采用工件上的实际表面或表面上的线以外，还可以是工件表面的几何中心、对称面或对称线等。如图1—7(c) 所示的小轴中，键槽的工序基准既有凸肩A和外圆母线B，又有外圆表面的轴向对称面D。

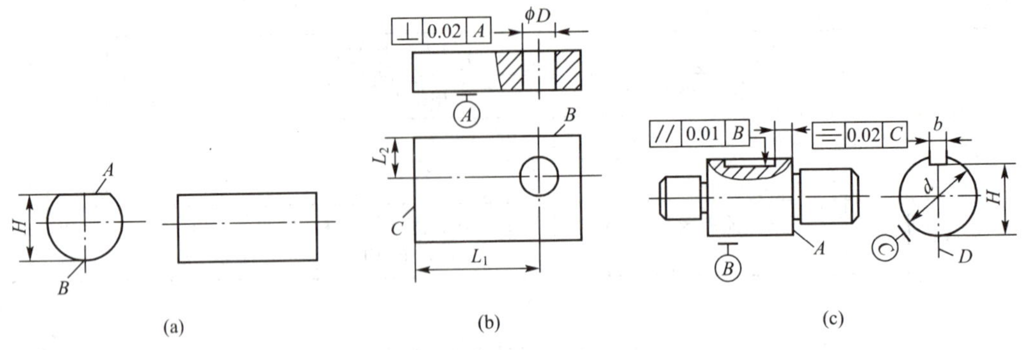

(a) (b) (c)

图 1—7 工序图中的工序基准

2. 定位基准

工件在机床或夹具中进行加工时，用作确定位置的基准称为定位基准。

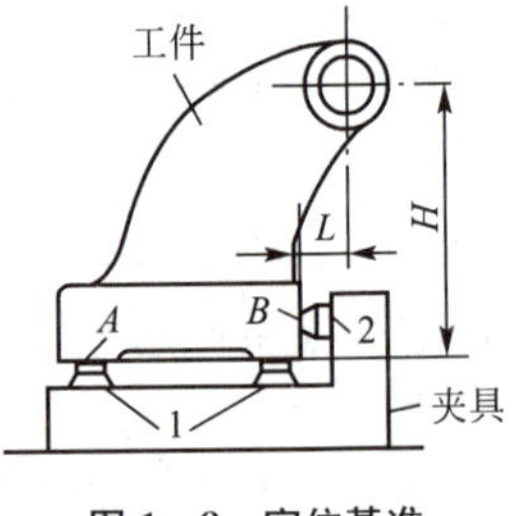

图 1—8 定位基准

如图 1—8 所示的零件在加工内孔时，其位置是由与夹具上定位元件 1 和 2 相接触的底面 A 和侧面 B 所确定的，故 A、B 面为该工序的定位基准。

3. 测量基准

在测量时所采用的基准，称为测量基准。如图 1—9 所示为根据不同工序要求测量已加工平面位置时所使用的两个不同的测量基准，其中一个为小圆的上母线，另一个则为大圆的下母线。

4. 装配基准

在装配时，用来确定零件或部件在产品中的相对位置所采用的基准称为装配基准。如图 1—10 所示，齿轮以其内孔及一端面装配到与其配合的轴上，故齿轮内孔 A 及端面 B 即为装配基准。

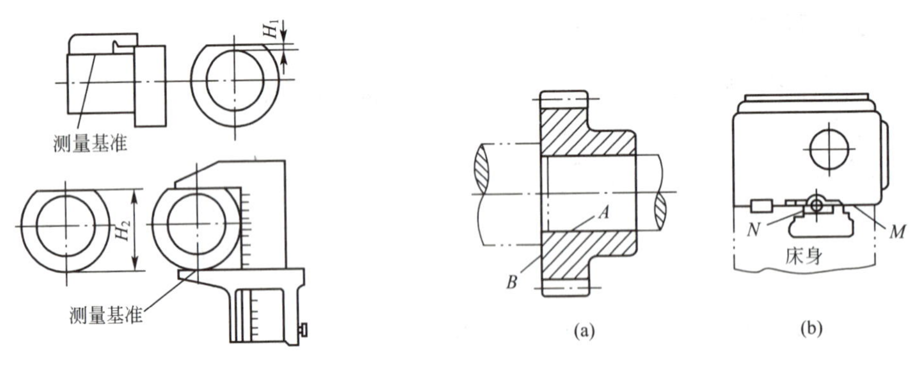

(a) (b)

图 1—9 测量基准　　图 1—10 装配基准

本章小结

本章主要讲述了机械制造工艺过程的基本概念，而这些基本概念又是学习后续章节的基础。因此，学习时要注意以下几点：

(1) 理解基本概念。

生产过程、工艺过程、机械加工过程、工序、安装、工位、工步、走刀、生产纲领、生产类型与工艺特征、基准、设计基准、工艺基准、定位基准、测量基准、装配基准。

(2) 注意掌握关键点。

工序要注意的关键点是：一个（组）工人、同一工作地点、一个（组）零件和连续；工步中有三个不变；生产类型的确定不仅依据产品数量，还与产品的复杂程度、技术含量有关；各种基准都是参照物（点、线、面），只是使用场合不同而有不同的名称。

(3) 重视实践教学环节。

本章内容与生产一线实际有着密切联系。学习过程中应进行必要的生产实习，从而有助于加强基本概念的理解和掌握。

习题

1. 什么是生产过程和工艺过程？试举例说明机械加工工艺过程。

2. 划分工序的主要依据是什么？试举例说明工序、安装、工步、工位、走刀、定位的概念。

3. 某厂年产 295 型柴油机 2 500 台，已知连杆的备品率为 20%，机械加工废品率为 3%。试计算连杆的年生产纲领，并说明其生产类型及工艺特征。

4. 试述设计基准、工序基准、定位基准、测量基准的概念。

5. 题图 1—1 所示齿轮零件，其内孔键槽是在插床上采用自定心三爪卡盘装夹外圆进行插削加工的。试分别确定此键槽的设计基准、定位基准和测量基准。

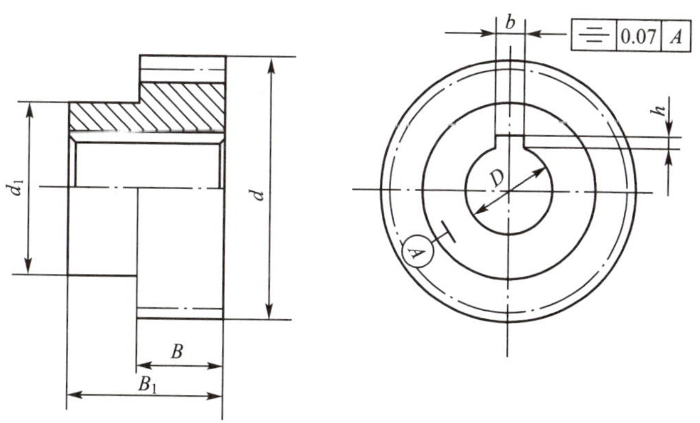

题图 1—1

第 2 章　工件装夹及机床夹具设计基础

【学习内容】

机床夹具的概念；工件在夹具中的定位方式；定位误差的计算；工件在夹具中的夹紧、夹紧力的确定、各种夹紧机构；专用机床夹具设计方法。

【学习要求】

掌握工件在夹具中的各种定位方式及定位误差的计算；了解常用机床夹具的典型结构和设计方法。

第 1 节　机床夹具概述

在机械加工过程中，为了保证加工精度，必须使工件相对于机床或刀具占有确定的位置，以完成工件的加工和检验。夹具是完成这一过程的主要工艺装备，它广泛应用于机械制造工艺中。在金属切削机床上使用的夹具称为机床夹具。工件在机床夹具中的正确位置直接影响工件的加工精度，机床夹具在机械加工中占有十分重要的地位。

一、装夹的概念

装夹是指工件在机床上或夹具中定位、夹紧的过程。

机械加工时，为使工件的被加工表面获得规定的加工精度，必须使工件在机床上或夹具中占有某一正确的位置，这个过程称为定位。随后为了使工件在切削力、重力、离心力和惯性力等力的作用下，能保持定位时已获得的正确位置始终不变，则还必须将工件压紧、夹牢，这个过程称为夹紧。

二、装夹的方法

根据定位的特点不同，工件在机床上装夹一般有以下三种方法：

1. 直接找正装夹

工件定位时，操作者使用量具（如百分表）、划线盘或目测直接在机床上找正工件的某一表面，使工件处于正确的位置，称为直接找正装夹。在这种装夹方法中，被找正的表面就是工件的定位基准。如图 2—1 所示的套筒零件，为了保证磨孔时加工余量均匀，先将套筒预夹在四爪单动卡盘中，再用划针或百分表找正内孔表面，如图 2—2 所示，使其轴心线与机床主轴回转中心同轴，最后夹紧工件。此时定位基准就是内孔而不是支承表面外圆。

直接找正装夹的定位精度与所用量具的精度和操作者的技术水平有关，找正比较费时，生产效率低，只适用于单件小批量生产。但是，当工件加工要求特别高，而又没有专门的高精度设备或工艺装备时，可以考虑采用这种方法。不过此时必须由技术熟练的操作者使用高精度的量具仔细操作方可达到要求。

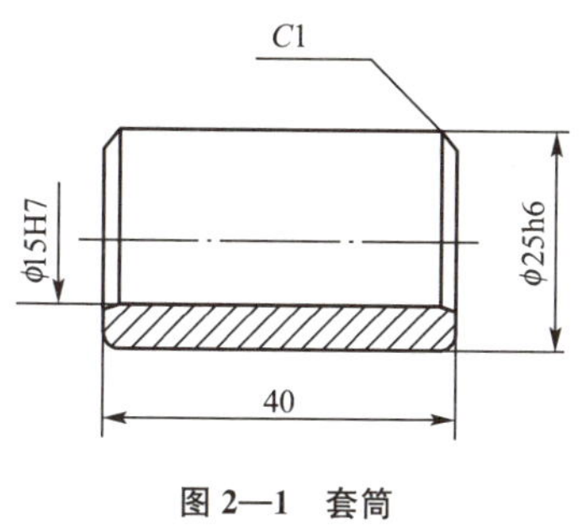

图 2—1 套筒

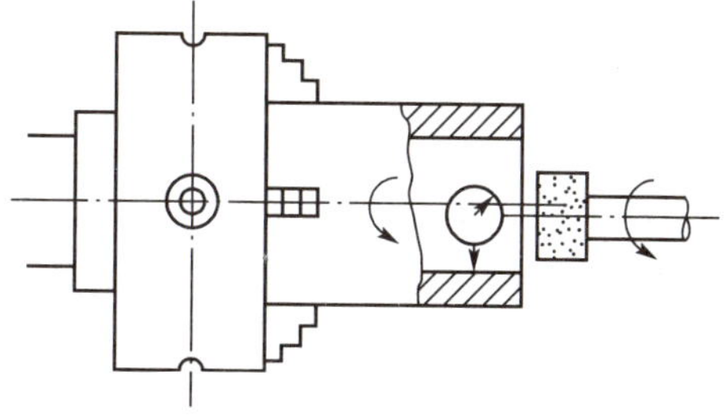

图 2—2 直接找正装夹

2. 划线找正装夹

这种装夹方法是先按加工表面的要求在工件上划出中心线、对称线或各待加工表面的加工线，加工时，在机床上按划好的线找正以获得工件的正确位置。如图 2—3 所示在牛头刨床上按划线找正装夹。找正时，可在工件底面垫上适当的纸片或铜片以获得正确的位置，也可将工件支承在几个千斤顶上，调整千斤顶的高低以获得工件的正确位置。此时，支承工件的底面不起定位作用，定位基准即为所划的线。这种方法受到划线精度的限制，定位精度比较低，多用于批量小、毛坯精度较低以及大型零件的粗加工等情况下。

3. 夹具装夹

如图 2—4 所示的钻模就是使用夹具的一个例子。工件 4 以其内孔为定位基准套在夹具定位销 2 上定位，用螺母和压板夹紧工件，钻头通过钻套 3 引导，在工件上钻出所要求的孔。使用夹具装夹时，工件能在夹具中迅速而准确地定位和夹紧，不需找正就能保证工件与机床、刀具之间的正确位置。这种方法易于保证加工精度、缩短辅助时间、提高生产效率、减轻操作者劳动强度并降低操作者的技术要求，广泛用于成批和大量生产以及单件小批量生产的关键工序中。

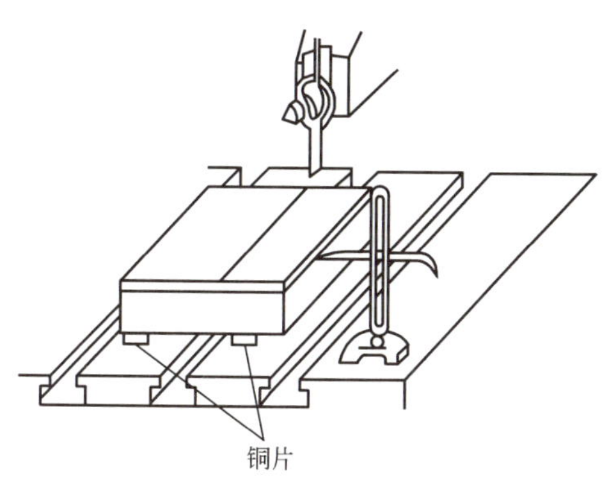

图 2—3 划线找正装夹

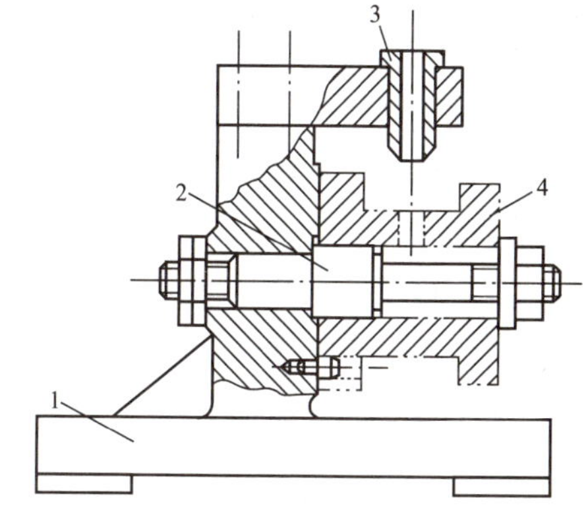

图 2—4 夹具装夹

1—夹具体；2—定位销；3—钻套；4—工件

三、机床夹具的分类

机床夹具的种类很多，可以从不同的角度对机床夹具进行分类。

1. 按使用特点分类

（1）通用夹具。

已经标准化的，在加工不同工件时，无需调整或稍作调整就可使用的夹具称为通用夹具。如车床上的三爪自定心卡盘、四爪单动卡盘；铣床上的机用平口虎钳、万能分度头、回转工作台等。通用夹具已作为机床附件由专业厂家制造。这类夹具的特点是：通用性强，加工精度不高，生产效率较低，主要适用于单件小批量生产中。

（2）专用夹具。

根据某工件某道工序的加工要求而专门设计制造的夹具，称为专用夹具。这类夹具可以按照工件的加工要求设计，结构紧凑，操作迅速、方便、省力，有利于提高生产效率。但是专用夹具设计制造周期长、成本高，当产品变更时便无法继续使用。因此，这类夹具适用于产品固定的大批量生产。

（3）可调夹具。

在加工形状相似、尺寸相近的多种工件时，只需更换或调整夹具上的某些元件或部件就可使用的夹具，称为可调夹具。可调夹具还可分为通用可调夹具和成组可调夹具。使用可调夹具可以大大减少专用夹具的数量，缩短生产周期，降低生产成本，因此在多品种、小批量生产中得到广泛应用。

（4）随行夹具。

随行夹具是自动线夹具的一种。自动线夹具基本上可分为两类：一类为固定式夹具，它与一般专用夹具相似；另一类为随行夹具，该夹具既要起到装夹工件的作用，又要与工件成为一体沿着自动线从一个工位移到下一个工位，进行不同工序的加工。

（5）组合夹具。

由事先制造好的标准元件和部件，专门为某一工件的某道工序组装而成的夹具，称为组合夹具。这类夹具是由专业厂家制造的，夹具的零、部件之间相互配合部分的尺寸精度高，夹具的硬度高、耐磨性好，且具有完全互换性，故可以随时拆卸和组装。因此，组合夹具特别适用于新产品试制和单件小批量生产。

2. 按使用机床分类

按使用夹具的机床不同，夹具可分为：车床夹具、铣床夹具、钻床夹具、镗床夹具、磨床夹具、齿轮机床夹具以及其他机床夹具。

3. 按夹紧动力源分类

按动力源的不同，夹具可分为：手动夹具、气动夹具、液压夹具、气—液增力夹具、电磁夹具以及真空夹具等。

四、机床夹具的组成

机床夹具的种类和结构虽然很多，但一般由下列部分组成：

1. 定位装置

定位装置就是用来确定一批工件在夹具中占有正确位置的元件或装置。如图 2—5 中的定位销 3 就是定位元件，通过它使该批套筒工件在夹具中处于正确的位置。

2. 夹紧装置

夹紧装置的作用是将工件压紧夹牢，保证工件在加工过程中受力（如切削力）作用时不离开已经占据的正确位置。如图 2—5 中的螺母 4、垫圈 5、定位销 3 等组成了螺旋夹紧机构。

3. 对刀或导向装置

对刀或导向装置用于确定刀具相对于夹具的正确位置。钻头、扩孔钻、铰刀、镗刀等孔加工刀具使用导向装置，而铣刀、刨刀等刀具使用对刀装置。例如图 2—5 中的快换钻套 1 和钻模板 2 组成导向装置，由其确定了钻头轴心线相对定位元件的正确位置。对刀塞尺和铣床夹具上的对刀块则为对刀装置。

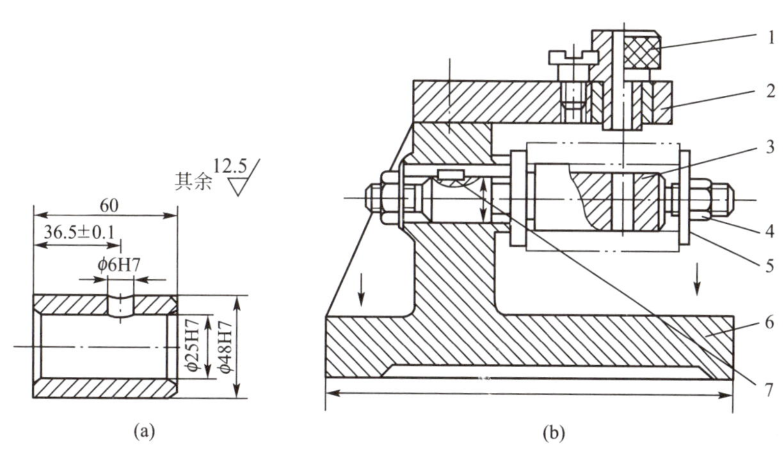

图 2—5　钻床夹具

1—快换钻套；2—钻模板；3—定位销；4—螺母；5—开口垫圈；6—夹具体；7—键

4. 连接元件

连接元件是确定夹具在机床上正确位置的元件。图 2—5 中夹具体 6 的底面为该夹具的安装基面，保证了快换钻套 1 的轴心线垂直于钻床工作台以及定位销 3 的轴心线平行于钻床工作台。因此，夹具体可兼作连接元件。另外，车床夹具上的过渡盘、铣床夹具上的定位键也都是连接元件。

5. 夹具体

夹具体用于连接夹具上各元件及装置，使得夹具成为一个整体的基础件，并通过它与机床有关部位连接，以确定夹具相对于机床的正确位置，如图 2—5 中的夹具体 6。

6. 其他装置及元件

其他装置及元件是为了满足夹具特殊需要而设置的装置或元件，例如，使工件在一次安装中多次转位以加工不同位置上的表面所设置的分度装置；工件被夹紧后起自锁作用的锁紧装置；用于气压、液压夹具中的动力装置等。

并非每一个夹具都要包括上述各部分，但是无论哪种夹具都必须有定位装置和夹紧装置。

五、机床夹具的作用

如图 2—5(b) 所示夹具是用来加工（主要是钻削和铰削）图 2—5(a) 套筒零件的 φ6H7 孔的钻床夹具。工件以内孔 φ25H7 和左端面在定位销 3 上定位；插入开口垫圈 5，使用旋紧螺母 4 将工件夹紧；钻模板 2 上的快换钻套 1 用来引导钻头和铰刀对工件进行钻孔和铰孔。所有元件和装置都在夹具体 6 上。

由上面的例子可以看出，机床夹具的主要作用有以下几个方面：

(1) 保证加工精度，稳定产品质量。图 2—5 中，工件在夹具中的正确位置是通过工件上的定位表面（内孔和端面）与夹具上的定位元件的定位表面（定位销外圆和端面）相配合来保证的，无需找正便可夹紧工件，工件上孔 ϕ6H7 的位置精度由钻模保证，只要机床与刀具调整好，工件的加工精度便可得到保证。

(2) 缩短辅助时间，提高劳动生产效率，降低加工成本。采用机床夹具，工件无需划线找正，安装迅速方便；可以采用多件装夹、机动夹紧，加快夹紧速度，缩短辅助时间；还可以加大切削用量，缩短机动时间，从而提高劳动生产效率，降低加工成本。

(3) 扩大机床工艺范围和改变机床的用途。在当前多品种小批量生产的条件下，设计制造专用机床夹具，使机床“一机多能”，能较好地解决机床数量、品种与工件种类、规格不相符的矛盾。例如，在车床或摇臂钻床上安装镗模夹具后，就可对箱体孔系进行镗削加工，代替镗床的部分工作。又如，利用分度头可以在万能铣床上加工齿轮和花键，代替齿轮机床进行加工。

(4) 改善工人劳动条件。机床夹具一般采用杠杆、螺旋、凸轮、气动、液动和电气等机构和装置，使用方便、省力，夹紧安全可靠，降低了对工人的技术要求，同时也大大减轻了工人的劳动强度。

需要指出，在不同的生产规模和生产条件下，机床夹具的作用和结构有很大的差异。例如，在单件小批生产条件下，宜使用通用可调夹具，或者为了扩大机床的工艺范围和改变机床的用途，也可以考虑采用专用夹具，但应力求夹具结构简单。在大批量生产条件下，夹具的主要作用是在保证加工精度的前提下提高生产效率，因此夹具的结构应尽可能完善，自动化程度也可以相对提高，虽然夹具的制造费用大一些，但由于生产效率的提高，产品质量的稳定，技术经济效果还是不错的。

第 2 节　工件的定位

定位是使工件在夹具中占据某一正确位置，即对一批工件来说，不论先后，每一个工件都能够占据这一正确的位置。为此，需要采取两方面的措施：一方面将夹具安装在机床上，经过调整后使夹具与机床之间获得正确的相对位置，即所谓的夹具在机床上的定位；另一方面使工件在夹具中占有一个正确的位置，即工件在夹具中的定位。本节内容将主要围绕工件的定位、定位原理、定位方式、定位元件、各种定位元件所能限制的自由度和计算各种定位方式所产生的定位误差等问题进行讨论。

一、定位原理

在三维空间坐标系 $Oxyz$ 中，处在自由状态的物体共有六个自由度，最多也只能有六个自由度，即沿着 x、y、z 三个坐标轴的移动（称作位置自由度），分别用 $\vec{x}$、$\vec{y}$、$\vec{z}$ 表示；绕着 x、y、z 三个坐标轴的转动（称作角度自由度），分别用 $\hat{x}$、$\hat{y}$、$\hat{z}$ 表示，如图 2—6 所示。

如果说某物体在某一方向上的自由度被限制了，就是说该物体在该方向上有了一个确定的位置；当物体的六个自由度完全被限制后，则该物体在坐标系中的位置就被完全确定了。

在设计定位时，一般用一个定位支承点来限制工件运动的一个自由度，用合理分布的六个支承点来限制工件的六个自由度，这样就可使工件在夹具中的位置被完全确定。如图 2—7所示，在 xOy 平面上设置三个定位支承点 1、2、3，使长方体的 A 面与其接触，限制了长方体的 $\vec{z}$、$\overset{\frown}{x}$、$\overset{\frown}{y}$三个自由度；在 yOz 平面上设置两个支承点 4 和 5，使之与长方体的 B 面接触，这又限制了长方体的 $\vec{x}$、$\overset{\frown}{z}$ 两个自由度；最后在 xOz 平面上设置一个支承点 6，并与长方体的 C 面接触，它可限制长方体的 $\vec{y}$ 自由度。这样，该长方体在空间直角坐标系中的六个自由度就全部被限制了，也就是说该长方体的空间位置被完全确定了。

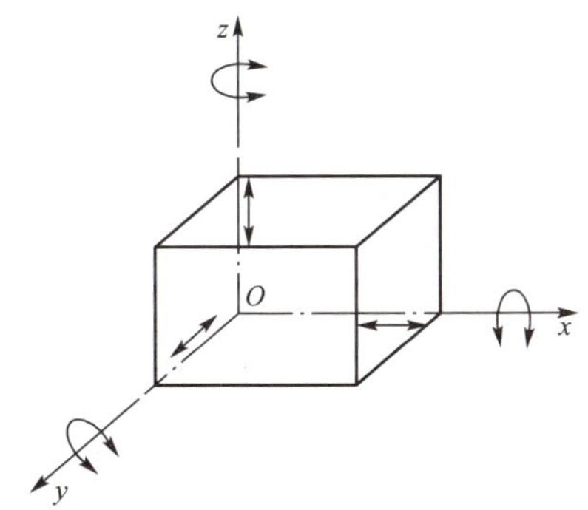

图 2—6　物体在空间的六个自由度

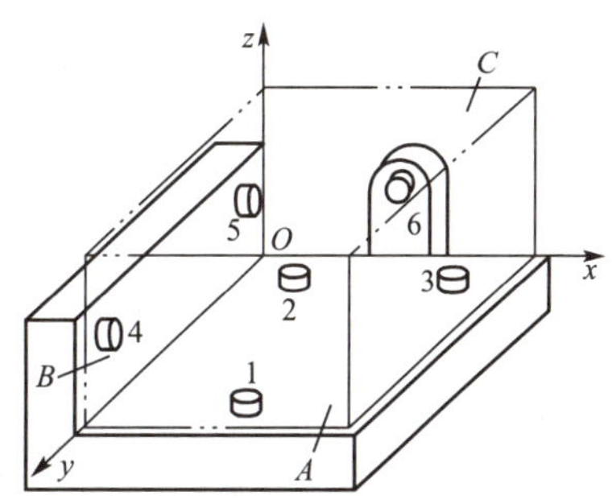

图 2—7　工件的六点定位

综上所述，可得出工件在夹具中定位的基本原理：工件在夹具中的位置有六个自由度，要限制这六个自由度，需要在夹具上合理布置六个定位支承点或相当于定位支承点的定位元件，并使之与工件紧密接触或配合，其中每一个定位支承点相应地消除一个自由度，从而使工件在夹具中占有一个完全确定的位置，这就是通常所说的“六点定位原理”。

当工件的形状及工件的定位基准不同时，定位点的分布应根据具体情况采取相应的改变。但是，不论定位点的定位形式如何改变，“六点定位原理”是不能改变的，即六个定位支承点必须消除工件的六个自由度。图 2—8 所示为盘状工件的六点定位情况。工件的底平面放在三个定位支承点上，消除 $\vec{z}$、$\overset{\frown}{x}$、$\overset{\frown}{y}$ 三个自由度；圆柱面与两个定位支承点相接触，消除 $\vec{x}$、$\vec{y}$ 两个自由度；槽的侧面用一个定位支承点，消除 $\overset{\frown}{z}$ 自由度。

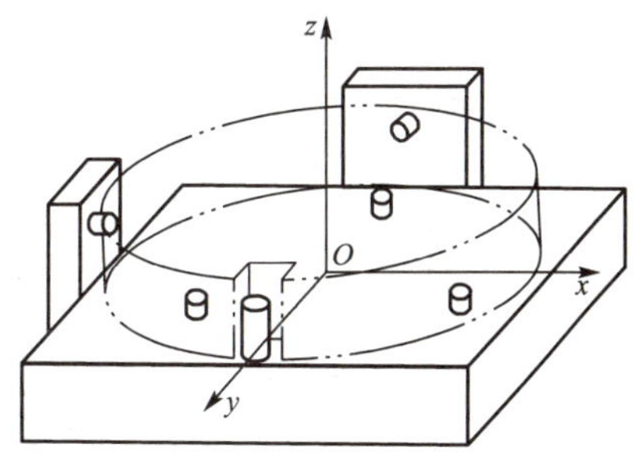

图 2—8　盘类零件的六点定位

必须指出，分析工件在夹具中的定位情况时，初学者往往容易产生以下两种错误的理解：

一种错误的理解认为，只要工件在夹具中被夹紧了，工件也就不存在自由度了，因此工件自然就定位了。把定位和夹紧混为一谈，显然是概念上的理解错误。工件的定位是指所有加工工件在夹紧前需要在夹具中按加工要求占有一致的正确位置，而夹紧在工件定位后方可实施。如果工件事先没有定位就实施夹紧，则无法保证所有工件在夹具中处于同一正确位置。

另一种错误的理解认为，工件虽然定位了，但是仍具有沿定位支承点相反方向移动的自由度。这种理解显然也是错误的。因为工件的定位是以工件的定位基准面与定位支承点相接触为前提条件的，如果工件离开了定位支承点，也就谈不上限制其自由度了，至于工件在外力的作用下有可能离开定位支承点的问题，那就需要由夹紧来解决了。

另外需要说明的是的，“六点定位原理”是把夹具中的定位元件抽象成定位支承点，每个支承点消除一个自由度，最终将工件的六个自由度都消除。但实际上夹具有时使用的是一些具体的定位元件，并不都是直接由支承点组成的，往往是通过定位元件上的具体定位表面体现出来的。把工件上的定位基准面与定位元件上相对应的定位表面合称为定位副。

表 2—1 中列出了常用的定位元件及其在定位时相当于几点支承的情况。

表 2—1　　常用定位方式所能限制的自由度

工件定位基面	定位元件	定位方式	限制的自由度
平面	支承钉	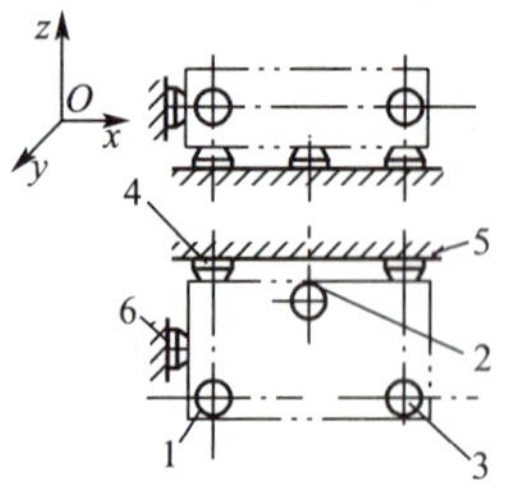 z O x y 4 5 6 2 1 3	① 支承钉 1、2、3 与底面接触，限制三个自由度（绕 x、y 轴转动及沿 z 轴移动） ② 支承钉 4 和 5 与后面接触，限制两个自由度（沿 y 轴移动和绕 z 轴转动） ③ 支承钉 6 与侧面接触，限制一个自由度（沿 x 轴移动）
	支承板	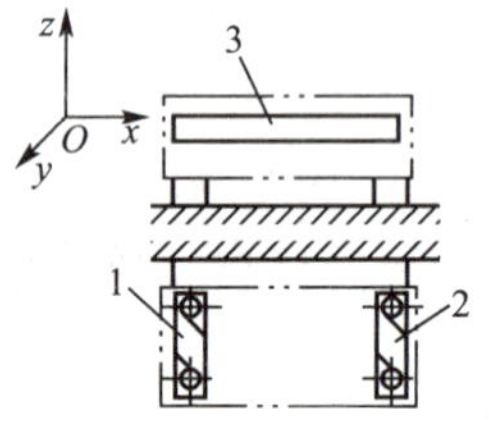 z O x y 3 1 2	① 两条支承板 1 和 2 组成一平面，与底面接触，限制三个自由度（绕 x、y 轴转动和沿 z 轴移动） ② 一条窄支承板 3 与后面接触，限制两个自由度（沿 y 轴移动和绕 z 轴转动）
内孔	定位销	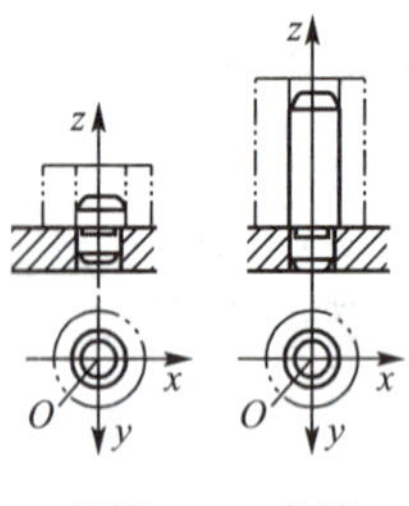 z O x y 短销　长销	① 短销与圆孔配合，限制两个自由度（沿 x 和 y 轴移动） ② 长销与圆孔配合，限制四个自由度（沿 x、y 轴移动和绕 x、y 轴转动）
	心轴	较长 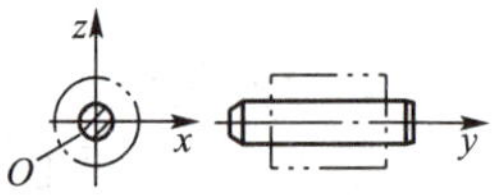 z O x y	长心轴与长孔配合，限制四个自由度（沿 x、z 轴移动和绕 x、z 轴转动）

（续前表）

工件定位基面	定位元件	定位方式	限制的自由度
外圆面	V形块	较长 较短	① 长V形块与圆柱表面接触，限制四个自由度（沿 x、z 轴移动和绕 x、z 轴转动） ② 短V形块与圆柱表面接触，限制两个自由度（沿 x、z 轴移动）
外圆面	定位套	短套　长套	① 短定位套与轴配合，限制两个自由度（沿 x、y 轴移动） ② 长定位套与轴配合限制四个自由度（沿 x、y 轴移动和绕 x、y 轴转动）
中心孔	顶尖	较短	与顶尖配合，限制三个自由度（沿 x、y、z 轴移动）

表2—1中的定位元件的大小、长短都是相对工件而言的。一般当定位元件的定位表面与工件定位基准面接触处大于工件一半以上时，则认为是大或者长；小于工件一半以下时，则认为是小或者短。例如，在图2—9(a)中所示的定位元件（心轴）为大端面、短心轴；而在图2—9(b)中所示的定位元件（心轴）为小端面、长心轴。

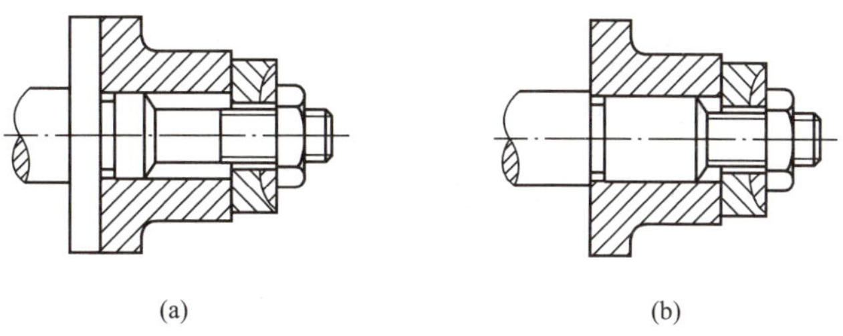

(a)　　(b)

图2—9　端面与心轴定位

二、限制工件自由度与加工要求的关系

工件定位的实质就是要限制对加工有影响的自由度，而不影响加工要求的自由度，有时需要限制，有时不需要限制，要视具体情况而定。

按照加工要求确定工件必须要限制的自由度，是夹具设计和制造时首先要解决的问题。下面我们就逐步讨论这个问题。

1. 完全定位

如图 2—10 所示零件，要在工件上铣槽。为了保证槽底与 A 面的平行度和尺寸 h 两项加工要求，需要限制 $\vec{z}$、$\overset{\frown}{x}$、$\overset{\frown}{y}$ 三个自由度；为了保证槽侧面与 B 面的平行度及尺寸 b 两项加工要求，需要限制 $\overset{\frown}{y}$、$\vec{z}$ 两个自由度。若铣通槽，则 $\vec{x}$ 自由度不必限制；若槽不铣通，则 $\vec{x}$ 自由度必须限制。工件的六个自由度都被限制的定位称为完全定位。

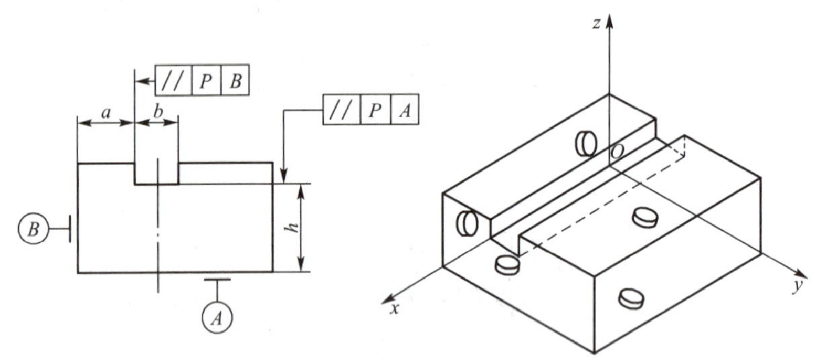

图 2—10　按照加工要求确定必须限制的自由度

2. 不完全定位

工件的六个自由度没有被全部限制但能满足加工要求的定位，称为不完全定位。不完全定位一般出现在工件在定位时允许保留某些方面的自由度不被限制的情况下。在工件定位时，以下几种情况允许不完全定位：

(1) 加工通孔或通槽时，沿贯通轴的移动自由度可以不限制。

(2) 若毛坯是轴对称的，绕对称轴的转动自由度可以不限制，如图 2—11(a) 所示。

(3) 加工贯通平面时，除可不限制沿两个贯通轴的移动自由度外，还可以不限制绕垂直加工面的轴的转动自由度，如图 2—11(b) 所示。

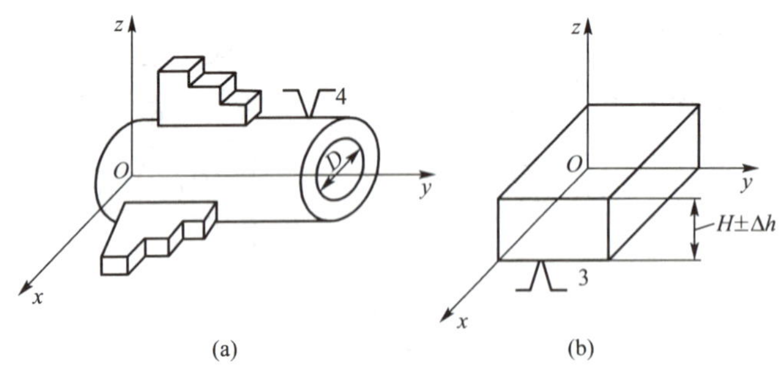

图 2—11　工件的不完全定位

3. 欠定位

工件在夹具中定位时，若实际限制的自由度个数少于加工要求所必须限制的自由度数目，即工件定位不足，那么此时的定位状态称为欠定位。

如图 2—12(a) 所示在工件上钻孔。如果沿 x 轴方向的移动自由度没有被限制，则孔到端面的尺寸 A_2（即加工要求）是无法保证的，此时工件属于欠定位。又如图 2—12(b)

所示的工件，在球面上钻孔时，若工件的 $\vec{x}$、$\vec{y}$ 自由度没有被限制，那么所加工孔的中心线就不能通过工件的中心，即加工要求无法保证。由此可知，欠定位的后果必将导致零件成为废品或次品，故欠定位不论在什么情况下都不允许发生。

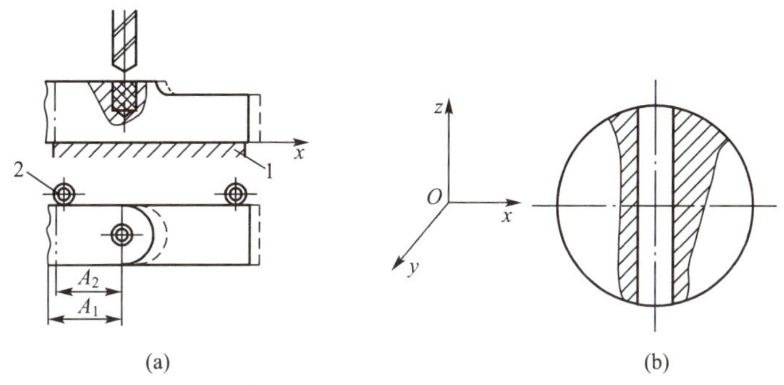

图 2—12　工件上钻孔

4. 过定位

若几个定位支承点都重复限制了工件同一个或几个自由度时，称为过定位，也叫重复定位。

如图 2—13(a) 所示是加工连杆大孔时的定位情况，连杆通过长销 2、支承板 1 及挡销 3 进行定位。其中长销 2 相当于四点定位，限制了 $\vec{x}$、$\vec{y}$、$\widehat{x}$、$\widehat{y}$四个自由度；支承板 1 相当于三点定位，消除工件的 $\vec{z}$、$\widehat{x}$、$\widehat{y}$三个自由度；挡销 3 为一点定位，消除工件$\widehat{z}$自由度。显然在定位方案中工件的 $\widehat{x}$ 和 $\widehat{y}$ 自由度被长销和支承板重复限制，属于过定位。由图 2—13(b) 和图 2—13(c) 可以很直观地看出，过定位的结果是不好的。因为工件的端面和小头孔不可能绝对垂直，长销 2 也不可能与支承板 1 绝对垂直，所以在夹紧工件时定位元件就可能产生变形，或者使工件的端面与支承板 1 的定位面不能完全接触，其结果必然会影响加工精度，即这样的过定位是不允许的。如果此时将长销 2 改成短销，工件的定位就合理了，如图 2—13(d) 所示。

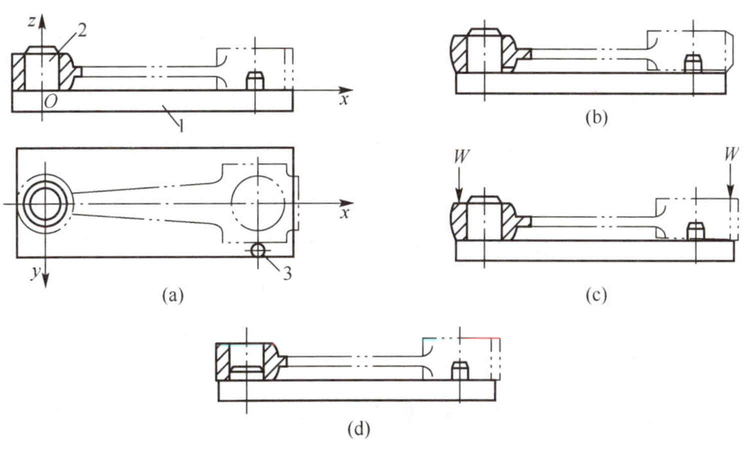

图 2—13　连杆定位方案

1—支承板；2—长销；3—挡销

通常，应尽量避免采用过定位。但是在某些特殊情况下，采用过定位也是允许的。如图 2—14 所示齿轮加工中的定位方案显然也是过定位的，但是如果被加工齿轮的内孔与端面、定位心轴与支承凸台都有很高的垂直度，那么此时过定位不仅不会引起工件或夹具的变形，而且会提高工件的定位精度，改善夹具的受力状况。这种定位方案在生产实际中得到了广泛使用。

又如对于刚性较差的工件，为了避免加工时产生变形，也常常采用过定位。如图 2—15 所示为加工细长轴时的情况。为了提高刚性，减小切削力所引起的工件变形，定位时将工件的一端用三爪自定心卡盘定心夹紧，另一端用尾顶尖顶住工件。当三爪自定心卡盘夹持较长部分工件时，可限制工件 $\overset{\frown}{y}$、$\overset{\frown}{z}$、$\vec{y}$、$\vec{z}$ 四个自由度，尾顶尖与三爪自定心卡盘共同限制工件的 $\overset{\frown}{y}$ 和 $\overset{\frown}{z}$ 两个自由度，故属于过定位。

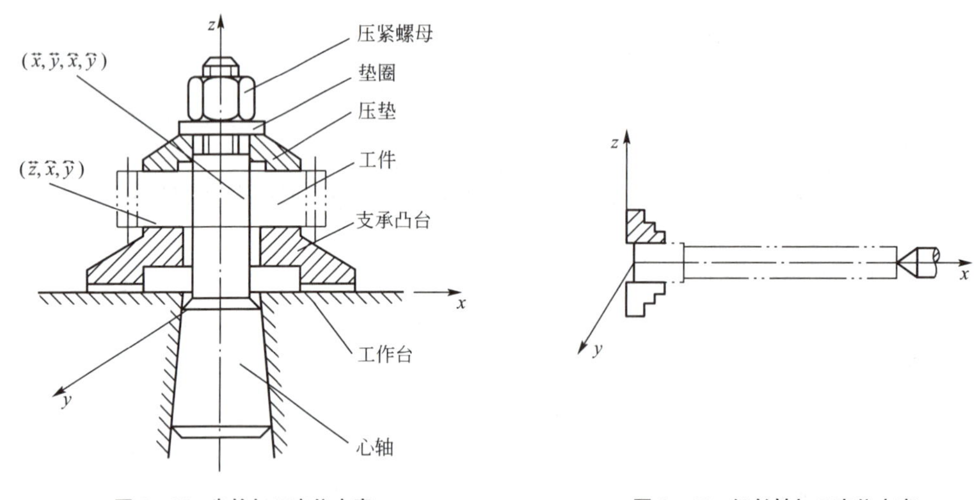

图 2—14　齿轮加工定位方案　　　　图 2—15　细长轴加工定位方案

在上述定位方案中，当工件的定位基准外圆与顶尖中心孔不同轴或顶尖中心孔与尾顶尖接触不好时，都会使工件产生夹紧变形或加工余量不均匀。但是当工件为细长轴，其刚性成为加工主要考虑因素时，则采用该过定位方案却是很有必要的。不过，为了消除因过定位所造成的不良后果，应采取适当的措施，如提高工件外圆与顶尖中心孔的同轴度。

三、常见定位方式及定位元件

在加工中，可根据工件的结构形状、加工要求、生产条件来确定具体的定位方式，而每一种定位方式又是通过各类定位元件来实现的，如平面、外圆柱面、内孔、型面、组合面等。夹具上的定位元件除起定位作用外，多数情况下还要承受来自不同方面的外力（如工件重量、切削力、夹紧力等），所以要求定位元件应具有足够的精度、强度和刚度以及良好的耐磨性和工艺性。下面分别介绍不同定位方式及定位元件。

1. 工件以平面定位及定位元件

工件以平面作为定位基准是最常见的定位方式之一，例如，箱体、床身、机座、支架等零件的加工大都采用平面定位。

（1）主要支承。

主要支承用来限制工件自由度并起定位作用，又可分为：

1）固定支承。

在夹具体上，位置固定不变的定位元件称为固定支承。固定支承主要有支承钉和支承板两种形式，如图 2—16 所示。

当工件以加工过的平面（精基准）定位时，可采用平头支承钉（A 型）或支承板作为定位元件；当工件以未加工过的平面（粗基准）定位时，可采用球头支承钉（B 型）作为定位元件，并尽量将三个球头支承钉布置的较远些，以保证接触点的位置相对稳定；网纹支承钉（C 型）的摩擦系数较大，可用来作为侧面定位元件；A 型支承板结构简单、制造方便，但内孔切屑不易清楚干净，故也可用来作为侧面定位元件；B 型支承板的结构易于保证工作表面清洁，可用来作为底面定位元件。若支承钉需要经常更换时，可加衬套，如图 2—17 所示。

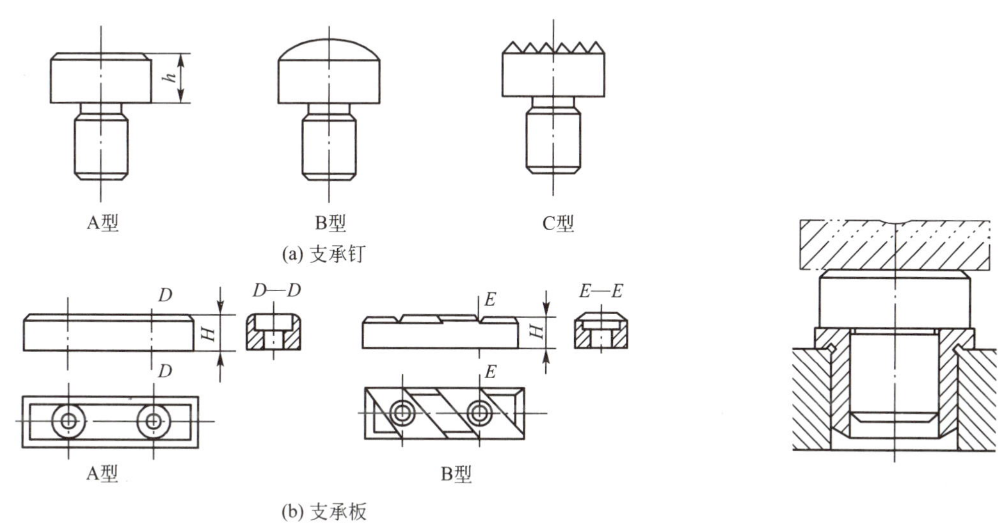

图 2—16　不同类型的固定支承　　**图 2—17　使用衬套的支承钉**

为了保证各固定支承的定位表面严格共面，装配后需将其工作表面（定位支承面）一次磨平。支承钉和支承板的结构、尺寸均已标准化，设计时可以查阅国家标准及有关设计手册。

2）可调支承。

在夹具体上，支承点的高低可以调节的定位元件称为可调支承。常用的几种可调支承结构如图 2—18 所示。通过调节螺钉和螺母来控制支承点的高低位置，调好后用防松螺母

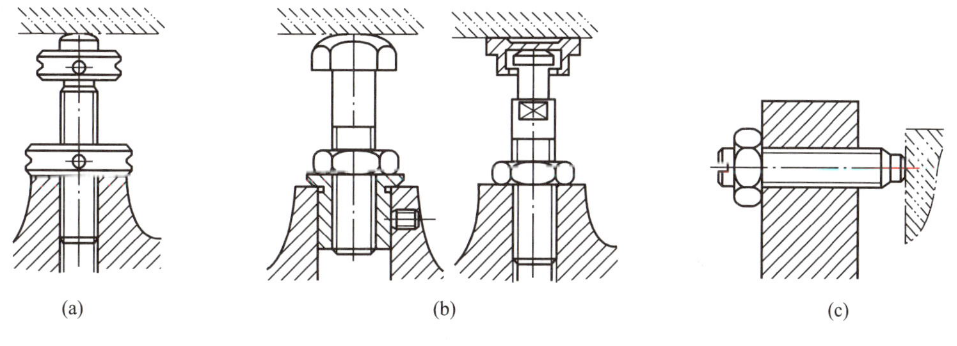

图 2—18　不同类型的可调支承

锁紧。另外还需注意，可调支承应在一批工件加工前进行调整，这样可调支承就相当于固定支承了。由于可调支承具有这一特点，故其广泛应用于可调夹具和成组夹具中。可调支承一般用于下面几种情况：

① 当工件以未加工过的平面（粗基准）定位且毛坯制造质量又不高时，宜采用可调支承。如图 2—19(a) 所示工件，毛坯为砂型铸件。在加工时，先以 A 面定位铣 B 面，再以 B 面定位镗两个孔。铣 B 面时，若采用固定支承，则由于定位基准面 A 的尺寸和形状误差较大，B 面铣完后与两个毛坯孔（图中虚线所示）的距离尺寸 H_1 和 H_2 的变化也大，将导致镗孔时加工余量很不均匀，甚至余量不够，从而影响工件的加工精度。因此，采用可调支承并根据每批毛坯的实际误差大小调整支承钉的高度，就可以避免上述现象。

② 工件定位基准面上留有后续多道工序的总加工余量，且各批工件的总加工余量又不相同时，可采用可调支承。

③ 当用同一台夹具加工形状相同，而尺寸不同的工件时，需采用可调支承定位。如图 2—19(b) 所示为工件在铣床上加工台肩的情形。该工序是在不同长度的工件上铣去相同尺寸的台肩，工件的 $\vec{y}$、$\vec{z}$、$\widehat{y}$、$\widehat{z}$ 四个自由度由长 V 形块消除，而 $\vec{x}$ 自由度由于工件长短不一，所以采用了可调支承。这样，不同长度尺寸的工件就可以使用同一个夹具了。

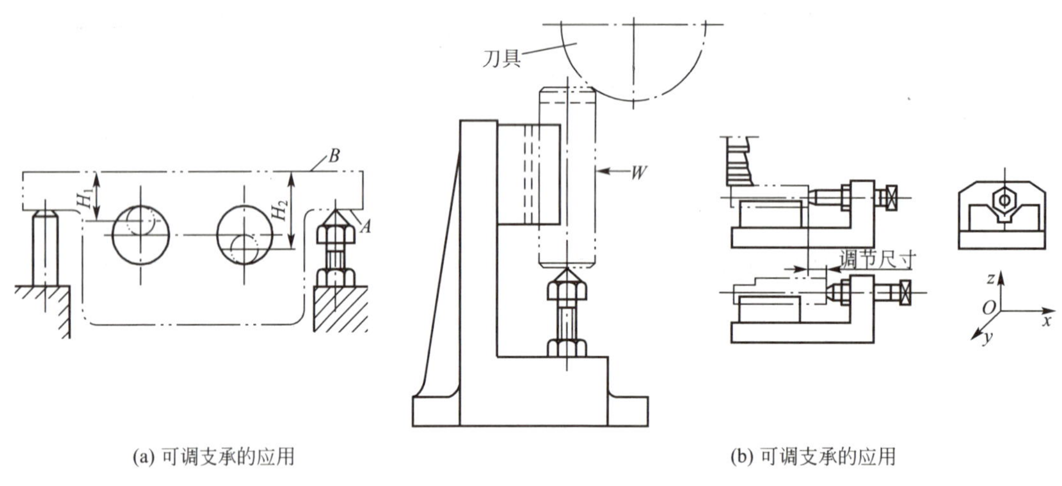

(a) 可调支承的应用　　(b) 可调支承的应用

图 2—19

3）自位支承（浮动支承）。

在工件定位过程中，能自动调整位置的定位元件称为自位支承。如图 2—20 所示为常见的几种自位支承结构。其中图 2—20(a) 和图 2—20(b) 为杠杆式两点式自位支承，图 2—20(c) 为球面三点式自位支承，图 2—20(d) 为楔块三点式自位支承。自位支承的工作特点是，支承点的位置能随着工件定位基准面的不同而自动调节，定位基准面压下其中一点，其余点便上升，直至各点都与工件接触。接触点数的增加，提高了工件的装夹刚度和稳定性，故适用于工件以毛坯面定位或刚性不足的场合。但是自位支承实际所起的作用仍相当于一个固定支承，即只能限制工件一个自由度。

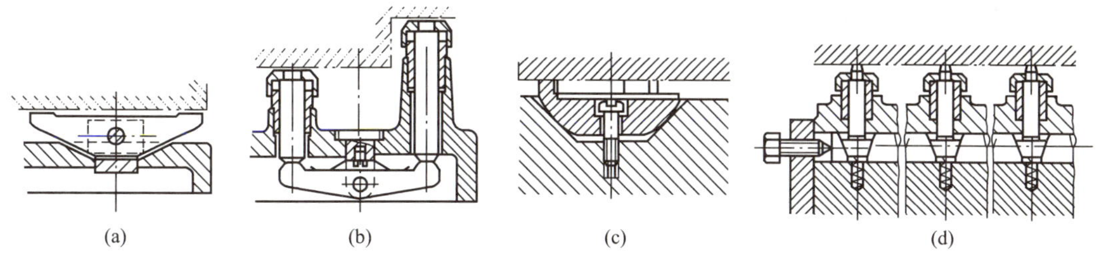

图 2—20　几种形式的自位支承

(2) 辅助支承。

辅助支承用来提高工件的装夹刚度和稳定性，不起定位作用。在图 2—21 中，工件以左端内孔及端面定位，钻右端小孔。由于右端为悬臂状态，所以钻孔时刚性较差。如果在 A 处设置固定支承，则属于过定位，有可能破坏左端的定位。此时可在 A 处设置一辅助支承。工件定位时，辅助支承是浮动的或可调的，待工件夹紧后再将辅助支承固定下来，以承受切削力。

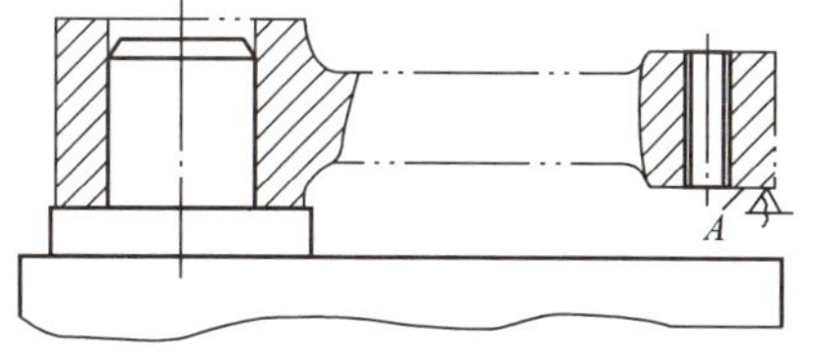

图 2—21　辅助支承的应用

如图 2—22 所示为夹具中常见的三种辅助支承结构。其中图 2—22(a) 为螺旋式辅助支承。图 2—22(b) 为自位式辅助支承，滑柱 1 在弹簧 2 的作用下与工件接触，转动手柄并通过顶柱 3 将滑柱 1 锁紧，从而承受切削力或其他外力；此结构的弹簧力应能够推动滑柱 1 但是不可顶起工件，即不会破坏工件原有的定位。图 2—22(c) 为推引式辅助支承，工件夹紧后转动手轮 4 使滑销 5 与工件接触，然后转动手轮 4 使斜楔 6 的开槽部分胀开而锁紧滑销 5，使其承受切削力或其他外力。

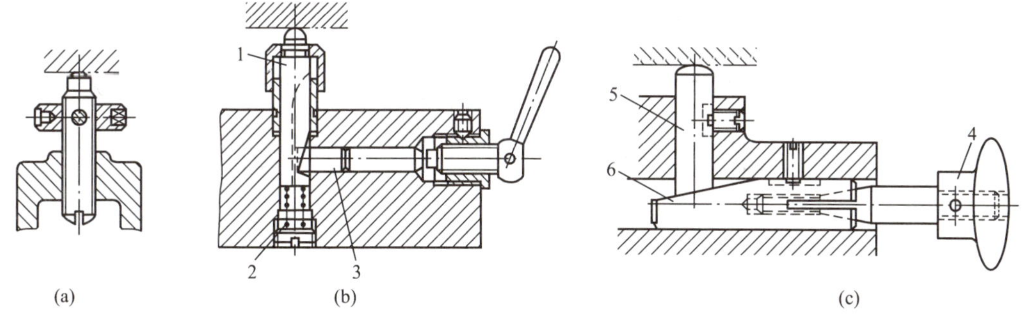

图 2—22　常见辅助支承结构

1—滑柱；2—弹簧；3—顶柱；4—手轮；5—滑销；6—斜楔

2. 工件以圆孔定位及定位元件

工件以圆孔表面作为定位基准面时，常使用以下定位元件：

(1) 圆柱销（定位销）。

如图 2—23 所示为几种常用的定位销，其中图 2—23(a)、图 2—23(b) 以及图 2—23(c) 所示为固定式定位销，而图 2—23(d) 所示为可换式定位销。所谓固定式定位销是指定位销与夹具体之间采用过盈配合，直接压在夹具体上，这种定位销结构简单，但不便更换。可换式定位销与夹具体之间装有衬套，定位销与衬套内径采用间隙配合，并用螺母拉紧，衬套与夹具体之间则采用过渡配合。由于定位销与衬套之间存在配合间隙，故其位置精度低于固定式定位销。

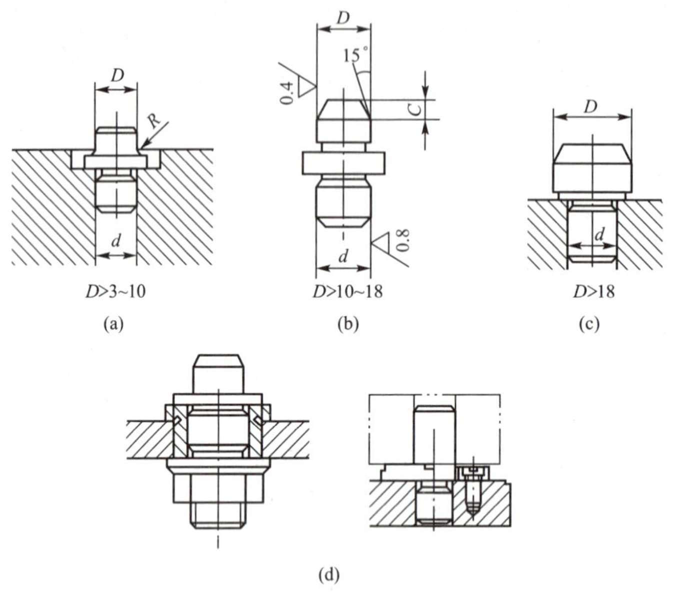

图 2—23　常见定位销

此外，所有定位销的定位端头部均做成 15°的大倒角并抛光，以便工件顺利套入。中、小尺寸的定位销结构已经标准化了，设计时可以查阅有关夹具设计手册；对于大尺寸或有特殊要求的定位销，则可按非标准件结构设计。

（2）圆柱心轴。

如图 2—24 所示为常用圆柱心轴的结构形式。

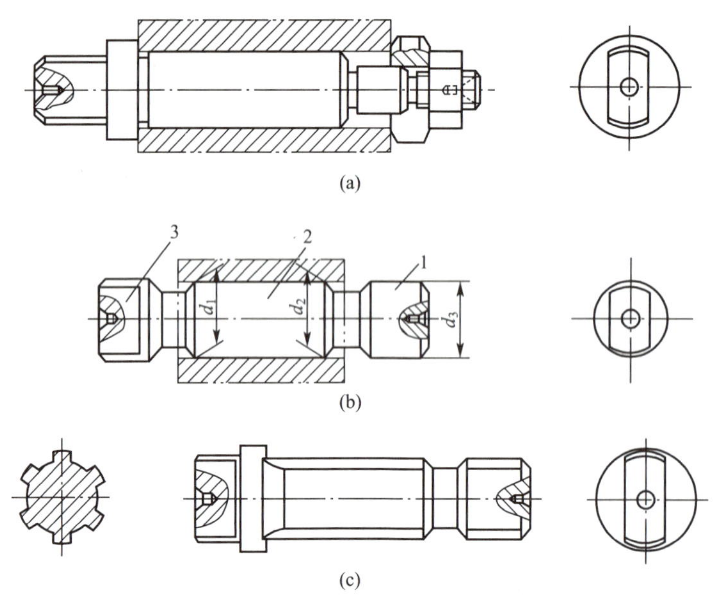

图 2—24　圆柱心轴

1—引导部分；2—工作部分；3—传动部分

如图 2—24(a) 所示为有轴肩间隙配合圆柱心轴。该心轴定心精度不高，但装卸工件方便。工件是靠其内孔与端面实现联合定位的，而夹紧则是通过螺母与开口垫圈实现的。

如图 2—24(b) 所示为无轴肩过盈配合圆柱心轴，主要由引导部分 1、工作部分 2 及传动部分 3 组成。引导部分的作用是使工件迅速而准确地套入心轴，其直径 d_3 按 e8 制造（d_3 的基本尺寸等于工件内孔的最小极限尺寸），其长度约为工件定位内孔长度的一半。工作部分的直径按 r6 制造，其基本尺寸等于工件内孔最大极限尺寸。当工件定位内孔的长度与直径之比 $L/d \leqslant 1$ 时，心轴工作部分的直径 $d_2=d_1$；当工件定位内孔的长度与直径之比 $L/d>1$ 时，心轴的工作部分应稍带锥度，这时直径 d_1 按 r6 制造，其基本尺寸等于工件定位内孔的最大极限尺寸，直径 d_2 按 h6 制造，其基本尺寸等于工件定位内孔的最小极限尺寸。心轴上的凹槽是供车削工件端面时退刀用的。这种心轴制造简单、定心准确，无需另设夹紧装置，但装卸工件不便，容易损伤工件定位孔，故多用于定心精度要求高的精加工。

如图 2—24(c) 所示为花键心轴，用于加工以花键孔定位的工件。该心轴的结构及配合应根据工件的不同定心方式来确定。同样，当工件定位内孔的长度与直径之比 $L/d>1$ 时，其工作部分也应稍带锥度。

各种心轴在机床上的安装方式如图 2—25 所示。

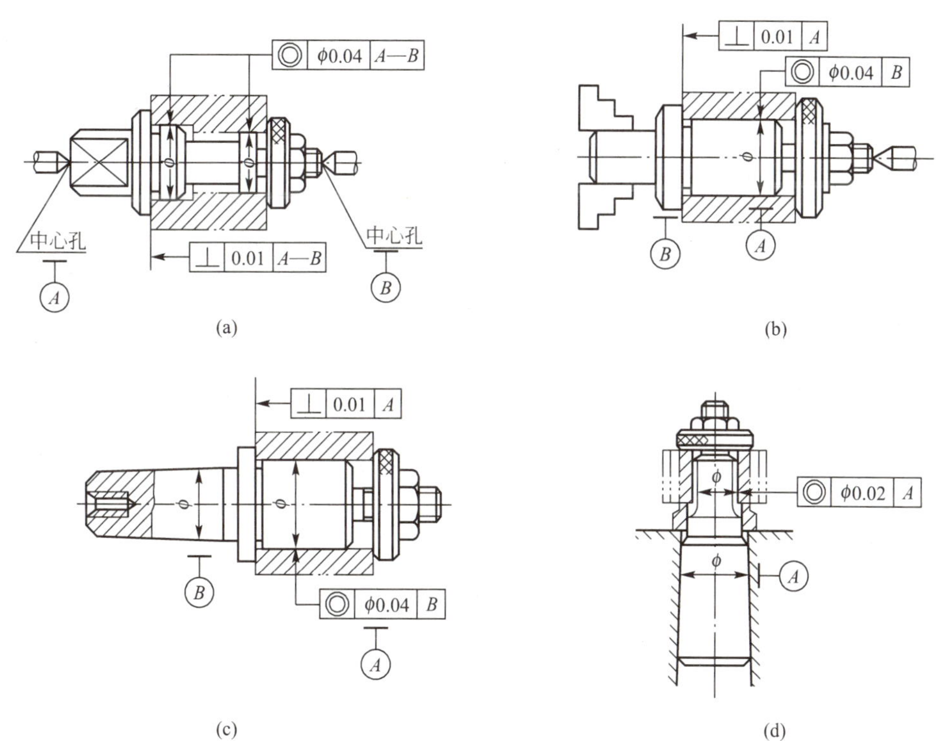

图 2—25 心轴在机床上的安装

(3) 圆锥销。

如图 2—26 所示为工件以圆锥销定位的示意图，它限制了工件 $\vec{x}$、$\vec{y}$、$\vec{z}$ 三个自由度。如图 2—26(a) 所示圆锥销用于粗基准，如图 2—26(b) 所示圆锥销用于精基准。

工件以单个圆锥销定位时容易产生倾斜，故一般采用如图 2—27 所示的组合定位方式。其中，如图 2—27(a) 所示为圆锥—圆柱组合心轴定位；如图 2—27(b) 所示为工件在双圆锥销上定位。这两种定位方式均限制了工件的五个自由度。

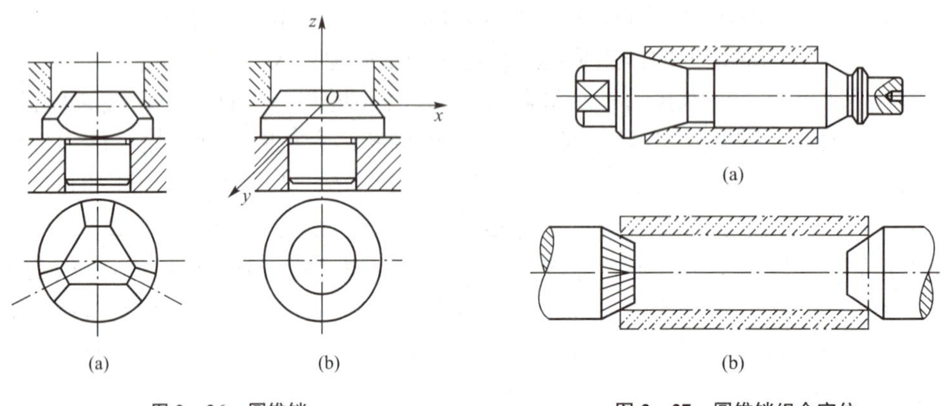

图 2—26 圆锥销

图 2—27 圆锥销组合定位

(4) 小锥度心轴。

如图 2—28 所示为工件以内孔在小锥度心轴上定位的情况。工件在小锥度心轴（常用锥度为 1/1 000～1/5 000）上定位时，由于是无间隙配合，故定心精度较高（同轴度可达 φ0.005～φ0.01mm），无需另设夹紧装置，但其轴向位移量较大，不适合轴向定位加工。小锥度心轴主要用于短小工件高精度定心的精车或磨削加工。

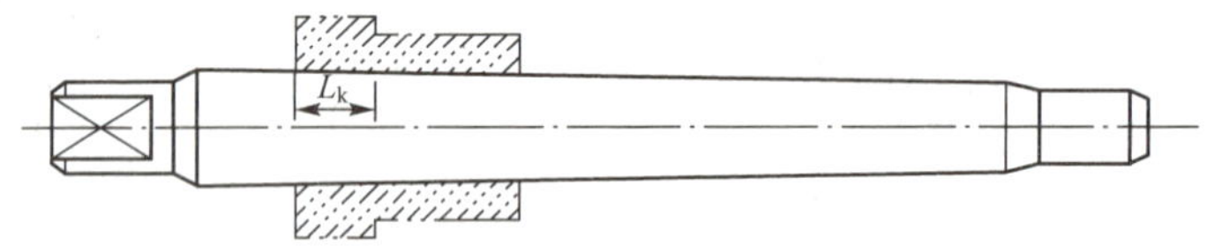

图 2—28 小锥度心轴

3. 工件以外圆柱面定位及定位元件

工件以外圆柱面定位是指工件的定位基准为圆柱面的轴心线或外圆柱表面时的两种情况。前一种情况称为定心定位，后一种情况称为支承定位。

定心定位中常用的定位元件为定位套、自动定心三爪卡盘、弹簧夹头以及其他自动定心机构。工件以外圆柱面与套筒配合定位也属于定心定位，其定位分析与工件以圆柱孔在心轴上的定位分析完全一样，只是用套筒或卡盘代替了心轴或圆柱销，以锥套代替了锥销。

工件用外圆柱面支承定位，包括支承板定位和 V 形块定位。在这种定位方式中，工件与定位元件接触的是母线，实际确定的是母线的位置，所以此时工件的定位基准可以认为是外圆柱面上的母线。

(1) 定位套。

常用定位套如图 2—29 所示。其中图 2—29(a) 和图 2—29(b) 所示分别为短定位套和长定位套，定位套的端面也同时起定位作用。如图 2—29(c) 所示为锥面定位。如图 2—29(d) 所示为便于装卸工件的半圆孔定位套，其上半圆只起夹紧作用，常用于曲轴等不宜以整圆定位的轴类工件定位。

图 2—29(a)、图 2—29(b) 和图 2—29(c) 中的定位套可根据被加工工件的批量及工序加工精度要求设计成固定式和可换式。

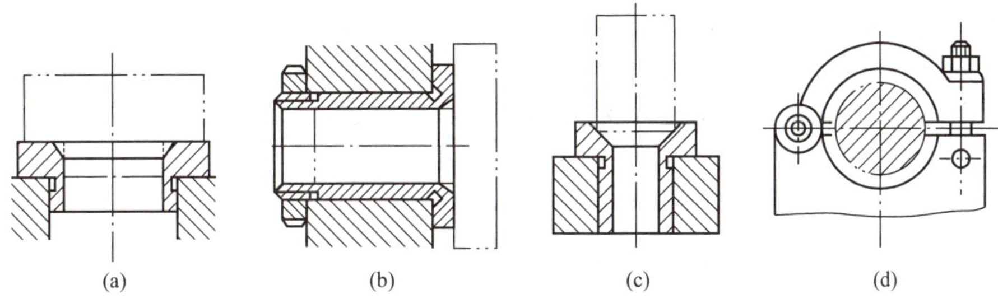

图 2—29　常用定位套定位

(2) V 形块。

如图 2—30 所示为常用 V 形块的结构形式。其中图 2—30(a) 用于较短的精定位基面，相当于两个定位支承点，可限制两个自由度；图 2—30(b) 用于粗定位基面和阶梯定位面，图 2—30(c) 用于较长的精定位基面和相距较远的两个定位面，这两种 V 形块相当于四个定位支承点，可限制四个自由度。V 形块不一定采用整体结构的钢件，可在铸铁底座上镶淬硬垫板，如图 2—30(d) 所示。

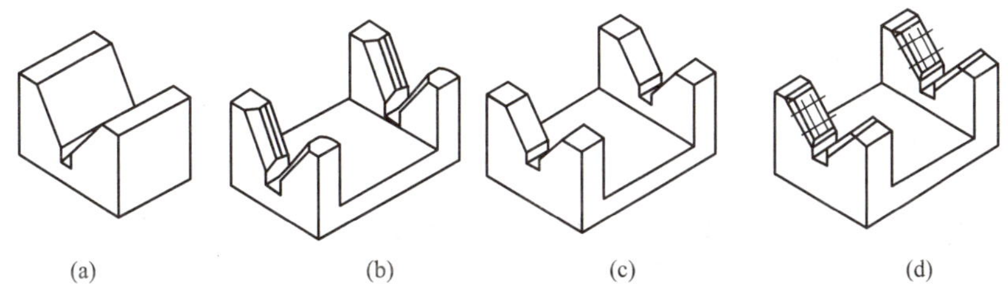

图 2—30　V 形块的结构形式

工件以外圆柱面在 V 形块上定位时，是使外圆柱面两侧母线与两平面相接触，将工件的中心线对中在 V 形块的对称中心面上。虽然工件定位时与 V 形块实际接触的是外圆柱面上的两条母线，但当工件直径变化时，两条母线与 V 形块相接触的位置也会同时变动，因此工件以外圆柱面在 V 形块上定位时的定位基准可以认为是其母线（也可以认为是其轴线），如图 2—31 所示。

V 形块上两斜面之间的夹角 α 一般选用 60°、90°和 120°。其中 90°V 形块应用最广，其典型结构及尺寸均已标准化，选用时可查阅有关资料。V 形块的材料通常选用 20 钢，渗碳淬火后硬度为 60～64HRC。另外，在实际中可根据工件的具体情况，将 V 形块做成固定式和活动式，如图 2—32 所示。

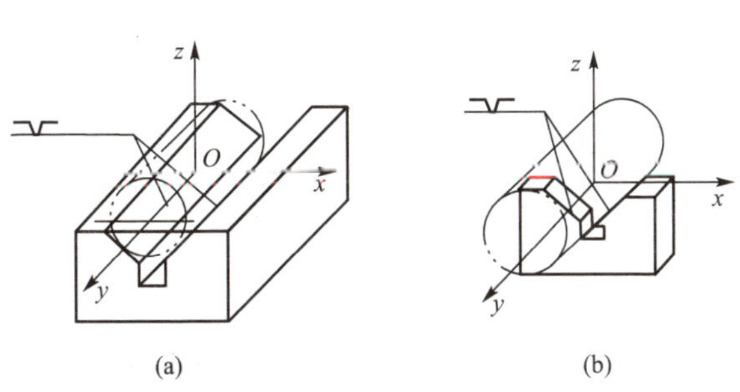

图 2—31　V 形块定位

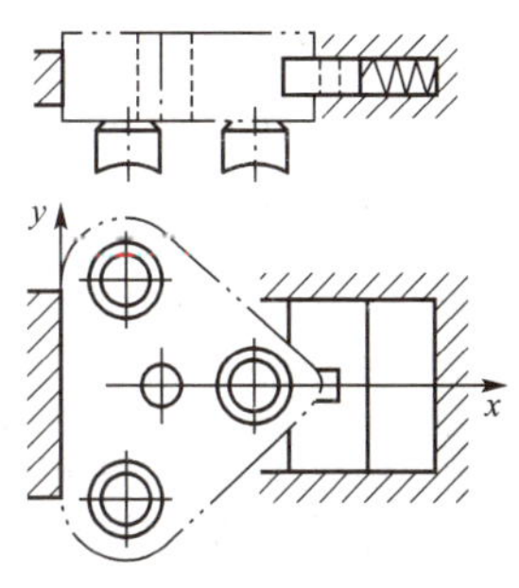

图 2—32　活动 V 形块的应用

使用V形块定位的最大优点是对中性好，它可以使一批工件的基准轴心线对中在V形块两斜面的对称面上，而不受定位基准直径误差的影响。V形块定位的另一个特点是无论定位基准是否经过加工，是完整的圆柱面还是局部圆弧面，都可以采用V形块定位。

4. 工件以圆锥孔定位及定位元件

工件以圆锥孔定位时常用的定位元件为锥形心轴和顶尖，如图2—33所示。

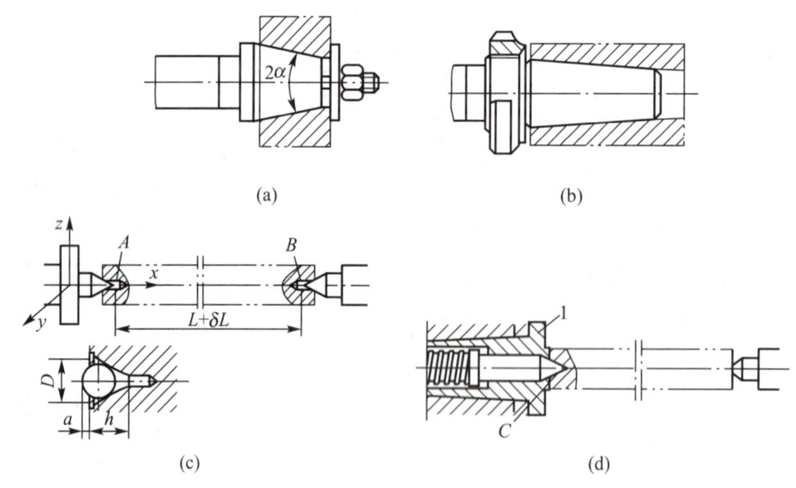

图2—33 圆锥孔定位常用定位元件

(1) 锥形心轴。

锥形心轴可限制工件五个自由度。如图2—33(a) 和图2—33(b) 所示为工件以圆锥孔在锥形心轴上定位的情形。

(2) 顶尖。

如图2—33(c) 所示为轴类零件以顶尖孔在顶尖上定位的情形，其中左端固定顶尖限制了工件的三个自由度，右端的可移动顶尖则限制了工件的两个自由度。为了提高工件轴向的定位精度，可采用如图2—33(d) 所示结构，此时左右顶尖只起定心作用，限制工件四个自由度，轴向自由度则由元件1工作端面限制。

5. 工件以组合表面定位及定位元件

当工件以单一表面做定位基准不足以限制所需要限制的自由度时，常采用平面、外圆、内孔等表面进行组合定位。在组合定位中，首先要解决各个基准面之间的主次关系，因为定位形式与此有密切关系。一般情况下，限制自由度数目最多的定位表面称为第一定位基准面或主基准面；限制自由度数目次多的表面称为第二定位基准面或导向面；只限制一个自由度的定位表面称为第三定位基准面或止推面。常见的组合定位形式有以下几种：

(1) 圆柱面（外圆或内孔）与端面组合。

圆柱面与端面组合定位形式如图2—34所示。当工件以端面作为主基准面时，应采用图2—34(a) 中的大端面、短心轴来定位；若工件以孔作为主要定位基准时，则应采用如图 2—34(b) 所示长心轴、小台肩面的形式。当孔和端面的垂直度误差较大时，也可以在 A 面用球面垫圈做自位支承，以消除过定位的影响。但不能采用如图 2—35(a) 所示的组合形式，因为此方案中长心轴 A 限制了工件的四个自由度，而大台肩面 B 限制了工件的三个自由度，其中 $\overset{\frown}{y}$ 和 $\overset{\frown}{z}$ 被重复限制，即产生过定位现象。此时如果工件的两个定位基准之间不垂直的话，那么必然会出现下面两种可能情况：

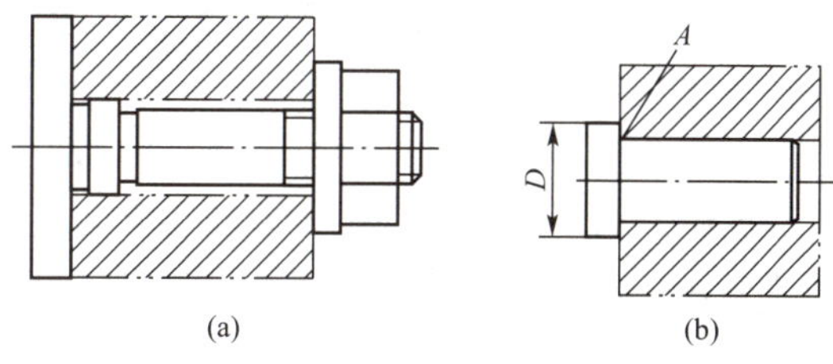

图 2—34 圆柱面与端面组合定位

1）工件的台肩面与定位面之间为一点接触，如图 2—35(b) 所示。

2）在夹紧力作用下，工件与台肩面全部接触，这时有可能造成心轴弯曲变形，如图 2—35(c) 所示。若工件的两个定位基准之间（孔与端面）垂直度很高且长心轴与大端面之间的垂直度也很高时，采用此方案是可行的。

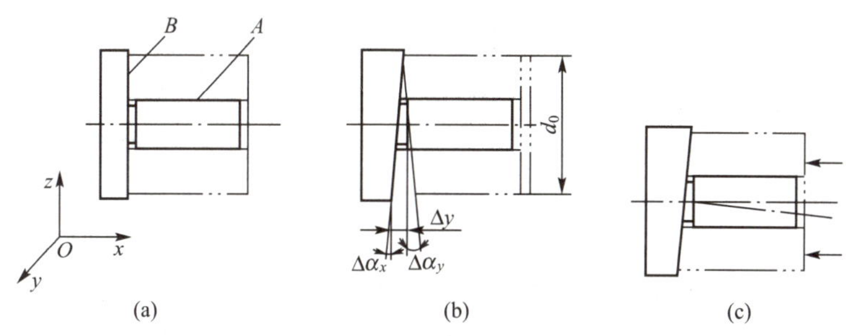

图 2—35 长心轴与大端面组合定位

（2）三平面组合。

当加工以平面为主的零件（如箱体）时，可以采用三个平面组合定位方案，该方案限制工件六个自由度。此时应选一个大平面作为主基准面，限制工件三个自由度，第二、第三基准面均应与主基准面垂直；第二基准面应选择一个窄长的平面，限制工件两个自由度；第三基准面与第二基准面也应垂直，最好选择与作用在工件上的切削力相对的平面，使之在限制工件自由度的同时能够承受部分切削力。布置支承点时，若主基准为精基准，定位元件一般选用两个支承板（或一个大平面），装配后一次磨平定位面使之等高，以消除过定位的不良影响并使定位稳定；若主基准为粗基准，则一般选用三个相距尽量远且不在一条直线上的支承钉。第二基准定位元件可选用一个长支承板或两个支承钉，它们确定的直线一般应平行于主基准面；它们体现的支承点相距也应尽量远一些，定位面也必须等高，以减少因支承点不等高所引起的误差。

（3） 面两孔组合。

生产实践中用一面两孔组合定位的工件很多，如箱体、盖板、连杆等零件的加工都需以一面两孔定位。两定位孔可以是工件上已有的孔，也可以是附设的工艺孔。用一面两孔定位可以实现在一次装夹中加工尽量多的工件表面，容易实现基准统一，同时也有利于保证工件各个表面之间的相互位置精度。

工件以一面两孔组合定位时，定位元件是一个大支承板和两个与该板垂直的定位销，如图 2—36 所示。工件定位平面为主基准，限制了 $\vec{z}$、$\widehat{x}$、$\widehat{y}$ 三个自由度；与左圆柱销相配合的孔为第二定位基准，限制了 $\vec{x}$、$\vec{y}$ 两个自由度；与削边定位销相配合的孔为第三定位基准，只限制了 $\widehat{z}$ 自由度。这里需要指出，如果右边的削边定位销还是圆柱销的话，则将在 x 方向造成过定位。

由于两孔中心距和两销中心距都有制造误差，因而可能发生干涉而使工件不能在夹具上实现定位。为了消除中心距误差的影响，使每个工件都能顺利装夹，必须使右边的定位销处定位副的间隙增大，即减小右边定位销在 x 方向的直径，其减小量必须足以消除由于两孔和两销中心距反向极限误差造成的干涉。但是如果定位副配合间隙太大，将会引起工件两孔中心线的转角误差增大，使 $\widehat{z}$ 自由度的限制不准确，从而影响加工精度。为了很好解决这个矛盾，可把右边定位销沿两销连心线方向削扁，使定位副在连心线方向间隙增大，而垂直于连心线方向仍保持原间隙不变。于是，右边的定位销就成为削边定位销，又称菱形定位销。削边定位销不再限制 $\vec{x}$ 自由度，而只与左边圆柱定位销联合限制 $\widehat{z}$ 自由度。设计和装配夹具时必须注意削边定位销的削边方向，不可错置。

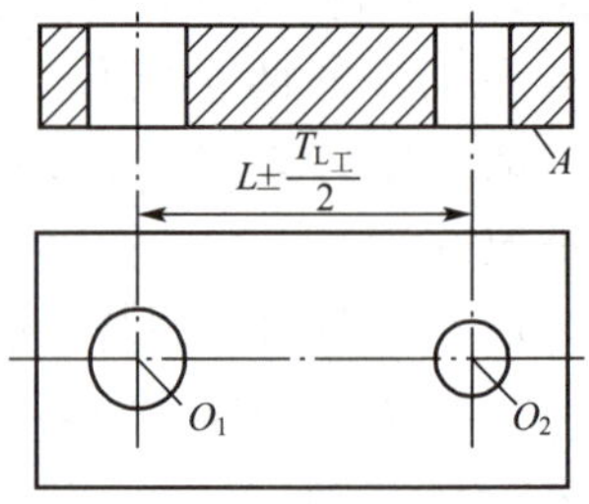

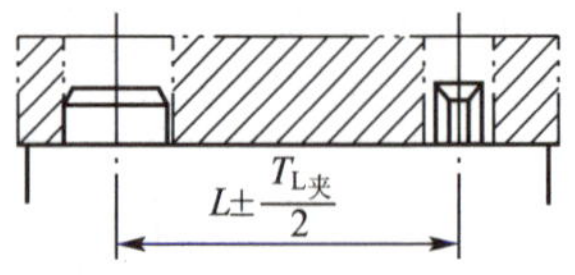

图 2—36　一面两孔组合定位

(4) 两面一孔组合。

如图 2—37 所示为两面一孔组合定位实例。底面为大平面能消除工件的三个自由度（$\vec{z}$、$\widehat{x}$、$\widehat{y}$），侧面为小平面消除一个自由度 $\vec{y}$，定位孔采用长削边销可消除两个自由度（$\vec{x}$、$\widehat{z}$），这样工件的六个自由度全部被限制了。从图中可以看出工件的定位面（AB）与孔 C 中心的距离存在着制造误差，而夹具上的定位支承板 AB 与削边销中心的距离也有制造误差，要避免定位孔和定位销之间发生干涉，应按照图示位置布置削边销方向。

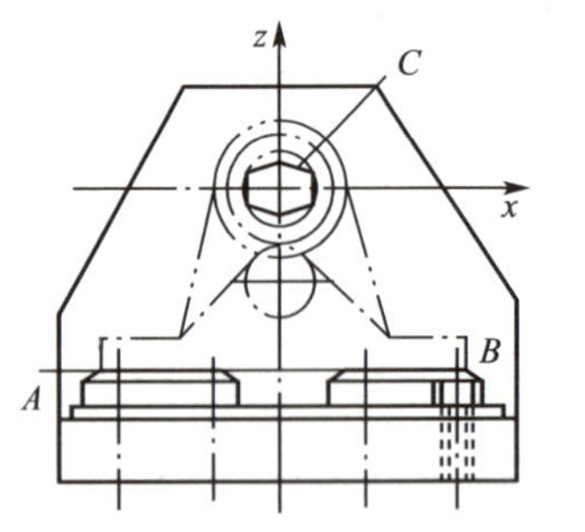

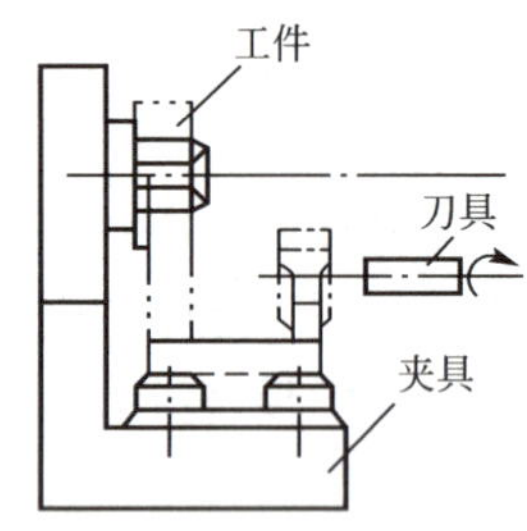

图 2—37　两面一孔组合定位

四、定位误差及计算

设计夹具过程中选择和确定工件的定位方案，除了根据定位原理选用相应的定位元件外，还必须对选定的工件定位方案能否满足工序的加工精度要求做出判断，为此需要对可能产生的定位误差进行分析和计算。

1. 定位误差的概念、产生与组成

由前面介绍的内容可知，工件在夹具中的位置是以其定位基面与定位元件相接触或相配合来确定的。根据“六点定位原理”，可按照工件的加工要求确定其定位方式并选用相应的定位元件使工件实现定位。但是，由于定位基面和定位元件工作表面以及工件各表面之间的制造误差，会使一批工件在夹具中的实际位置与定位方案中的位置不一致，从而引起工序尺寸或工件有关表面之间位置要求的加工误差。这种由于定位不准确而造成某一工序工序尺寸或位置要求方面的加工误差，称为定位误差，用 Δ_D 表示。工件在加工时，由于多种误差的影响，在分析定位方案时，根据工厂的实际经验，定位误差应控制在尺寸公差的 1/3 以内。

下面具体分析定位误差产生的原因：

(1) 基准不重合误差 Δ_B。

由于定位基准和工序基准（通常为设计基准）不重合而造成的加工误差称为基准不重合误差，用 Δ_B表示。

图 2—38 所示为铣缺口的工序简图，加工尺寸为 A 和 B，工件以底面和 E 面定位，C 是确定夹具与刀具相对位置的对刀尺寸，在一批工件的加工过程中，C 的大小是不变的。

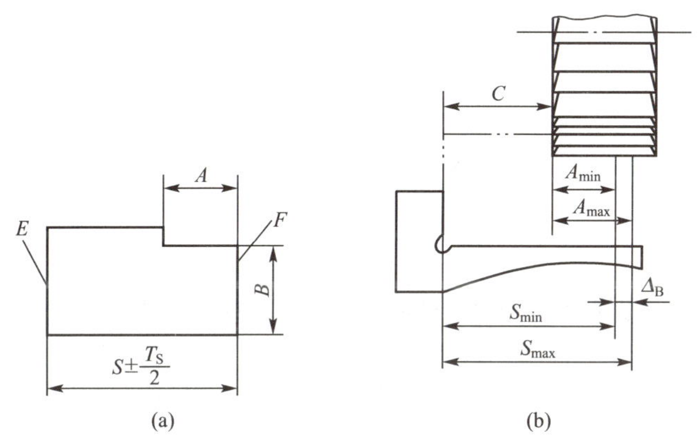

图 2—38　基准不重合误差

对于尺寸 A 而言，工序基准是 F 面，定位基准是 E 面，显然两者不重合。当一批工件逐一在夹具上定位时，由于受到尺寸 S 的影响，工序基准 F 面的位置是变动的，而 F 面的位置变动会影响尺寸 A 的大小，使尺寸 A 产生误差，这就是基准不重合误差，用 Δ_B 表示。

显然，基准不重合误差的大小等于因定位基准与工序基准不重合而造成的加工尺寸的变动量，即

$$\Delta_B = A_{max} - A_{min} = S_{max} - S_{min} = T_S$$

S 是定位基准 E 和工序基准 F 之间的联系尺寸，称为定位尺寸。当工序基准的变动方向与加工尺寸的方向相同时，基准不重合误差等于定位尺寸的公差，即

$$\Delta_B = T_S \qquad (2—1)$$

这里需要指出，当工序基准的变动方向与加工尺寸方向不一致时，基准不重合误差等于定位尺寸公差在加工尺寸方向上的投影，即

$$\Delta_B = T_S \cos\alpha \qquad (2—2)$$

式中：α——工序基准变动方向与加工尺寸方向之间的夹角。

（2）基准位移误差 Δ_y。

由于定位副（工件的定位表面和定位元件的工作表面）的制造公差和最小配合间隙的影响，定位基准相对理想位置的最大变动量称为基准位移误差，用 Δ_y 表示。

如图 2—39(a) 所示为在圆柱面上铣槽的工序简图，工序尺寸为 A 和 B。如图 2—39(b) 所示为工序定位示意图，工件以内孔 D 在圆柱心轴上定位，O 是心轴轴心，O_1、O_2 是工件孔的轴心，C 是对刀尺寸。

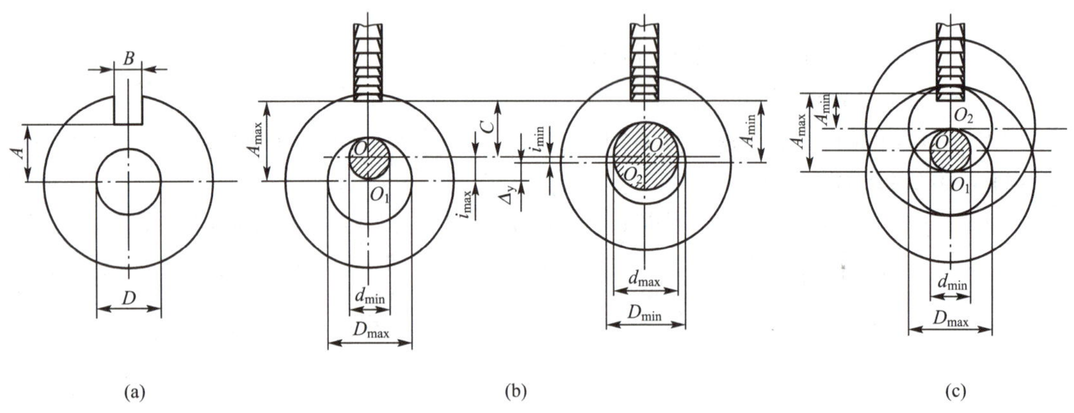

图 2—39　基准位移误差

对于尺寸 A 而言，工序基准是内孔 D 轴心线，定位基准也是内孔 D 轴心线，两者重合，故 $\Delta_B=0$。

由于定位副有制造误差和最小配合间隙，使定位基准（内孔轴心线）与限位基准（心轴轴心线）不能重合，定位基准相对于限位基准偏移了一段距离，而刀具调整好位置后在加工一批工件过程中位置不再变动（与限位基准的位置不变），所以定位基准的变动造成工序尺寸 A 产生加工误差，即为基准位移误差，用 Δ_y 表示。

基准位移误差的大小应等于因定位基准与限位基准不重合造成工序尺寸的最大变动量。

如图 2—39(b) 所示，当工件内孔 D 的直径为最大（D_{max}）、定位心轴直径为最小（d_{min}）时，定位基准的位移量为最大（$i_{max}=OO_1$），工序尺寸也最大（A_{max}）；当工件内孔的直径为最小（D_{min}）、定位心轴直径为最大（d_{max}）时，定位基准的位移量为最小（$i_{min}=OO_2$），工序尺寸也最小（A_{min}）。因此，一批工件定位基准的最大变动量为

$$\Delta_i=OO_1-OO_2=i_{max}-i_{min}=A_{max}-A_{min}$$

式中：i——定位基准的位移量；

Δ_i——一批工件定位基准的最大变动量。

当定位基准定位变动方向与加工尺寸的方向相同时，基准位移误差等于定位基准的最大变动量，即

$$\Delta_y=\Delta_i \tag{2—3}$$

1）定位副固定单边接触。

如图 2—39(b) 所示，当心轴水平放置时，工件在自重作用下与心轴固定单边接触，

此时

$$\begin{aligned}\Delta_y &= \Delta_i = OO_1 - OO_2 = i_{max} - i_{min} = A_{max} - A_{min} \\ &= (D_{max} - d_{min})/2 - (D_{min} - d_{max})/2 \\ &= (D_{max} - D_{min})/2 + (d_{max} - d_{min})/2 \\ &= (T_D + T_d)/2 \end{aligned} \tag{2—4}$$

2）定位副任意边接触。

如图 2—39(c) 所示，当心轴垂直放置时，工件与心轴任意边接触，此时

$$\Delta_y = \Delta_i = OO_1 - OO_2 = D_{max} - d_{min} = T_D + T_d + X_{min} \tag{2—5}$$

式中：X_{min}——孔、轴配合最小间隙。

同样需要指出，当工序基准的变动方向与加工尺寸方向不一致时，基准位移误差等于定位基准的变动范围在加工尺寸方向上的投影，即

$$\Delta_y = \Delta_i \cos\alpha \tag{2—6}$$

通过上述实例分析可知，定位误差是指一批工件由于定位不准确而引起工序尺寸或位置要求的最大可能变动量，而且定位误差是由基准位移误差和基准不重合误差组成的。

2. 定位误差 Δ_D 的计算方法

定位误差的常用计算方法有合成法、极限位置法以及尺寸链分析计算法，此处只介绍合成法。

合成法是根据定位误差造成的原因，先分别计算出基准不重合误差 Δ_B 和基准位移误差 Δ_y，然后再将两者组合而成 Δ_D。合成方法如下：

(1) 当 $\Delta_B \neq 0$，$\Delta_y = 0$ 时，$\Delta_D = \Delta_B$。

(2) 当 $\Delta_y \neq 0$，$\Delta_B = 0$ 时，$\Delta_D = \Delta_y$。

(3) 当 $\Delta_B \neq 0$，$\Delta_y \neq 0$ 时，若工序基准不在定位基面上：$\Delta_D = \Delta_y + \Delta_B$。若工序基准在定位基面上：$\Delta_D = \Delta_y \pm \Delta_B$，在定位基面尺寸变动方向一定（由大变小或由小变大）的条件下，Δ_B 与 Δ_y 的变动方向相同时取“+”号，变动方向相反时取“－”号。

3. 几种典型定位情况的定位误差

(1) 工件以平面定位。

定位基准为平面时，其定位误差主要是由基准不重合引起的，一般不计算基准位移误差，因为基准位移误差主要是由平面度引起的，该误差很小，可忽略不计，如图 2—38 所示。

例 2—1 在图 2—38 中，设 $S = 4$mm，$T_S = 0.15$mm，$A = (18 \pm 0.1)$mm，求加工尺寸 A 的定位误差，并分析定位质量。

解： 工序基准与定位基准不重合，存在基准不重合误差，其大小等于定位尺寸 S 的公差 T_S，即 $\Delta_B = T_S = 0.15$mm；以 E 面定位加工 A 时不会产生基准位移误差，即 $\Delta_y = 0$。于是有

$$\Delta_D = \Delta_B = 0.15\text{mm}$$

分析： 加工尺寸 A 的尺寸公差 $T_A = 0.2$mm，而此时定位误差 $\Delta_D = 0.15\text{mm} > 1/3 \times 0.2\text{mm} = 0.066\,7$mm。由此可知，定位误差太大，实际加工中容易出现废品，应改变定位方案。

(2) 工件以内孔定位。

定位误差与工件内孔的制造精度、定位元件的放置形式、定位基面与定位元件的配合性质以及工序基准与定位基准是否重合等因素直接有关。如图 2—39 所示，存在基准位移

误差，当采用弹性可涨心轴作为定位元件时，则定位元件与定位基准之间无相对移动，此时基准位移误差为零。

例 2—2 如图 2—40 所示为在金刚镗床上镗活塞销孔的示意图，活塞销孔轴心线对活塞裙部内孔轴心线的对称度要求为 0.2mm。以裙部内孔及端面定位，内孔与定位销的配合为$\phi 95H7/g6$。求对称度的定位误差，并分析定位质量。

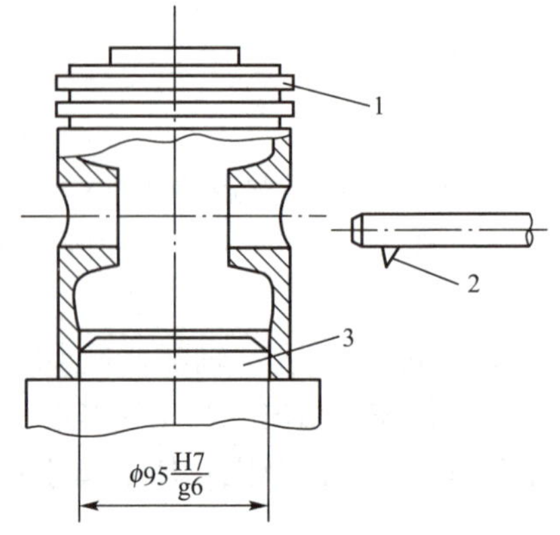

图 2—40 镗活塞销孔示意图

解： 查表可知，$\phi 95H7mm = \phi 95^{+0.035}_{0}$ mm，$\phi 95g6mm = \phi 95^{-0.012}_{-0.034}$mm。

1）对称度的工序基准是裙部内孔轴线，定位基准也是裙部内孔轴线，两者重合，故基准不重合误差 $\Delta_B=0$。

2）由于定位销垂直放置，定位基准可任意方向移动，则

$$\Delta_y = \Delta_i = T_D + T_d + X_{min} = D_{max} - d_{min}$$
$$= [95.035-(95-0.034)]mm = 0.069mm$$

3）$\Delta_D = \Delta_y = 0.069$mm。

4）由于 $\Delta_D = \Delta_y$

$= 0.069mm \approx (1/3) \times 0.2mm = 0.067mm$，故该定位方案可行。

(3) 工件以外圆定位。

工件以外圆定位时，常用 V 形块作为定位元件，下面举例分析说明。

例 2—3 如图 2—41 所示，工件在铣削键槽时，以外圆面在 V 形块上定位，分析加工尺寸分别为 A_1、A_2、A_3 时的定位误差。

解： 由图 2—42 可知，由于工件外圆柱面有制造误差，由此产生的基准位移误差为

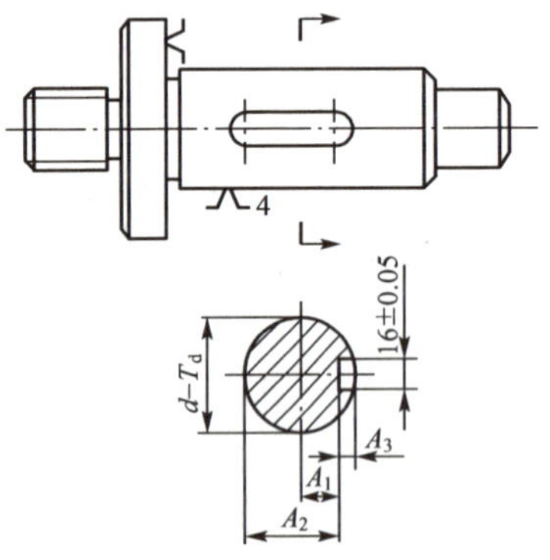

图 2—41 铣削键槽工序简图

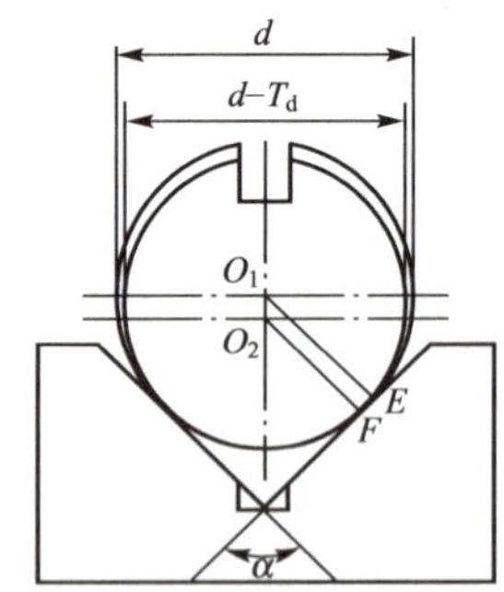

图 2—42 工件在 V 形块上的定位误差分析

$$\Delta_y = \Delta_i = O_1O_2 = \frac{d}{2\sin\frac{\alpha}{2}} - \frac{d-T_d}{2\sin\frac{\alpha}{2}} = \frac{T_d}{2\sin\frac{\alpha}{2}} \quad (2—7)$$

对于图 2—39 中的三种工序尺寸标注，其定位误差分别如下：

1）当工序尺寸为 A_1 时，工序基准是圆柱轴心线，定位基准也是圆柱轴心线，两者重合，即 $\Delta_B=0$。于是有

$$\Delta_D=\Delta_y=\frac{T_d}{2\sin\frac{\alpha}{2}} \quad (2—8)$$

2）当工序尺寸为 A_2 时，工序基准是圆柱下母线，定位基准是圆柱轴心线，两者不重合，即 $\Delta_B=\frac{T_d}{2}$。此时，工序基准在定位基面上。当定位基面直径由大变小时，定位基准向下变动；当定位基准位置不动，而定位基面直径由大变小时，工序基准向上变动。两者的变动方向相反，取"一"号。于是有

$$\Delta_D=\Delta_y-\Delta_B=\frac{T_d}{2\sin\frac{\alpha}{2}}-\frac{T_d}{2}=\frac{T_d}{2}\left(\frac{1}{\sin\frac{\alpha}{2}}-1\right) \quad (2—9)$$

3）当工序尺寸为 A_3 时，工序基准是圆柱上母线，定位基准是圆柱轴心线，两者不重合，即 $\Delta_B=\frac{T_d}{2}$。此时，工序基准在定位基面上。当定位基面直径由大变小时，定位基准向下变动；当定位基准位置不动，而定位基面直径由大变小时，工序基准也向下变动。两者的变动方向相同，取"＋"号。于是有

$$\Delta_D=\Delta_y+\Delta_B=\frac{T_d}{2\sin\frac{\alpha}{2}}+\frac{T_d}{2}=\frac{T_d}{2}\left(\frac{1}{\sin\frac{\alpha}{2}}+1\right) \quad (2—10)$$

（4）一面两孔组合定位。

工件以一面两孔组合定位时，必须注意各定位元件对定位误差的综合影响。其中基准位移误差包括平面内任意方向移动的基准位移误差和转动的基准位移误差（简称转角误差）。移动的基准位移误差一般取决于第一定位副的最大间隙；转角误差应考虑最不利的情况并通过几何关系转换来求得。

例 2—4　如图 2—43 所示连杆盖工序图，加工时采用图 2—44 所示的定位方式。已知圆柱销直径 $d_1=\phi12_{-0.017}^{-0.006}$ mm，菱形销直径 $d_2=\phi12_{-0.091}^{-0.080}$ mm，求 4×ϕ3 孔所注有关工序尺寸的定位误差。

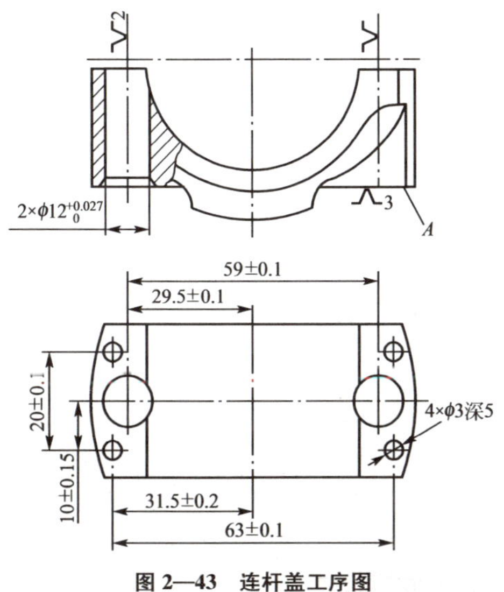

图 2—43　连杆盖工序图

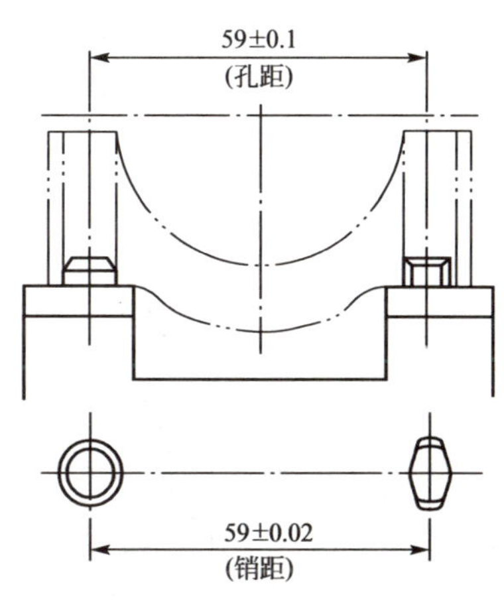

图 2—44　一面两孔定位方式

解：连杆盖本道工序的加工尺寸较多，除了 4×ϕ3 孔的直径和深度外，还有 63±0.1mm、20±0.1mm、31.5±0.2mm 和 10±0.15mm。其中，尺寸 63±0.1mm 和 20±0.1mm 没有定位误差，因为它们的大小主要取决于钻套的距离，与工件定位无关；而尺寸 31.5±0.2mm 和 10±0.15mm 均受工件定位的影响，有定位误差。

1）影响加工尺寸 31.5±0.2mm 的定位误差。

由于定位基准与工序基准不重合，定位尺寸为 29.5±0.1mm，所以 $\Delta_B=0.2$mm。由于尺寸 31.5±0.2mm 的方向与两定位孔连心线平行，此时该方向的位移误差取决于孔与圆柱销之间的最大间隙。于是有

$$\Delta_y=X_{1min}=0.027+0.017=0.044\text{mm}$$

由于工序基准不在定位基面上，所以

$$\Delta_D=\Delta_y+\Delta_B=0.044+0.2=0.244\text{mm}$$

2）影响加工尺寸 10±0.15mm 的定位误差。

因为定位基准与工序基准重合，所以 $\Delta_B=0$。定位基准与限位基准不重合将产生基准位移误差。位移的极限位置有四种情况：两孔和两销同侧或另一侧单边接触，如图 2—45(a)所示；两孔和两销上下错移或反向错移接触，如图 2—45(b) 所示。后者造成工件相对夹具

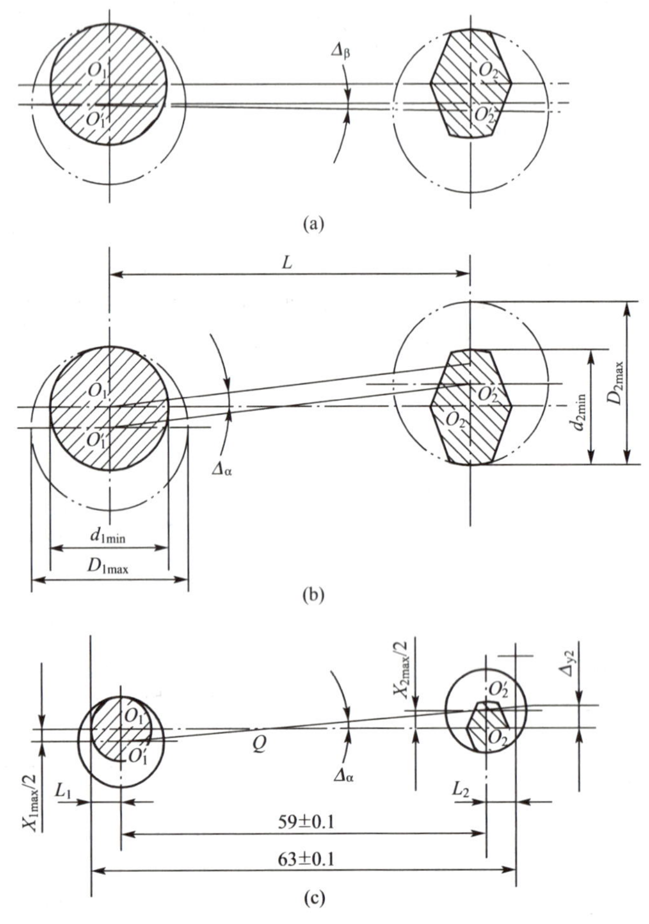

图 2—45　一面两孔组合定位的定位误差

上两定位销连线发生偏移，产生最大转角误差 Δ_α。此时对加工尺寸 10±0.15mm 的影响是最大转角误差产生的位移量，它大于两孔和两销同一侧接触的位移量，所以最大转角误差 Δ_α所产生的基准位移量就是定位误差。

由图 2—45(c) 可得

$$\tan\Delta_\alpha=(O_1O_1'+O_2O_2')/L=(X_{1\min}+X_{2\max})/2L$$

$$\Delta_\alpha=\arctan(X_{1\min}+X_{2\max})/2L$$

实际上，工件还可能向另一方向偏转 Δ_α，所以真正的转角误差应当是 $\pm\Delta_\alpha$。代入数值计算得

$$\tan\Delta_\alpha=(X_{1\min}+X_{2\max})/2L=(0.044+0.118)/(2\times59)=0.001\ 38$$

从图 2—45(c) 中可见，左边两小孔和右边两小孔的基准位移误差分别为

$$\Delta_{y1}=X_{1\max}+2L_1\tan\Delta_\alpha=0.044+2\times2\times0.001\ 38=0.05\text{mm}$$

$$\Delta_{y2}=X_{2\max}+2L_1\tan\Delta_\alpha=0.118+2\times2\times0.001\ 38=0.124\text{mm}$$

由于是对四孔的统一要求，故其定位误差为

$$\Delta_D=\Delta_{y2}=0.124\text{mm}$$

第 3 节　工件的夹紧

上一节主要讲述了工件在夹具中的定位问题，目的在于解决工件的定位方法和保证必要的定位精度。但是，即使将工件的定位问题解决得很好，那也只是完成了工件装夹的一半。在大多数场合下，工件单纯定好位仍无法正常进行加工，只有在夹具上设置必要的夹紧装置并对工件实施夹紧，才算是完成了工件在夹具中装夹的全部任务和要求。

一、夹紧装置的组成和基本要求

工件在机床上或夹具中定位后，还需采用一定的机构将其夹紧，以保证工件在加工过程中不会因为受到外力作用而产生位移或振动。这种夹紧工件的机构称为夹紧装置。

1. 夹紧装置的组成

夹紧装置的种类很多，但其结构主要由两部分组成：

(1) 动力装置——产生夹紧力。

动力装置即产生原始夹紧作用力的装置。夹紧原始作用力的来源一是人力，二是某种动力装置。常用的动力装置有液压、气压、电磁、电动、气液联动以及真空装置等。

(2) 夹紧机构——传递夹紧力。

要使动力装置所产生的力或人力正确作用到工件上，需要有适当的传递机构。在工件夹紧过程中起力的传递作用的机构称为夹紧机构。

图 2—46 所示为采用液压夹紧装置的铣床夹具。其中，液压缸 4、活塞 5、活塞杆 3 等组成了液压动力装置，铰链臂 2 和压板 1 等构成了铰链压板夹紧机构。

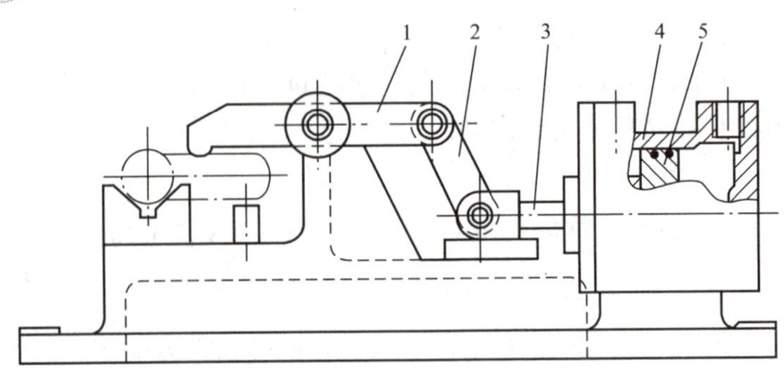

图 2—46 液压夹紧铣床夹具

1—压板；2—铰链臂；3—活塞杆；4—液压缸；5—活塞

2. 对夹紧装置的基本要求

夹紧装置的设计和选用是否正确合理，对于保证加工精度、提高生产效率以及减轻操作者劳动强度有很大影响。为此，对夹紧装置提出如下基本要求：

(1) 夹紧过程中，不得改变工件定位后所占据的正确位置。

(2) 夹紧力的大小应适当可靠，既要保证工件在整个加工过程中不发生位置变动和振动，又不允许工件产生过大的夹紧变形和表面损伤。

(3) 夹紧装置的复杂程度应与工件的生产纲领相适应。

(4) 工艺性与使用性好。其结构应力求简单、便于制造和维修，操作方便、安全、省力。

二、夹紧力的确定

夹紧力包括大小、方向和作用点三个要素，它们的确定是夹紧装置设计中首先要解决的问题。

1. 夹紧力的方向

(1) 夹紧力的方向应垂直于主要定位基准面，以保证定位的稳定可靠。

当工件使用几个表面定位时，在各相应方向都应施加一定的夹紧力。一般来说，工件的主要定位基准面的面积较大，精度较高，限制的自由度较多，夹紧力垂直作用于此面上，有利于保证工件的准确定位。

如图 2—47(a) 所示，工件被镗的孔与左端面有一定的垂直度要求。因此，工件以孔的左端面与定位元件的 A 面接触，限制三个自由度；以底面与 B 面接触，限制两个自由

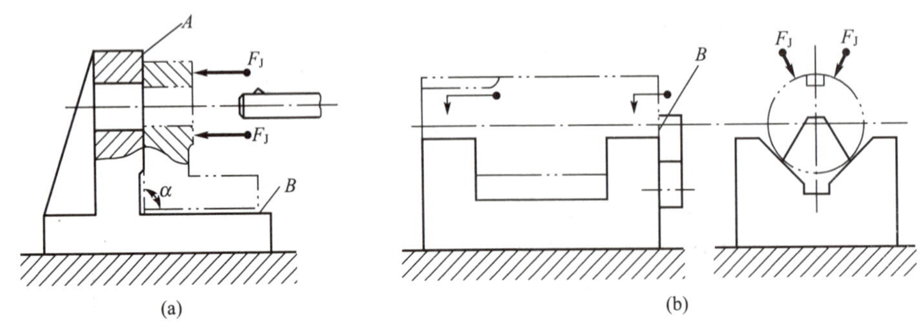

图 2—47 夹紧力朝向主要限位面

度；夹紧力朝向主要限位面 A，这样做有利于保证孔与左端面的垂直度要求。如果夹紧力朝向 B 面，则由于工件左端面与底面的夹角误差，夹紧时将会破坏工件定位的准确性，从而影响孔与左端面的垂直度要求。

再如图 2—47(b) 所示，夹紧力朝向主要限位面——V 形块的 V 形面，使工件的装夹稳定可靠。如果夹紧力朝向 B 面，则由于工件圆柱面与端面的垂直度误差，夹紧时工件的圆柱面可能会离开 V 形块的 V 形面。这样不仅破坏了定位，而且加工时工件容易产生振动，从而影响加工精度要求。

2. 夹紧力的作用点

夹紧力的作用点是指夹紧元件与工件相接触的位置。选择夹紧力作用点位置和数目时，应遵循下列原则：

(1) 夹紧力的作用点应落在定位元件的支承范围内。

如图 2—48 所示，夹紧力的作用点落到了定位元件的支承范围之外，夹紧时将破坏工件的定位。

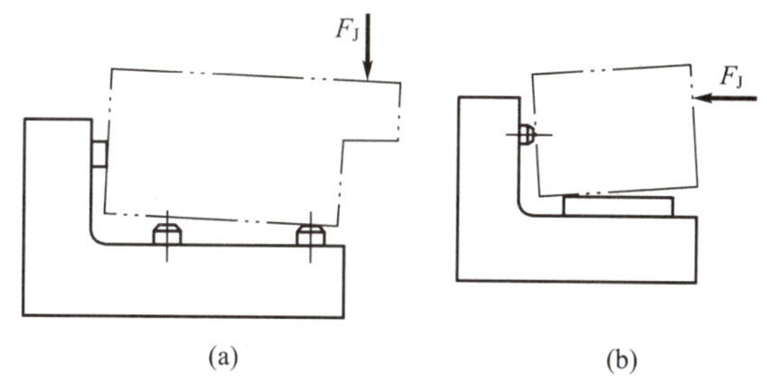

图 2—48 夹紧力作用点的位置不正确

(2) 夹紧力的作用点应落在工件刚性较好的方向和部位。

这一原则对刚性差的工件特别重要。如图 2—49(a) 所示，薄壁套类工件的轴向刚性要比径向好，使用卡爪径向夹紧，工件变形大；若沿轴向施加夹紧力，变形就会小得多。夹紧图 2—49(b) 所示薄壁箱体零件时，夹紧力不应作用在箱体的顶面，而应作用在刚性较好的凸边上。如果箱体没有凸边时，可以如图 2—49(c) 所示那样，将单点夹紧改为三点夹紧，使着力点落在刚性较好的箱壁上，从而降低着力点的压强，减小工件的夹紧变形。

(3) 夹紧力作用点应靠近工件的加工表面。

如图 2—50 所示，在拨叉上铣槽。由于主要夹紧力的作用点距加工表面较远，故在靠近加工表面的地方设置了辅助支承，增加了辅助夹紧力 F_J'。这样不仅提高了工件的装夹刚性，而且还减少了加工时工件的振动。

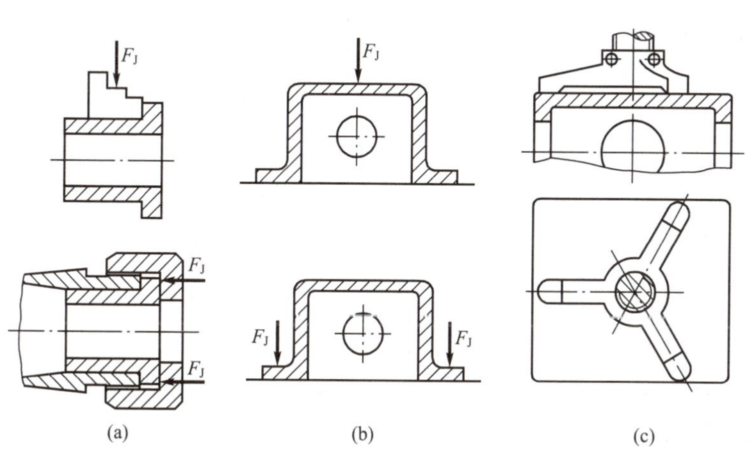

图 2—49 夹紧力作用点与夹紧变形的关系

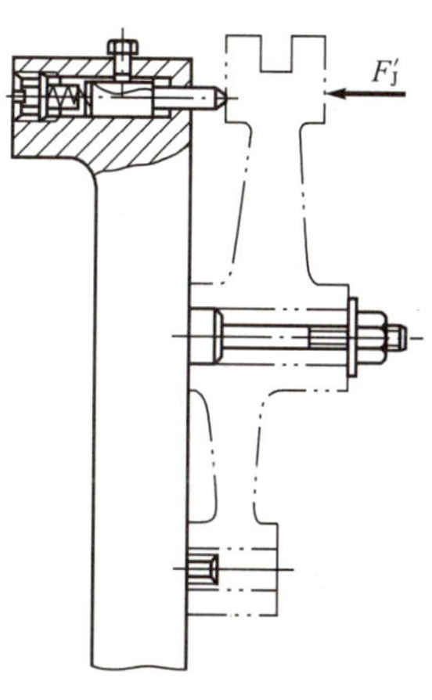

图 2—50 夹紧力作用点靠近加工表面

3. 夹紧力的大小

在夹紧力的方向和作用点确定之后，还需合理确定夹紧力的大小。机械加工过程中，工件受到切削力、离心力、惯性力以及重力的作用。理论上，夹紧力的作用应与上述力（矩）的作用平衡；但实际上，夹紧力的大小还与工艺系统的刚性、夹紧机构的传递效率等因素有关。另外，切削力的大小在加工过程中是变化的。因此，夹紧力的计算是个很复杂的问题，只能进行粗略的估算。估算时应找出对夹紧力最不利的瞬时状态，估算此状态下所需的夹紧力，同时只考虑主要因素在力系中的影响，略去次要因素在力系中的影响。估算步骤如下：

（1）建立理论夹紧力 $F_{J理论}$ 与主要最大切削力 F_P 的静平衡方程，即

$$F_{J理论}=\phi(F_P)$$

（2）实际需要的夹紧力 $F_{J需要}$ 应考虑安全系数 K（见表 2—2），即

$$F_{J需要}=KF_{J理论}$$

（3）校核夹紧机构产生的夹紧力 F_J 是否满足条件 $F_J>F_{J需要}$。

现以图 2—51 所示铣削加工示意图为例，估算所需夹紧力。

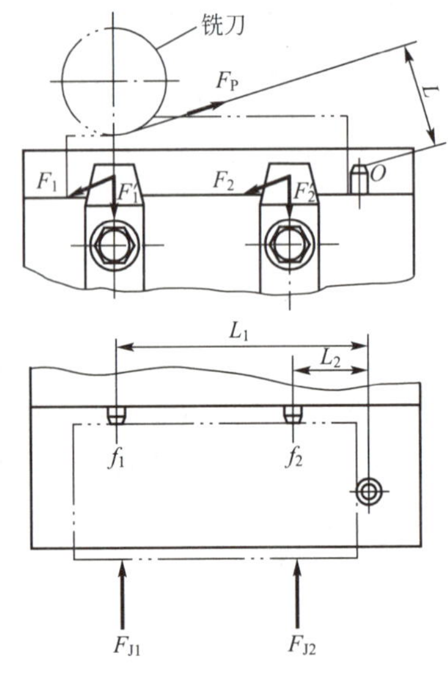

图 2—51 铣削时夹紧力的估算

由于是小型工件，故工件重力略去不计；又因为压板是活动的，压板对工件的摩擦力也略去不计。

当不设置止推销时，对夹紧最不利的瞬时状态是铣刀切入全深、切削力 F_P 达到最大，工件可能沿 F_P 的方向移动。此时需用夹紧力 F_{J1}、F_{J2} 产生的摩擦力 F_1、F_2 与之平衡。建立静平衡方程如下：

$$F_1+F_2=F_P,\quad F_{J1}f_1+F_{J2}f_2=F_P$$

设 $F_{J1}=F_{J2}=F_{J理论}$，$f_1=f_2=f$

则 $2fF_{J理论}=F_P$，$F_{J理论}=F_P/2f$

考虑安全系数 K，每块压板需作用给工件的夹紧力为

$$F_{J理论}=KF_P/2f\ (N)$$

式中：f——工件与定位元件之间的摩擦系数。

当不设置止推销时，工件不可能斜向移动，对夹紧最不利的瞬时状态是铣刀切入全深、切削力 F_P 达到最大，工件绕 O 点转动，形成切削力矩 F_PL。此时需用夹紧力 F_{J1}、F_{J2} 产生的摩擦力矩 $F_1'L_1$、$F_2'L_2$ 与之平衡。建立静平衡方程如下：

$$F_1'L_1+F_2'L_2=F_PL,\quad F_{J1}f_1L_1+F_{J2}f_2L_2=F_PL$$

设 $F_{J1}=F_{J2}=F_{J理论}$，$f_1=f_2=f$

则 $F_{J理论}f(L_1+L_2)=F_PL$，$F_{J理论}=F_PL/f(L_1+L_2)$

考虑安全系数 K，每块压板需作用给工件的夹紧力为

$$F_{J理论}=KF_PL/f(L_1+L_2) \tag{2—11}$$

式中：L——切削力作用方向至挡销的距离；

L_1、L_2——两支承钉至挡销的距离。

安全系数是综合考虑各种因素的结果，可按式 $K=K_0K_1K_2K_3$ 来计算。各种因素的安全系数见表 2—2。

表 2—2　各种因素的安全系数

考虑因素		系数值
K_0——基本安全系数（考虑工件的材料、余量是否均匀）		1.2～1.5
K_1——加工性质系数	粗加工	1.2
	精加工	1.0
K_2——刀具钝化系数		1.1～1.3
K_3——切削特点系数	连续加工	1.0
	断续加工	1.2

三、基本夹紧机构

夹紧机构的种类虽然很多，但其结构大都以斜楔夹紧机构、螺旋夹紧机构和偏心夹紧机构为基础，这三种夹紧机构合称为基本夹紧机构。

1. 斜楔夹紧机构

如图 2—52 所示为几种常用斜楔夹紧机构夹紧工件的实例。图 2—52(a) 是在工件上

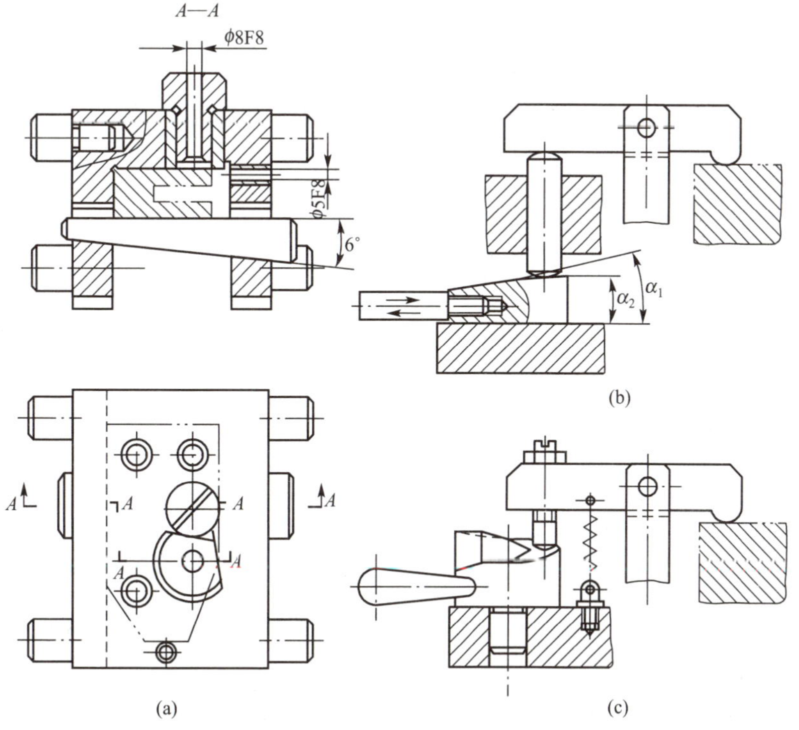

图 2—52　斜楔夹紧机构

钻相互垂直的ϕ8mm 和ϕ5mm 两组孔。工件装入后，锤击斜楔大头，夹紧工件。加工完毕后，锤击斜楔小头，松开工件。由于用斜楔直接夹紧工件的夹紧力较小，而且操作费时，所以生产实际中应用不多，多数情况下是将斜楔与其他机构联合起来使用。图 2—52(b) 是将斜楔与滑柱合成为一种夹紧机构，一般用气压或液压进行驱动。图 2—52(c) 是由端面斜楔与压板组合而成的夹紧机构。

(1) 斜楔的夹紧力。

若以 F_Q 力作用于斜楔的大端，则楔块产生的夹紧力 F_J 为

$$F_J=\frac{F_Q}{\tan\varphi_1+\tan(\alpha+\varphi_2)} \tag{2—12}$$

式中：F_J——斜楔对工件产生的夹紧力（N）；

α——斜楔升角（°）；

F_Q——加在斜楔上的作用力（N）；

φ_1——斜楔与工件之间的摩擦角（°）；

φ_2——斜楔与夹具体之间的摩擦角（°）。

设 $\varphi_1=\varphi_2=\varphi$，当 α 很小时（$\alpha\leqslant 10°$），可用下式作近似计算：

$$F_J=\frac{F_Q}{\tan(\alpha+2\varphi)} \tag{2—13}$$

(2) 斜楔自锁条件。

当用人力作用于斜楔时，要求斜楔能实现自锁。其自锁条件为

$$\alpha<\varphi_1+\varphi_2 \tag{2—14}$$

为保证可靠自锁，手动夹紧机构一般取 $\alpha=6°-8°$；气压或液压装置驱动的斜楔不需要自锁，可取 $\alpha=15°-30°$。

(3) 斜楔的扩力比与夹紧行程。

夹紧力与作用力之比称为扩力比（$i=F_J/F_Q$）或增力系数。i 的大小表示夹紧机构在传递力的过程中扩大（或缩小）作用力的倍数。斜楔的扩力比为

$$i=F_J/F_Q=\frac{1}{\tan\varphi_1+\tan(\alpha+\varphi_2)} \tag{2—15}$$

由图 2—53 可知，斜楔的夹紧行程 h 与斜楔移动的距离 s 的关系为

$$h=s\tan\alpha$$

由于移动距离 s 受到斜楔长度的限制，要增大夹紧行程，就要增大斜角 α，而斜角太大，便不能自锁。当要求机构既能自锁，又有较大夹紧行程时，可采用双斜面斜楔，如图 2—52(b) 所示。斜楔上大斜角的一段滑柱迅速上升，小斜角的一段确保自锁。

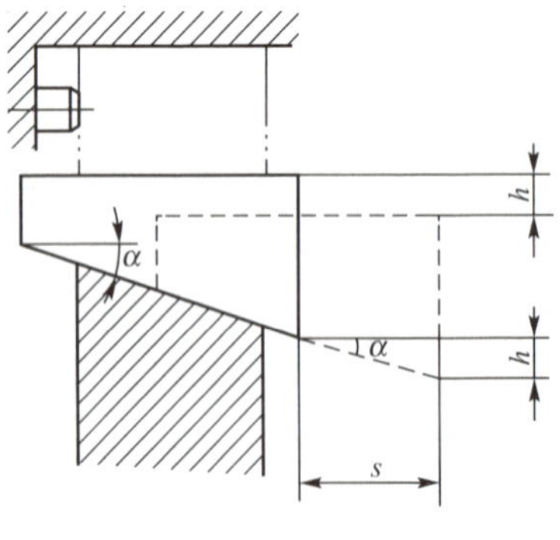

图 2—53 斜楔的夹紧行程

2. 螺旋夹紧机构

螺旋夹紧机构由螺钉、螺母、垫圈、压板等元件组成。如图 2—54 所示是这种机构夹紧工件的实例。螺旋夹紧机构结构简单、容易制造，自锁性能好，夹紧力和夹紧行程都较

大，故目前在夹具设计中得以广泛应用。

(1) 单个螺旋夹紧机构。

如图 2—54(a)、(b) 所示是直接用螺钉或螺母夹紧工件的机构，称为单个螺旋夹紧机构。如图 2—54(c) 所示是用螺栓和摆动压块的夹紧机构。

在图 2—54(a) 中，螺钉头直接与工件表面接触，螺钉转动时可能会损伤工件表面或带动工件旋转。克服这一缺点的办法是在螺钉头部装上图 2—55 所示的摆动压块。当摆动压块与工件接触后，不会与螺钉一起转动。A 型的端面是光滑的，用于夹紧已加工表面；B 型的端面有齿纹，用于夹紧毛坯面，如图 2—55(a)、(b) 所示。当要求螺钉只移动不转动时，可采用如图 2—55(c) 所示的结构。

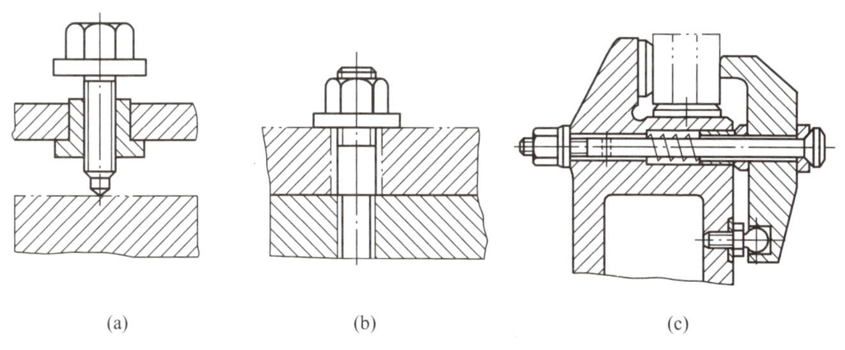

图 2—54 螺旋夹紧机构

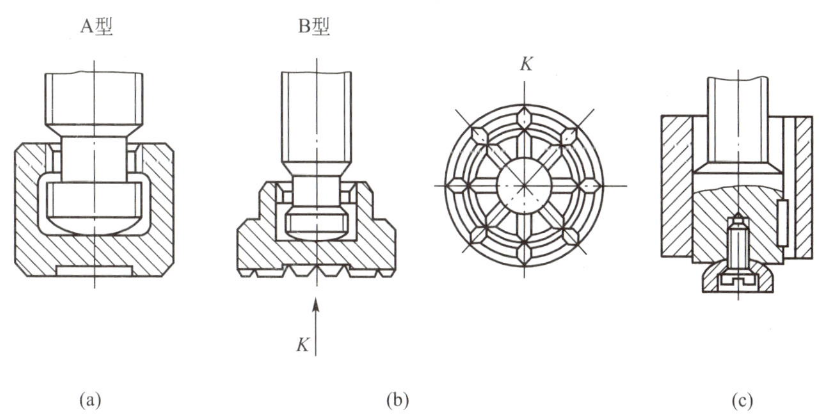

图 2—55 摆动压块

夹紧动作慢，工件装卸费事，是单个螺旋夹紧机构的另一个缺点。装卸工件时，要将螺母拧上拧下，费时费力。克服这一缺点的办法很多，图 2—56 所示就是常用的几种。

在图 2—56(a) 中使用了开口垫圈。在图 2—56(b) 中采用了快卸螺母。在图 2—56(c)中，夹紧轴 1 上的直槽连着螺旋槽，先推动手柄 2，使摆动压块迅速靠近工件，继而转动手柄，夹紧工件并自锁。在图 2—56(d) 中，当手柄 4 带动螺母旋转时，因手柄 5 的限制，螺母不能右移，致使螺杆带着摆动压块 3 往左移，从而夹紧工件。松开时，只要反转手柄 4，稍微松开后即可转动手柄 5，为手柄 4 的快速右移让出空间。

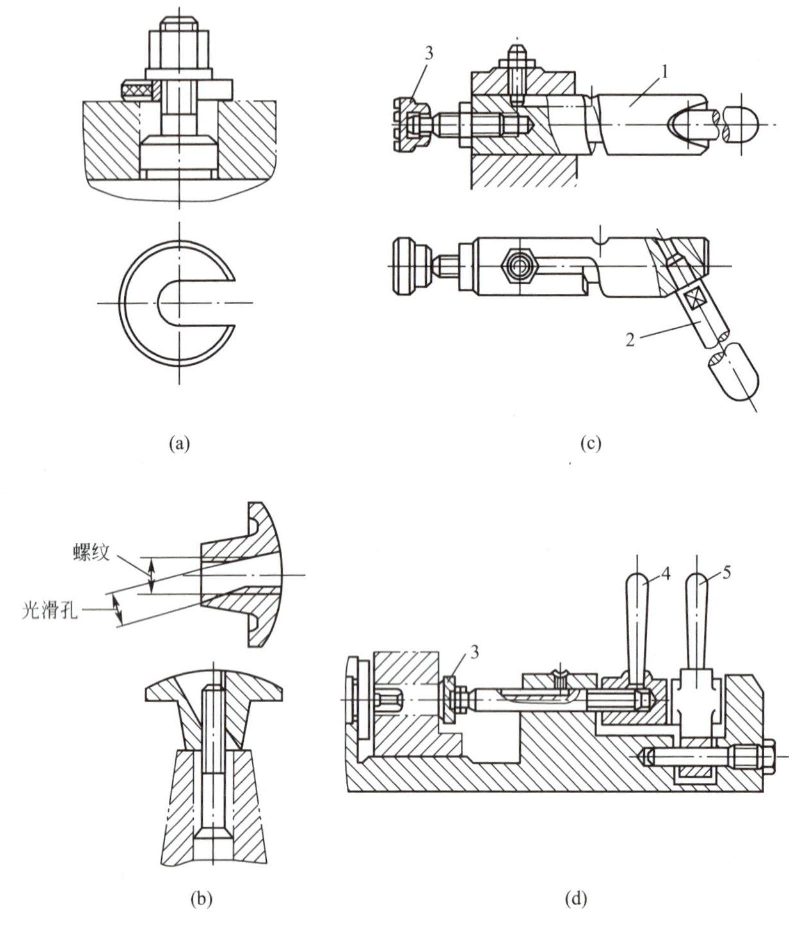

图 2—56　快速螺旋夹紧机构

1—夹紧轴；2、4、5—手柄；3—摆动压块

(2) 螺旋压板机构。

夹紧机构中，结构形式变化最多的是螺旋压板机构。如图 2—57 所示是螺旋压板机构的四种典型结构。如图 2—57(a)、(b) 所示为移动压板；如图 2—57(c)、(d) 所示为回转压板。

上述各种螺旋压板机构的结构尺寸均已标准化，设计时可参考国家有关标准和夹具设计手册。

3. 偏心夹紧机构

用偏心件直接或间接夹紧工件的机构称为偏心夹紧机构。如图 2—58 所示是偏心夹紧机构的工作实例。其中图 2—58(a)、(b) 使用的是圆偏轮，图 2—58(c) 使用的是偏心轴，图 2—58(d) 使用的是偏心叉。

偏心夹紧机构操作方便、夹紧迅速，缺点是夹紧力和夹紧行程都较小，一般用于切削力不大、振动小、夹压面公差小的场合。

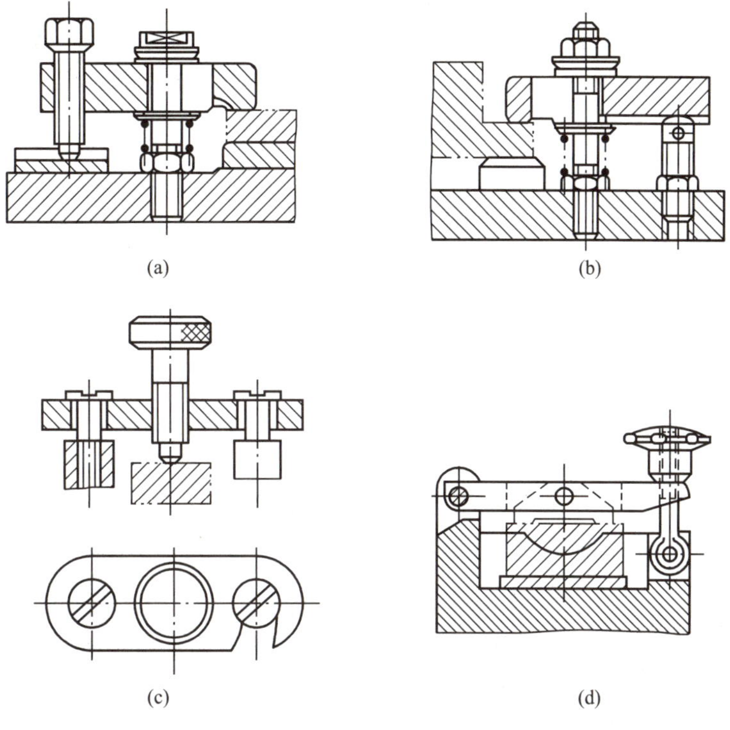

图 2—57 螺旋压板机构

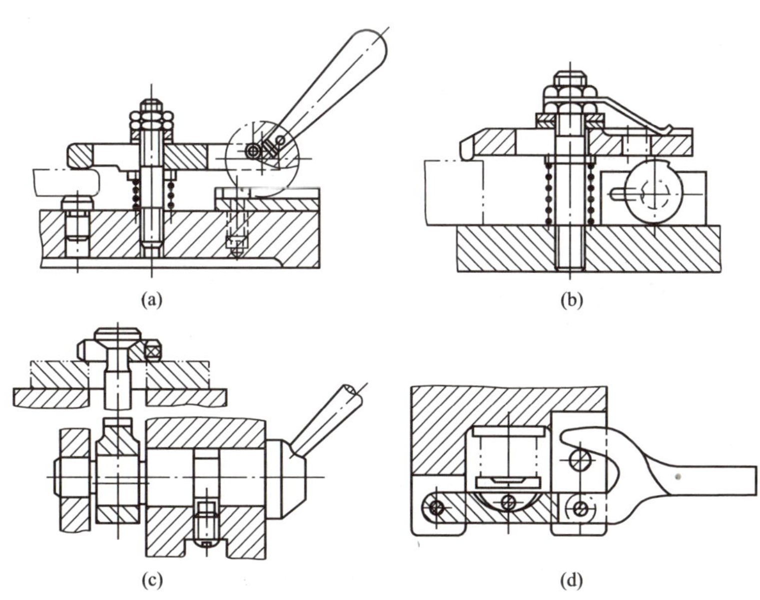

图 2—58 圆偏心夹紧机构

（1）圆偏心轮的工作原理。

偏心轮如图 2—59 所示，其原理与斜楔夹紧机构类似。偏心轮直径为 D，偏心距为 e。由图 2—59 可知，其几何中心与回转中心不重合。当手柄带动偏心轮顺时针转动时，它相当于一个弧形楔，逐渐楔入虚线圆与工件之间，从而夹紧工件。O_1 点从最高位置转到最低位置，最大行程为 $2e$。偏心夹紧时，由于圆周上各接触角 α 是不相等的，所以得到的夹紧力也是不同的。从图 2—59(d) 中可知，如从任意接触点 K 分别作与回转中心 O 以及几何中心 O_1 的连线，$\angle OKO_1$ 即为 K 点的升角 α_K，其大小为

$$\tan\alpha_K = OM/MK = e\sin\theta/(D/2 - e\cos\theta) \tag{2—16}$$

式中：θ——偏心轮回转角度（°）。

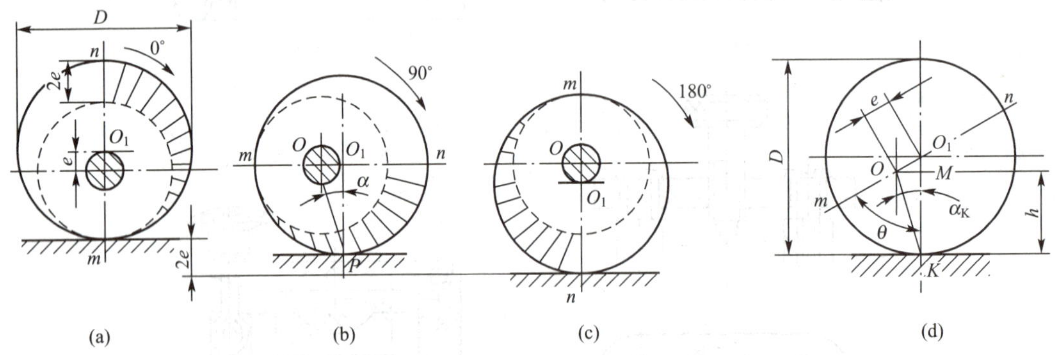

图 2—59　偏心轮的工作特性及升角

由上式可知，当 $\theta=0°$时，m 点升角 $\alpha_m=0°$。随着回转角增大，升角也增大。P 点升角为最大值，此时 OO_1 连线处于水平位置。

$$\tan\alpha_{max} \approx \tan\alpha_P = 2e/D \tag{2—17}$$

圆偏心轮工作转角一般小于 90°，因为转角太大，不仅操作费时，而且也不安全，工作转角范围内的那段轮周称为圆偏心轮的工作段。常用工作段回转角是 $\theta=45°\sim135°$或 $\theta=90°\sim180°$。在 $\theta=45°\sim135°$范围内，升角大，升角变化小，夹紧力小而稳定，而且夹紧行程大（$h\approx1.4e$）；在 $\theta=90°\sim180°$范围内，升角由大到小，夹紧力逐渐增大，但夹紧行程较小（$h=e$）。

(2) 圆偏心轮的自锁条件。

由于圆偏心轮夹紧工件的实质是弧形楔夹紧工件，因此，圆偏心轮的自锁条件应与斜楔的自锁条件相同，即

$$\alpha_{max} \leqslant \varphi_1 + \varphi_2 \tag{2—18}$$

式中：α_{max}——圆偏心轮的最大升角（°）；

φ_1——圆偏心轮与工件之间的摩擦角（°）；

φ_2——圆偏心轮与回转销之间的摩擦角（°）。

由于回转销的直径较小，圆偏心轮与回转销之间的摩擦力矩不大，为使自锁可靠，将其忽略不计，上式便简化为

$$\alpha_{max} \leqslant \varphi_1 \quad 或 \quad \tan\alpha_{max} \leqslant \tan\varphi_1 = f$$

所以，圆偏心轮的自锁条件是

$$2e/D \leqslant f \tag{2—19}$$

当 $f=0.1$ 时，$D/e\geqslant20$；当 $f=0.15$ 时，$D/e\geqslant14$。

(3) 圆偏心轮的夹紧力。

由于圆偏心轮周上各点的升角不同，因此各点的夹紧力也不相等。如图 2—60 所示为任意点 X 夹紧工件时圆偏心轮的受力情况。根据受力分析可得

$$F_J = F_Q L / [f(R+r) + e(\sin\theta - f\cos\theta)] \tag{2—20}$$

式中：F_J——工件对偏心轮的夹紧反力（N）；

F_Q——手柄作用力（N）；

f——工件与偏心轮之间的摩擦系数；

L——手柄臂长（mm）；

R——偏心轮的半径（mm）；

r——回转销的半径（mm）。

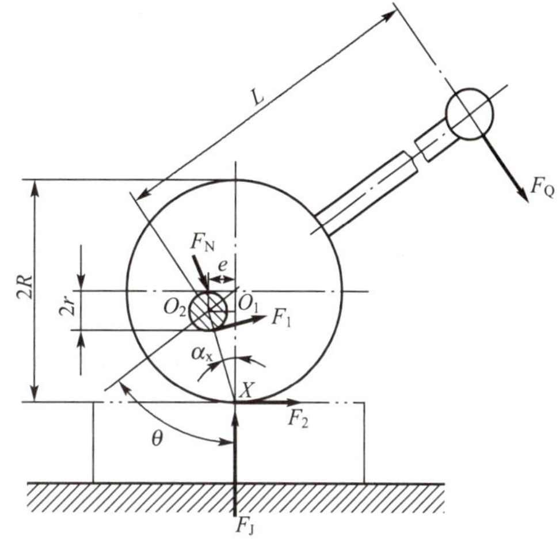

图 2—60　圆偏心轮夹紧受力分析

第 4 节　专用夹具的设计方法

一、专用夹具设计的基本要求

1. 能保证工件的加工精度

专用夹具应有合理的定位方案，标注合适的尺寸、公差和技术要求，并进行必要的精度分析，确保夹具能够满足工件的加工精度要求。

2. 能提高生产效率

应根据工件生产批量的大小设计不同复杂程度的高效夹具，以便缩短辅助时间，提高生产效率。

3. 工艺性好

专用夹具的结构应简单、合理，便于加工、装配、检验和维修。

4. 使用性好

专用夹具的操作应简便、省力、安全可靠，排屑应方便，必要时可设置排屑机构。

5. 经济性好

除考虑专用夹具本身结构简单、标准化程度高、成本低廉外，还应根据生产纲领对夹具进行必要的经济分析，以提高夹具在生产中的经济效益。

二、专用夹具的设计步骤

1. 明确设计任务和收集设计资料

夹具设计的第一步是在已知生产纲领的前提下，研究被加工零件的零件图、工序图、工艺规程和设计任务书，对工件进行工艺分析。其内容主要是了解工件的结构特点、材料；确定本工序的加工表面、加工要求、加工余量、定位基准和夹紧表面，以及所用的机

床、刀具、量具等。

第二步是根据设计任务收集有关资料，如机床的参数，夹具的零部件国家标准、部颁标准和厂定标准，各类夹具图册、夹具设计手册等，还可以收集一些同类夹具的设计图样，并了解该厂的工装制造水平，以供参考。

2. 拟定夹具结构方案与绘制夹具草图

这是夹具设计的重要阶段，在分析各种资料的基础上，应完成下列工作：

(1) 确定工件的定位方案，设计定位装置。

(2) 确定工件的夹紧方案，设计夹紧装置。

(3) 确定对刀或导向方案，设计对刀或导向装置。

(4) 确定夹具与机床的连接方式，设计连接元件以及安装基面。

(5) 确定和设计其他装置以及元件的结构形式，如分度装置、预定位装置以及吊装元件等。

(6) 确定夹具的结构形式以及夹具在机床上的安装方式。

(7) 绘制夹具草图，并标注尺寸、公差以及技术要求。

3. 审查方案与改进设计

夹具草图画出后，应征求有关人员的意见，并送有关部门审查，然后根据他们的意见对夹具设计方案做进一步修改。

4. 绘制夹具装配总图

夹具的总装配图应按国家标准绘制，绘制比例尽量采用 1∶1。主视图按夹具面对操作者的方向绘制。总图应把夹具的工作原理、各种装置的结构以及相互关系表达清楚。夹具的总体绘制次序如下：

(1) 用双点划线将工件的外形轮廓、定位基面、夹紧表面以及加工表面绘制在各个视图的合适位置上。在总图中，工件可看做透明体，不遮挡后面夹具上的线条。

(2) 依次绘出定位装置、夹紧装置、对刀或导向装置、其他装置、夹具体、连接元件和安装基面。

(3) 标注必要的尺寸、公差和技术要求。

(4) 编制夹具明细表以及标题栏。

5. 绘制夹具零件图

夹具中的非标准零件均要画零件图，并按夹具总图的要求，确定零件的尺寸、公差以及技术要求。

三、夹具总图上尺寸、公差和技术要求的标注

现以图 2—61、图 2—62 所示的夹具总图为例，说明尺寸、公差和技术要求的标注方法。

1. 夹具总图上应标注的尺寸和公差

夹具总图上通常应标注以下六种尺寸：

(1) 最大轮廓尺寸 (S_L)。

图 2—61 中最大轮廓尺寸 (S_L) 有 84mm、ϕ70mm 和 60mm。如图 2—62 所示的车床夹具中，S_L 标注为 D 及 H。若夹具上有活动部分，则应用双点划线画出最大活动范围，或标出活动部分的尺寸范围。

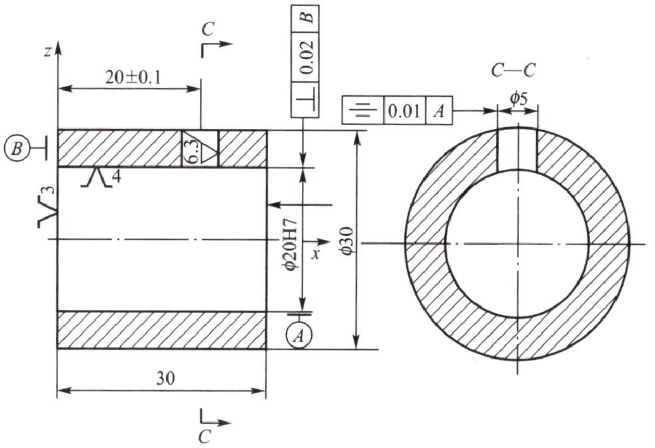

钢套钻孔工序图

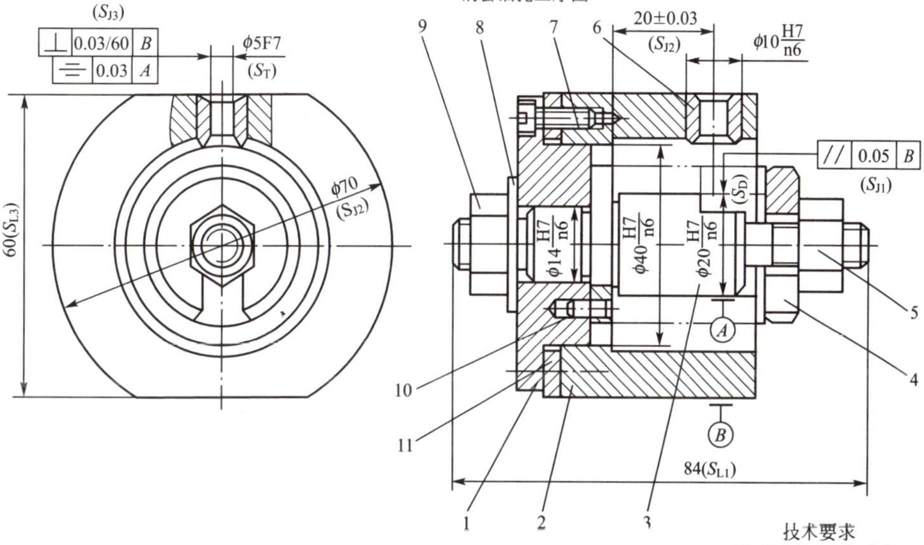

技术要求
装配时修磨调整垫圈11，
保证尺寸20±0.03。

图 2—61 ϕ5mm 钻孔模

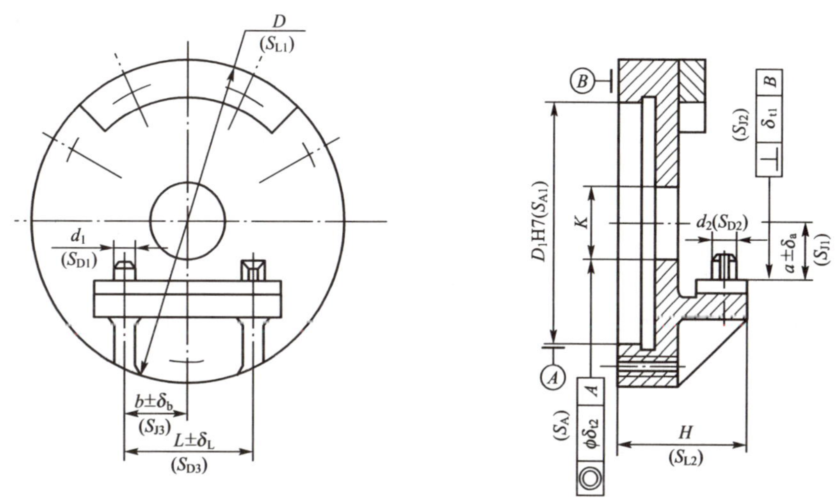

图 2—62 车床夹具尺寸标注示意

(2) 影响定位精度的尺寸和公差（S_D）。

它们主要是指工件与定位元素以及定位元素之间的尺寸、公差，如图 2—61 中标注的定位基面与限位基面的配合尺寸$\phi 20\frac{H7}{n6}$，图 2—62 中标注的圆柱销以及菱形销的尺寸 d_1、d_2 以及销间距 $L\pm\delta_L$。

(3) 影响对刀精度的尺寸和公差（S_T）。

它们主要是指刀具与对刀或导向元件之间的尺寸、公差，如图 2—61 中标注的钻套导向孔的尺寸ϕ5F7。

(4) 影响夹具在机床上安装精度的尺寸和公差（S_A）。

它们主要是指夹具安装基面与机床相应配合表面之间的尺寸、公差，如图 2—62 中标注的安装基面 A 与车床主轴的配合尺寸 D_1H7 以及找正孔 K 相对车床主轴的同轴度$\phi\delta_{t2}$。在图 2—61 中，钻模的安装基面是平面，可不必标注。

(5) 影响夹具精度的尺寸和公差（S_J）。

它们主要是指定位元件、对刀或导向元件、分度装置以及安装基面相互之间的尺寸、公差和位置公差，如图 2—61 中标注的钻套轴线与限位基面的尺寸 20±0.03mm、钻套轴线相对于定位心轴的对称度 0.03mm、钻套轴线相对与安装基面 B 的垂直度 60∶0.03、定位心轴相对于安装基面 B 的平行度 0.05mm；又如图 2—62 中标注的限位平面到安装基准的距离 $\alpha\pm\delta_a$、限位平面相对安装基面 B 的垂直度 δ_{t1}。

(6) 其他重要尺寸和公差。

它们为一般机械设计中应标注的尺寸、公差，如图 2—61 中标注的配合尺寸$\phi 14\frac{H7}{n6}$、$\phi 40\frac{H7}{n6}$、$\phi 10\frac{H7}{n6}$。

2. 夹具总图上应标注的技术要求

夹具总图上无法用符号标注而又必须说明的问题，可作为技术要求用文字写在总图上。如图 2—61 中标注："装配时修磨调整垫圈 11，保证尺寸 20±0.03。"

3. 夹具总图上的公差值的确定

夹具总图上标注公差值的确定原则是：在满足工件加工要求的前提下，尽量降低夹具的制造精度。

(1) 直接影响工件加工精度的夹具公差 δ_J。

夹具总图上标注的第二～第五类尺寸的尺寸公差和位置公差均直接影响工件的加工精度。取夹具总图上的尺寸公差或位置公差为

$$\delta_J=(1/2\sim1/5)\delta_K$$

式中：δ_K——与 δ_J 相应的工件尺寸公差或位置公差。

当工件批量大、加工精度低时，δ_J 取小值，因为这样可以延长夹具的使用寿命，又不增加夹具制造难度；反之则取大值。如图 2—61 中的尺寸公差、位置公差均取相应工件公差的 1/3 左右。

对于直接影响工件精度的配合尺寸，在确定了配合性质后，应尽量选用优先配合，如图 2—61 中的$\phi 20\frac{H7}{n6}$。

工件的加工尺寸未标注公差时，工件公差 δ_K 视为 IT12～IT14，夹具上相应的尺寸公差按 IT9～IT11 标注；工件上的位置要求未标注公差时，工件公差 δ_K 视为 IT9～IT11，夹具相应的位置公差按 IT7～IT9 标注；工件上加工角度未标注公差时，工件公差 δ_K 视为±30′～±10′，夹具上相应的角度公差标为±10′～±3′（相应边长为 10～400mm，边长短时取大值）。

（2）夹具上其他重要尺寸的公差与配合。

这类尺寸的公差与配合的标注对工件的加工精度有间接影响，在确定配合性质时，应考虑减少其影响。其公差等级可参照有关“夹具手册”或“机械设计手册”标注。这些重要尺寸包括图 2—61 中的配合尺寸 $\phi 40\frac{H7}{n6}$、$\phi 14\frac{H7}{n6}$、$\phi 10\frac{H7}{n6}$。

本章小结

本章主要介绍“六点定位原理”、定位方案和夹紧方案的确定、定位误差的计算、定位元件和夹紧机构的选择和设计、专用夹具的设计步骤等内容。通过本章的学习，力求使学生能设计中等复杂程度工件的机床夹具。本章要点如下：

工件的装夹有两个含义，即定位和夹紧。学习时要注意定位和夹紧是两个不同的概念，不要混淆。工件在夹具中的定位是根据工件的结构、加工精度、定位基准、加工所用的机床及操作方便等因素综合考虑的。

（1）正确理解“六点定位原理”，注意六个点的分布，如果定位支承点布置不当，就会造成过定位或欠定位。

（2）根据满足工件加工面位置精度要求确定所必须限制的自由度，正确区分不完全定位与欠定位的含义，不完全定位是加工中允许的，而欠定位是不允许的。

（3）正确处理过定位问题，能否允许采用过定位，要根据定位方案具体分析。

（4）定位元件及其组合所能限制自由度分析，掌握各种定位元件的特点和应用场合，并能根据工件的结构和定位基准情况正确选用。

（5）正确理解定位误差的定义，掌握简单定位方案的定位误差计算方法。

夹紧装置设计和应用的好坏，直接影响到加工质量、生产效率、劳动强度以及操作安全。

（1）确定夹紧力是夹紧机构设计中首先要解决的问题，学习时应掌握确定夹紧力的方法，并能根据工件的具体结构，结合定位方案，综合考虑夹紧力的方向、作用点、大小等因素，设计出合理的夹紧方案。

（2）斜楔夹紧机构、螺旋夹紧机构、偏心夹紧机构是基本夹紧机构，学习时要注意掌握其工作原理、工作特性、使用范围等。对于其他常用夹紧机构应着重于了解机构的结构特点以及应用。

掌握专用夹具的设计方法和工件在夹具中加工精度的分析方法。

（1）仔细分析理解专用夹具的设计过程及基本方法，从中体会如何根据被加工零件的结构、精度要求、生产类型以及所用机床的类型等多种实际条件进行专用夹具的设计。

（2）夹具制造精度的高低直接影响加工精度、夹具制造成本等，结合习题、课程设计等实践环节，正确确定夹具总图上的尺寸、公差和技术要求。

(3) 影响夹具精度的因素很多，学习时应搞清楚影响夹具精度的因素，深入理解误差不等式，并能在众多的误差因素中找出主要因素。

习题

1. 何谓“六点定位原理”? 工件的合理定位是否一定要限制其在夹具中的六个自由度?

2. 定位支承点不超过六个，就不会出现过定位，这种说法对吗? 试举例说明。

3. 工件在夹具中由于受定位元件的约束而得到定位，与工件被夹紧而得到固定的位置有何不同? 工件不受定位元件的约束仅靠夹紧而固定在某一位置，是否也算定位了?

4. 机床夹具由哪些部分组成，各有哪些作用?

5. 如题图 2—1 所示为镗削连杆小头孔工序定位简图。定位是在连杆小头孔插入削边定位销，夹紧后，拔出削边定位销就可进行镗削小孔。试分析各个定位元件所消除的自由度。

6. 试分析题图 2—2 中各定位方案中各个定位元件所消除的自由度。如果属于过定位或欠定位，请指出可能出现什么不良后果，并提出改进方案。

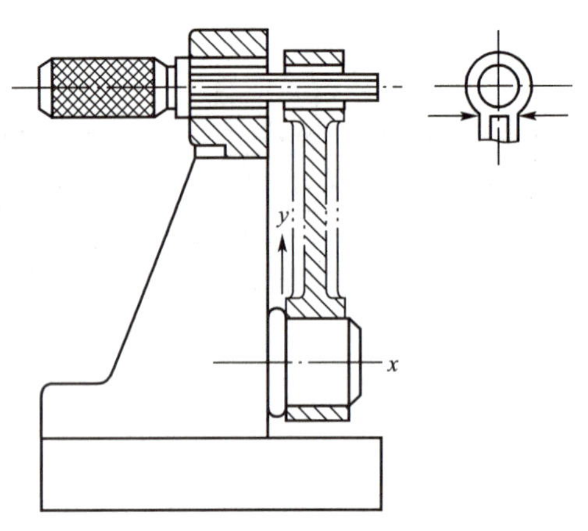

题图 2—1

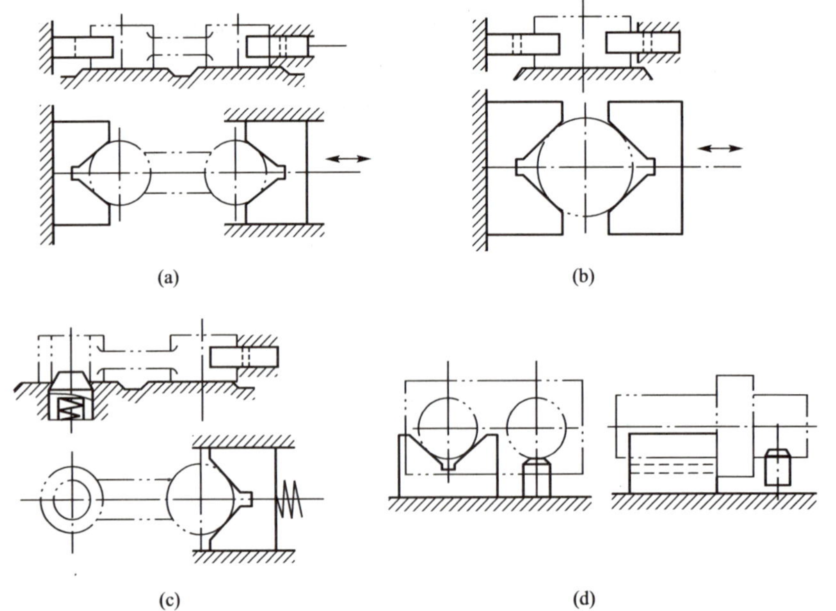

题图 2—2

7. 用题图 2—3 所示的定位方式，采用调整法铣削连杆的两个侧面，试计算加工尺寸 $12^{+0.3}_{0}$mm 的定位误差。

8. 用题图 2—4 所示的定位方式，采用调整法在阶梯轴上铣槽，V 形块的 V 形角 $\alpha=90°$，试计算加工尺寸 74±0.1mm 的定位误差。

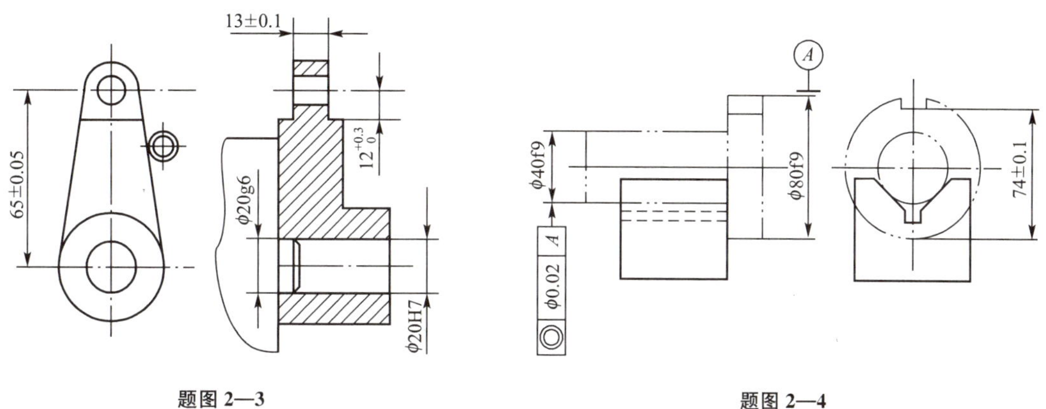

题图 2—3　　　　题图 2—4

9. 试分析题图 2—5 所示各夹紧方案是否合理？若有不合理处，则应如何改进？

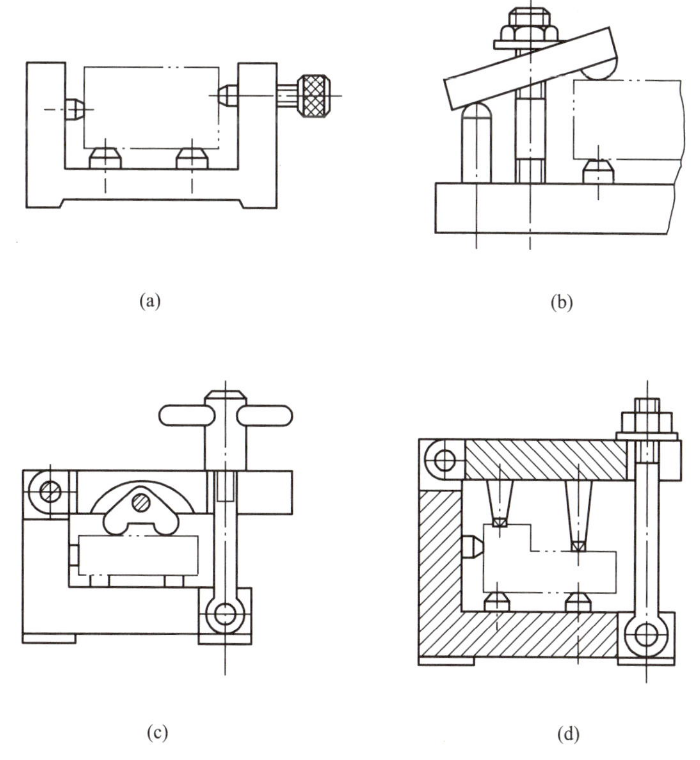

题图 2—5

10. 如题图 2—6 所示，根据工件加工要求，确定工件在夹具中定位时的自由度。

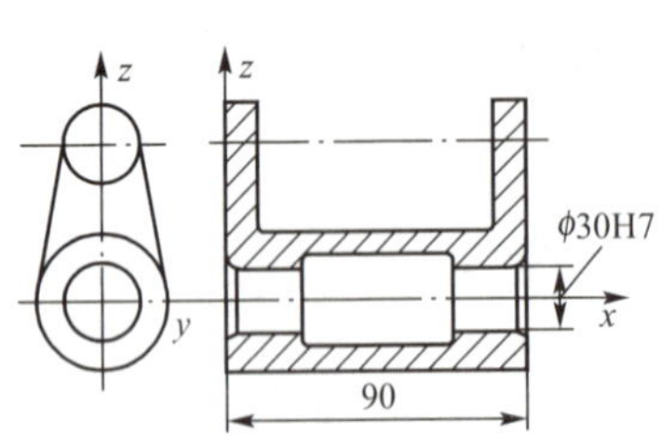

(a) 镗φ30H7孔,全部表面均未加工

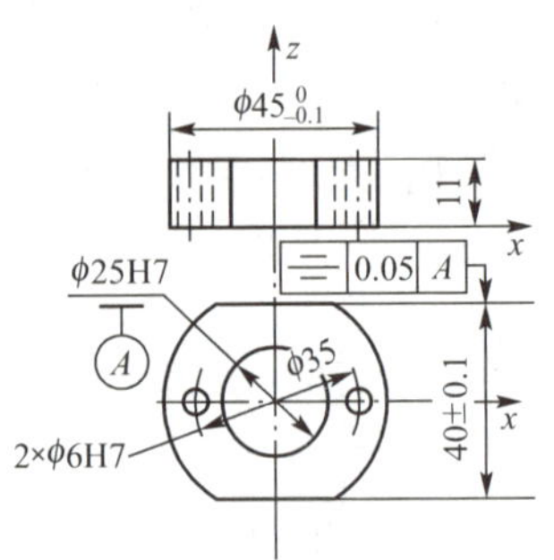

(b) 铣40±0.1mm平面,其余表面均已加工

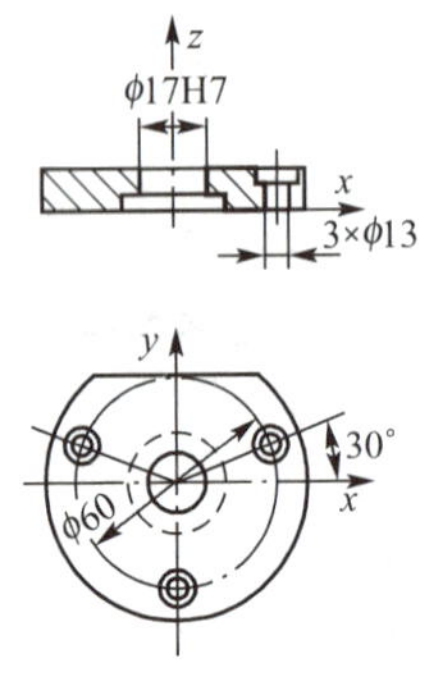

(c) 同时钻3×φ13mm孔,其余表面均已加工

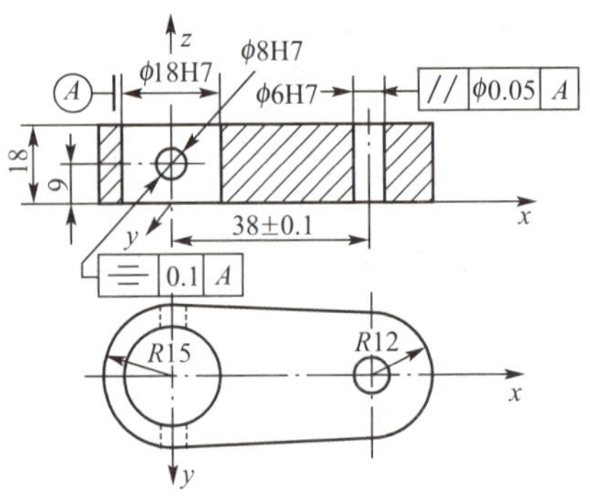

(d) 钻、铰φ8H7及φ6H7孔,其余表面均已加工

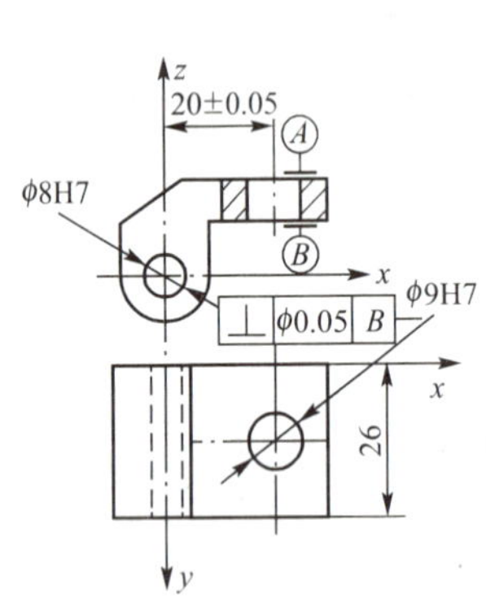

(e) 钻、扩、铰φ9H7孔,其余表面均已加工

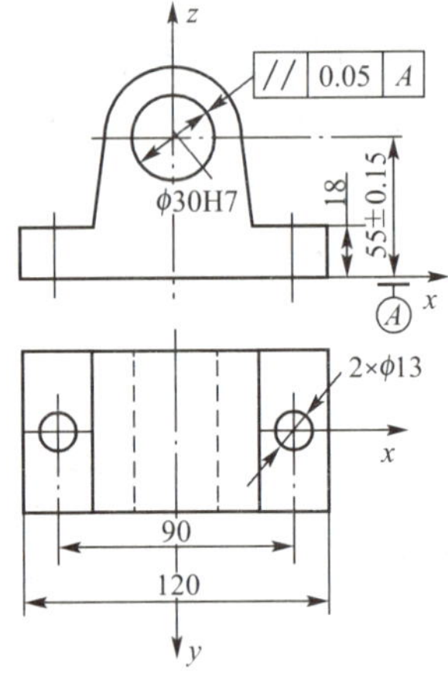

(f) 镗φ30H7孔A面,2×φ13mm孔已加工

题图 2—6

第3章　机械加工工艺规程的制定

【学习内容】

机械加工是利用切削工具对工件施加机械力从而切除多余材料的过程，而机械加工工艺规程又是机械加工的重要工艺文件。机械加工工艺规程的制定是机械制造工艺学的基本内容之一，也是机械制造工艺人员的一项主要工作内容。本章将重点介绍制定机械加工工艺规程的基本原理和主要问题。

【学习要求】

通过本章的学习，主要了解和掌握制定机械加工工艺规程的步骤和方法，熟练运用工艺尺寸链计算工序尺寸及其公差。

第1节　机械加工工艺规程概述

一、工艺规程的格式和内容

将工艺规程的内容，填入一定格式的卡片，即成为生产准备和施工所依据的工艺文件。这些文件包括：

1. 机械加工工艺规程

常用机械加工工艺规程有机械加工工艺过程卡和机械加工工序卡。主要内容包括：零件加工路线以及经过的车间和工段、各工序的内容以及采用的机床和工艺装备、零件的检验项目以及检验方法、切削用量、工时定额以及工人技术等级等。

（1）机械加工工艺过程卡。

这种过程卡主要列出了零件加工所经过的工艺路线（包括毛坯、机械加工和热处理等），主要用来了解零件的加工流向，是制定其他工艺文件的基础，也是生产技术准备、编制作业计划和组织生产的依据。

加工工艺卡是以工序为单位详细说明整个工艺过程的工艺文件。内容包括零件的材料、质量、毛坯的制作方法、各工序的具体内容以及加工后要达到的精度和表面粗糙度等。它是用来指导工人生产和帮助车间管理人员和技术人员掌握整个零件加工过程的一种主要技术文件，它广泛应用于成批生产和小批生产中。

在这种卡片中，各工序的说明不具体，多作为生产管理方面使用。在单件小批生产中，通常不编制其他更详细的工艺文件，而是以这种卡片指导生产。工艺过程卡片的格式见表3—1。

（2）机械加工工序卡。

这种卡片更详细地说明了零件的各个工序如何进行加工。在这种卡片上，要画出工序简图，说明该工序的加工表面以及应达到的尺寸和公差、零件的装夹方法、刀具的类型和位置、进刀的方向和切削用量等。这种卡片只在大批大量生产中使用。机械加工工序卡片的格式见表3—2。

表 3—1　　　　机械加工工艺过程卡

(工厂名)	机械加工工艺过程卡	产品型号		零（部）件图号		共　页
		产品名称		零（部）件名称		第　页

材料	名称		毛坯种类		毛坯尺寸		每毛坯件数		每台件数		零件重量	毛重	
	牌号											净重	

工序号	工序名称	工序内容	车间	工段	设备名称及编号	工艺装备及编号			工时	
						夹具	刀具	量具	准终	单件

										编制	会签	审核	批准	
标记	处记	更改文件号	签字	日期	标记	处记	更改文件号	签字	日期					

表 3—2　　　　机械加工工序卡

(工厂名)	机械加工工序卡片	产品型号		零件图号		共　页
		产品名称		零件名称		第　页

材料牌号		毛坯种类		毛坯外形尺寸		每毛坯件数		每台件数		备注	

(工序简图)	车间	工序号	工序名称	材料性能
	同时加工件数	技术等级	单件时间/min	准终时间/min
	设备名称	设备编号	夹具名称	夹具编号
	量具名称	量具编号	切削液	其他

工步号	工步内容	计算数据/mm			走刀次数	切削用量				工时定额/min			刀具量具及辅助工具				
		直径或长度	进给长度	单边余量		背吃刀量	进给量	主轴转速	切削速度	基本时间	辅助时间	工作地点服务时间	工序号	名称	规格	编号	数量

										编制	会签	审核	批准	
标记	处记	更改文件号	签字	日期	标记	处记	更改文件号	签字	日期					

2. 机械装配工艺规程

常用的机械装配工艺规程有机械装配工艺过程卡、机械装配工序卡和装配工艺系统图。主要的内容包括：装配工艺路线、装配方法、各工序的具体装配内容和所用的工艺装备、技术要求以及检验方法等。

(1) 机械装配工艺过程卡。

在成批生产时，需要制定机械装配工艺过程卡，卡片上应简要说明每道工序的工作内容、所需设备、时间定额等。其格式见表3—3。

表3—3　　机械装配工艺过程卡

<table>
<tr><td colspan="2" rowspan="2">（工厂名）</td><td colspan="4" rowspan="2">机械装配
工艺过程卡</td><td colspan="2">产品型号</td><td colspan="2"></td><td colspan="2">零部件图号</td><td colspan="2"></td><td>共　页</td></tr>
<tr><td colspan="2">产品名称</td><td colspan="2"></td><td colspan="2">零部件名称</td><td colspan="2"></td><td>第　页</td></tr>
<tr><td colspan="2">零部件重量</td><td colspan="4"></td><td colspan="2">外形尺寸</td><td colspan="2"></td><td colspan="3">工人技术等级</td><td colspan="2"></td></tr>
<tr><td rowspan="2">工序号</td><td rowspan="2">工序名称</td><td colspan="7" rowspan="2">工序内容</td><td rowspan="2">装配部门</td><td rowspan="2">设备名称及编号</td><td colspan="3">工艺装备及编号</td><td rowspan="2">辅助材料</td><td rowspan="2">工时定额</td></tr>
<tr><td>夹具</td><td>刀具</td><td>量具</td></tr>
<tr><td></td><td></td><td colspan="7"></td><td></td><td></td><td></td><td></td><td></td><td></td><td></td></tr>
<tr><td></td><td></td><td></td><td></td><td></td><td></td><td></td><td></td><td></td><td></td><td>编制</td><td>会签</td><td colspan="2">审核</td><td>批准</td><td></td></tr>
<tr><td></td><td></td><td></td><td></td><td></td><td></td><td></td><td></td><td></td><td></td><td rowspan="2"></td><td rowspan="2"></td><td colspan="2" rowspan="2"></td><td rowspan="2"></td><td rowspan="2"></td></tr>
<tr><td>标记</td><td>处记</td><td>更改文件号</td><td>签字</td><td>日期</td><td>标记</td><td>处记</td><td>更改文件号</td><td>签字</td><td>日期</td></tr>
</table>

(2) 机械装配工序卡。

在大批量生产时，不仅要制定机械装配工艺过程卡，还要为每一道工序制定机械装配工序卡，详细说明工序的工艺内容、所需工艺装备（设备、夹具、量具）、工人技术等级等，其格式见表3—4。

表3—4　　机械装配工序卡

<table>
<tr><td colspan="2" rowspan="2">（工厂名）</td><td rowspan="2">机械装配
工序卡</td><td>产品型号</td><td></td><td>零部件图号</td><td></td><td colspan="2">共　页</td></tr>
<tr><td>产品名称</td><td></td><td>零部件名称</td><td></td><td colspan="2">第　页</td></tr>
<tr><td colspan="2">零部件重量</td><td></td><td>外形尺寸</td><td></td><td>工人技术等级</td><td colspan="3"></td></tr>
</table>

<table>
<tr><td>工序号</td><td></td><td>工序名称</td><td></td><td>车间</td><td></td><td>工段</td><td></td><td>设备</td><td></td><td>工序工时</td><td></td></tr>
<tr><td colspan="12">简图</td></tr>
</table>

<table>
<tr><td rowspan="2">工步号</td><td rowspan="2">工步名称</td><td colspan="8" rowspan="2">工步内容</td><td colspan="3">工艺装备及编号</td><td rowspan="2">辅助材料</td><td rowspan="2">工时定额</td></tr>
<tr><td>夹具</td><td>刀具</td><td>量具</td></tr>
<tr><td></td><td></td><td colspan="8"></td><td></td><td></td><td></td><td></td><td></td></tr>
<tr><td></td><td></td><td></td><td></td><td></td><td></td><td></td><td></td><td></td><td></td><td>编制</td><td>会签</td><td>审核</td><td>批准</td><td></td></tr>
<tr><td></td><td></td><td></td><td></td><td></td><td></td><td></td><td></td><td></td><td></td><td rowspan="2"></td><td rowspan="2"></td><td rowspan="2"></td><td rowspan="2"></td><td rowspan="2"></td></tr>
<tr><td>标记</td><td>处记</td><td>更改文件号</td><td>签字</td><td>日期</td><td>标记</td><td>处记</td><td>更改文件号</td><td>签字</td><td>日期</td></tr>
</table>

(3) 装配工艺系统图。

在单件小批生产时，可用装配工艺系统图来指导装配过程，装配工艺系统图可以清晰地表示装配顺序，可分为产品装配工艺系统图和部件装配工艺系统图，其格式见图 3—1。

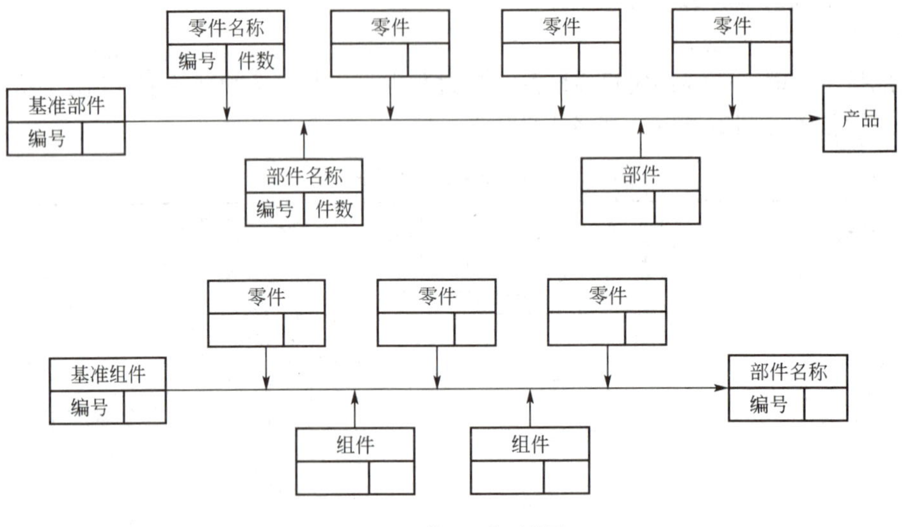

图 3—1 装配工艺系统图

二、机械加工工艺规程的作用

经审定批准的工艺规程是工厂生产活动中关键性的指导文件，主要有以下几个方面的作用：

1. 它是指导生产的主要技术文件

生产工人必须严格按工艺规程进行生产，检验人员必须按照工艺规程进行检验，一切有关生产人员必须严格执行工艺规程，不得擅自更改，这是严肃的工艺纪律，否则可能造成废品，或者产品质量和生产效率下降，甚至会引起整个生产过程的混乱。

但是，工艺规程也不是一成不变的，随着科学技术的发展和工艺水平的提高，今天合理的工艺规程，明天亦可能落后。因此，要注意及时把广大工人和技术人员的创造发明和技术革新成果吸收到工艺规程中来，同时，还要不断吸收国内外已成熟的先进技术。为此，工厂除定期进行工艺整顿，修改工艺文件外，经过一定的审批手续，也可临时对工艺文件进行修改，使之更加完善。

2. 它是生产组织管理和生产准备工作的依据

生产计划的制订，生产投入前原材料和毛坯的供应，工艺装备的设计、制造和采购，机床负荷的调整，作业计划的编排，劳动力的组织，工时定额以及成本核算等，都是以工艺规程作为基本依据的。

3. 它是新设计和扩建工厂（车间）的技术依据

新设计和扩建工厂（车间）时，生产所需设备的种类和数量，机床的布置，车间的面积，生产工人的工种、等级和数量以及辅助部门的安排都是以工艺规程为基础，根据生产类型来确定的。

除此之外，先进的工艺规程起着推广和交流的作用，典型的工艺规程可指导同类产品的生产。

三、制定机械加工工艺规程的原则

工艺规程制定的原则是：在一定的生产条件下，在保证产品质量的前提下，应尽量提高生产率和降低成本，使其获得良好的经济效益和社会效益。在工艺规程设计时应注意以下四个方面的问题：

1. 技术上的先进性

所谓技术上的先进性，是指高质量、高效益的获得不是建立在提高工人劳动强度和操作手艺的基础上的，而是依靠采用相应的技术措施来保证的。因此，在工艺规程设计时，要了解国内外本行业工艺技术的发展，通过必要的工艺试验，尽可能采用先进的工艺和工艺装备。

2. 经济上的合理性

在一定生产条件下，可能会有几个都能满足产品质量要求的工艺方案，此时应通过成本核算或评比，选择经济上最合理的方案，使产品成本最低。

3. 有良好的劳动条件，避免环境污染

在工艺规程设计时，要注意保证工人具有良好而安全的劳动条件，尽可能地采用先进的技术措施，将工人从繁重的体力劳动中解放出来。同时，要符合国家环境保护法的有关规定，避免环境污染。

4. 格式上的规范性

工艺规程应做到正确、完整、统一和清晰，所用术语、符号、计量单位、编号等都要符合相应标准。

四、工艺规程的原始资料

工艺规程设计时，必须具备下列原始资料：

(1) 产品的装配图和零件图。

(2) 产品验收的质量标准。

(3) 产品的生产纲领。

(4) 毛坯的生产条件或协作关系。

(5) 现有的生产条件和资料。如现有设备的规格、性能，所能达到的精度等级以及负荷情况；现有工艺装备和辅助工具的规格和使用情况；工人的技术水平；专用设备和工艺装备的制造能力和水平，以及各种工艺资料和技术标准等。

(6) 国内外先进工艺以及生产技术的发展情况。结合本厂的生产实际加以推广应用，使制定的工艺规程具有先进性和最好的经济效益。

五、机械加工工艺规程的设计

1. 机械加工工艺规程设计的主要步骤

(1) 分析产品的装配图和零件图。

(2) 选择毛坯。

(3) 选择定位基准。

（4）拟订工艺路线。

（5）确定各工序的设备、刀具、量具和夹具等。

（6）确定各工序的加工余量、计算工序尺寸以及公差。

（7）确定各工序的切削用量和时间定额。

（8）确定各工序的技术要求和检验方法。

（9）进行技术经济分析，选择最佳方案。

（10）填写工艺文件。

2. 机械装配工艺规程设计的主要步骤

（1）分析产品的装配图和零件图。

（2）确定装配组织形式。

（3）选择装配方法。

（4）划分装配单元，规定合理的装配顺序。

（5）划分装配工序。

（6）编制装配工艺文件。

第 2 节　零件的工艺分析

一、产品零件图和装配图分析

制定工艺规程时，必须分析零件图以及该零件所在部件或总装配图，其目的就是要了解该零件在部件或总装中的位置和功用，进而了解部件或总成对该零件提出的技术要求，找出技术关键，以便在拟订工艺规程时采用适当的工艺措施加以保证；同时分析装配图也是对零件进行合理工艺分析的基础和保证。

分析产品图纸时要考虑以下几个问题：

（1）审查图纸的完整性和正确性。

审查视图、尺寸、公差、表面粗糙度、表面几何形状和位置公差标注是否齐全、合理等。若有错误和遗漏，应提出修改意见。

（2）检查图纸技术要求和材料选择的合理性。

产品设计应当遵循经济性原则，即在不影响使用性能的前提下，尽量降低对加工制造的要求。因此，应由工艺技术人员审查零件的技术要求（尺寸精度、形状精度、位置精度、表面质量）是否过高，在现有生产条件下能否达到，以便与设计人员共同研究探讨，通过改进设计的方法达到生产的经济、合理。同样零件材料的选择不仅要考虑实用性能以及材料成本，还要考虑加工需要。因为零件材料的不同，将对零件工艺过程的经济性有很大影响。如图 3—2 所

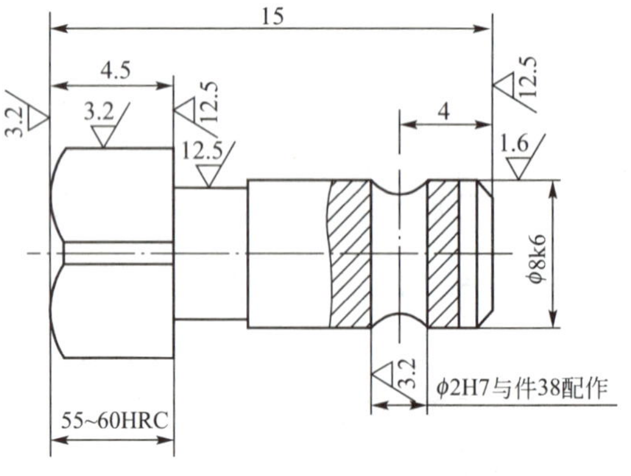

图 3—2　方头销

示方头销，方头部分淬硬55～60HRC，零件上有个ϕ2H7孔，装配时和另一零件配作，原材料为T8A。因ϕ2H7孔需要配作，零件又短，淬硬头部时容易把整个零件都淬硬，使得ϕ2H7孔加工困难。若改用20Cr钢，局部渗碳处理，对ϕ2H7孔采用镀铜或其他方法保护，就可避免上述缺陷。

二、零件的结构工艺性分析

产品和零件的结构与其适合的制造工艺方法是密切相关的。同一产品和零件可以有多种不同的结构，而这些不同的结构在一定条件下，其制造的难易程度差别不大。结构工艺性把产品和零件的结构与工艺之间的关系建立起来了。

结构工艺性是指零件在满足使用要求的前提下所具有的制造、装配和维修的可行性与经济性。它涉及毛坯制造、零件加工以及装配、包装等各个方面。

结构工艺性具有综合性和相对性的特点。所谓综合性，是指必须对毛坯制造、零件加工、产品装配、调整、维修等多环节进行综合分析比较，全面评价。例如，某道工序的改善，可能引起毛坯的制造或装配工作的困难等。相对性是指某一结构的好坏是相对一定条件而言的，如生产类型、工厂车间现有条件、现有的科技水平等。在某一条件下认为工艺性好的结构，在另一条件下则不一定好。

从整体来看，零件的结构除了满足使用性能之外，还应有以下几方面的要求：

(1) 在装配方面，要使产品装配周期短，劳动量小，且易保证装配质量。

(2) 在毛坯制造方面，铸造毛坯应便于制造，零件的壁厚应大体均匀，不应有尖边、尖角；锻件毛坯的形状应尽量简单，也不应有尖边、尖角；模锻件应有起模斜度。

(3) 在加工方面，应便于加工和减少工时，即应尽量简化零件的结构形状，尽量减少加工面的数量和加工面的面积。有时还要考虑有便于安装的工作表面。

在对零件进行结构工艺性分析时应注意充分领会产品使用要求和设计人员的设计意图，不应孤立地看问题，遇到工艺问题和设计要求有矛盾时，必须共同磋商解决。表3—5列出了一些典型的零件结构工艺性示例。

表3—5 典型的零件结构工艺性示例

序号	结构工艺性差（A）	结构工艺性好（B）	说明
1	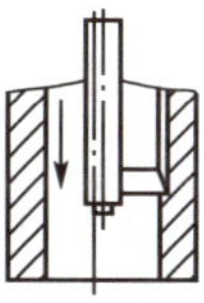	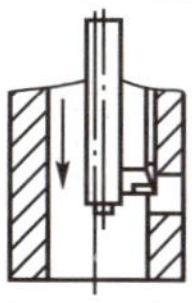	孔内插不通键槽时，应在键槽前端设置一孔，以利于退刀
2	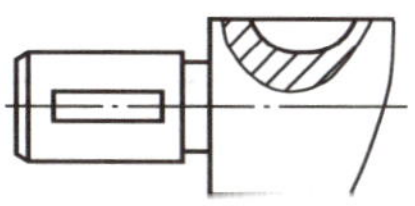	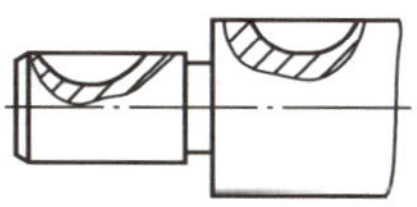	原设计的两个键槽，需要装夹两次，改进后只需要装夹一次
3	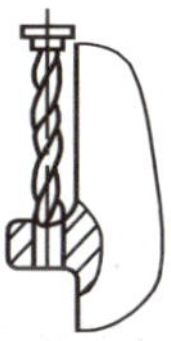	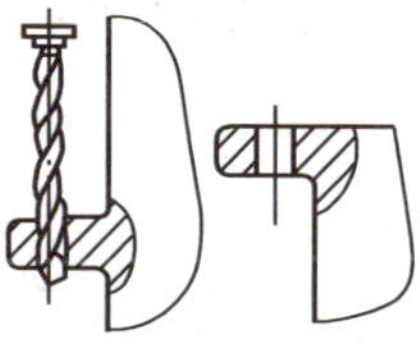	结构A底座上的小孔离箱壁太近，钻头向下行进时，钻床主轴碰到箱壁。改进后底板上的小孔与箱壁留有适当的距离

续前表

序号	结构工艺性差（A）	结构工艺性好（B）	说　明
4	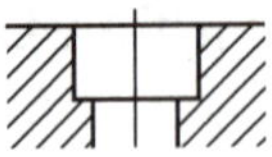	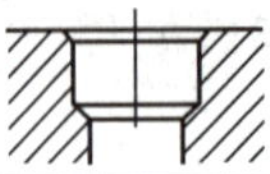	台阶孔最好不要平面过渡，以便采用通用刀具加工
5	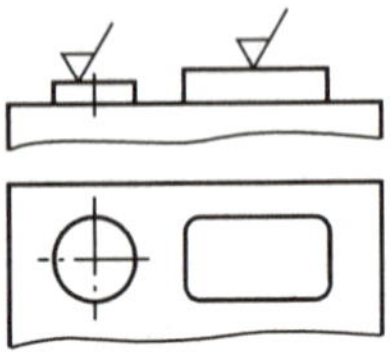	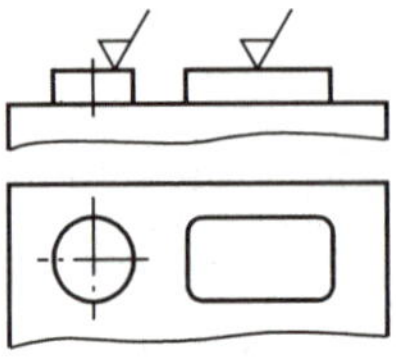	结构B的两个凸台表面可在一次走刀中加工完成，以减少机床的调整次数
6	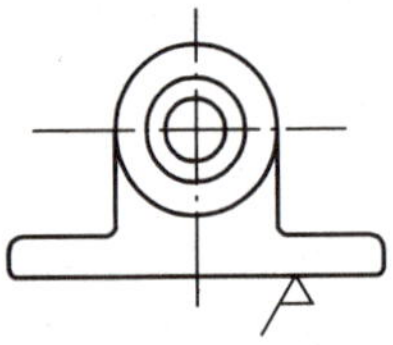	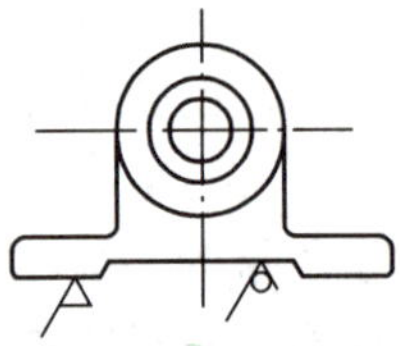	加工面减少，减少材料和切削刀具的消耗，节省工时，且易保证平面度要求
7	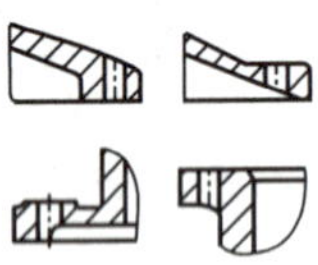	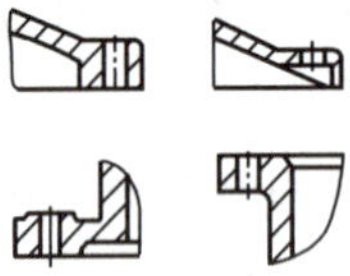	加工结构A上的孔时，钻头容易引偏
8	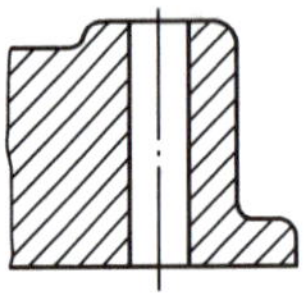	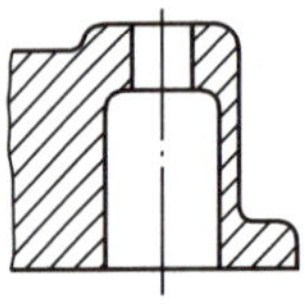	减少孔的加工长度，避免深孔加工
9	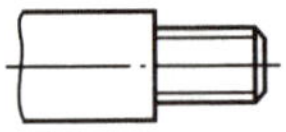	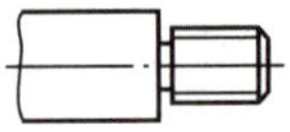	为方便加工，螺纹应有退刀槽
10	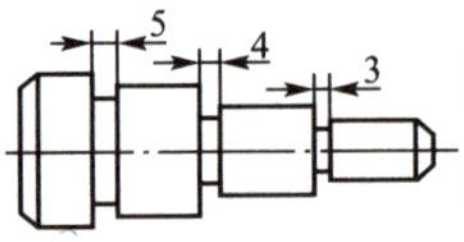 5　4　3	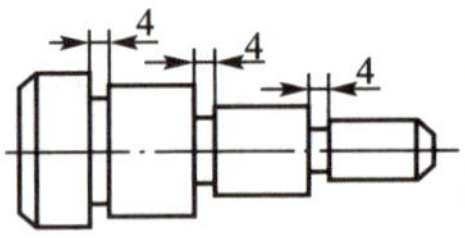 4　4　4	轴上的砂轮退刀槽宽度尽可能一致，以减少刀具种类
11	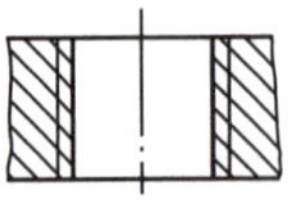	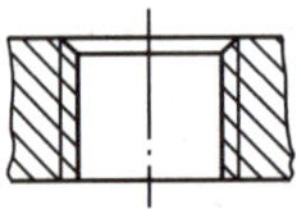	内螺纹的孔口应有倒角，以便顺利引入螺纹刀具

第3节　毛坯的选择

一、毛坯种类

毛坯的种类很多，同一毛坯可能有不同的制造方法，按毛坯制造方法的不同，可将常用毛坯分为以下几种：

1. 铸件

铸件适于作为形状复杂零件的毛坯，常用材料有灰铸铁、可铸造铁、球墨铸铁、合金铸铁、有色金属和铸钢等。铸造方法有砂型铸造、离心铸造、压力铸造和精密铸造等。

2. 锻件

锻件适用于制造形状比较简单、强度要求高的毛坯，主要材料有各种碳钢和合金钢。制造方法有自由锻、模锻和精密锻造等。在大批大量生产中，一般使用模锻和精密锻造，生产效率高，锻件精度也高。单件小批生产则采用自由锻的方法制造毛坯。

3. 型材

型材适于制造形状简单、尺寸变换不大的毛坯，主要材料是各种冷拉和热轧钢材，截面形状有圆形、方形、六角形和各种异形截面。

4. 冲压件

冲压件适于制造形状复杂，生产批量较大的中小尺寸板料毛坯，冲压件有时可以不再加工或直接进行精加工。

5. 冷挤压件

冷挤压件适于制造形状简单、尺寸小、生产批量大的毛坯，主要材料为塑性较大的有色金属和钢材。冷挤压毛坯精度高，广泛用于挤压各种精度要求高的仪表件和航空发动机中的小零件。

6. 焊接件

焊接件是指将型钢或钢板焊接成所需要的结构，适于在单件小批量生产中制造大型毛坯。其优点是制造简便、周期短、毛坯质量小、节约材料。缺点是焊接件抗振性差，由于内应力的重新分布引起的变形大，焊接件在机加工之前需经过时效处理。

7. 粉末冶金件

以金属粉末为原材料，通过压制成形和高温烧结来制造零件，尺寸精度高。成形后一般不再进行切削加工，材料损失小，工艺设备简单，适于大批量生产。但金属粉末成本高，且不适于压制结构复杂的零件和薄壁以及有锐角的零件。

二、毛坯的选择原则

毛坯的种类和质量与零件加工质量、生产效率、材料消耗以及加工成本有密切关系。提高毛坯质量，可以减少加工劳动量，提高材料利用率，降低机械加工成本，但同时也提高了毛坯的制造成本，两者相互矛盾，需根据生产类型和毛坯车间的具体情况综合考虑。为了提高毛坯质量并降低其制造成本，我国目前正在由本厂供应毛坯向毛坯专业化工厂供应毛坯的方向发展。

具体在选择毛坯时应考虑下列因素：

(1) 零件的材料以及机械性能。

材料的可加工性决定了其加工的难易程度，而工艺过程对材料的组织和性能又会产生一定的影响。例如材料为铸铁与青铜的零件，应选择铸件毛坯。对于钢质零件，还要考虑机械性能的要求。对于一些重要零件，为保证良好的机械性能，一般均选择锻造毛坯，而不能选择棒料。

(2) 零件的结构形状和外形尺寸。

零件的结构形状和外形尺寸往往使毛坯的选择受到很大限制，设计时应考虑到毛坯制造的方便性。在选用特殊方法时尤其要注意其在结构形状等方面的特殊要求。

(3) 生产纲领。

当零件的产量较大时，应选择精度和生产效率较高的毛坯制造方法。尽管这样制造生产费用较高，但可由材料消耗的减少和机械加工费用的降低来补偿。零件的产量较小时，应选择精度和生产效率均较低的毛坯制造方法。

(4) 现有生产条件。

选择毛坯时，既要考虑现有的生产条件，如毛坯制造的实际工艺水平和能力，又要考虑毛坯是否可以专业化协作生产，要学会通过市场采购毛坯。

(5) 充分考虑利用新技术、新工艺、新材料的可能。

为节约材料和能源，毛坯的发展趋势是制造出少切屑、无切屑毛坯，如精铸、精锻、精冲、冷轧、冷挤压、粉末冶金、压塑注塑成形等。这样，可以大大减少机械加工量甚至不需机械加工，提高经济效益。

三、毛坯尺寸和形状的确定

在确定毛坯的类型以及制造方法后，要确定毛坯的形状和尺寸，其步骤如下：

(1) 根据毛坯类型以及制造方法估计加工表面工序数目；

(2) 确定每道工序加工余量并计算总余量；

(3) 将原工件尺寸加上各表面的总加工余量即构成毛坯的雏形。毛坯尺寸的制造公差可查有关手册。精密毛坯还需根据需要给出相应的形位公差。

有了毛坯的雏形后，即可绘制毛坯图，但毛坯图还应根据结构工艺性进行修改。如铸件和锻件要考虑分型面、预制孔、起模斜度、圆角等，另外对有些毛坯还要考虑工艺孔、工艺凸台等的设置。

第 4 节 工件的装夹与定位基准的选择

一、工件的装夹

工件在机床加工时，首先要把工件安放在工作台或夹具里，使它和刀具之间有一定的相对位置，这就是定位。工件定位后，在加工过程中要保持位置不变，才能得到所要求的尺寸精度，因此必须把工件夹住、夹紧。工件从定位到夹紧的整个过程称为装夹。定位保证工件的位置正确，夹紧保证工作的位置不变。正确的装夹是保证工件加工精度的重要条件。

工件在机床上的装夹一般有三种方式。

1. 直接找正装夹

工件的定位是由操作工人利用千分表、划针等工具直接找正某些表面，以保证被加工表面的位置精度。直接找正装夹因其生产效率低，故一般多用于单件、小批量生产。定位精度与找正所用的工具精度有关，定位精度要求特别高时往往用精密量具来直接找正装夹。如图 3—3 所示为用千分表找正套筒零件的外圆，使被加工的内孔与外圆同心。

2. 按划线找正装夹

先在工件上画出将加工表面的位置，安装工件时按划线用划针找正并夹紧。按划线找正装夹的生产效率低，定位精度也低，多用于单件、小批量生产中。对尺寸和质量较大的铸件和锻件，使用夹具成本很高，可按划线找正装夹。对于精度较低的铸件或锻件毛坯，无法使用夹具，也可使用划线方法，不致使毛坯报废。如图 3—4 所示是在一工件上镗孔，为了检查孔的位置是否正确，分清是划线工还是操作工的责任，在画线时画出检验线以备检验时用。一般加工线和检验线之间的距离为 5mm。

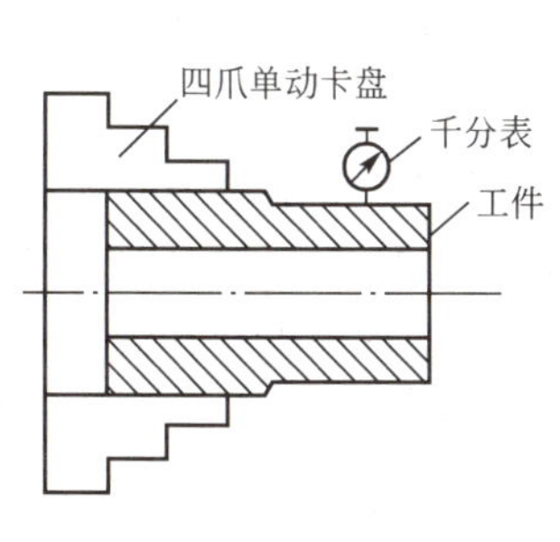

图 3—3 直接找正装夹

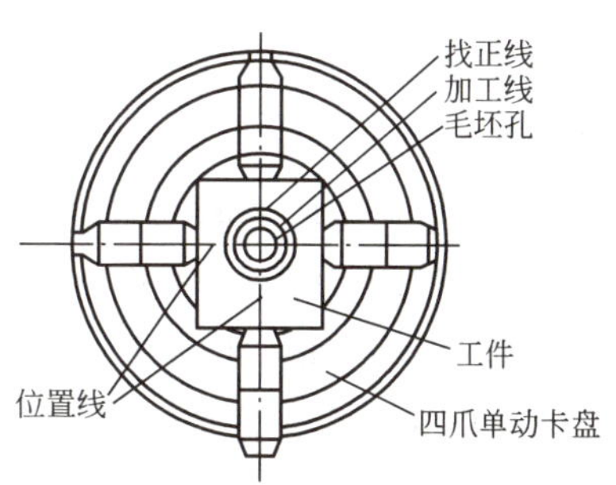

图 3—4 按划线找正装夹

3. 用夹具装夹

将工件直接装在夹具的定位元件上夹紧，这种方法迅速方便，定位可靠，广泛用于成批和大量生产中。例如加工套筒类零件时，就可以工件的外圆定位，用三爪自定心卡盘夹紧来加工孔，由夹具就可保证工件的外圆和内孔同心。

目前对于单件、小批量生产，已广泛使用组合夹具。

二、基准的选择

正确地选择各道工序的定位基准是编制工艺规程的一项重要工作，对保证零件的加工质量、提高生产效率、改善劳动条件和简化夹具结构等都有重大影响。在工件加工的第一道工序中，只能用毛坯上未加工过的毛坯表面（铸造、锻造或轧制等表面）作为定位基准，这种定位基准称为粗基准；用加工过的表面作为定位基准，这种定位基准称为精基准。另外，为满足工艺需要，在工件上专门设计的定位面，称为辅助基准。

1. 粗基准的选择

粗基准的选择，一般情况下也就是第一道工序定位基准的选择。粗基准的选择影响各加工面的余量分配以及不加工表面与加工表面间的位置精度。这两方面的要求常常是相互矛盾的，在选择粗基准时，必须首先明确哪一方面是主要的。另外，在选择粗基准时还要考虑尽量减少装夹次数。

(1) 如果零件上有一个不需要加工的表面，如果可能，尽量选此不加工表面作为第一次装夹的粗基准。如图 3—5(a) 所示应选择表面 A 作为粗基准，这不仅只需一次装夹，而且 B 和 A 面以及 C 与 A 面之间的位置精度也高。

(2) 如果零件上有几个不需加工的表面，应选择其中与加工表面有较高位置精度要求的不加工表面作为第一次装夹的粗基准面。如图 3—5(b) 所示，零件上 A 和 B 面不需

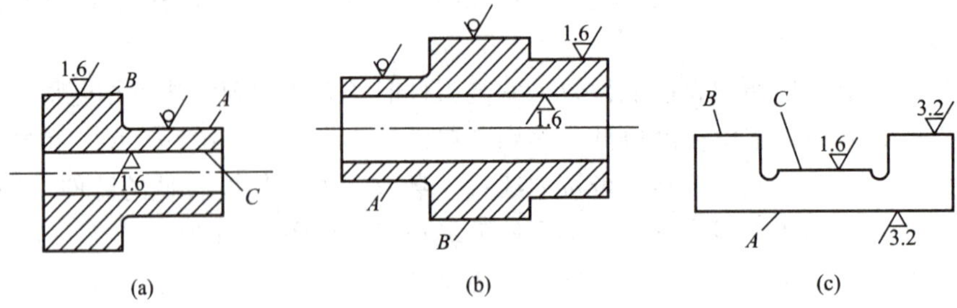

图 3—5　粗基准选择

加工，但 A 面壁很薄，要求它与需要加工面孔间有较高位置精度（同轴度），所以应选择 A 面作为粗基准面。

（3）如果零件上所有的表面都需要机械加工，则应选择加工余量最小的加工表面作为粗基准。如图 3—5(c) 所示的零件，A、B、C 三面都需要加工，但其加工余量不等，$Z_A > Z_B > Z_C$，应选择 C 面为粗基准。当 A、B、C 三面在长度方向上存在同样平行度误差时，这时选择粗基准应能保证加工余量最小的表面的加工余量足够。否则，可能导致 C 面的加工余量为零甚至为负，无法加工。

（4）若首先保证工件某重要表面的加工余量均匀，则应以该表面为粗基准。例如图 3—6 所示床身导轨加工，铸造导轨毛坯时，导轨面向下放置，使其表层金属组织细致均匀，没有气孔、夹砂等缺陷。因此，希望在加工时只切去一层薄而均匀的余量，保留组织细密耐磨的表层，且达到较高的加工精度。故而应先以导轨面为粗基准加工床脚平面，然后再以床脚平面为精基准加工导轨面。如图 3—6(a) 所示，这时床脚平面加工余量可能不均匀，但加工后的床脚底面与床身导轨的毛坯表面基本平行，所以以其为精基准可保证导轨面加工余量的均匀。否则，如图 3—6(b) 所示，由于毛坯平面位置误差很大，将导致导轨面的余量很不均匀甚至余量不够。

（5）一般情况下，粗基准只能用一次。因为粗基准表面质量差，重复使用将导致较大的基准位移误差。如图 3—7 所示零件，D 和 B 面需要加工，需要两道工序。正确的选择应该是先以 C 面为粗基准加工孔 D，再以 D 为基准加工 4 个孔 B。若第二道工序选 C 或者 A 不加工面作为基准，很难保证 B 和 D 加工表面间的位置要求。

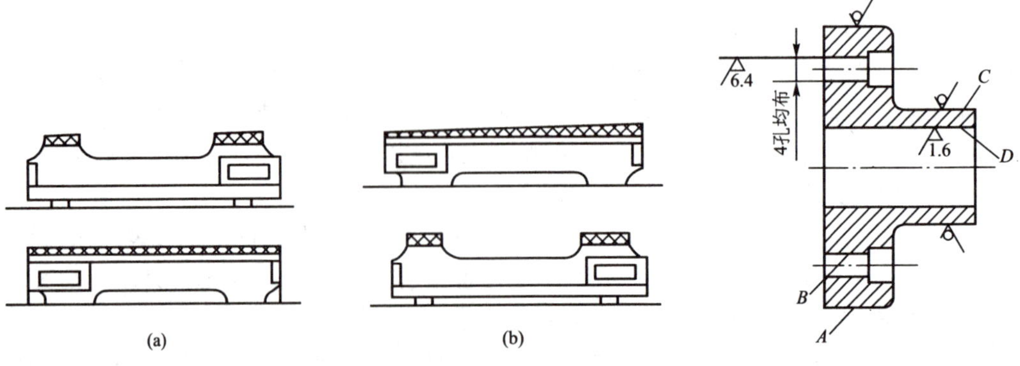

图 3—6　两种粗基准定位方案比较

图 3—7　粗基准不能重复使用

(6) 尽量选用面积较大、平整光洁的表面作为粗基准。应避免使用有飞边、浇口、冒口或其他缺陷的表面作为粗基准，以确保定位准确，夹紧可靠。

2. 精基准的选择

精基准的选择应从保证零件的加工精度出发，同时也要考虑装夹方便，夹具结构简单。选择精基准时一般应遵循下列原则：

(1) 基准重合原则。

尽量选择设计基准作为定位基准，这样可以减少由于基准不重合而引起的定位误差，有利于保证加工精度。特别是在最后的精加工时，更应如此。

如图 3—8(a) 所示的零件，设 e 面已加工好，现在铣床上用调整法加工 g 面和 f 面，f 面的设计基准是 e 面，g 面的设计基准 f 面。在加工 f 面时选 e 面为定位基准，如图 3—8(b)所示，则 f 面的定位基准与设计基准重合（均为 e 面），尺寸 A 的制造公差为 T_A。在加工 g 面时有两种定位方案：一种方法是选 g 面的设计基准 f 面作为定位基准，如图 3—8(c) 所示，两基准重合，直接保证尺寸 B。所以加工 g 面允许产生的加工误差 $\Delta B=T_B$，但这种定位方式的夹具结构复杂，夹紧力的方向与铣削力的方向相反，而且操作也不方便，不合理；第二种方法是选 e 面作为定位基准来加工 g 面，如图 3—8(d) 所示，这种定位方案夹具结构简单，定位夹紧方便，直接保证的尺寸是 C，则尺寸 C 的公差 T_C 即为铣削 g 面允许产生的加工误差 ΔC，那么在加工一批零件后，尺寸 B 的变化范围是：

$$B_{max}=A_{max}-C_{min}$$
$$B_{min}=A_{min}-C_{max}$$

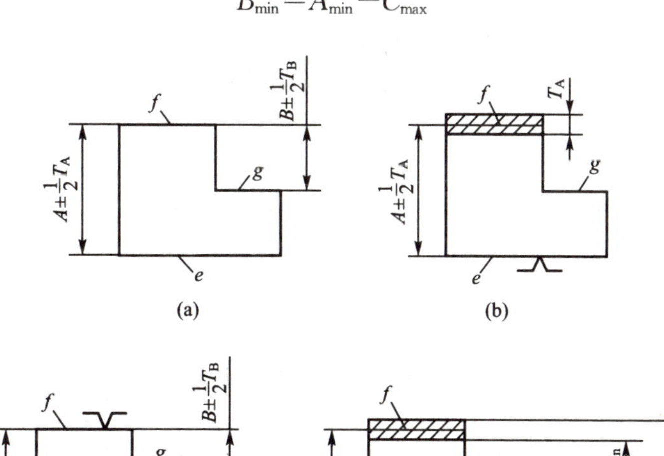

图 3—8 设计基准与定位基准不重合

两式相减，可得

$$T_B = B_{max} - B_{min} = A_{max} - C_{min} - (A_{min} - C_{max})$$
$$= T_C(\Delta C) + T_A$$
$$\Delta C = T_B - T_A$$

从上面的分析可知，零件图上原设计尺寸 A 与 B 是彼此独立的，互不相关的，但是由于加工时定位基准与设计基准不重合，致使尺寸 B 的误差中加入了一个从定位基准到设计基准之间的尺寸 A 的误差，这项误差称为基准不重合误差。

由于基准不重合误差的存在，使得工序尺寸 C 的公差（T_C，也即 ΔC）不得不缩小 T_A，造成加工困难，从而提高了加工精度，增加了加工成本，降低了生产效率。

关于基准不重合误差，应注意以下几点：

1）定位基准与设计基准不重合而产生的基准不重合误差，只发生在用调整法加工的情况下。

2）无论加工、测量、装配都要尽量避免基准不重合误差。基准不重合一般发生在下列两种情况：一种是不便于或不能直接得到所要求的尺寸；另一种是在制定零件机械加工工艺规程时，要求基准统一，以便减少夹具的设计、制造的工作量。

3）基准不重合误差不仅存在于尺寸关系中，而且存在于各表面之间的位置精度中，其分析方法和上述尺寸关系的分析方法相似。

（2）基准统一原则。

它是指应用统一的定位基准进行各道工序或大部分工序的加工。

选作统一基准的表面，一般应是面积较大、精度较高的平面、孔以及其他距离较远的几个面的组合。如箱体零件加工，可以选择一个较大的平面和两个距离较远的孔作为精基准（没有孔时用大平面及两个与大平面垂直的边做精基准，或者专门加工出两个工艺孔）；轴类零件选择两个顶尖孔作为精基准；圆盘类零件（如齿轮）选择其端面和内孔作为精基准。

采用基准统一原则，不仅可以简化工艺过程的制定以及减少和制造夹具的时间与费用，而且还可以避免由于基准转换所带来的定位误差，有利于保证各表面相互位置精度。

基准统一原则是成批、大量生产中常用的一条原则，但不排除个别工序中为了保证加工精度而采用基准重合。例如，图 3—9 所示为柴油机活塞，采用端面和止口作为定位统一基准，进行大部分工序加工。但是，在最后精镗活塞销孔时，为保证销孔与顶面之间的距离精度及外圆与活塞销孔的位置精度，采用基准重合原则，以外圆顶面为定位基准加工活塞销孔。

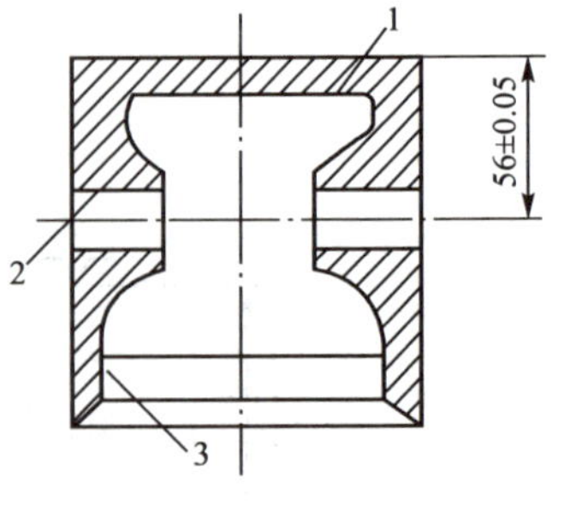

图 3—9　活塞

（3）自为基准原则。

当某些精加工要求加工余量小而均匀时，选择加工表面本身作为定位基准称为自为基准原则。采用自为基准原则，只能提高加工面本身的精度，不能提高加工面的位置精度。例如，图 3—10 所示是在导轨磨床上以自为基准原则磨削床身导轨面。方法是先用千分表找正床身的导轨面，然后加工导轨面，保证导轨面余量均匀，以满足对导轨面的质量要求。

(4) 互为基准原则。

为了使加工面之间具有较高的位置精度，使其加工余量小而均匀，可采取反复加工，互为基准原则。例如，图 3—11 所示，加工精密齿轮时，用高频淬火将齿面淬硬后需进行磨齿。因齿面淬硬层较薄，所以要求磨削余量小而均匀。这时就需先以齿面为基准磨孔，再以磨好的孔为基准磨齿面，从而保证磨齿面余量均匀，且孔与齿面又有较高的位置精度。

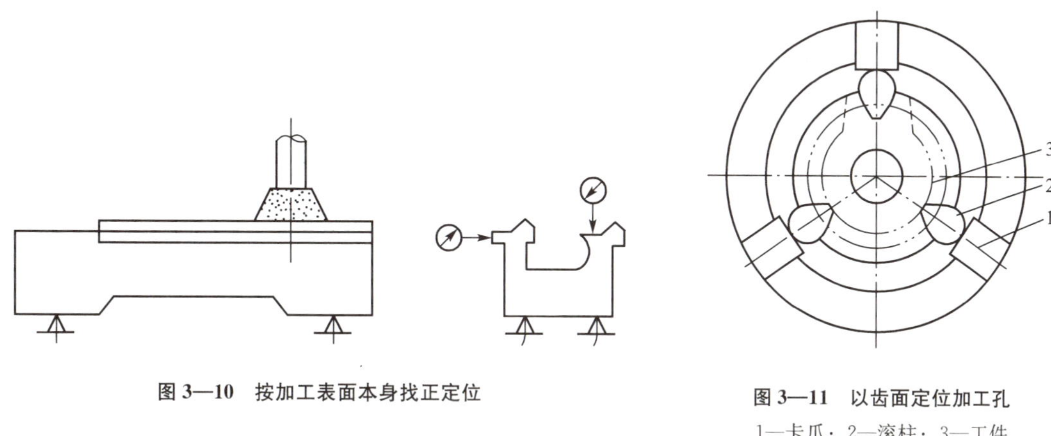

图 3—10 按加工表面本身找正定位

图 3—11 以齿面定位加工孔

1—卡爪；2—滚柱；3—工件

(5) 准确、可靠、方便原则。

所选精基准应能保证零件定位准确稳定、夹紧可靠、操作方便，在加工时不仅能保证足够的定位精度，而且在夹紧力、切削力和零件自身重力作用下，也不至于引起零件位置偏移后产生太大的变形。因此，精基准应选择尺寸精度、形位精度高而表面粗糙度小、面积较大的表面。

第 5 节 机械加工工艺路线的拟订

机械加工工艺路线的拟订是制定工艺过程的总体布局，其主要任务是在确定各加工表面的定位基准和装夹方法后，选择各个表面的加工方法和加工方案，确定各个表面的加工顺序以及整个工艺过程中工序数目和各工序内容。然后将所需的辅助工序、热处理工序等插入到机械加工路线中的适当位置，就得到了机械加工工艺路线。

一、表面加工方法的确定

任何零件都是由一些简单表面如外圆、内孔、平面和成形表面等的不同组合而成的。根据这些表面所要求的精度和表面粗糙度以及零件的结构特点，将每一表面的加工方法和加工方案确定下来，也就确定了零件的全部加工内容。确定零件表面加工方法，是以各种加工方法的加工经济精度和其相应的表面粗糙度为依据的。加工经济精度是指在正常条件下，采用符合质量标准的设备、工艺装备和标准技术等级的工人，不延长加工时间所能保证的加工精度。相应的表面粗糙度称为经济表面粗糙度。各种加工方法所能达到的经济精度和表面粗糙度如表 3—6 所示。详细资料可查阅有关手册。

表 3—6　　各种加工方法的经济精度和经济表面粗糙度（中批生产）

被加工表面	加工方法	经济精度等级	经济表面粗糙度（$Ra/\mu m$）
外圆和端面	粗车	IT13～IT11	6.3～3.2
	半精车	IT11～IT8	5.0～1.25
	精车	IT9～IT7	3.2～1.6
	粗磨	IT11～IT8	3.2～0.8
	精磨	IT8～IT6	0.8～0.2
	研磨	IT5	0.2～0.012
	超精加工	IT5	0.2～0.012
	精细车（金刚车）	IT6～IT5	0.8～0.05
孔	钻孔	IT13～IT11	5.0～6.3
	铸锻孔的粗扩（镗）	IT13～IT11	5.0～1.25
	精扩	IT11～IT9	6.3～3.2
	粗铰	IT9～IT8	6.3～1.6
	精铰	IT7～IT6	3.2～0.8
	半精镗	IT11～IT9	6.3～3.2
	精镗（浮动镗）	IT9～IT7	3.2～0.8
	粗细镗（金刚镗）	IT7～IT6	0.8～0.1
	粗磨	IT11～IT9	6.3～3.2
	精磨	IT9～IT7	1.6～0.4
	研磨	IT6	0.2～0.012
	珩磨	IT7～IT6	0.4～0.1
	拉孔	IT9～IT7	1.6～0.8
平面	粗刨、粗铣	IT13～IT11	5.0～12.5
	半精刨、半精铣	IT11～IT8	6.3～3.2
	精刨、精铣	IT8～IT6	3.2～0.8
	拉削	IT8～IT7	1.6～0.8
	粗磨	IT11～IT8	6.3～1.6
	精磨	IT8～IT6	0.8～0.2
	研磨	IT6～IT5	0.2～0.012

某一表面加工方法的确定，主要由该表面所要求的加工精度和表面粗糙度来确定的。通常是根据零件图上给定的某表面的加工要求，按加工经济精度确定应使用的最终加工方法，然后根据最终加工方法所需的预备加工精度，按加工经济精度确定倒数第二次表面加工的方法，照此办法，可由最终加工反推至第一次加工，从而形成一个获得该表面的加工方案。

由于获得同一精度和表面粗糙度的加工方法往往有几种，选择时要考虑生产效率要求和经济效益要求，考虑零件的结构形状、尺寸大小、材料性能和热处理要求以及企业生产条件等。表 3—7、表 3—8、表 3—9 分别列出了外圆、孔和平面的加工方案，可供选择时参考。

表 3—7 外圆的加工方案

序号	加工方案	经济精度等级	经济表面粗糙度($Ra/\mu m$)	适用范围
1	粗车	IT11 以下	5.0～12.5	适用于淬火钢以外的各种金属
2	粗车—半精车	IT10～IT8	6.3～3.2	
3	粗车—半精车—精车	IT8～IT7	1.6～0.8	
4	粗车—半精车—精车—滚压（或抛光）	IT8～IT7	0.2～0.025	
5	粗车—半精车—磨削	IT8～IT7	0.8～0.4	主要用于淬火钢，也可用于未淬火钢，但不宜加工有色金属
6	粗车—半精车—粗磨—精磨	IT7～IT6	0.4～0.1	
7	粗车—半精车—粗磨—精磨—超精加工（或轮式超精磨）	IT5	0.2～0.012	
8	粗车—半精车—精车—金刚石车	IT7～IT6	0.4～0.025	主要用于要求较高的有色金属的加工
9	粗车—半精车—粗磨—精磨—超精磨或镜面磨	IT5 以上	0.025～0.006	极高精度的外圆加工
10	粗车—半精车—粗磨—精磨—研磨	IT5 以上	0.1～0.006	

表 3—8 孔的加工方案

序号	加工方案	经济精度等级	经济表面粗糙度($Ra/\mu m$)	适用范围
1	钻	IT12～IT11	12.5	加工未淬火钢及铸铁的实心毛坯，也可用于加工有色金属（但表面粗糙度稍大，孔径小于 15mm）
2	钻—铰	IT9	3.2～1.6	
3	钻—粗铰—精铰	IT8～IT7	1.6～0.8	
4	钻—扩	IT11～IT10	12.5～6.3	同上，但是孔径大于 15mm
5	钻—扩—铰	IT9～IT8	3.2～1.6	同上，但是孔径大于 15mm
6	钻—扩—粗铰—精铰	IT7	1.6～0.8	
7	钻—扩—机铰—手铰	IT7～IT6	0.4～0.1	
8	钻—扩—拉	IT9～IT7	1.6～0.1	大批大量生产（精度由拉刀的精度而定）
9	粗镗（或扩孔）	IT12～IT11	12.5～6.3	淬火钢以外各种材料，毛坯有铸出孔或锻出孔
10	粗镗（粗扩）—半精镗（精扩）	IT9～IT8	3.2～1.6	
11	粗镗（扩）—半精镗（精扩）—精镗（铰）	IT8～IT7	1.6～0.8	
12	粗镗（扩）—半精镗（精扩）—精镗—浮动镗刀精镗	IT7～IT6	0.8～0.4	
13	粗镗（扩）—半精镗—磨孔	IT8～IT7	0.8～0.4	主要用于淬火钢，也用于未淬火钢，但不宜用于有色金属加工
14	粗镗（扩）—半精镗—粗磨—精磨	IT7～IT6	0.2～0.1	
15	粗镗—半精镗—精镗—金刚镗	IT7～IT6	0.4～0.05	主要用于精度要求高的有色金属加工
16	钻—(扩)—粗铰—精铰—珩磨钻—(扩)—拉—珩磨 粗镗—半精镗—精镗—珩磨	IT7～IT6	0.2～0.025	精度要求很高的孔
17	以研磨代替上述方案中的珩磨	IT6 以上		

表 3—9　　平面的加工方案

序号	加工方案	经济精度等级	经济表面粗糙度（$Ra/\mu m$）	适用范围
1	粗车—半精车	IT9	12.5～6.3	未淬硬的回转体端面
2	粗车—半精车—精车	IT8～IT6	3.2～1.6	
3	粗车—半精车—磨削	IT9～IT7	1.6～0.4	已淬硬或高精度端面
4	粗刨（或粗铣）—精刨（或精铣）	IT9～IT8	3.2～1.6	一般不淬硬平面（端铣的表面粗糙度可较小）
5	粗刨（或粗铣）—精刨（或精铣）—刮研	IT6～IT5	1.6～0.2	精度要求较高的不淬硬平面，批量较大时宜采用宽刃精刨方案
6	粗刨（或粗铣）—精刨（或精铣）—宽刃精刨	IT6	1.6～0.4	
7	粗刨（或粗铣）—精刨（或精铣）—磨削	IT6	1.6～0.4	精度要求较高的淬硬平面或不淬硬平面
8	粗刨（或粗铣）—精刨（或精铣）—粗磨—精磨	IT6～IT5	0.8～0.05	
9	粗刨—拉	IT9～IT6	1.6～0.4	大量生产的较小平面（精度视拉刀的精度而定）
10	粗铣—精铣—磨削—研磨	IT5 以上	0.2～0.012	高精度平面

下面介绍几种生产实际中较为成熟的表面加工路线，供选用时参考。

1. 外圆表面的加工路线

如图 3—12 所示为外圆加工路线框图，常用的有以下四条：

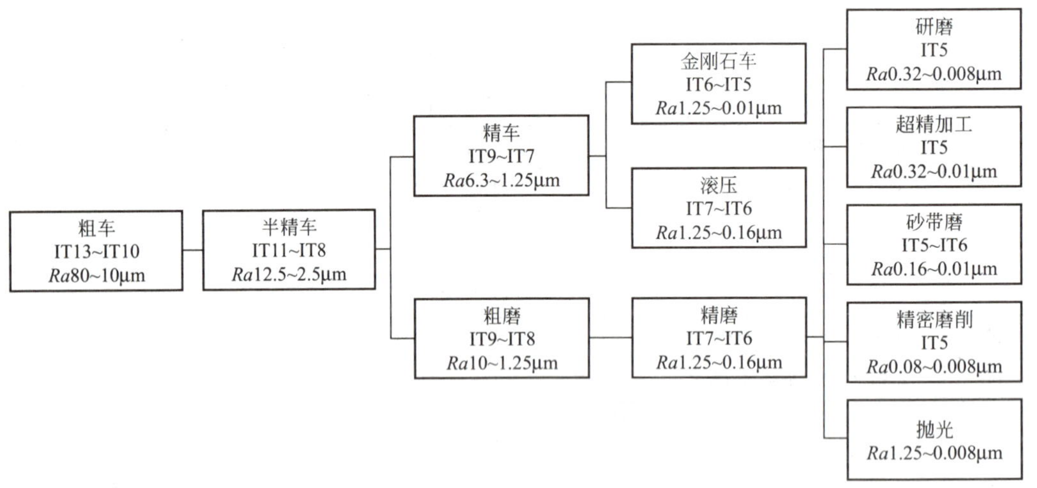

图 3—12　外圆的加工路线

（1）粗车—半精车—精车。

如果加工精度要求较低，也可以粗车或粗车—半精车。

（2）粗车—半精车—粗磨—精磨。

对于黑色金属材料，加工精度等于或低于 IT6，表面粗糙度值 $Ra \geqslant 0.4\mu m$ 的外圆表面，特别是有淬火要求的表面，通常采用这种加工路线，有时也可采用粗车—半精车—磨的方案。

(3) 粗车—半精车—精车—金刚石车。

这种加工路线主要适用于有色金属材料及其他不宜采用磨削加工的外圆表面。

(4) 粗车—半精车—粗磨—精磨—精密加工（或光整加工）。

当外圆表面的精度要求特别高或表面粗糙度值要求特别小时，在方案（2）的基础上，还要增加精密加工或光整加工方法。常用的外圆表面的精密加工方法有研磨、超精加工以及精密磨等；抛光、砂带磨等光整加工方法则是以减小加工表面粗糙度为主要目的的。

2. 孔的加工路线

如图 3—13 所示为孔加工路线框图，常用的有以下四条：

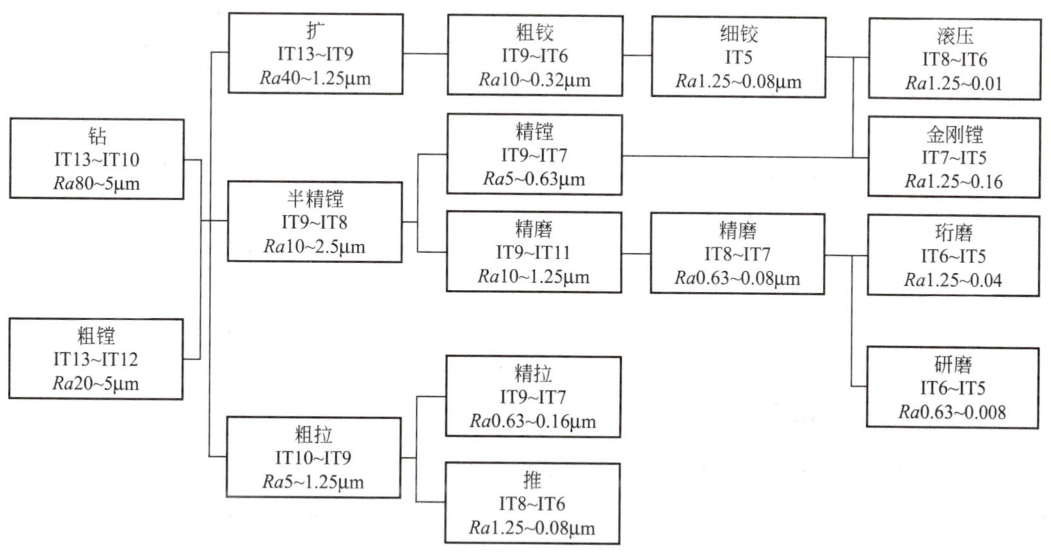

图 3—13 孔的加工路线

(1) 钻—扩—粗铰—精铰。

此方案广泛用于加工直径小于ϕ40mm 的中小孔，其中扩孔有纠正位置误差的能力，而铰刀又是定尺寸刀具，容易保证孔的尺寸精度。对于直径较小的孔，有时只需铰一次便能达到要求的加工精度。

(2) 粗镗（或钻）—半精镗—精镗。

这条加工路线主要适用与下例情况：

1) 直径较大的孔。

2) 位置精度要求较高的孔系。

3) 单件小批生产中的非标准中小孔。

4) 有色金属材料制成的孔。

在上述情况下，如果毛坯上已事先有铸出或锻出的孔，则第一道工序先安排粗镗（或扩）；若毛坯上事先没有孔，第一道工序便安排钻或两次钻。当孔的加工精度要求更高时，可在精镗后再安排浮动镗、金刚镗或珩磨等其他精密加工方法。

(3) 钻—拉。

此方案多用于大批量生产中加工盘套类零件的圆孔、单键孔及花键孔。拉刀为定尺寸刀具，其加工质量稳定，生产效率高。如果加工精度要求较高时，拉削可分为粗拉和精拉。

(4) 粗镗—半精镗—粗磨—精磨。

该方案主要用于中小型淬硬零件的孔加工。当孔的精度要求更高时，可再增加研磨或珩磨等精加工工序。

3. 平面的加工路线

平面加工一般采用铣削或刨削，要求较高的平面经过铣削或刨削以后还需安排精加工。常用的平面精加工方法有以下几种：

1) 磨削。

磨削可获得较高的加工精度和较小的表面粗糙度（IT6，$Ra<0.4\mu m$），而且可以磨削淬硬表面，因此广泛应用于中小型零件的平面精加工。要求更高的零件可以在粗磨—精磨之后再安排研磨或精密磨等加工。

2) 刮研。

刮研是获得精密平面的传统加工方法。由于这种方法劳动量大、生产率低，在大批大量生产中已逐渐被磨削所取代，但在单件小批生产和修配工作中仍有广泛的应用。

3) 高速精铣或宽刀刨削。

高速精铣不仅能获得高的精度和小的表面粗糙度，而且生产率高，应用于不淬硬的中小型零件的平面精加工；宽刀刨削多用于大型零件特别是狭长平面的精加工。

二、加工阶段的划分

当零件的加工质量要求较高时，往往不可能在一道工序内完成一个或几个表面的全部加工，一般必须把零件的整个工艺路线分成几个加工阶段，即粗加工阶段、半精加工阶段、精加工阶段。如果加工精度和表面质量要求特别高时，还应进行光整加工和超精密加工。

1. 各加工阶段的任务

(1) 粗加工阶段。

粗加工阶段位于工艺路线的最前面，主要任务是切除各加工面或主要加工面的大部分尺寸余量，并加工出精基准。因此，粗加工阶段面临的主要问题是如何获得高的生产率。

(2) 半精加工阶段。

半精加工阶段的主要任务是为主要表面的精加工做好准备工作，即达到一定的加工精度，保证适当的加工余量，并完成一些次要表面的加工。

(3) 精加工阶段。

精加工阶段的主要任务是使各主要表面达到图纸要求。

(4) 光整加工阶段。

对于精度要求很高，而表面粗糙度又要求很细（IT6 或 IT6 以上，表面粗糙度 $Ra\leqslant 0.32\mu m$）的表面，还要安排光整加工阶段。光整加工阶段的主要任务是提高工件的尺寸精度，降低表面粗糙度值或强化加工表面，一般不用来提高位置精度。

(5) 超精密加工阶段。

超精密加工阶段是按照超稳定、超微量切除等原则，实现加工尺寸误差和形状误差小于 $0.1\mu m$ 的加工技术。

当毛坯余量特别大，表面非常粗糙时，在粗加工阶段之前还应有荒加工阶段。为及时发现毛坯缺陷，减少运输量，荒加工阶段常在毛坯准备车间进行。

2. 划分加工阶段的目的

（1）保证加工质量。

粗加工阶段切削用量大，产生的切削力较大，切削热较高，所需夹紧力也较大，故工件残余内应力和工艺系统的受力变形、热变形、应力变形都较大，所产生的加工误差可通过半精加工和精加工逐步地纠正，从而保证加工精度。

（2）合理使用设备。

粗加工要求功率大、刚性好、生产效率高、精度要求不高的设备；精加工则要求精度高的设备。划分加工阶段后，可以充分发挥粗、精加工设备的特点，避免在粗加工中使用精度高的机床以及在精加工阶段使用低精度机床，做到合理使用设备。

（3）便于安排热处理工序。

例如，粗加工后工件残余应力大，可安排时效处理来消除残余应力；而热处理引起的工件变形又可在精加工中消除。

（4）便于及时发现问题。

毛坯的各种缺陷，如气孔、砂眼和加工余量不足等，在粗加工后即可及时发现，便于及时修补或决定报废，以免在后续工序中造成工时和费用的浪费。

（5）精加工和光整加工的表面安排在最后加工，可保护其少受磕碰损坏。

上述加工阶段的划分并不适用于所有工件，在应用时要灵活掌握。例如，对于那些加工质量要求不高、刚性好、毛坯精度较高、余量小的工件，就可少划分几个阶段或不划分阶段；那些刚性好的重型工件，由于装夹和运输很费时，也常在一次装夹下完成全部粗、精加工。为了弥补不分阶段带来的缺陷，重型工件在粗加工工步后，应松开夹紧机构，让工件有变形的可能，然后用较小的夹紧力重新夹紧工件，继续完成精加工工步的操作。

应当指出，划分加工阶段是对整个工艺过程而言的，因而要以工件的主要加工面来分析，不应以个别表面（或次要表面）和个别工序来判断。

三、工序的集中与分散

安排了零件各表面的加工顺序后，就要根据各表面所选用的加工方法的特点、定位基面的选择和转换以及所划分的加工阶段等，把各加工表面的各次加工按照工序集中原则或工序分散原则组合成若干工序。

1. 工序集中

工序集中是指零件的加工集中在少数几道工序中完成，每道工序加工的内容较多，工艺路线短。其特点是：

（1）采用高效专用设备和工艺装备，生产效率高。

（2）工件装夹次数减少，易于保证表面之间的位置精度，还能减少工序间的运输量，缩短生产周期。

（3）工序数目少，可减少机床数量、操作工人数和生产占地面积，还可简化生产计划和生产组织工作。

（4）采用的机床和工艺装备结构复杂，专业化程度和成本较高，调整维修较困难，生产准备工作量大，转换新产品比较费时。

2. 工序分散

工序分散是指每道工序的加工内容很少，甚至一道工序只有一个工步，工艺路线很长。其特点是：

(1) 设备和工艺装备比较简单，调整和维修比较方便，工人容易掌握，生产准备工作量少，又易于平衡工序时间，容易适应产品的更换。

(2) 对工人的技术要求较低。

(3) 可采用最合理的切削用量，减少机动时间。

(4) 所需设备和工艺装备的数目多，操作工人多，生产占地面积也大。

3. 工序集中和工序分散的选择

工序集中和工序分散各有利弊，应根据生产类型、现有生产条件、工件结构特点和技术要求等进行综合分析，来决定按照哪一种原则安排工艺过程。

一般情况下，单件小批生产宜采用工序集中，在一台普通机床上加工出尽可能多的表面；大批量生产时，既可采用多刀、多轴等高效自动机床，将工序集中，也可以将工序分散后组织流水线生产。

对于重型零件，为了减少工件的装卸和运输的劳动量，工序应适当集中；对于刚性差且精度要求高的精密工件，则工序应适当分散。例如，汽车连杆零件采用工序分散进行加工。

根据目前国内外的发展趋势，特别是近年来数控技术和柔性制造系统的发展，一般多采用工序集中的原则来组织生产。

四、加工顺序的安排

1. 机械加工工序的安排

(1) 先基面后其他。

工艺路线开始安排的加工表面，应该是后续工序作为精基准的表面，然后再以该基准面定位，加工其他表面。如轴类零件的第一道工序通常为铣端面钻中心孔，然后以中心孔定位加工其他表面；再如箱体零件常先加工基准平面和其上的两个孔，再以一面两孔为精基准加工其他表面。

(2) 先面后孔。

当零件上有较大的平面可以用来作为定位基准时，总是先加工平面，再以平面定位加工孔，保证孔和平面之间的位置精度，这样定位比较稳定，装夹也很方便。同时在毛坯表面上钻孔，钻头容易引偏，所以从保证孔的加工精度出发，也应当先加工平面再加工该平面上的孔。

(3) 先主后次。

零件上的加工表面一般可分为主要表面和次要表面两大类。主要表面通常是指位置精度要求较高的基准面和工作表面；而次要表面则是指那些要求较低，对零件整个工艺过程影响较小的辅助表面，如键槽、螺孔等。这些次要表面与主要表面之间也有一定的位置精度要求，一般是先加工主要表面，再以主要表面定位加工次要表面。对于整个工艺过程而言，次要表面的加工一般安排在主要表面最终精加工之前。

(4) 先粗后精。

如前所述，对于精度要求较高的零件，加工时应按粗、精加工阶段来划分。这一点对于刚性较差的零件，尤其不能忽视。

2. 热处理工序的安排

(1) 预备热处理。

预备热处理包括正火、退火、时效处理和调质处理等。这类热处理的目的是改善工件的加工性能，消除内应力和为最终热处理做好组织准备，其工序位置安排在粗加工前后。

1) 正火、退火。

经过热加工的毛坯，为改善切削加工性能和消除毛坯的内应力，一般在粗加工之前安排正火、退火处理。

2) 时效处理。

时效处理主要用于消除毛坯制造和机械加工中产生的内应力。对形状复杂的铸件，一般在粗加工后安排一次时效处理；对于精密零件，要进行多次时效处理。

3) 调质处理。

调质处理即淬火＋高温回火。对中碳钢来说，调质处理能消除内应力，改善加工性能并获得良好的综合力学性能。考虑材料的淬透性，一般安排在粗加工之后进行。

(2) 最终热处理。

最终热处理常用的有淬火＋回火、渗碳淬火、渗氮等。它们的主要目的是提高零件的硬度和耐磨性，一般安排在精加工（磨削）之前进行，或安排在精加工之后光整加工之前。

3. 辅助工序的安排

检验工序是主要的辅助工序，除每道工序由操作者自行检验外，在粗加工之后、精加工之前、零件转换车间时、重要工序之后以及全部加工完毕入库之前，通常都要安排检验工序。

除检验工序外，其他辅助工序有：表面强化、去毛刺、倒棱、去磁、清洗、动平衡、防锈以及包装等。

辅助工序也是保证产品质量所必需的工序，若缺少了辅助工序或辅助工序不严，将给装配工作带来困难，甚至使机器不能使用。例如，未去净的毛刺和锐边将使零件不便于装配，且危及操作者的安全。因此，在拟订零件机械加工工艺路线时，一定要充分重视辅助工序的安排。

第6节 加工余量与工序尺寸的确定

一、加工余量的概念

为了保证加工要求，需从工件的加工表面上切除一层材料，这层材料即为加工余量。合理确定加工余量，对确保加工质量、提高生产效率和降低成本都有很重要的意义。加工余量可分为工序余量和加工总余量。

1. 工序余量

工序余量是指某一道工序中所切除的金属层厚度，即相邻两工序的工序尺寸之差。工序余量的基本尺寸（基本余量或公称尺寸）可按下式计算：

（1）平面或非回转表面［图 3—14(a)、(b)］：

被包容面 $$Z_b=a-b \tag{3—1}$$

包容面 $$Z_b=b-a \tag{3—2}$$

式中：Z_b——工序余量的基本尺寸；

a——上道工序的基本尺寸；

b——本道工序的基本尺寸。

（2）回转表面［图 3—14(c)、(d)］：

被包容面（轴） $Z_b=a-b$，单边余量 $Z_D=Z_b/2$ （3—3）

包容面（孔） $Z_b=b-a$，单边余量 $Z_D=Z_b/2$ （3—4）

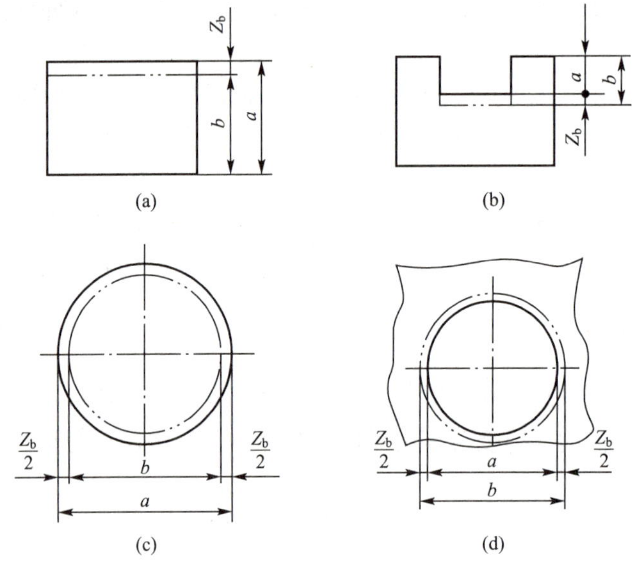

图 3—14 工序余量

由于毛坯制造和各个工序尺寸都存在着误差，因此，加工余量也是个变动值。当工序尺寸用基本尺寸计算时，所得到的加工余量称为基本余量。若以极限尺寸计算时，所得余量会出现最大或最小余量，其差值就是加工余量的变动范围。以外表面单边加工余量情况为例，其值为

$$Z_{bmax}=a_{max}-b_{min}$$
$$Z_{bmin}=a_{min}-b_{max} \tag{3—5}$$

式中：Z_{bmax}——最大加工余量；

Z_{bmin}——最小加工余量；

a_{max}——前工序最大极限尺寸；

b_{max}——本工序最大极限尺寸；

a_{min}——前工序最小极限尺寸；

b_{min}——本工序最小极限尺寸。

如图 3—15 所示为工序尺寸与加工余量之间的关系。余量公差是加工余量的变动范围，其值为

$$T_Z = Z_{bmax} - Z_{bmin} = (a_{max} - a_{min}) - (b_{max} - b_{min}) = T_a - T_b \quad (3—6)$$

式中：T_Z——工序余量公差；

T_a——上道工序尺寸公差；

T_b——本道工序尺寸公差。

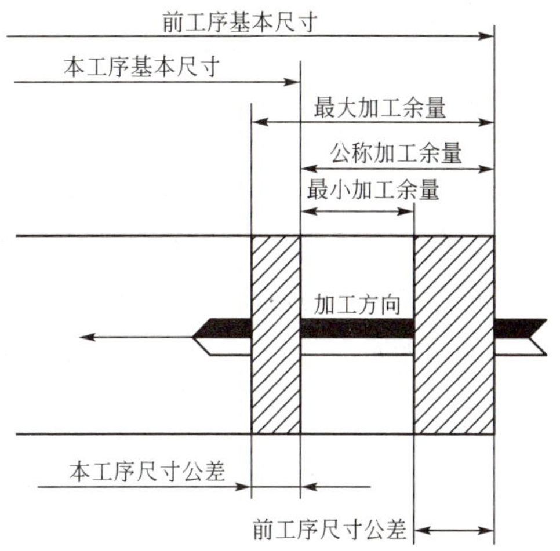

图 3—15 工序尺寸与加工余量的关系

2. 加工总余量

加工总余量是指某加工表面上所切除金属层的总厚度，即毛坯尺寸与零件图设计尺寸之差，也等于各道工序加工余量之和，即

$$Z_0 = \sum Z_i \quad (3—7)$$

式中：Z_0——加工总余量；

Z_i——各工序余量。

加工总余量也是个变动值，其值及公差一般是从有关手册中查得或凭实际生产经验确定的。

二、影响加工余量的因素

加工余量的大小对于工件的加工质量和生产效率均有较大的影响。加工余量过大，不仅增加机械加工的工作量，降低生产效率，而且增加材料、工具和动力的消耗，提高加工成本。若工序余量过小，既不能消除上道工序中的各种缺陷和误差，又不能补偿本道工序加工时工件的装夹误差，很容易造成废品。因此，应当合理地确定加工余量。下面简单分析影响加工余量的主要因素。

1. 上道工序各种表面缺陷和误差

(1) 表面粗糙度 Ra 和缺陷层 D_a。

本道工序必须把上道工序留下来的表面粗糙度全部切除，还应切除上道工序在表面留下的一层金属组织已遭破坏的缺陷层，如图 3—16 所示。

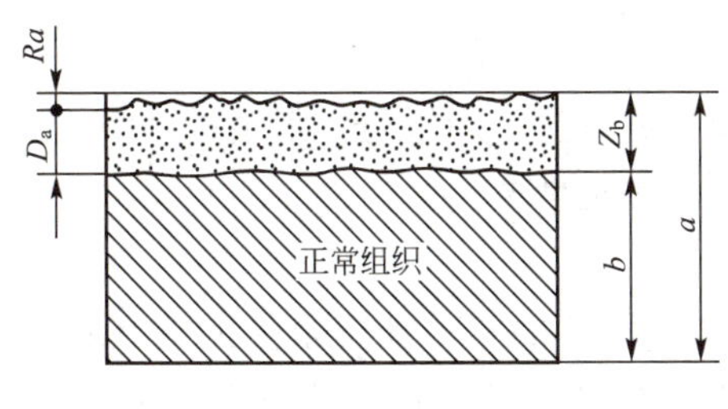

图 3—16 表面粗糙度和缺陷层

(2) 上道工序尺寸公差 T_a。

由图 3—15 可知，工序的基本余量包括了上道工序的尺寸公差 T_a。

(3) 上道工序的形位误差（空间误差）ρ_a。

ρ_a 是指不由尺寸公差 T_a 所控制的形位误差。当形位公差和尺寸公差之间的关系是独立原则或最大实体原则时，尺寸公差不控制形位公差。此时，加工余量中要包括上道工序的形位误差 ρ_a。如图 3—17 所示小轴，当轴线有直线度误差 ω 时，须在本道工序中加以纠正，因而直径方向上的加工余量应增加 2ω。ρ_a 的数值可按设计技术要求确定。若设计图

上未注要求。则应按未注形位公差确定。若形位公差和尺寸公差之间的关系是包容原则时，则可不计 ρ_a。

2. 本道工序装夹误差 ε_b

装夹误差包括工件的定位误差和夹紧误差，若用夹具装夹时，还有夹具在机床上的安装误差。这些误差会使工件在加工时的位置发生偏移，所以加工余量还必须考虑装夹误差的影响。例如，图 3—18 所示用三爪自定心卡盘夹持工件磨孔时，由于三爪自定心卡盘定心不准，使工件轴线偏离主轴旋转轴线 e 值，造成孔的磨削余量不均匀，为了确保上道工序各项误差和缺陷的切除，孔的直径余量应增加 $2e$。装夹误差 ε_b 的数值，可先分别求出定位误差、夹紧误差和夹具的装夹误差再相加而得。

综上所述，加工余量的基本公式为

单边余量时 $$Z_b = T_a + Ra + D_a + |\rho_a + \varepsilon_b| \quad (3—8)$$

双边余量时 $$2Z_b = T_a + 2(Ra + D_a) + 2|\rho_a + \varepsilon_b| \quad (3—9)$$

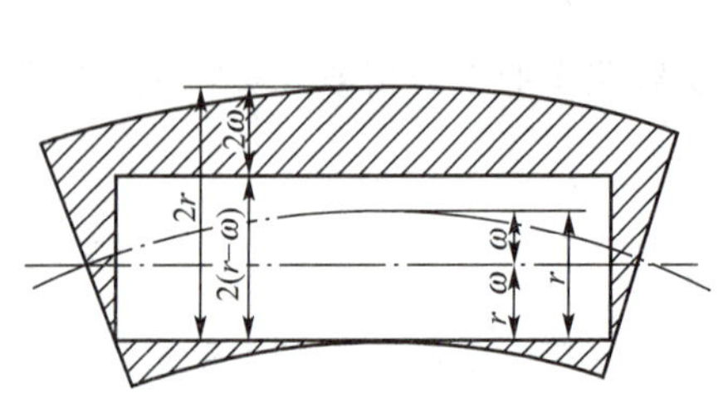

图 3—17 轴线直线度对加工余量的影响

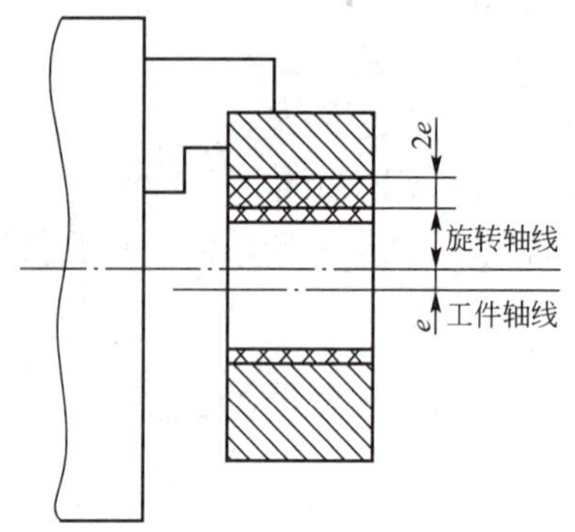

图 3—18 三爪卡盘装夹误差对加工余量的影响

三、确定加工余量的方法

确定加工余量的基本原则是在保证加工质量的前提下，加工余量越小越好。通常确定加工余量的方法有三种：

1. 经验估计法

经验估计法是工艺人员根据经验来确定加工余量的方法。为了防止因余量过小而产生废品，所估计的加工余量一般偏大。此法常用于单件小批生产。

2. 查表修正法

查表修正法是根据各工厂的生产时间和工艺试验积累的有关加工余量的资料数据为基础，并结合实际加工情况进行修正来确定加工余量的方法。此法在工厂中应用比较广泛。

3. 分析计算法

分析计算法是根据一定的工艺实验资料和相关的计算公式，对影响加工余量的各项因素进行综合分析和计算来确定加工余量的方法。这种方法是最经济合理的，但必须有比较全面和可靠的实验资料。目前，此法在材料十分贵重，以及军工产品或少数大量生产的企业中采用。

四、工序尺寸及公差的确定

工件上的设计尺寸及其公差是经过各道加工工序后得到的。每道工序的工序尺寸都不相同，它们是逐步向设计尺寸接近的。为了最终保证工件的设计要求，需要确定各道工序的工序尺寸及其公差。在加工过程中，会出现工艺基准与设计基准重合或不重合两种情况，这两种情况下工序尺寸的计算方法是不同的。这里只讲述基准重合时工序尺寸及其公差的计算方法，基准不重合时工序尺寸及其公差的计算方法将在下节工艺尺寸链的计算中详细介绍。

当工艺基准与设计基准重合且工件表面多次加工时，工序尺寸及其公差的计算是比较容易的。例如，孔、轴和某些平面的加工，计算时只需要考虑各道工序的加工余量和所能达到的加工精度。其计算顺序是由最后一道工序开始向前推算。具体计算步骤为：

(1) 确定毛坯总加工余量和工序余量。

根据各道工序所采用的不同加工方法和加工精度确定所需工序余量，再由各道工序余量计算毛坯总余量。

(2) 确定工序公差。

最终工序尺寸公差等于设计尺寸公差，其他工序尺寸公差查有关手册按经济精度确定。

(3) 计算工序基本尺寸。

从零件图上的设计尺寸开始，一直往前推算到毛坯尺寸，某道工序基本尺寸等于后一道工序基本尺寸加上或减去后一道工序余量。

(4) 标注工序尺寸公差。

最后一道工序的公差按设计尺寸标注，毛坯尺寸公差为双向分布，其余工序尺寸公差按“入体原则”标注。

例 3—1 某主轴箱体主轴孔的设计要求为$\phi180^{+0.018}_{-0.07}$mm，$Ra=1.25\mu$m，其主要加工工艺路线为：粗镗—半精镗—精镗—细镗四道工序。试确定各道工序尺寸及其公差。

解：先根据有关手册和工厂实际经验确定各道工序的基本余量，具体数值见表 3—10 中的第二列；查有关手册可得各道工序的经济精度，并确定相应的工序尺寸公差，具体数值见表 3—10 中的第三列；再由最后一道工序向前道工序逐个计算工序尺寸，具体数值见表 3—10 中的第四列，并得到各道工序尺寸及其公差以及 Ra 值，具体数值见表 3—10 中的第五列和第六列。

表 3—10　　主轴孔各道工序的工序尺寸及其公差的计算实例

工序名称	工序基本余量/mm	工序的经济精度	工序尺寸/mm	最小极限尺寸/mm	Ra/μm
细镗	0.2	H6 ($^{+0.02}_{0}$)	$\phi180^{+0.018}_{-0.007}$	$\phi179.993$	1.25
精镗	0.6	H7 ($^{+0.04}_{0}$)	$\phi179.8^{+0.04}_{0}$	$\phi179.8$	1.6
半精镗	3.2	H9 ($^{+0.10}_{0}$)	$\phi179.2^{+0.10}_{0}$	$\phi179.2$	3.2
粗镗	8	H11 ($^{+0.25}_{0}$)	$\phi176^{+0.25}_{0}$	$\phi176$	6.4
毛坯孔			$\phi170^{+1}_{-2}$	$\phi168$	

第 7 节　工艺尺寸链及工艺尺寸的计算

在工件的机械加工工艺过程中，各道工序的工序尺寸及工序余量在不断变化，其中一些工序尺寸在零件图上往往不标出或不存在，需要在制定工艺规程时确定。而这些不断变化的工序尺寸之间又存在一定的联系，需要应用尺寸链知识来分析它们之间的内在联系，掌握它们的变化规律，从而正确地计算出各道工序的工序尺寸及其公差。

一、工艺尺寸链的基本概念

1. 工艺尺寸链的定义

如图 3—19 所示为主轴箱箱体镗孔，孔的设计基准为箱体底面 2，在用调整法加工孔时（其他表面均已加工完成），为了使工件定位可靠以及夹具结构简单，常选用箱体顶面 5 作为定位基准，按尺寸 A 对刀镗孔，间接保证尺寸 B（A_0）。这样，尺寸 A、B（A_0）、C 就形成一个封闭图形。这种由相互联系的尺寸按一定顺序首尾相接排列成的尺寸封闭图形就定义为尺寸链。由单个工件在工艺过程中的有关工艺尺寸所形成的尺寸链称为工艺尺寸链，如图 3—20 所示。

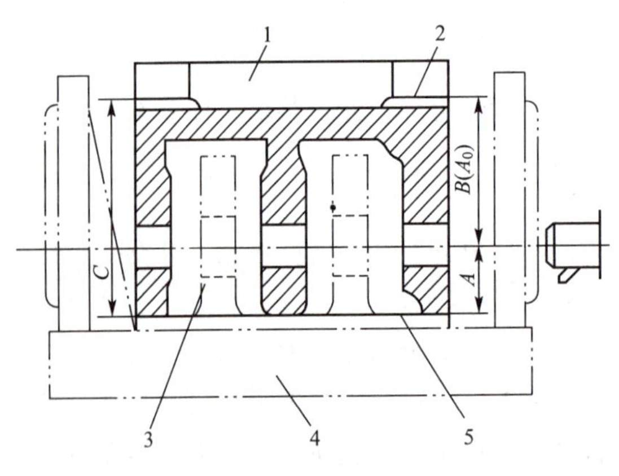

图 3—19　主轴箱加工中的尺寸链

1—主轴箱；2—孔的设计基准；3—导向支承；4—镗模；5—定位基准

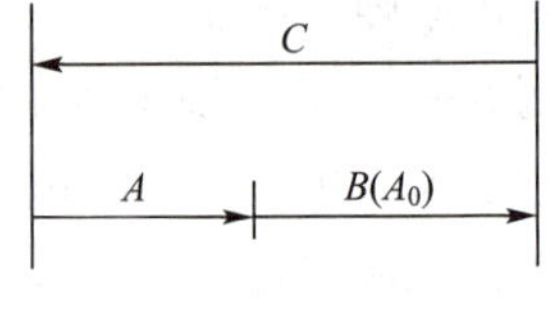

图 3—20　工艺尺寸链图

2. 工艺尺寸链的特征

由前面对主轴箱箱体镗孔加工的分析可知，尺寸 A 和 C 是在加工过程中直接获得的，而尺寸 B（A_0）则是间接保证的。由此可见，工艺尺寸链的主要特征有以下几点：

(1) 封闭性。

尺寸链必须是一组有关尺寸首尾相接所形成的尺寸封闭图形。不封闭就不成为尺寸链，尺寸封闭图形中应包含一个间接保证的尺寸和若干个对其有影响的直接获得的尺寸。

(2) 关联性。

某一个尺寸及精度的变化必将影响其他尺寸和精度的变化，也就是说，它们的尺寸和精度互相联系、互相影响。

3. 工艺尺寸链的组成

组成尺寸链的各个尺寸称为尺寸链的环。图 3—20 中的尺寸 A、B、C 都是尺寸链的环。这些环又可分为两大类：

（1）封闭环。

根据尺寸链的封闭性，最终被间接保证精度的那个环称为封闭环，用 A_0 表示。图 3—20 中尺寸 B（A_0）就是封闭环。

（2）组成环。

尺寸链中对封闭环有影响的其他各环均是组成环。图 3—20 中尺寸 A 和 C 都是组成环。在组成环中，又分为增环和减环。

1）增环。

增环是指在其他组成环不变的情况下，若此环增大（或减小）时，封闭环随之增大（或减小），则该环即为增环。在图 3—20 中，尺寸 C 为增环。

2）减环。

减环是指在其他组成环不变的情况下，若此环增大（或减小）时，封闭环却随之减小（或增大），则该环即为减环。在图 3—20 中，尺寸 A 为减环。

4. 工艺尺寸链图的作法

为了便于分析和计算工艺尺寸链，应事先画出工艺尺寸链图。画图时，可将尺寸链中相应的环用尺寸或符号标注在零件图上（如图 3—19 所示），也可单独表示出来（如图 3—20 所示）。单独表示时只需按大致比例依次画出相应的环。

为了能迅速判别组成环的性质（增环、减环），通常采用回路法，即在绘制尺寸链图时，用首尾相接的单向箭头顺序表示各尺寸环。其中，凡是与封闭环箭头方向相同的环即为减环，与封闭环箭头方向相反的环即为增环，即所谓"增反减同"原则。如图 3—20 中，尺寸 A 与封闭环 B 同向则为减环，尺寸 C 与封闭环 B 反向则为增环。

二、尺寸链的基本计算方法

工艺尺寸链常用计算方法有两种，即极值法和概率法。生产中一般多采用极值法（或称极大极小值法）。尺寸链需要计算的参数包括：

1. 封闭环的基本尺寸

封闭环的基本尺寸等于所有增环的基本尺寸之和减去所有减环的基本尺寸之和，即

$$A_0=\sum A_z-\sum A_j \tag{3—10}$$

2. 封闭环的极限尺寸

封闭环的最大极限尺寸等于所有增环的最大极限尺寸之和减去所有减环的最小极限尺寸之和，即

$$A_{0max}=\sum A_{zmax}-\sum A_{jmin} \tag{3—11}$$

同理，封闭环的最小极限尺寸等于所有增环的最小极限尺寸之和减去所有减环的最大极限尺寸之和，即

$$A_{0min}=\sum A_{zmin}-\sum A_{jmax} \tag{3—12}$$

3. 封闭环的上偏差与下偏差

封闭环的上偏差等于所有增环的上偏差之和减去所有减环的下偏差之和，即

$$ESA_0=\sum ESA_z-\sum EIA_j \tag{3—13}$$

同理，封闭环的下偏差等于所有增环的下偏差之和减去所有减环的上偏差之和，即

$$EIA_0=\sum EIA_z-\sum ESA_j \tag{3—14}$$

4. 封闭环的公差

封闭环的公差等于所有组成环的公差之和，即

$$T_{A_0}=\sum T_{A_i}$$

由上式可知，封闭环的公差比任一组成环的公差都大。因此，在工艺尺寸链中，一般选最不重要的环作为封闭环。为了减小封闭环的公差，应尽量减少尺寸链中的环数，这就是设计中应遵守的“最短尺寸链”原则。

三、工艺尺寸链的应用计算

正确分析和计算尺寸链是编制工艺规程的重要环节，而应用工艺尺寸链计算工序尺寸及其公差是工艺尺寸链应解决的主要问题。计算尺寸链的一般步骤是：

(1) 画出尺寸链图；

(2) 确定封闭环、增环和减环；

(3) 进行尺寸链计算。

1. 基准不重合时工序尺寸的计算

基准不重合时工序尺寸的计算，包括定位基准与设计基准不重合时尺寸的计算以及测量基准与设计基准不重合时尺寸的计算。

(1) 定位基准与设计基准不重合时工序尺寸及其公差的计算。

当加工一批工件时，如果所选的定位基准与设计基准不重合，那么该表面的设计尺寸就不能由加工直接得到。这时就需要进行有关的工序尺寸计算，以保证设计尺寸的精度要求，并将计算出的工序尺寸标注在该工序的工序图上。

例 3—2 如图 3—21(a) 所示的零件，镗孔工序的定位基准选择 A 面，而孔的设计基准为 C 面，基准不重合，加工时镗刀按 A 面调整。试计算并标注工序尺寸 A_3。

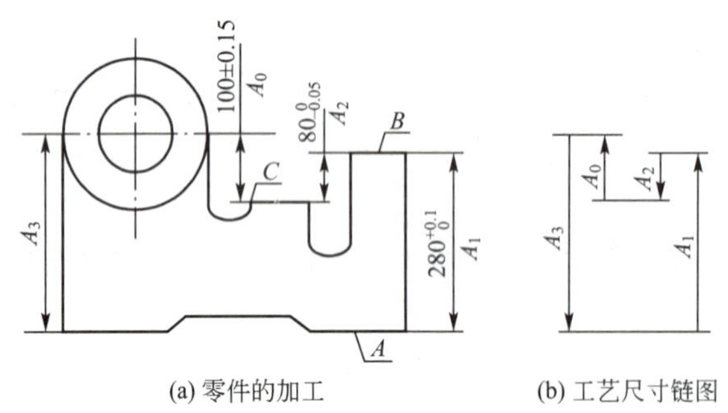

(a) 零件的加工　　(b) 工艺尺寸链图

图 3—21　定位基准与设计基准不重合时工序尺寸及其公差的计算

解： 要确定工序尺寸 A_3 应控制在什么范围内才能保证设计尺寸 A_0 的要求，可以根据该尺寸有联系的各个尺寸，做出如图 3—21(b) 所示的工艺尺寸链图。

在工艺尺寸链中，尺寸 A_1 和 A_2 在镗孔前已加工好，尺寸 A_3 将在本道工序加工中直

接得到，故这三个尺寸都是工艺尺寸链中的组成环。其中，设计尺寸 A_0 是本道工序最后间接得到的，为封闭环；用箭头方法判断出 A_2 和 A_3 为增环，A_1 为减环。根据公式可得

$$A_0 = A_3 + A_2 - A_1$$
$$ESA_0 = ESA_3 + ESA_2 - EIA_1$$
$$EIA_0 = EIA_3 + EIA_2 - ESA_1$$

于是有

$$A_3 = A_0 + A_1 - A_2 = 100 + 280 - 80 = 300\text{mm}$$
$$ESA_3 = ESA_0 + EIA_1 - ESA_2 = +0.15 + 0 - 0 = +0.15\text{mm}$$
$$EIA_3 = EIA_0 + ESA_1 - EIA_2 = -0.15 + 0.1 - (-0.05) = 0\text{mm}$$

即工序尺寸 $A_3 = 300^{+0.15}_{0}$mm。

有些情况下，按上述方法计算出的某一组成环的公差为零甚至负值，这在实际中是不可能实现的。其原因是各组成环的公差之和等于或超过了封闭环的公差。纠正这种情况时可采取以下措施：

1）增大设计尺寸（封闭环）；

2）提高前道工序尺寸的精度；

3）采用基准重合原则；

4）采用试切法加工。

（2）测量基准与设计基准不重合时测量尺寸的计算。

在零件加工时，会遇到一些表面加工之后设计尺寸不便于或无法直接测量的情况。此时，需要在零件上另选一个易于测量的表面作为测量基准进行测量，以间接检验设计尺寸，而测量尺寸（工序尺寸）需要根据设计尺寸和其他工序尺寸计算出来。

例 3—3 如图 3—22(a) 所示的零件，A、B、C 面已在前道工序加工完毕，$A_3 = 48^{0}_{-0.05}$mm，本道工序加工 D 面时要保证设计尺寸 $A_2 = 18 \pm 0.09$mm。由于该设计尺寸用游标卡尺无法直接测量，因此选择 C 面作为测量（工序）基准，直接测量工序尺寸 A_1，从而间接保证设计尺寸 $A_2 = 18 \pm 0.09$mm。试计算测量尺寸 A_1。

解： 做出如图 3—22(b) 所示的测量工艺尺寸链图。由图容易判断出，设计尺寸$A_2 = 18 \pm 0.09$mm 为封闭环（暂记为 A_{20}），$A_3 = 48^{0}_{-0.05}$mm 为增环，测量尺寸 A_1 为减环。根据公式可得

$$A_{20} = A_3 - A_1$$
$$ESA_0 = ESA_3 - EIA_1$$
$$EIA_0 = EIA_3 - ESA_1$$

于是有

$$A_1 = A_3 - A_{20} = 48 - 18 = 30\text{mm}$$
$$ESA_1 = ESA_3 - ESA_{20} = 0 - (+0.09) = -0.09\text{mm}$$
$$EIA_1 = EIA_3 - EIA_{20} = -0.05 - (-0.09) = +0.04\text{mm}$$

即测量尺寸 $A_1 = 30^{+0.04}_{-0.09}$mm。

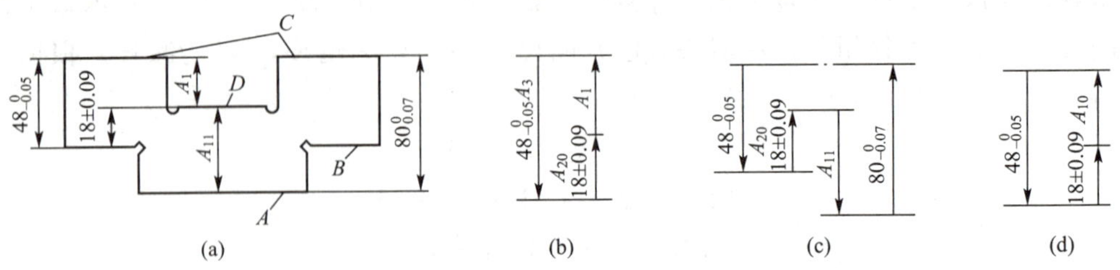

图 3—22 测量基准与设计基准不重合时测量尺寸及其公差的计算

由计算结果可以看出，使用直接测量得到的工序尺寸的精度比间接测量得到的设计尺寸的精度提高了很多（公差值由 0.18mm 减少到 0.13mm，即减少了 0.05mm，此值恰是另一组成环的公差值）。在设计尺寸（封闭环）精度较高而其他组成环的精度又不太高时，同样会出现工序尺寸的公差值很小，甚至为零或为负值的不合理情况。此时，可以采取以下措施来解决这种不合理情况。

1）提高其他组成环（如上例中的尺寸 $48_{-0.05}^{\ 0}$mm）的精度，使所求的组成环的精度降低（即公差值增大）；

2）采用专用工具直接测量工序尺寸（如上例中的设计尺寸 $A_2=18\pm0.09$mm）。

两种情况说明：

1）多方案比较。有时一个不便直接测量的设计尺寸，可能有几个方便间接测量该设计尺寸的方案。如上例中所示的零件，也可以选择 A 面作为测量基准，通过测量工序尺寸 A_{11} 来间接保证设计尺寸 $A_2=18\pm0.09$mm 的要求。但是，这两种方案所计算出的 A_1 和 A_{11} 的公差值却不同。由图 3—22(c) 所示的测量工艺尺寸链可以算出：$A_{11}=50_{-0.04}^{+0.02}$mm，显然选择 C 面作为测量基准要比选择 A 面好。

2）假废品问题。由上例零件图可知，直接设计的尺寸为 A_2 和 A_3，均为组成环，自然形成的尺寸为 A_1，为封闭环（暂记为 A_{10}）。由图 3—22(d) 所示设计尺寸链可以计算出 $A_{10}=30_{-0.14}^{+0.09}$mm，即如果测得尺寸不满足 $A_{10}=30_{-0.14}^{+0.09}$mm，说明 A_2 和 A_3 两尺寸一定有超差的，零件为废品。通过计算，如果测量尺寸满足了 $A_1=30_{-0.14}^{+0.09}$mm，则零件一定合格。但是，当测得尺寸不满足 A_1，而满足 A_{10}，则无法确定零件一定是废品。例如测得工序尺寸 $A_1=29.86$mm，由 A_1 来看此件为废品，可是实际加工中要保证的是设计尺寸 $A_2=18\pm0.09$mm。现在来复检一下另一个组成环的尺寸恰好为 47.95mm。在这种情况下，封闭环尺寸（即设计尺寸）$A_2=47.95-29.86=18.09$mm，为合格尺寸，不是废品。此工件从测量尺寸上看是废品，而从设计尺寸上看却是合格品，所以出现了假废品。判断真假废品的原则是：当测量尺寸超差时，若超差量不大于其他组成环的公差之和，有可能出现假废品。此时，应复检其他组成环的尺寸来判别是真废品还是假废品；如果超差量大于其他组成环公差之和，则肯定是真废品，不必复检。

2. 多尺寸保证时工序尺寸的计算

零件图中时常会出现几个尺寸在同一基准面上标注，而该基准面的精度和表面粗糙度要求又比较高，经常在精加工阶段进行最后加工的情况。基准面最终一次加工只能直接保证一个设计尺寸（在工艺尺寸链中它以组成环形式出现）。那么，另外一些设计尺寸只能间接获得（在工艺尺寸链中它们以封闭环形式出现）。一般情况下，宜选取精度要求高的设计尺寸作为最终加工时直接获得的组成环，那些要求不高的设计尺寸作为封闭环。

例 3—4 如图 3—23(a) 所示的阶梯轴，其轴向尺寸加工过程为：精车 A 面（A 面留磨削余量为 0.4mm），以 A 面作为基准精车 B 面，再以 B 面作为基准精车 C 面，达到图纸设计要求。试求各工序尺寸。

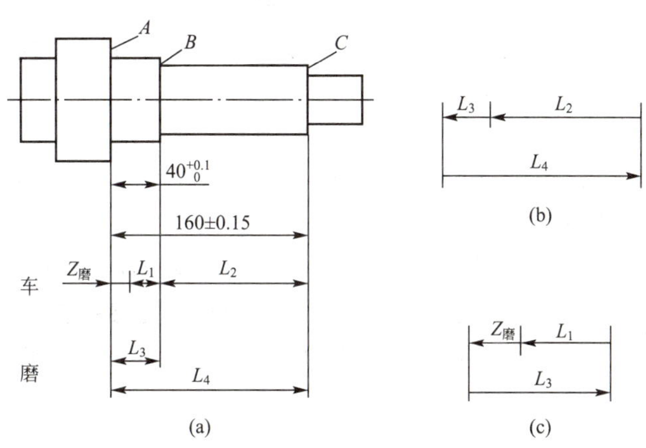

图 3—23　多尺寸保证时工序尺寸及其公差的计算

解： 画出工艺尺寸链如图 3—23(a) 所示。在磨削端面 A 时，只能直接保证 L_3 和 L_4 中的一个尺寸，由于尺寸 $L_3=40^{+0.1}_{0}$mm 的要求高于尺寸 $L_4=160\pm0.15$mm，所以只能直接保证 L_3（组成环），而 L_4 就只能在磨削端面时间接获得。L_1 和 L_2 都是在车削时直接获得的，所以 L_1 和 L_2 都是组成环。L_1、L_2、L_3、L_4 是所需求的工序尺寸（其中 L_3 和 L_4 可根据图纸要求通过加工直接保证）。

图 3—23(a) 所示尺寸链包含两个尺寸链，它们公用一个尺寸环 L_3，可把它们分解为两个单一尺寸链来计算，如图 3—23(b) 和图 3—23(c) 所示。

在图 3—23(b) 所示的尺寸链中，L_4 为封闭环，L_2 和 L_3 为增环，无减环。根据公式可得

$$L_4=L_2+L_3 \quad L_2=L_4-L_3=160-40=120\text{mm}$$

$$ESL_4=ESL_2+ESL_3 \quad ESL_2=ESL_4-ESL_3=+0.15-0.1=+0.05\text{mm}$$

$$EIL_4=EIL_2+EIL_3 \quad EIL_2=EIL_4-EIL_3=-0.15-0=-0.15\text{mm}$$

即工序尺寸 $L_2=120^{+0.05}_{-0.15}$mm。

按“入体原则”将工序尺寸 L_2 换算成 $L_2=120^{\ 0}_{-0.20}$mm。

在图 3—23(c) 所示的尺寸链中，$Z_磨$ 为封闭环，L_3 为增环，L_1 为减环。根据公式可得

$$Z_磨=L_3-L_1 \quad L_1=L_3-Z_磨=40-0.4=39.6\text{mm}$$

但是 $Z_磨$ 和 L_1 的上下偏差均是未知的，因此解不是唯一的。此时 L_1 的公差可根据车削的加工经济精度确定为 $T_{L_1}=0.15$mm，并按“入体原则”进行标注，即

$$L_1=39.6^{\ 0}_{-0.15}\text{mm}$$

初步确定工序尺寸 L_1 后，可通过尺寸链计算来校核磨削余量 $Z_磨$ 是否合理。

$$Z_磨=0.4\text{mm}$$

$$ESZ_{磨}=ESL_3-EIL_1=+0.1-(-0.15)=+0.25\text{mm}$$

$$EIZ_{磨}=EIL_3-ESL_1=0-0=0\text{mm}$$

即磨削余量 $Z_{磨}=0.4^{+0.25}_{0}$mm。计算表明，磨削余量合理。

3. 渗碳、渗氮工序工艺尺寸的计算

为了提高零件表面的硬度和耐磨性，常采用表面渗碳（氮）处理工艺措施。渗碳或渗氮后的表面一般要进行精加工或光整加工。例如，渗碳表面的工艺过程通常为：渗碳前加工→渗碳→热处理→磨削。

在渗碳前加工尺寸、磨削前渗碳层深度、磨削后尺寸以及磨削后渗碳层深度所组成的工艺尺寸链中，渗碳前、后的加工尺寸和磨削前渗碳层深度均可直接获得，而磨削后的渗碳层深度却是间接得到的。

例 3—5 如图 3—24 所示为 $\phi 60_{-0.03}^{0}$ mm 光轴，外圆表面渗碳层深度要求在 0.6～0.8mm 之间，即直径上渗碳层深度为 $1.6_{-0.4}^{0}$mm。设磨削前渗碳层深度为 b_{EIb}^{ESb}，磨削余量为 0.3mm（直径上），渗碳前加工的工序尺寸为 $\phi 60_{-0.046}^{0}$ mm。试确定磨削前渗碳层深度 b。

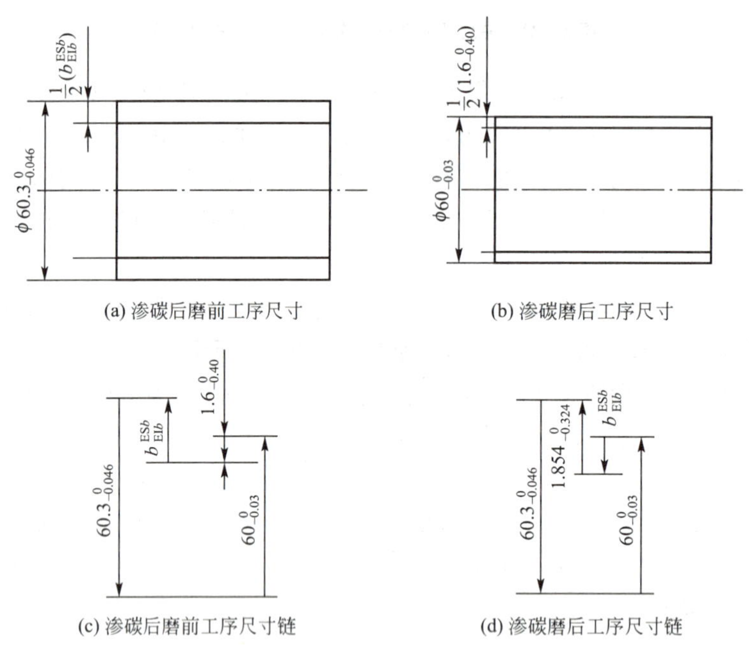

图 3—24 渗碳工序尺寸计算

解：画出工艺尺寸链如图 3—24 所示。在图 3—24(c) 所示的尺寸链中，渗碳层深度尺寸 $1.6_{-0.4}^{0}$mm 是间接得到的，为封闭环，其余为组成环，解之得

$$b=1.9_{-0.37}^{-0.046}=1.854_{-0.324}^{0}\text{mm}$$

所以，磨削前渗碳层深度应控制在 1.854～1.53mm（直径上）范围内，这样在磨去 0.3mm（直径上）余量之后，渗碳层深度保证在 1.6～1.2mm（直径上）范围之内，此结果可以通过图 3—24(d) 所示尺寸链加以验证。

4. 电镀后工序尺寸的计算

电镀零件有两种情况，一种只是为了防锈和美观，对尺寸无要求，它的工艺过程是：镀前加工→电镀；另一种是既要防锈、美观又有尺寸要求。

例 3—6　电镀光轴，如图 3—25(a)所示，镀后尺寸为$\phi 30_{-0.052}^{0}$mm，镀层厚度为 0.025～0.04mm，即直径上镀层厚度为 0.05～0.08 ($0.08_{-0.03}^{0}$)mm。试求镀前工序尺寸 d 为多大时，才能保证镀后尺寸为$\phi 30_{-0.052}^{0}$mm。

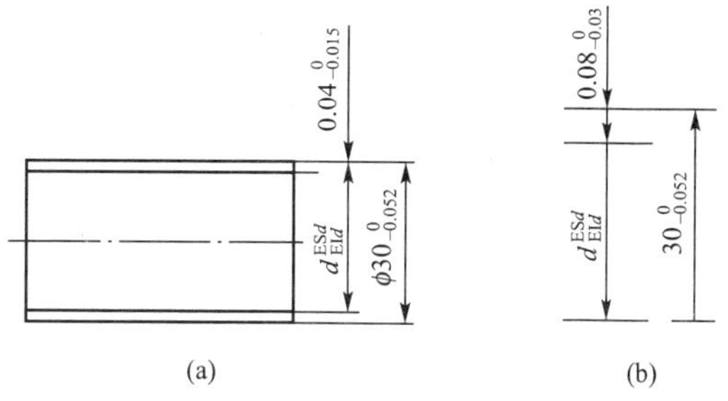

图 3—25　电镀工序尺寸

解：画出工艺尺寸链如图 3—25(b)所示。因为镀后尺寸$\phi 30_{-0.052}^{0}$mm 是间接保证的，故为封闭环，其他均为增环，无减环。根据工时可得

$$30=0.08+d \quad d=29.92\text{mm}$$

$$0=ESd+0 \quad ESd=0\text{mm}$$

$$-0.052=EId+(-0.03) \quad EId=-0.022\text{mm}$$

即镀前工序尺寸 $d=29.92_{-0.022}^{0}$mm。

第 8 节　设备与工艺装备的选择

当零件的机械加工工艺路线确定之后，在对零件的各道工序所使用的机床和工艺装备进行选择时，主要考虑零件的精度要求、结构尺寸和生产纲领等因素的影响，同时结合采用工序集中和分散的情况来确定。

一、机床的选择

机床是加工工件的主要生产设备，在选择机床时，可依据下列原则：

(1) 所选机床应与加工工件相适应。即机床的精度应与工件的技术要求相适应；机床的主要规格尺寸应与加工零件的外轮廓尺寸相适应；机床的生产效率与零件的生产纲领应相适应。

(2) 要考虑生产现场的实际情况，即考虑现有设备的类型、规格及实际精度，设备的分布排列及负荷情况，操作者的实际技术水平等。

(3) 还要考虑生产工艺技术的发展。例如在一定的条件下考虑采用计算机辅助制造、成组技术等新技术时，则有可能选用高生产效率的专用、自动、组合机床等，以满足相似零件组的加工要求，而不是仅仅考虑某一零件的批量大小。

综合考虑以上因素，在选择机床时应充分利用现有机床设备。当现有机床设备的规格尺寸和实际精度不能满足零件的加工要求时，应优先考虑采用新技术、新工艺来进行设备改造，充分挖掘现有机床设备的潜力。

在工艺卡片中，通用机床需写明其名称及型号，专用机床应写明“专用”两字并注明编号。

二、工艺装备的选择

1. 夹具的选择

单件小批量生产应尽量选用通用夹具，如机床自带的卡盘、平口钳、转台等。大批量生产时，应采用高生产率的专用夹具，积极推广气传动、液传动的专用夹具。在推行计算机辅助制造、成组技术或为了提高生产效率时，则应采用成组夹具、组合夹具。夹具的精度应与零件的加工精度相适应。

2. 刀具、量具的选择

刀具、量具的选择原则与机床、夹具的选择原则相似。在实际生产中，随着加工零件的材料、加工的种类、尺寸、精度及表面质量、机床型式的不同等，各种型式的通用、专用刀具、量具都得到广泛应用。总之，选择刀具、量具时既要考虑适应性，又要注意新技术的发展。

第 9 节　切削用量的确定与时间定额的估算

一、切削用量的确定

正确选择切削用量，对保证零件的加工精度、提高生产效率、降低刀具的损耗和工艺成本都有很重要的意义。

根据工件材料、加工精度、所选机床与刀具的情况以及刀具耐用度与机床功率等因素选择和确定切削用量，即在保证加工质量和工艺系统刚性不超过限制条件下，尽量增大切削用量，以达到提高生产效率的目的。

粗加工主要是为了取出多余的余量，为精加工做准备，并以提高生产效率为主要目标。为此，一般在不超过刀具耐用度以及机床功率限制的情况下，选择较大的背吃刀量 a_P 和进给量 f，而选择较小的切削速度 v（提高切削速度 v，刀具耐用度会降低很多）。精加工主要以保证加工质量为生产目标，为了达到图纸规定的要求，一般应选择较小的背吃刀量 a_P 和进给量 f，同时又为了不降低生产效率，在刀具许可的情况下，应尽量提高切削速度 v。

在单件小批生产中，为了简化工艺文件，常不规定切削用量，而是由操作工人根据具体情况自行确定。

在大批量生产中，对组合机床、自动机床、多刀加工以及加工精度和表面质量要求很高的工序，应科学合理选择切削用量，并填入工艺文件切实执行，以便充分发挥这些高生产效率、高精度设备的潜力及作用。

二、时间定额的估算

在一定的生产条件下，规定生产单件产品或完成一道工序所需要的时间，称为时间定额。合理的时间定额能够促进工人的生产技能和技术熟练程度的不断提高，并调动工人的积极性，从而不断提高生产效率和促进生产向前发展。时间定额是安排生产计划和成本核算的主要依据。

为了合理确定时间定额和探讨提高生产效率的工艺途径，有必要了解单件生产时间及其组成。一般将完成零件一个工序的时间称为单件时间，它主要包括以下几个组成部分：

1. 作业时间 t_z

直接用于制造产品或零部件所消耗的时间称为作业时间 t_z，它是由基本时间 t_j 和辅助时间 t_f 所构成。

直接改变生产对象的尺寸、形状、相对位置、表面状态或材料性质等工艺过程所消耗的时间，称为基本时间 t_j。它包括刀具的趋近、切入、切削加工和切出等所消耗的时间。例如，车削外圆时的基本时间（见图 3—26）可用下式确定：

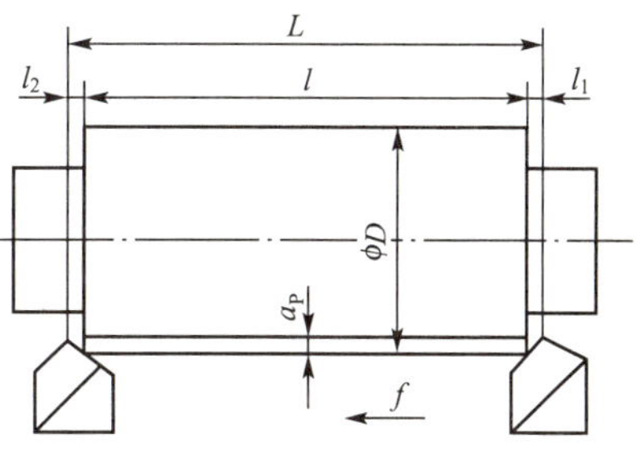

图 3—26 车削时 t_j 的计算

$$t_j=\frac{iL_{计}}{nf} \tag{3—15}$$

式中：t_j——基本时间（min）；

$L_{计}$——工作行程长度（包括刀具切入和切出，mm）；

i——走刀次数，$i=Z/a_P$（Z 为加工余量，a_P 为背吃刀量）；

n——工件转速（r/min）；

f——刀具进给量（mm/r）。

为实现工艺过程而必须进行的各种辅助动作所消耗的时间，称为辅助时间 t_f。如装卸工件、开启或关闭机床、改变切削用量、测量工件等所消耗的时间均属于辅助时间范畴。

2. 布置工作地时间 T_P

为了使加工正常进行，工人照管工作地（如更换刀具、润滑机床、清理切屑、收拾工具等）所消耗的时间称为布置工作地时间 T_P。布置工作地时间 T_P 很难精确估计，一般按作业时间 T_z 的百分数 α（2%～7%）来选取。

3. 休息与生理需要时间 T_x

工人在工作时间内为恢复体力和满足生理需求所消耗的时间，称为休息与生理需要时间 T_x，通常也按作业时间 T_z 的百分数 β（一般取 2%）来选取。

以上所有时间的总和称为单件时间 $T_{单件}$，即

$$T_{单件}=T_z+T_P+T_x=(1+\alpha+\beta)T_z=(1+\alpha+\beta)(T_j+T_f) \tag{3—16}$$

4. 生产准备与终结时间 T_{zj}

工人为了生产一批产品或零部件，进行准备和结束工作所消耗的时间，称为生产准备与终结时间 T_{zj}。

在成批生产中，每加工一批工件的开始和终了时，需要一定时间完成以下工作：加工一批工件开始时，需熟悉工艺文件，领取毛坯、刀具、量具，以及安装刀具、量具与调整机床等；在加工一批工件终结时，还要拆下并归还工艺装备以及送交成品等。准备与终结对一批零件只需要一次，零件批量 m 越大，分摊到每个工件上的准备与终结时间越少。为此，成批生产时的单件时间定额为

$$T_{定额}=T_{单件}+T_{zj}/m=(1+\alpha+\beta)(T_j+T_f)+T_{zj}/m \tag{3—17}$$

大批生产时（零件批量 m 很大）T_{zj}/m 可忽略不计，此时的单件时间定额为

$$T_{定额}=T_{单件}=(1+\alpha+\beta)(T_j+T_f) \tag{3—18}$$

大量生产时，每个工作地始终完成某一固定工作，由于批量 m 很大，所以在计算单件工时中不计入准备和终结时间。

第 10 节　机械加工的生产效率与经济性

在制定工艺规程时，必须妥善处理劳动生产效率与经济性问题。机械制造工艺规程的优或劣，是以经济效果的好或差作为判别标准的，也就是说要力求产品优质、高产、低成本。

劳动生产效率是指一个工人在单位时间内生产出的合格产品的数量，也可用完成单件产品或一道工序所消耗的劳动时间来表示。机械加工的经济性，则是研究如何用最少的消耗生产出合格的机械产品。

一、提高劳动生产率的措施

提高劳动生产率不单纯与机械加工技术有关，而且还与产品设计、生产组织与管理密切相关，属于系统工程问题。这里主要讨论与机械加工工艺有关的提高劳动生产效率的途径。

合理利用高效率的机床和工艺设备，采用先进的工艺方法，进而达到缩减各道工序的单件时间，是提高生产效率的有效途径。

1. 缩短单件工时定额

生产类型不同，组成单件工时的各类时间所占比重不同。例如，在小批生产中，就切削加工过程来说，工件在机床上实际加工的时间只占 30%左右，而消耗在装卸、定位、测量和换刀等过程的辅助时间却占 70%。因此，要提高生产效率，就必须首先降低单件生产中占有比重较大的部分，现分述如下：

(1) 缩短基本时间。

1) 提高切削用量。

增大切削速度、进给量和背吃刀量都可以缩减基本时间，从而减少单件工时时间，这也是机械加工中广泛采用的提高劳动生产效率的有效方法。提高切削用量会使工艺系统的弹性变形加大、切削温度升高、刀具磨损增大以及振动增加，从而影响加工精度和表面质量。因此，切削用量的增加也受到限制。采用先进刀具材料、优化刀具参数、改进机床、提高刀具刚性和机床的切削功率，可以突破切削用量增加所受到的限制。

目前，硬质合金刀具的车削速度可达 200m/min，而近年来出现的聚晶金刚石和聚晶立方氮化硼新型刀具，其切削速度可高达 900m/min。

磨削的发展趋势是高速磨削和强力磨削，目前采用的速度为 60m/s，国外已生产出全封闭的磨削速度高达 90～120m/s 的高速磨床。采用缓进给强力磨削，磨削深度可达 6～12mm，最大可高达 37mm，国外已用磨削代替铣削或刨削来进行粗加工。

2) 缩减工作行程长度。

工件上需要进行加工的长度一般已由零件设计图纸所决定。但实际加工中，仍可以采取措施设法缩短切削行程。

采用多刀或复合刀具加工可以大大缩减工作行程长度，或使切削行程长度部分或全部重合，从而减少基本时间。例如，使用几把刀具同时切削同一表面，改纵向进给为横向进给（如宽砂轮做切入磨削等）。

3）采用多件加工。

如图 3—27 所示，多件加工共有三种形式。一是顺序多件加工，如图 3—27(a) 所示滚齿加工中，工件按走刀方向顺序地装夹并加工，这样可以缩减刀具的切入和切出时间，从而提高生产效率；二是平行多件加工，如图 3—26(b) 所示铣削加工中，工件平行排列，一次走刀可以同时加工 n 个工件，而每个工件的基本时间只是原来的 $1/n$；三是平行顺序加工，如图 3—26(c) 所示平面磨削，它是上述两种形式的综合应用，在这种情况下缩减基本时间的效果会更加明显。

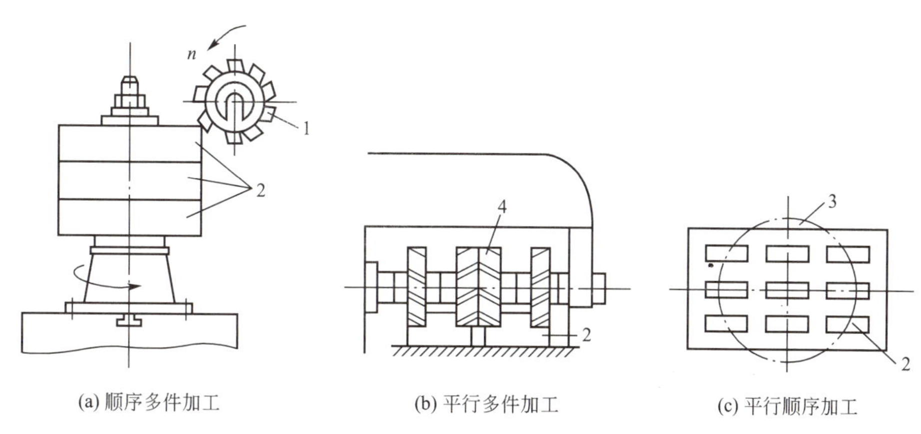

图 3—27 多件加工示意图

1—滚刀；2—工件；3—砂轮；4—铣刀

(2) 缩减辅助时间。

缩减辅助时间的主要方法是实现机械化和自动化，直接缩减辅助时间，或使辅助时间与基本时间重合。具体措施有：

1）直接缩减辅助时间。

① 采用先进夹具。在大批量生产中，可以采用气动、液动、多件以及高效率夹具。对于中小批生产来说，由于受到专用夹具制造成本的限制，可设法采用组合夹具，如果采用成组加工工艺，也可对多品种中小批生产的工件采用高效的成组夹具。

② 采用各种辅助工具。这样可以减少更换和装夹刀具的时间。

③ 采用主动测量装置或数字显示装置。在各类机床上配备主动测量装置或数字显示装置，把加工过程中工件尺寸变化的情况连续显示出来，工人可以根据主动测量装置或数字显示装置显示的数据进行机床控制，节省了停机测量的辅助时间。

2）将辅助时间与基本时间重合。

① 采用可换夹具或可换工作台交替工作，例如，在多刀半自动车床或外圆磨床上加工以心轴定位的工件时，可以采用两根同样的心轴，用一根心轴对一个工件加工时，另一根心轴对另一个工件进行装卸。

② 采用多工位夹具。如图 1—2 所示，在立式铣床上采用多工位夹具工作的例子就是将工位 1 处装卸工件的辅助时间与工位 2 钻孔、工位 3 扩孔、工位 4 铰孔的基本时间完全重合。

③ 采用连续加工。连续加工可以显著提高生产效率，并且在大量生产和成批生产中铣削平面或磨削平面时得到广泛应用。例如，图3—28所示立式连续回转工作台铣床加工的实例，机床由两根主轴顺次进行粗铣和精铣，装卸工件时机床不停机，从而辅助时间与基本时间完全重合。

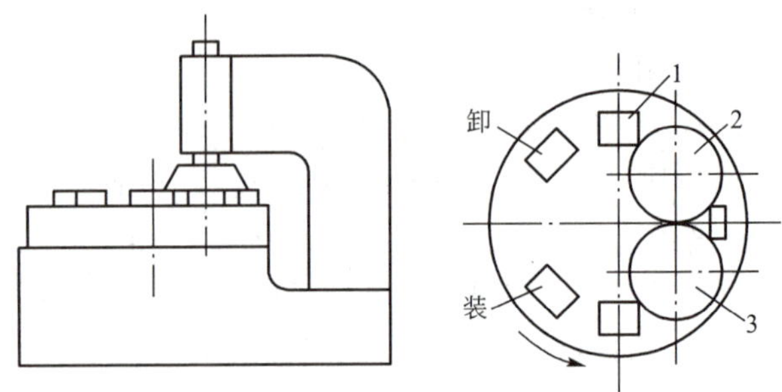

图3—28 立式连续回转工作台铣床

1—工件；2—精铣刀；3—粗铣刀

(3) 缩减布置工作地时间。

布置工作地时间主要是指推消耗在更换和调整刀具的时间。因此缩减布置工作地时间的主要途径就是缩减刀具调整和更换的时间，或者提高刀具的耐用度，在实际中使用不重磨刀片、专用对刀样板、自动换刀装置等。

(4) 缩减准备和终结时间。

缩减准备和终结时间的主要方法是增加零件的生产批量和减少调整机床、刀具以及夹具的时间。

1) 夹具和刀具调整通用化。

在多品种、中小批量生产中，应用相似性原理，采用成组工艺和成组夹具对相似零件组的同一道工序进行加工时，成组夹具只需少许调整时间就可以适应相似零件组同一道工序中每一个工件的加工要求，这样便大大缩短了准备和终结时间。

2) 采用可换刀夹和刀架。

例如，转塔车床可配备备用转塔刀架，事先按加工对象调整好，当更换加工对象时，把事先调整好的转塔刀架换上，缩减准备和终结时间。

3) 采用刀具的微调和快调机构。

在多刀加工时，调整刀具特别费时，常常在刀夹尾部装上微调机构，这样可以缩减调整时间。

4) 减少夹具安装时间。

如采取在夹具体上设计定位键等措施就可以减少夹具在机床上的安装与找正时间。

2. 采用先进的工艺方法

采用先进的工艺方法是一种提高劳动生产率的有效途径。

(1) 采用先进的毛坯制造方法。

如粉末冶金、石蜡铸造、冷挤压、爆炸成形等先进的毛坯制造方法可提高毛坯的制造精度，减少加工的劳动量。

(2) 采用少切削、无切削新工艺。

如采用冷挤、冷轧等方法，不仅能提高劳动生产效率，而且工件的加工质量也会得到改善。例如，用冷挤齿轮替代剃齿，生产效率可提高四倍，表面粗糙度 Ra 值能稳定达到 0.8～0.4μm。

(3) 采用特种加工。

对特硬、特脆、特韧材料及其复杂型面的加工，常采用特种加工方法。例如，用电火花加工锻模，用线切割加工冲模等可节省大量的钳工工作量。

(4) 改进加工方法。

在大批量生产中，以拉削代替铣削、镗削，以粗磨代替铣削都能有效地提高劳动生产效率。

3. 提高机械加工的自动化程度

(1) 采用自动生产线加工。

在大批量生产中，可以广泛采用专用机床或组合机床，并组成生产线，操作者只要在自动线一端上料，另一端卸下工件即可。自动生产线上有严格的生产节拍和重要工序的自动监测、故障停机报警等功能装置，生产效率极高。

(2) 采用高效自动化机床加工。

中小批量生产占机械加工的大多数，不适用于在生产线上生产。为了提高这部分加工的劳动生产效率，一般采用以下几种方法：

1) 自动机床和数控机床加工。

对于中小批生产，采用液压或电气控制自动机，如各类型的自动、半自动磨床，插销板式半自动液压仿形车床以及数控机床与加工中心等。

2) FMS 加工。

FMS 是柔性加工生产线，对应于大批量生产自动线而言，它用于中小批量的生产，是目前国内外正在研究、开发和推广的先进制造方法，具有很高的生产效率。当加工对象改变时，该系统仅通过调整控制程序，不需改变机床设备等即可适应其他工件的加工生产，是未来机械制造的发展方向。有关 FMS 加工的具体内容将在第 8 章中详细介绍。

二、工艺方案的经济性分析

制定机械加工工艺规程时，在满足加工质量的前提下，还应注重其经济性。一般情况下，满足同一质量要求的加工方案可以有多种，而在这些方案中，必然有一个是经济性最好的方案。所谓经济性好，是指在机械加工中能用最低的制造成本制造出合格的产品。因此，对不同的工艺方案进行技术经济分析就显得十分必要。

制造一个零件所消耗的费用总和称为生产成本。生产成本可分为两类费用：一类是与工艺过程直接有关的费用，称为工艺成本（占生产成本的 70%～75%），如原材料费用、生产工人的工资、机床电费、设备折旧费和维修费、工艺装备折旧费和修理费以及车间和工厂的管理费用等；另一类是与工艺过程没有直接关系的费用，如行政人员的开支、厂房折旧费、取暖费等。对工艺方案进行经济分析时，只需对前一类费用（工艺成本）进行分析。

1. 工艺成本的组成与计算

工艺成本由变动费用（V）和不变费用（S）组成。变动费用是与年产量有关并与之成正比例的费用。它包括材料费、人工费、机床电费、通用设备折旧费和维修费以及通用工装（夹具、刀具和辅具）折旧费和维修费等。可变费用是与年产量变化没有直接关系的费用，通常包括专用机床折旧费和维修费以及专用工装折旧费和维修费等。

工艺成本可表示为

$$E=S+VN \tag{3—19}$$

式中：E——零件全年工艺成本（元/年）；

S——不变费用（元/年）；

V——变动费用（元/件）；

N——生产纲领或年产量（件/年）。

单件工艺成本或工序成本可表示为

$$E_d = E/N = V + S/N \tag{3—20}$$

式中：E_d——单件工艺成本或某一道工序成本（元/件）。

根据上述工艺成本的两个公式，可以进行不同工艺方案的经济性分析比较。应当指出，在进行经济分析时，还应全面考虑改善劳动条件，提高劳动生产效率以及促进生产技术发展等问题。

全年工艺成本与生产纲领的关系如图 3—29 所示，E 与 N 呈线性关系，说明全年工艺成本与生产纲领呈正比变化。

单件工艺成本与生产纲领呈双曲线关系，如图 3—30 所示。在曲线的左段，N 值很小，设备负荷低，E_d 就高，如 N 略有变化时，E_d 将会有较大的变化。在曲线的右段，N 值很大，大多采用专用设备（S 较大，V 较小），且 S 与 N 的比值也小，故 E_d 较小，N 值的变化对 E_d 影响很小。以上分析表明，当 S 值一定时（主要是指专用工装设备费用），就应该有一个相适应的零件生产纲领。所以，在单件小批生产时，因 S/N 值占的比例小，最好采用专用工装设备（同时减小 V 值）。

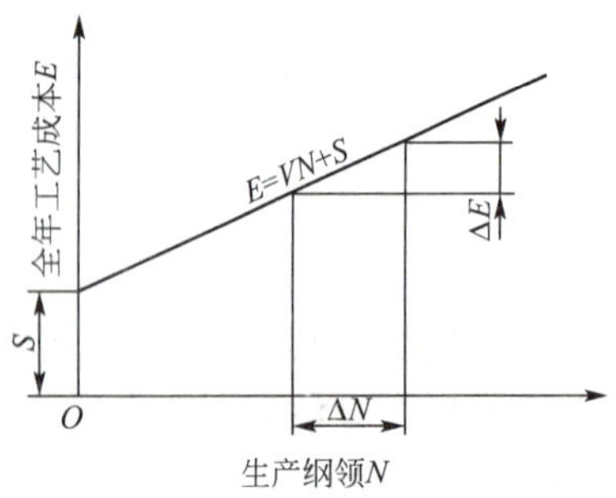

图 3—29　全年工艺成本与生产纲领的关系

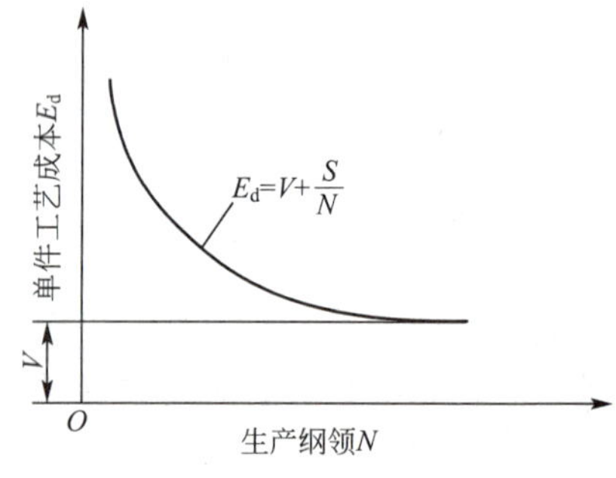

图 3—30　单件工艺成本与生产纲领的关系

2. 不同工艺方案的经济性评比

对不同工艺方案的经济性进行评比时，常用零件的全年工艺成本进行比较，这是因为全年工艺成本与生产纲领呈线性关系，容易比较。

设两种不同工艺方案分别为方案 1 和方案 2，它们的全年工艺成本分别为

$$E_1 = S_1 + V_1 N$$

$$E_2 = S_2 + V_2 N$$

在同一坐标图上，分别画出了方案 1 和方案 2 的全年工艺成本与生产纲领的关系，如图 3—31 所示。由图可知，两条直线相交于 $N = N_K$ 处，该生产纲领称为临界生产纲领。此时，两种工艺方案的全年工艺成本相等。当生产纲领 N 大于 N_K 时，第

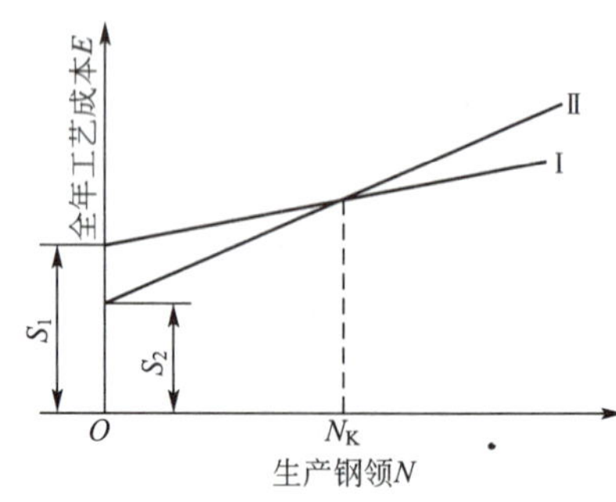

图 3—31　两种工艺方案全年工艺成本比较

一种方案较为经济；当生产纲领 N 小于 N_K 时，第二种方案较为经济。若两直线不相交，则不论生产纲领如何变化，第二种方案总是比较经济的。

存在两种工艺方案时，往往是一种方案的可变费用较大，而另一种方案的不变费用较大。如果某种工艺方案的可变费用与不变费用都较大，那么该方案在经济上是不可取的。用工艺成本评比的方法比较科学，因而对一些关键零件或关键工序的评比常用此方法。工艺方案确定之后，应降低可变费用和不变费用。降低可变费用应从降低单件零件或产品消耗着手，而降低不变费用则应从提高产量和减少费用的绝对值着手。

本章小结

本章主要讲述了机械制造工艺规程的概念、制定步骤及每步的具体工作内容。通过学习，学生要掌握有关原则的灵活应用和基本计算方法，能够制定中等难度工件的工艺规程。学习时要注意和工艺课程设计结合起来，要点如下：

（1）基本概念：机械加工工艺规程、零件的机构工艺性、余量、工序余量、单边余量、双边余量、尺寸链、组成环、封闭环、增环、减环、时间定额、工艺方案的经济性、工艺成本。

（2）几个原则：粗精基准选择原则、工序集中与分散原则、增减环判别原则。

（3）计算方法：工序余量的确定和计算方法、工艺尺寸链的计算（极值法）。

习题

1. 机械加工工艺规程在生产中起什么作用?

2. 制定机械加工工艺规程的原则与步骤有哪些?

3. 试述粗精基准选择原则。

4. 机械加工为什么要划分加工阶段？各加工阶段的作用是什么？

5. 举例说明在机械加工工艺过程中，如何合理安排热处理工序位置。

6. 什么是零件的结构工艺性？试指出题图 3—1 中的结构工艺性存在什么问题，如何改进？

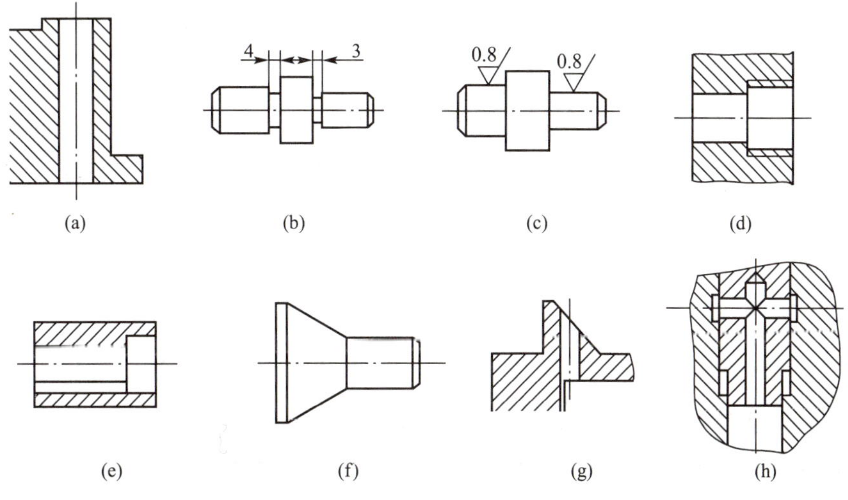

题图 3—1

7. 试选择题图 3—2 所示端盖零件加工时的粗基准。

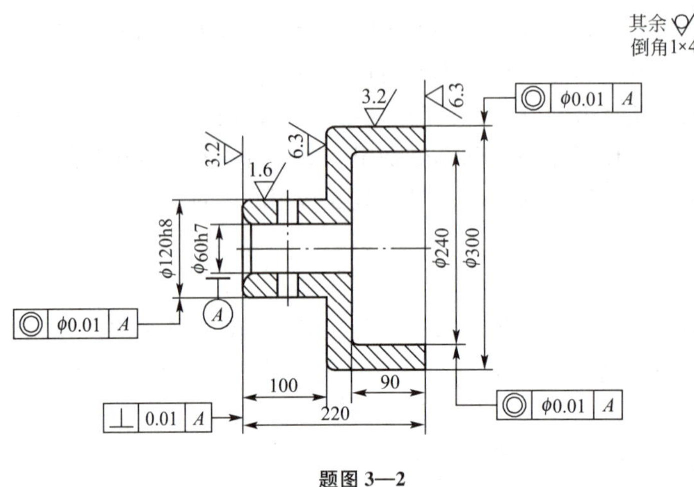

题图 3—2

8. 如题图 3—3 所示零件，已知该工件的毛坯为铸件（孔未铸出），生产类型为中批生产。试制定其机械加工工艺路线（包括工序名称、加工方法、定位基准以及热处理方法）。

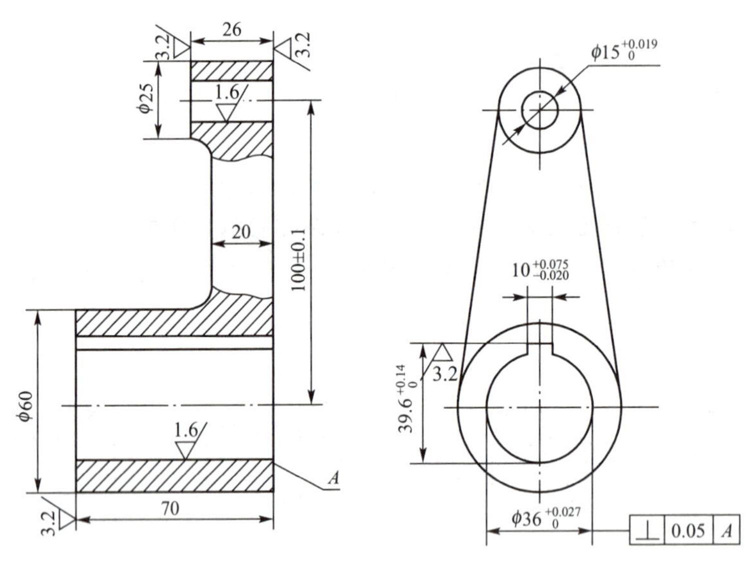

题图 3—3

9. 如题图 3—4 所示矩形零件，其上平面加工工序为粗铣→精铣→粗磨→半精磨→精磨。为了保证图纸要求，试确定上述各道工序的加工余量、基本尺寸及其公差。

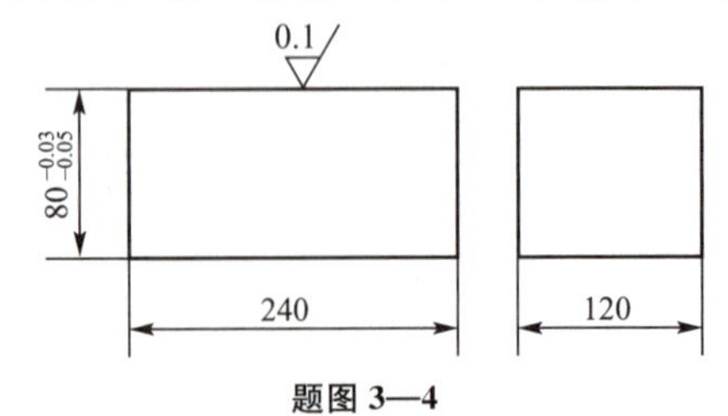

题图 3—4

10. 某小轴直径为 $\phi35_{-0.013}^{\ 0}$ mm，长 200mm，表面粗糙度 Ra 为 0.2μm，毛坯为热轧棒料，生产类型为大批量，经过粗车→精车→淬火→粗磨→精磨达到图纸要求。现给出各道工序的加工余量、工序尺寸公差（见题表3—1），毛坯的尺寸公差为1.5mm。试计算工序尺寸，标注工序尺寸公差，并计算精磨工序的最大余量和最小余量。

题表3—1

工序名称	加工余量/mm	工序尺寸公差/mm	工序名称	加工余量/mm	工序尺寸公差/mm
粗车 精车	3.00 1.10	0.210 0.052	粗磨 精磨	0.40 0.10	0.033 0.013

11. 如题图3—5所示零件加工时，图纸要求保证尺寸6±0.1mm，但这一尺寸不便直接测量，只好通过测量尺寸L来间接保证。试求测量尺寸L及其上、下偏差。

12. 如题图3—6所示零件，以A面定位，用调整法铣削平面C、D及槽E。已知$L_1=60\pm0.2$mm，$L_2=20\pm0.4$mm，$L_3=40\pm0.8$mm。试确定其工序尺寸及其公差。

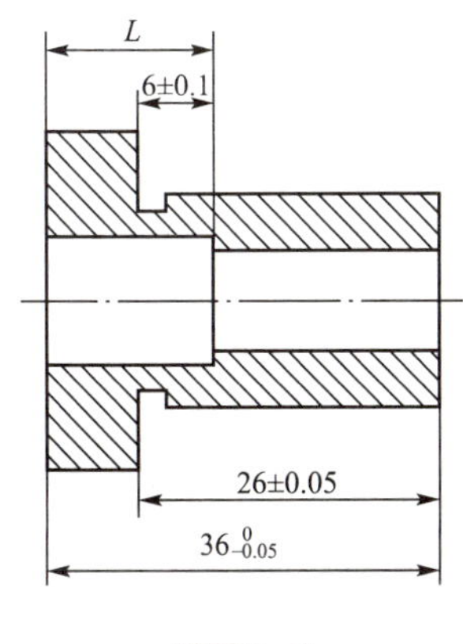

题图3—5

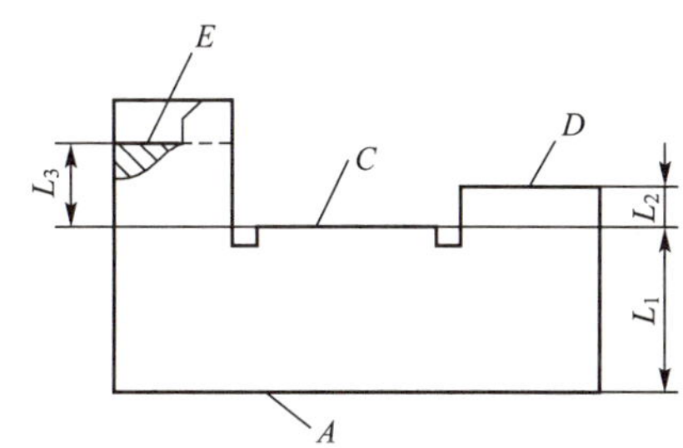

题图3—6

13. 如题图3—7所示零件，表面A、C已加工好，现需加工B面，要求保证尺寸$A_0=25_{0}^{+0.25}$mm以及平行度公差0.1mm。由于C面定位不方便，现改用A面定位并用调整法加工。试确定工序尺寸A_2及其公差。

14. 题图3—8所示轴的部分工艺为：车削外圆至$\phi30_{-0.1}^{0}$mm，铣削键槽深度为H，热处理，磨削外圆至$\phi30_{+0.015}^{+0.036}$mm。设磨后外圆与车后外圆的同轴度公差为$\phi0.05$mm，求保

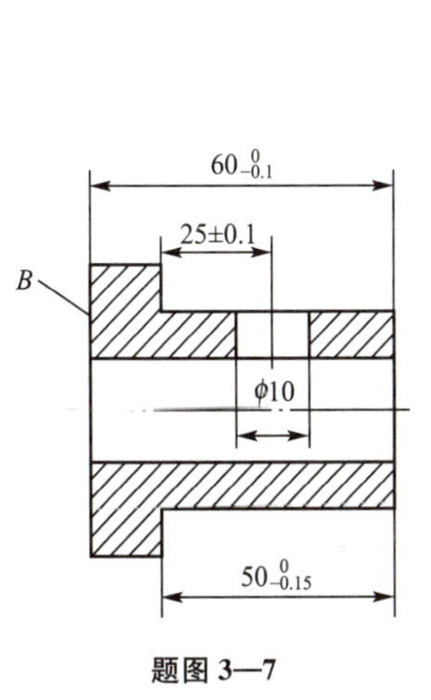

题图3—7

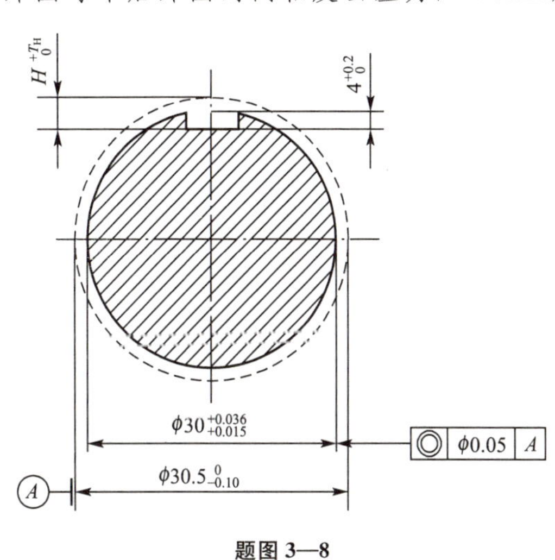

题图3—8

证键槽深度为 $4^{+0.2}_{0}$mm 的铣削键槽深度 H。

15. 已知某零件材料为 20Cr，其内孔的加工顺序为：

(1) 车削内孔至 $\phi 31.8^{+0.14}_{0}$mm；

(2) 碳氮共渗，要求工艺碳氮共渗层深度为 t；

(3) 磨削内孔至 $\phi 32^{+0.036}_{+0.010}$mm，要求保证碳氮共渗层深度为 0.1～0.3mm。

试求碳氮共渗工序的工艺碳氮共渗层深度 t 及其公差。

第 4 章　机械加工精度

【学习内容】

机械加工精度的概念；影响机械加工精度的因素及解决办法。

【学习要求】

本章要求理解机械加工精度的概念；掌握影响机械加工精度的因素及解决办法。

第 1 节　机械加工精度概述

一、机械加工精度的概念

机械零件的加工质量直接影响到由其组成的机械产品的工作性能和使用寿命。因此，要想提高机械产品的使用性能，必须重视机械零件的加工质量。机械零件的加工质量常用机械加工精度和机械加工表面质量两个指标来衡量。

机械加工精度是指零件加工后的实际几何参数（尺寸、形状和表面相对位置）与理想几何参数的符合程度。符合程度愈高，加工精度就愈高；反之加工精度就愈低。机械加工精度通常包括三个方面：

(1) 尺寸精度：指加工后零件表面本身或表面之间的实际尺寸与理想尺寸之间的符合程度。

(2) 形状精度：指加工后零件各表面的实际形状与表面理想形状之间的符合程度。

(3) 位置精度：指加工后零件表面之间的实际位置与表面之间理想位置的符合程度。

实践表明，任何一个零件在实际加工后的几何参数总是与理想几何参数之间存在偏离，其偏离程度即为加工误差。加工误差越大，加工硬度就越低。

二、机械加工精度的获取方法

1. 尺寸精度的获得方法

尺寸精度的获得方法可参见表 4—1。

表 4—1　尺寸精度的获得方法

加工方法	优/缺点	加工途径	应用范围
试切法	耗工时，生产效率低，同时要求操作者有很高的技术水平	试切—测量—调整—再试切	用于单件、小批生产中
调整法	获得的尺寸精度稳定，生产率高	预先按工件规定的尺寸，调整好机床、刀具、夹具与工件的相对位置，并在一批零件的加工过程中始终保持这个加工位置，以保证加工尺寸	广泛应用于成批和大量生产中

（续前表）

加工方法	优/缺点	加工途径	应用范围
定尺寸刀具法	加工精度稳定，生产率高，刀具的制造精度、安装精度和磨损等因素要求高	直接利用刀具的相应尺寸来保证加工尺寸	应用于成批和大量生产中
自动获得尺寸法	生产效率高、自动化程度高	利用测量装置、调整装置和控制系统等组成的自动化加工系统，在加工过程中能自动测量、补偿调整，当工件达到尺寸要求时，刀具能自动退回停止加工	应用于成批和大量生产中

2. 形状精度的获得方法

（1）轨迹法。

轨迹法主要是依靠刀尖与工件的相对运动轨迹来形成被加工表面的形状，如工件回转，车刀做平行于工件回转轴线的直线运动来车削外圆。此方法所得到的形状精度主要取决于工件与刀具之间的相对运动精度。

（2）成形法。

它是利用成形刀具刀刃的几何形状来切削出工件形状的方法。这种方法所能达到的精度主要决定于刀具刀刃的形状精度以及刀具的安装精度。

（3）展成法。

它是利用刀具与工件的展成切削运动，由刀刃在被加工表面上的包络面来形成成形表面，如用滚刀加工齿轮等。展成法所达到的精度高低，主要取决于机床做展成运动的传动链精度与刀具的制造精度。

3. 位置精度的获得方法

（1）一次装夹获得法。

工件在一次装夹中加工出零件有相互位置精度要求的各个表面，从而保证其位置精度要求。如在箱体零件孔系加工中，各孔之间的同轴度、平行度和垂直度等位置精度，就是采用一次装夹获得法来保证的。

（2）多次装夹获得法。

工件有关表面的相互位置精度是由加工表面与定位基面的位置精度来保证的。如箱体零件的孔与平面之间的平行度和垂直度等位置精度，就是采用多次装夹获得法来保证的。

影响获得位置精度的因素主要有机床精度、夹具精度、工件的安装精度以及量具的测量精度。

三、加工误差的来源

在机械加工过程中，机床、夹具、刀具和工件构成一个完整的工艺系统，该系统各个环节的误差都会影响到加工误差。由工艺系统本身的结构和状态、操作过程以及加工过程中的物理力学现象（切削力、切削热、摩擦、变形等）而产生的误差，称为原始误差。原始误差在不同的条件下会以不同的形式反映到工件上，它们是造成加工误差的根源。原始误差可分为两大类：

(1) 工艺系统原有误差。

工艺系统原有误差是指在零件未进行正式切削以前，加工方法本身存在的加工原理误差或工艺系统本身就存在有的某些误差因素。工艺系统原有误差主要有加工原理误差、机床误差、夹具和刀具误差、工件误差、测量误差以及定位和安装调整误差等，其中机床误差、夹具和刀具误差又称为工艺系统静误差。

(2) 工艺系统动误差。

零件在加工过程中，工艺系统由于受到力、热以及磨损等因素的影响使其原有精度受到破坏而产生的附加误差，称为工艺系统动误差。

由于原始误差不可能完全消除，所以加工误差也就永远存在。原始误差共分为十种（即“十大误差”），如图 4—1 所示。

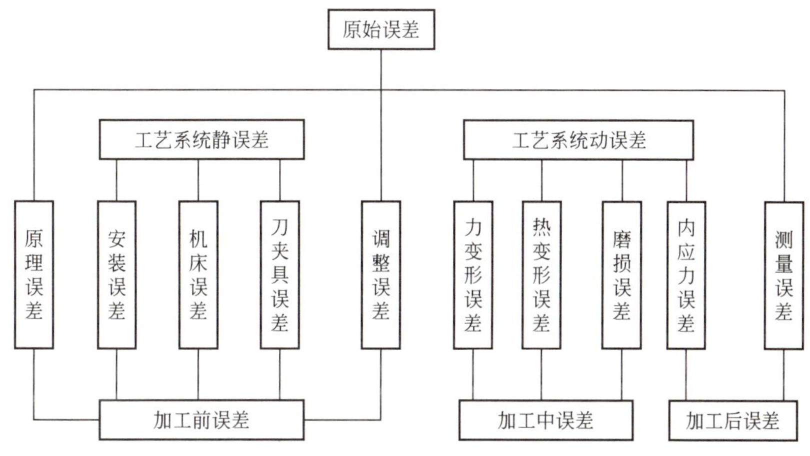

图 4—1 “十大误差”

第 2 节 影响机械加工精度的因素及控制

一、原理误差

原理误差是指采用了轨迹法或成形法进行加工而产生的误差。

一般情况下，为了获得所需加工表面，刀具和工件之间必须保持准确的相对成形运动。如车削螺纹时，螺纹车刀与被加工螺纹表面之间应有准确的相对成形运动。机械加工中这种相对的成形运动称为加工原理。从理论上讲应当采用理想的加工原理和完全准确的成形运动以获得精确的既定表面。但是，实践中若采用理论上完全准确的加工原理，一方面有时会使机床或刀具的结构极为复杂，制造非常困难，甚至无法实现；另一方面由于结构环节过多，机床传动系统中的误差增加，反而得不到高的加工精度。因此，在这种情况下，常常采用近似的加工原理以获得较高的加工精度和加工效率，并使加工过程更为经济。同样，采用成形法加工复杂曲线、曲面时，要把成形刀具切削刃做得完全符合理论曲线或曲面的轮廓，有时会非常困难。如果这时采用近似的刀刃轮廓，虽然会带来加工原理误差，但这样往往可简化刀具的结构，有时反而能得到更高的加工精度。因此，只要原理误差不超过规定的精度要求，在实际生产中仍能得到广泛应用。

二、机床误差

机床的制造、安装误差以及长期使用后的磨损是影响加工精度的主要原始误差因素。机床误差主要由主轴回转误差、导轨误差及传动链误差组成。

1. 主轴回转误差

（1）主轴回转误差的概念及表现形式。

主轴回转误差是指主轴实际回转轴线相对理论回转轴线的“漂移”。其表现形式有三种：一种是端面圆跳动（即轴向窜动）——瞬时回转轴线沿平均轴线方向的轴向运动，如图 4—2(a) 所示；另一种是径向跳动——瞬时回转轴线始终平行于平均轴线方向的径向跳动，如图 4—2(b) 所示；还有一种就是角度摆动——瞬时回转轴线与平均回转轴线成一倾斜角，但其交点位置固定不动的运动，在不同横截面内，轴心运动误差轨迹相似，如图 4—2(c) 所示。

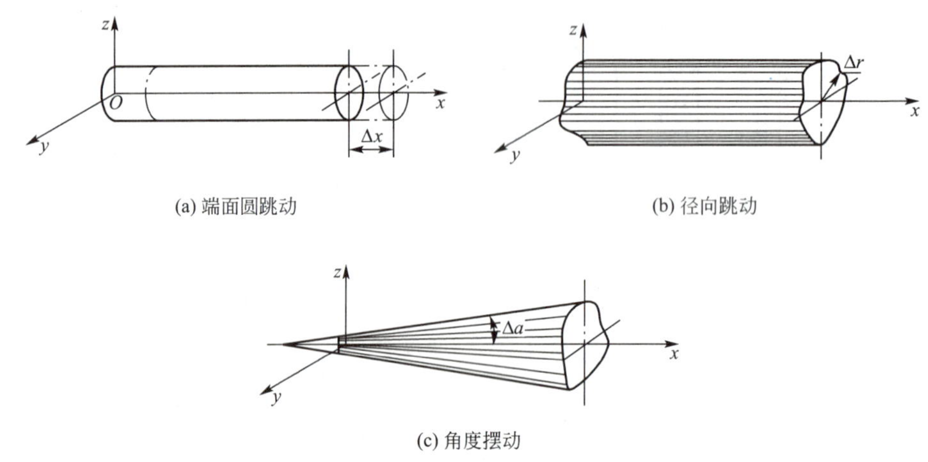

(a) 端面圆跳动　(b) 径向跳动　(c) 角度摆动

图 4—2　主轴回转误差的基本形式

（2）主轴回转误差产生的原因。

主轴存在着径向的圆度误差、轴颈间的同轴度误差，以及轴承的各种误差、轴承孔的误差、箱体上轴承孔之间的同轴度误差等，这些误差都会影响主轴轴心的实际位置。此外，在加工过程中，还要受到各种力及温度等多种因素的影响，造成主轴回转轴线的空间位置发生周期性的变化，从而使轴线漂移。对于不同类型的机床，影响主轴回转精度的因素各不相同。如对于工件回转类机床（如车床）的主轴（以滑动轴承为例），因切削力的方向不变，主轴回转时作用在支承上的作用力方向也不变化，主轴支承轴颈的圆度误差对回转误差影响较大，如图 4—3(a) 所示，而轴承孔圆度误差影响较小；对于刀具回转类机床（如镗床），切削力方向随旋转方向而改变，因此轴颈将以其圆周上的以固定点与轴承孔圆周上的不同点接触，此时主轴支承轴颈的圆度误差对主轴回转精度的影响较小，而轴承孔的圆度误差对主轴回转精度的影响较大，如图 4—3(b) 所示。

（3）主轴回转误差对加工精度的影响。

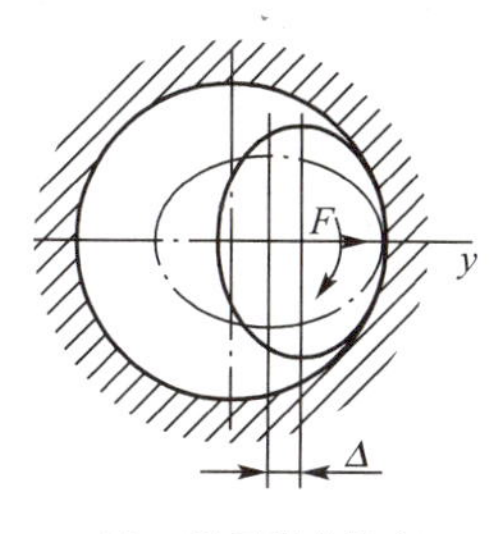

(a) 工件回转类机床

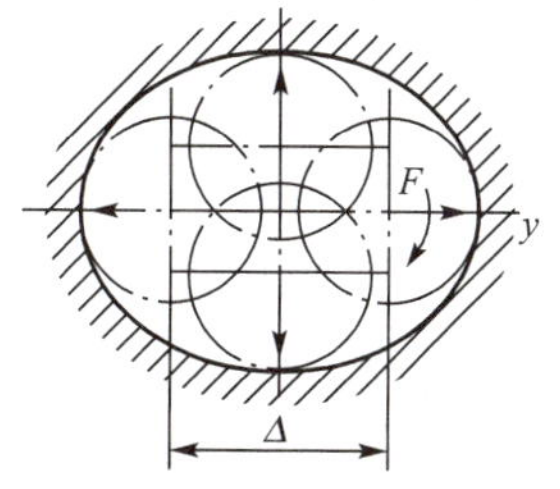

(b) 刀具回转类机床

图 4—3 两类主轴回转误差的影响

机床主轴的回转误差，直接影响工件的加工精度，如坐标镗床、精密车床、精密磨床等精密机床，要求主轴有较高的回转精度，才能加工出高精度的工件。其中，主轴回转误差中的轴向窜动误差主要影响端面形状和轴向尺寸精度；径向跳动误差直接影响工件的圆度和圆柱度要求；角度摆动误差直接影响工件的圆柱度及端面的加工精度。在实际加工中，主轴的回转误差是上述三种基本形式误差的综合。以车削为例，车床主轴回转时，瞬时回转轴线在轴向、径向及角向的位置，相对于刀具均发生不同程度的变化，因而主轴误差既影响工件圆柱面的形状精度，又影响端面的形状精度及位置精度。

(4) 提高主轴回转精度的措施。

1) 提高主轴部件的制造精度，包括主轴上轴颈的形状精度和前后轴颈的同轴度要求；提高箱体上轴承孔的形状精度及前后支承孔的同轴度要求；提高主轴轴承的精度等。轴承是影响主轴回转精度的关键部件，对于精密机床宜采用精密滚动轴承、多油楔动压滑动轴承。对于有特殊要求的低速、重载机床，可采用静压轴承。

2) 减少机床主轴回转误差对加工精度的影响。在磨床上采用死顶尖磨削外圆，工件由前后两个固定不动的顶尖定位，而工件所需的旋转运动是经过鸡心夹头与头架主轴相连而获得的。因此，头架主轴的回转误差对工件的加工精度没有影响，工件的回转精度只取决于顶尖和工件中心孔的形状误差和同轴度误差。

(5) 主轴回转精度的测量。

在生产实际中，通常采用表测法来测量主轴的回转精度，如图 4—4 所示。表测法简单可行，但不能反映主轴在工作转速下的回转精度。此外，这种方法也不能把性质不同的误差区分开来。例如，测得的径向跳动数值，既包含了主轴回转轴线的跳动，又包含了主轴锥孔相对于回转轴线的偏心所引起的径向跳动。

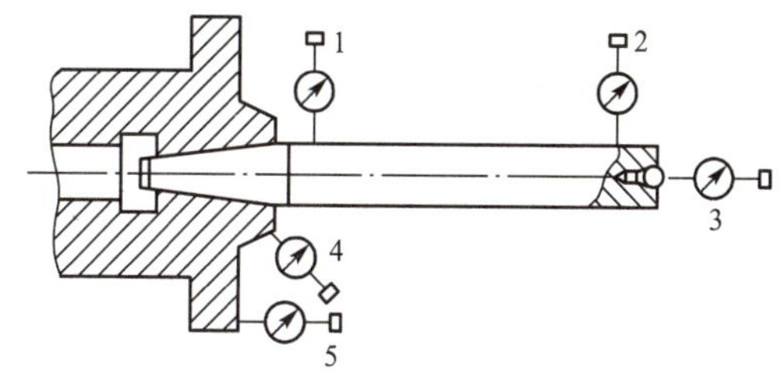

图 4—4 主轴回转精度表测法

随着对机床主轴精度要求的不断提高，需要采用更精确的测量方法，使测量结果更加真实反映出机床主轴回转运动精度。具体的测量方法可参阅有关资料和文献。

2. 机床导轨的导向误差

(1) 导轨导向误差的概念及表现形式。

导轨导向误差是机床导轨副运动件实际运动方向与理论运动方向的差值。导轨误差分为：导轨在水平面内的直线度误差、导轨在垂直平面内的直线度误差、前后两导轨的平行度误差（亦称扭曲度）以及导轨与主轴轴线的平行度误差，其中前三项为制造误差，最后一项为装配误差。

（2）导轨导向误差产生的原因。

机床床身导轨的制造误差和装配误差是引起导轨导向误差的主要原因。此外，机床的安装地基和安装方法都会直接影响导轨的变形，产生导向误差。

（3）导轨导向误差对加工精度的影响。

机床导轨副是实现直线运动的主要部件，因此导轨导向误差将造成在其上移动部件的直线运动误差，从而在不同程度上反映到被加工工件的形状误差上去，直接影响工件的加工质量。现以车床为例对机床导轨误差的影响进行分析。

在图 4—5(a) 中，若车床导轨只在水平面内有直线度误差，将使刀具的成形运动不呈直线。此时，刀尖相对工件回转轴线将在加工表面的法线方向（加工误差的敏感方向）按导轨的直线度误差做相应的位移，从而造成工件加工表面的轴向形状误差，其值 Δr 几乎等于在水平面内相应部位的直线度误差 Δy。

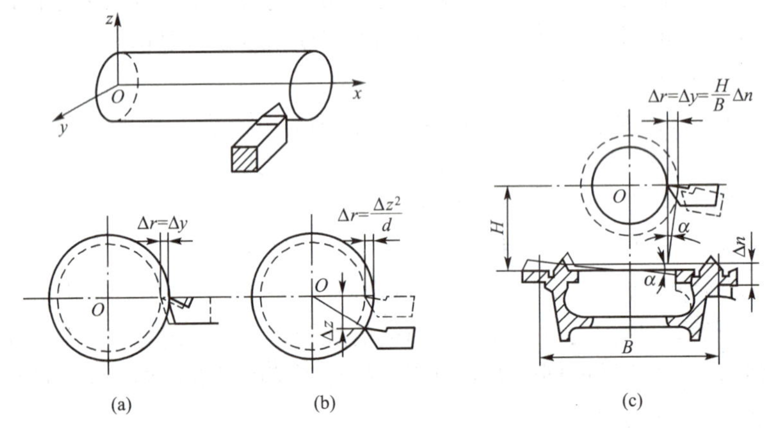

图 4—5 车床导轨误差对加工表面形状精度的影响

若车床导轨只在垂直平面内有直线度误差，如图 4—5(b) 所示，虽然同样会使刀尖本身的成形运动不呈直线，但由于此时刀尖相对工件回转轴线是在加工表面切线方向（加工误差非敏感方向）变化，故对工件加工表面的形状精度影响极小（$\Delta r = \Delta z^2/d$），一般可忽略不计。

若车床两导轨之间在垂直方向上存在平行度误差，如图 4—5(c) 所示，溜板箱在直线进给中将产生摆动，刀尖本身的成形运动也将变成一条空间曲线。当前后导轨在某一段位置的平行度误差为 Δn 时，则在其相应的工件加工部位上将造成的形状误差大致为

$$\Delta r = \Delta y = \Delta n H/B$$

对一般车床而言，$H/B=2/3$，对外圆磨床而言，$H=B$，故 Δn 对工件加工表面形状精度的影响是不可忽视的。

除了导轨本身制造精度外，车床在装配后，导轨还会出现与主轴之间的平行度误差，此平行度误差会使工件产生形状误差。当车床导轨与主轴在水平面内不平行时，被加工工件的圆柱面会有锥度；若是在垂直面内不平行，则会加工出双曲回转表面。导轨的磨损是

造成导轨损坏的另一个重要原因，尤其是经常加工铸铁的车床，导轨磨损会更加严重。磨损量最大的地方都在导轨靠近床头箱的部位。

(4) 提高导轨导向精度的措施。

综上所述，直线运动精度主要取决于机床导轨的精度及其与工作台导轨的接触精度，故提高直线运动精度的关键在于提高机床导轨的制造精度及其精度保持性。为此，可采取以下措施：

1) 选择合理的导轨形状与组合方式，适当增加工作台与床身导轨的配合长度。机床导轨的形状与组合方式很多。从导轨的承载情况、制造精度和使用过程中的精度保持性等方面综合分析可知，采用90°的三角形导轨时，可通过双凸和双凹形量具对机床床身和工作台导轨进行精确检测，也可进行互检，故能大大提高机床导轨副的制造精度和接触精度。这种类型的机床导轨的磨损主要产生在垂直方向上，对导轨在垂直平面内的直线度精度影响较大，而对其在水平面内的直线度和两导轨之间在垂直方向的平行度精度影响很小。因此，对于垂直方向为加工误差的非敏感方向的加工机床来说，可以在较长时期内保持原有精度。

在设计与床身导轨相配合的工作台时，应在结构允许的条件下适当增加其长度，这样可使床身导轨和工作台导轨的加工误差在工作时均化，从而进一步提高工作台的直线运动精度。

2) 提高导轨的制造精度与刚度。提高导轨的加工精度和配合精度是提高机床直线运动精度的关键。

3) 采用液体静压导轨。在机床上采用液体静压导轨结构，使机床导轨与工作台之间储存有一层压力油，既可均化导轨面的直线度误差，又可防止导轨面在使用过程中的磨损，故能进一步提高工作台的直线运动精度及其精度保持性。

3. 传动链误差

(1) 传动链误差的概念及产生的原因。

机床传动链误差是指传动链始末两端传动元件之间的相对运动误差。传动链误差主要是由于传动链中各传动元件如齿轮、蜗轮、蜗杆、丝杠、螺母等的制造误差（主要指影响运动精度的误差）、装配误差（主要指装配偏心）和磨损等原因所引起的。传动链的制造误差对传动链末端元件转角误差的影响，将因传动比不同、各元件在传动链中的位置不同而不一样。例如在螺纹加工中，直接固定在传动丝杠上的齿轮的误差对加工精度的影响最大（几乎是1∶1），故末端元件（螺纹加工机床的母丝杠、滚齿机的分度蜗轮）的精度要求最高。若传动链为增速传动，则传动元件的角度误差将被扩大，反之缩小。

(2) 传动链误差对加工精度的影响。

对于车、磨、铣螺纹，滚、插、磨（展成法）齿轮等加工，机床传动误差会影响分度精度，造成加工表面的形状误差。

在加工中，刀具和工件之间的相对成形运动精度决定于成形运动本身精度（如回转运动的圆度、直线运动的直线度等）、各成形运动之间的位置精度（如直线运动与回转运动轴线的平行度或垂直度等）、各成形运动之间的速度精度（如回转运动速度与直线运动速度或回转运动速度与回转运动速度之间的准确关系）。例如车削螺纹时，除对工件的回转运动、刀具的进给运动以及它们之间的位置关系要求准确外，还必须保持成形运动的工件之间的速度关系准确，即

$$v_f/v_m = nP/\pi d_2 n = P/\pi d_2 = C \quad (4—1)$$

式中：v_f——刀具直线进给速度（m/min）；

v_m——工件螺纹中径的切向速度（m/min）；

n——工件转速（r/min）；

P——螺纹螺距（mm）；

d_2——工件螺纹中径（mm）；

C——常数。

传动链误差将影响各成形运动之间的速度精度，进而影响工件某些复杂表面（螺旋面或渐开面）的加工精度。

（3）减少机床传动链误差的措施。

由于传动精度取决于传动链中各传动元件的制造和安装精度，而各传动元件在传动链中的位置不同，其影响程度也各不一样。为了减少机床传动链对加工精度的影响，常采用以下措施：

1）采用短传动链结构。对于专门用于螺纹加工的机床，可采用更换挂轮的方法实现各种不同规格的螺纹加工。这样可以通过缩短机床的内传动链而得到较高的传动精度。如图 4—6 所示为一台大批量生产中应用的螺纹磨床的传动系统，该机床采用可更换母丝杠与被加工工件在同一轴线上串联起来，这样母丝杠螺距等于工件螺纹螺距，传动链最短，因而可得到较高的传动精度。

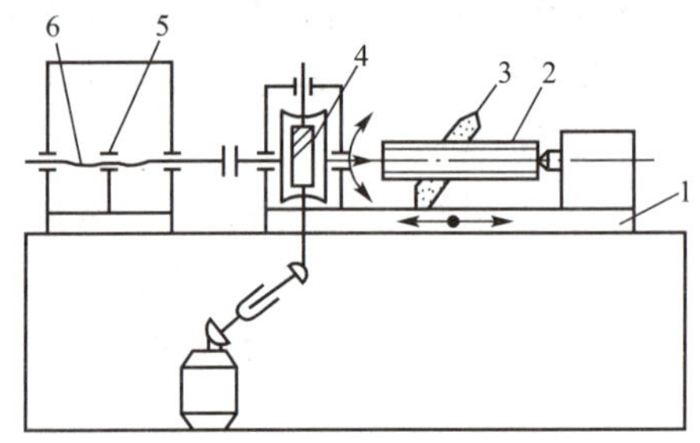

图 4—6　精密螺纹磨床传动系统

1—工作台；2—工件；3—砂轮；4—蜗杆副；5—螺母；6—母丝杆

2）采用降速传动。传动链末端传动副的降速比取的越大，则传动链中其余各传动元件误差的影响就越小。因此，分度蜗轮的齿数应取多一些，母丝杠的螺距也应大一些，这将有利于减少传动链误差。

3）提高末端传动元件的制造与安装精度。末端元件的误差直接反映到工件上，对加工精度的影响比其他传动元件大，故末端元件精度应最高。

4）采用校正装置。在传动链中可以人为地引进一种校正机构，控制其传动误差，并使之与传动链本身的误差大小相等而方向相反，从而使误差相互抵消，达到提高加工精度的目的。

三、刀具的制造误差与磨损

1. 刀具的制造误差与磨损对加工精度的影响

机械加工中常用的刀具有一般刀具、定尺寸刀具及成形刀具。刀具对加工精度的影响，随刀具的不同而不同。

采用定尺寸刀具加工时，刀具的尺寸误差将直接影响工件的尺寸精度。此外，这类刀具还可能产生“扩切”现象，一般情况为“正扩切”，加工出的工件尺寸比刀具尺寸大；而在刀具钝化、加工余量过小、工件壁薄易变形的情况下，则产生“负扩切”，加工出的工件尺寸比刀具尺寸小。

采用展成法或成形刀具加工时，刀具的形状误差、安装误差、有关尺寸误差以及磨损都会直接影响工件的加工精度。

对于车、镗、铣等一般刀具，其制造误差对工件加工精度无直接影响，但刀具磨损对工件的尺寸精度及形状精度有一定影响。

2. 减少刀具制造误差与磨损对加工精度影响的措施

(1) 提高刀具的制造精度、安装精度、刃磨质量与耐磨性。

(2) 对于刀具的磨损误差，可通过精细研磨刀具并定期检查、采用耐磨性好的刀具材料、选择适当的切削速度以及自动补偿刀具磨损这些途径来降低刀具的误差。

四、夹具制造误差与磨损

夹具制造与安装误差是指机床夹具上定位元件、导向元件、对刀元件、分度机构、夹具体等的制造与装配误差，它们对工件的加工精度都有直接影响。通常，夹具的精度是根据工件的加工精度要求确定的。一般精加工用的夹具的误差可取工件上相应尺寸或位置公差的 1/2～1/3；粗加工用的夹具的误差则一般取工件相应尺寸或位置公差的 1/3～1/5。

另外，夹具在使用过程中要磨损，这也会影响工件的加工精度。因此，在设计夹具时，对于容易磨损的元件（如定位元件与导向元件等）均应采用较为耐磨的材料进行制造。同时，当元件磨损到一定程度时，应及时进行更换。

五、调整误差

1. 调整误差的概念

为了获得工件的加工精度，总得对机床、夹具、刀具进行各种各样的调整，而这种调整不可能绝对准确，必然会带来一些原始误差，这种原始误差就称为调整误差。

2. 减少调整误差的措施

(1) 提高定位机构的刚性及操纵机构的灵敏性。

(2) 试切一组工件，提高一批工件尺寸分布中心位置判断的准确性。

(3) 及时调整机床或更换刀具，提高样件的制造精度及对刀块、导套的安装精度。

(4) 正确选择定位基准面，提高定位副的制造精度。

(5) 合理确定调整尺寸，机床热平衡后再进行调整加工。

六、工艺系统的受力变形

在机械加工中，工艺系统会受到切削力、传动力、惯性力、夹紧力以及重力等的作用，并产生相应的变形（主要是弹性变形）。这种变形将破坏刀具和工件之间已调整好的正确位置关系，从而产生加工误差。例如车削细长轴时，工件在切削力作用下产生弹性弯曲变形而出现“让刀”现象。随着刀具的进给，在工件的全长上切削深度将会由大变小，然后再由小变大，结果使加工后的工件产生鼓形状的圆柱度误差，如图 4—7(a) 所示。又如，在内圆磨床上用横向切入法磨削

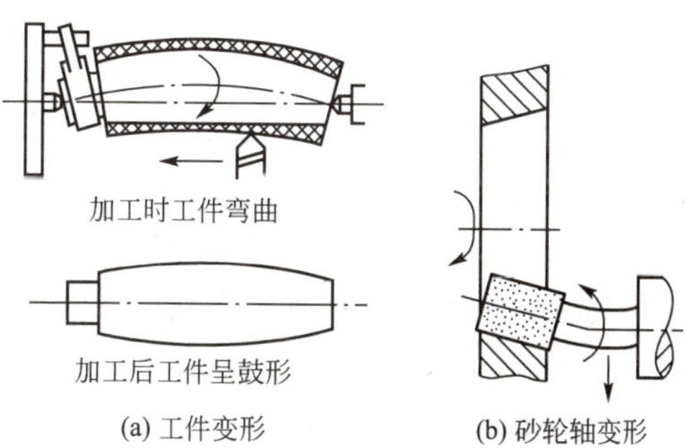

(a) 工件变形　(b) 砂轮轴变形

图 4—7 工艺系统受力变形引起的加工误差

内孔时，由于内圆磨头主轴弯曲变形，磨出的孔会产生带有锥度的圆柱度误差，如图4—7(b)所示。由此可见，工艺系统的受力变形是加工中一项很重要的原始误差。它不仅对加工精度影响较大，而且还影响表面质量，也限制了切削用量和生产率的提高。

1. 工艺系统的刚度分析

工艺系统的受力变形通常是弹性变形，而弹性变形的大小取决于工艺系统的刚度。所谓工艺系统的刚度是指整个工艺系统在外力作用下抵抗使其变形的能力。一般来说，工艺系统抵抗变形的能力越大，加工误差就越小。也就是说，工艺系统的刚度越好，加工时越不易变形，加工精度就越高。加工中，工艺系统在各种外力作用下，将在各个受力方向上产生相应的变形。研究工艺系统受力变形就是要找出对加工精度影响最大的敏感方向，即通过刀尖的加工表面的法向位移。因此，可将工艺系统的刚度定义为：工件加工表面法向分力 F_y 与在该力作用下刀具在此方向相对工件的变形位移量 y 的比值，即

$$K_{xt}=F_y/y \tag{4—2}$$

式中：K_{xt}——工艺系统的刚度（N/mm）；

F_y——切削力沿切削表面的法向分力（N）；

y——刀具相对工件在法向分力 F_y 方向上的位移（mm）。

必须指出，式中 y 是由系统中全部作用力综合引起的变形，不只是由法向分力 F_y 所引起的变形。

工艺系统的刚度取决于机床、夹具、刀具及工件的刚度，其一般式为

$$1/K_{xt}=1/K_{jc}+1/K_{jj}+1/K_{dj}+1/K_{gj} \tag{4—3}$$

式中：K_{xt}——工艺系统刚度；

K_{jc}——机床刚度；

K_{jj}——夹具刚度；

K_{dj}——刀具刚度；

K_{gj}——工件刚度。

因此，当知道工艺系统各个组成部分的刚度后，即可求出系统的刚度。

2. 工艺系统受力变形引起的误差及改善措施

工艺系统受力变形引起的加工误差是多方面的，它是由系统各个组成部分的刚度和力的大小、方向、作用点的不同而决定的。如机床的刚度分别受各部件接触面之间的接触变形、间隙和磨损等诸多因素的影响；切削过程中受力点位置的变化会引起工件的形状误差；加工时系统中各作用力变化引起的加工误差等。

生产实际中，减少工艺系统受力变形的措施有：

(1) 优化结构设计。

机床床身、立柱、横梁等构件以及夹具体等支承零件本身的刚度对整个工艺系统刚度的影响较大。因此，在进行结构设计时，应根据不同的受力情况，采取不同的方法来提高这些零件的刚度，并尽可能减轻其重量。一般来说，当只受简单拉压时，其变形只与截面积大小有关；当受弯矩作用时，其变形取决于断面的抗弯与抗扭的惯性矩，此时零件的变形不仅与截面面积大小有关，而且还与截面形状有关。

若保持相同的截面面积，则加大空心截面的轮廓尺寸，即可提高零件的刚度。

在设计大型零件时，应注意要力求使截面封闭，这样可以得到较大的刚度，如图 4—8 所示。此外，在零件的适当部位设置加强筋和隔板，也可以收到良好的效果。

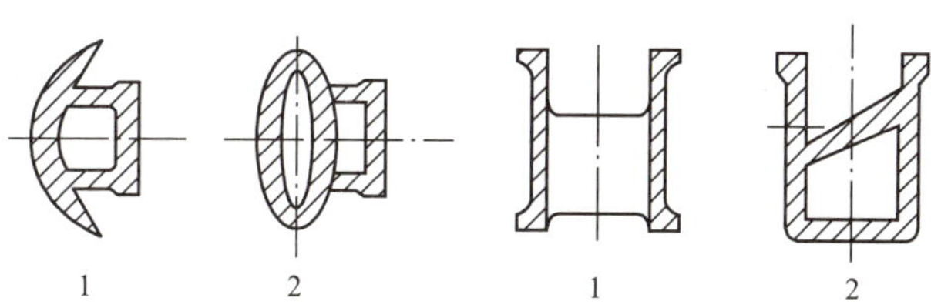

图 4—8　带筋结构与箱体结构刚度比较

1—刚度不好；2—刚度好

(2) 提高接触刚度。

一般部件的刚度都是接触刚度低于实体零件的刚度，所以提高接触刚度是提高工艺系统刚度的关键。为此，可通过改善工艺系统主要零件接触面的配合质量（如机床导轨副、锥体与锥孔、顶尖与顶尖孔等配合面采用刮研与研磨），以提高配合表面的形状精度，减小粗糙度值，使实际接触面积增大，从而有效提高接触刚度。

此外，采用在接触面之间预加载荷，使有关零件在装配时产生预紧力，这样可消除配合面之间的间隙，增加实际接触面积，减少受力后的变形量，同样可以提高接触刚度。该措施在各类轴承装配中应用广泛。

(3) 提高工件的刚度。

在加工中，当工件本身的刚度较低时，很容易发生变形，如叉架、细长轴等结构零件。因此，提高工件的刚度是保证加工质量的关键。其主要措施是缩小切削力的作用点到支承点之间的距离，以增大工件在切削时的刚度。如图 4—9 所示为车削细长轴时采用中心架和跟刀架增加支承以提高工件刚度的实例。

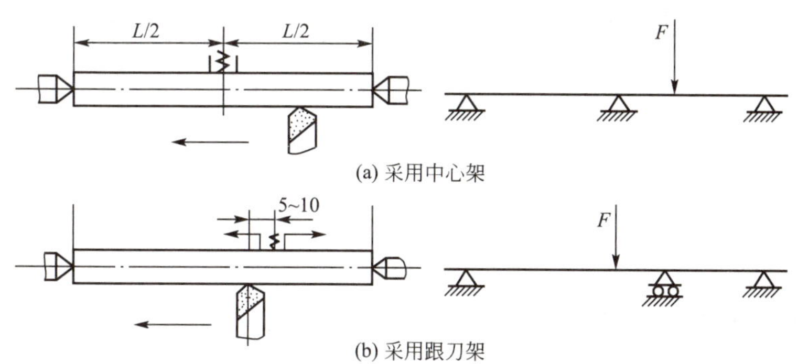

图 4—9　增加支承以提高工件刚度

(4) 提高机床部件的刚度。

在切削加工中，有时由于机床部件刚度低而产生变形和振动，影响加工精度和生产效率的提高。如图 4—10(a)、(b) 所示分别为在转塔车床上采用固定导向支承套和转动导向支承套，以提高部件的刚度、减少受力变形的实例。

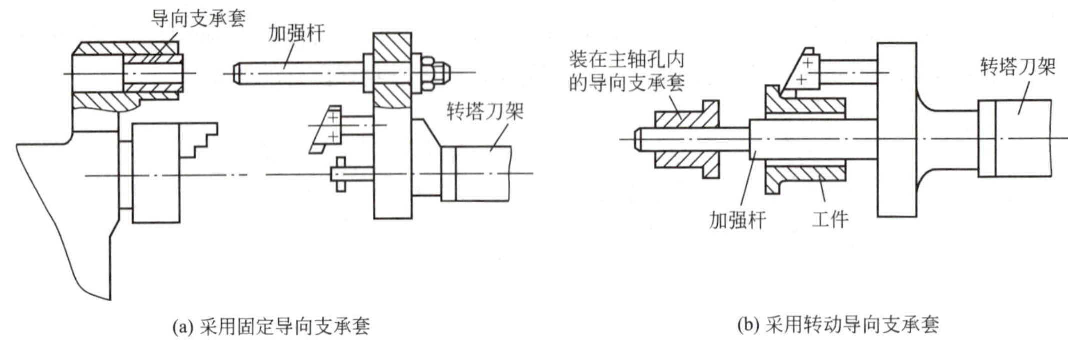

(a) 采用固定导向支承套　　(b) 采用转动导向支承套

图 4—10　提高部件刚度的装置

(5) 采用合理的装夹方法。

加工薄壁件时，由于工件刚度低，解决夹紧变形的影响是关键问题之一。

再如磨削薄板工件，如图 4—11(a) 所示。当磁力将工件吸向磁盘表面时，工件会产生弹性变形，如图 4—11(b) 所示。磨削结束后，由于弹性变形恢复，已磨削好的表面会产生翘曲，如图 4—11(c) 所示。改进的办法是在工件和磁盘之间加垫橡皮垫（厚 0.5mm)，如图 4—11(d) 和 (e) 所示。工件夹紧时，橡皮垫被压缩，减少工件的变形，再以磨削好的表面为定位基准，磨削另一面。这样经过多次正反面交替磨削即可获得平面度较高的平面。

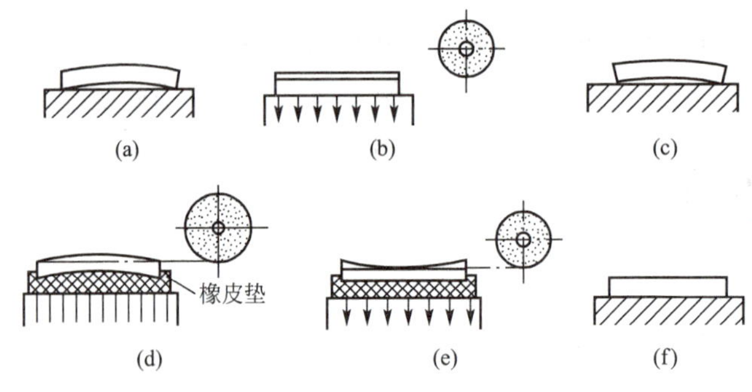

图 4—11　薄板工件的磨削

总之，合理的装夹方法是应当尽量使作用力通过支承面，以减少夹紧变形，从而提高工艺系统的刚度。

七、工艺系统的受热变形

1. 概述

在机械加工中，工艺系统受到切削热、摩擦热以及周围环境温度的影响，使机床、工件、刀具等许多部分的温度发生变化而引起复杂的热变形，从而破坏了它们之间的相对位置和刀具与工件之间运动的正确性以及传动精度，造成工件加工后产生误差。据统计，在精密加工中，由于热变形引起的加工误差占总加工误差的 40%～70%。高效、高精度、自动化加工技术的发展，使工艺系统热变形问题愈加突出，已成为机械加工技术进一步发展的一个重要研究课题。

工艺系统的热变形是由于各种热源的作用所引起的。这些热源大致可分为内部热源和外部热源两大类，其表现形式主要有以下三种：

(1) 切削热。

切削热是在切削过程中，切削层金属的弹性和塑性变形以及刀具与工件、切屑之间的摩擦所产生的，它由工件、刀具、机床、切屑、切削液及周围介质传出。在车削时，大量的切削热由切屑带走，传给工件的为10%～30%，传给刀具的为1%～5%。孔加工时，许多切屑滞留在孔中，使大量的切削热传入工件。磨削时，由于磨屑小，带走的热量很少，故大部分传入工件。

(2) 摩擦热。

机床的各种运动副，如轴与轴承、齿轮与齿轮、托板与导轨、丝杠与螺母以及摩擦离合器等，在相对运动时产生的摩擦力将转化为摩擦热而形成热源。这些热源造成机床的零部件温度升高，是机床热变形的主要热源。

动力源的能量消耗也有一部分转化为热量，如电动机、液压泵等在工作时散发出的热量。

(3) 环境温度。

周围环境温度随昼夜和季节温度的变化而变化，空气对流以及阳光、灯光和加热器等产生的热辐射，对机床的热变形也有很大影响，尤其对大型和精密工件的加工影响最大。

上述三种形式的热源，前两种属于内部热源，后一种属于外部热源。工艺系统受热源影响，温度逐渐升高，其热量通过各种传导方式向周围散发。当单位时间内的热量传入与传出相等时，温度不再升高，即达到热平衡状态，工艺系统受热变形也相应趋于稳定。

2. 工艺系统热变形所引起的加工误差

(1) 工件热变形引起的加工误差。

切削热是引起工件热变形的主要热源。工件在热膨胀的情况下加工到规定尺寸，冷却后会收缩变小，有时甚至会报废。工件的热变形与其是否均匀受热等因素有关。为使研究问题简化，可分为均匀受热与单面受热两种情况来讨论。

1) 工件均匀受热。对于一些形状简单的回转体工件，如长度较短的轴、套筒和盘类工件进行车削或内外圆磨削加工，由于工作行程短，可视为工件均匀受热。切削热比较均匀地传入工件，它主要影响工件的尺寸精度。此时，工件的热变形量可按下式计算：

直径方向 $$\Delta D=\alpha D\Delta t \quad (4—4)$$

长度方向 $$\Delta L=\alpha L\Delta t \quad (4—5)$$

式中：ΔD——工件在直径方向上的热变形量（mm）；

ΔL——工件在长度方向上的热变形量（mm）；

α——工件材料的线膨胀系数（/℃）；

D——工件直径（mm）；

L——工件长度（mm）；

Δt——工件温升（℃）。

例如，精密丝杠（钢制，$\alpha=1.2\times10^{-5}/℃$）加工时，工件的热伸长会引起螺距的累积误差。若磨削的精密丝杠长 3m，如果不采取任何措施，每磨削一次温度就要升高 3℃，则丝杠伸长量为

$$\Delta L=\alpha L\Delta t=1.2\times10^{-5}\times3\ 000\times3=0.11\text{mm}$$

而对于 6 级精度的丝杠，其螺距累积误差在全长上不允许超过 0.02mm，可见热变形对加工精度的影响是十分严重的。

2）工件不均匀受热。这种情况下，主要会影响工件的形状和位置精度。如平面的刨削、铣削和磨削加工，工件都是单面受热，上下表面之间温差 Δt 将导致工件弯曲变形，如图 4—12 所示。其中，热变形的挠曲度 f 为

$$f=L\varphi/8\approx\alpha L^2\Delta t/8H \tag{4—6}$$

式中：f——工件热变形产生的挠曲度（mm）；

α——工件材料的线膨胀系数（/℃）；

L——工件长度（mm）；

H——工件厚度（mm）；

Δt——工件温升（℃）。

由此可见，工件越长、越薄，上下表面之间的温差就越大，加工时工件受热变形量也越大。

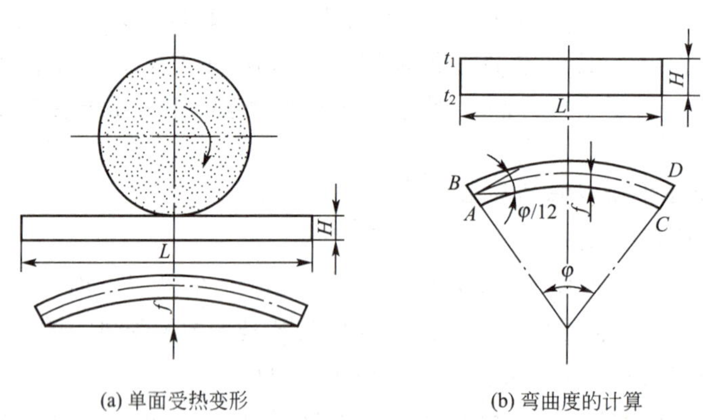

(a) 单面受热变形　　(b) 弯曲度的计算

图 4—12　薄板磨削时的弯曲变形

例如，磨削长 $L=2\ 000$mm、高 $H=600$mm 的精密平板，上下表面之间的温差 $\Delta t=2.4$℃。磨削后工件因热变形产生的挠曲度为

$$f=\alpha L^2\Delta t/8H=1.2\times10^{-5}\times2\ 000^2\times2.4/8\times600=0.023\text{mm}$$

（2）机床热变形引起的加工误差。

机床受热源的影响，各部件将随着温度的升高而产生不同程度的变形，破坏了机床原有的几何精度，从而造成加工误差。由于各类机床的结构和工作条件相差较大，所以引起机床热变形的热源和变形形式也是多种多样的。机床热变形对加工精度的影响主要表现为主轴部件、床身导轨以及两者相对位置等方面的热变形影响。

车床类机床的主要热源是主轴箱轴承的摩擦热和主轴箱油池的发热，使主轴箱和床身的温度上升，从而造成机床主轴抬高和倾斜。如图 4—13 所示为车床空运转时，主轴箱的温升和位移的测量结果。主轴在水平方向的位移仅为 10μm，而垂直方向的位移却高达 180～200μm。这对刀具水平安装的普通车床来说影响较小，但对刀具垂直安装的自动车床和转塔车床来说影响较大。

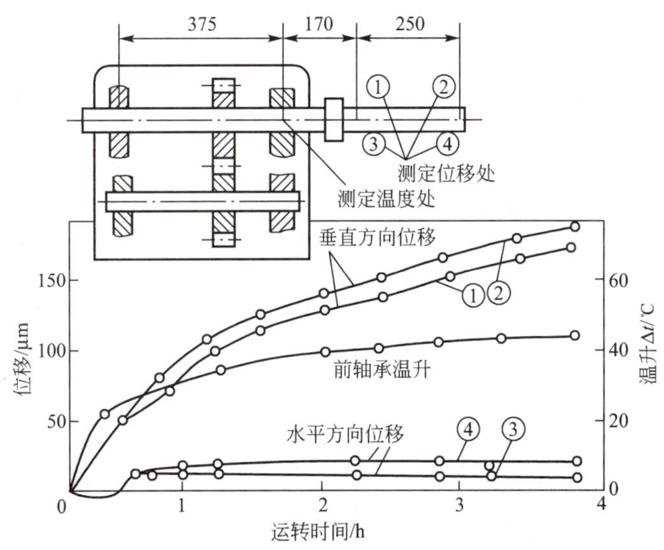

图 4—13　机床主轴箱的热变形

如图 4—14(a) 所示为外圆磨床温升和热变形的测量结果。在图 4—14(b) 中，当采用切入式定程磨削时，被磨削工件直径的变化 $\Delta d=100\mu m$。它与该磨床工作台以及砂轮架之间的热变形 x 基本相符。由此可见，影响加工尺寸一致性的主要原因是机床的热变形。

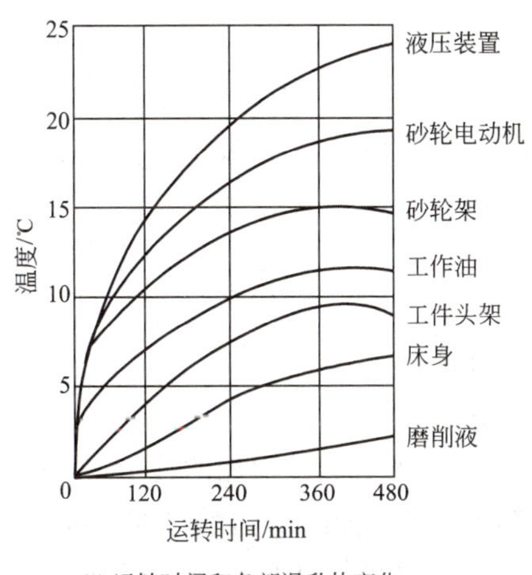

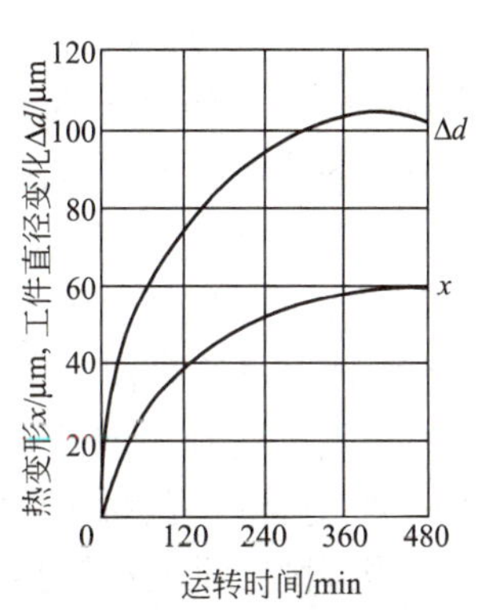

(a) 运转时间和各部温升的变化　　(b) 热变形对工件加工误差的影响

图 4—14　外圆磨床的温升和热变形

对大型机床如导轨磨床、龙门铣床等的长床身部件，其温差的影响也是很显著的。通常，由于床身上表面温度要比床身底面温度高，因此床身将产生弯曲变形，床身导轨直线度明显受到影响，如图 4—15所示。常见几种机床的热变形趋势如图 4—16 所示。

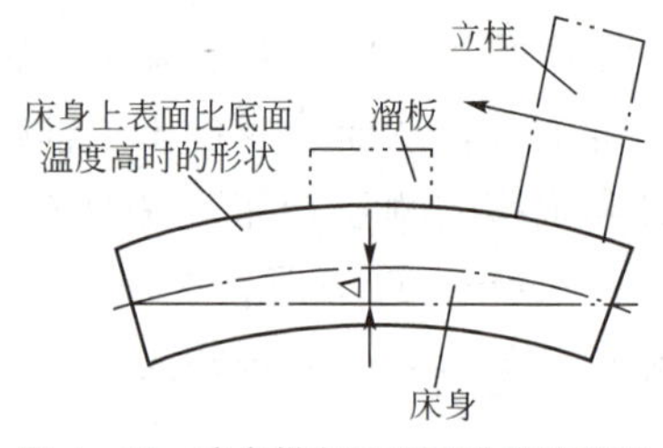

图 4—15　床身纵向温差热效应的影响

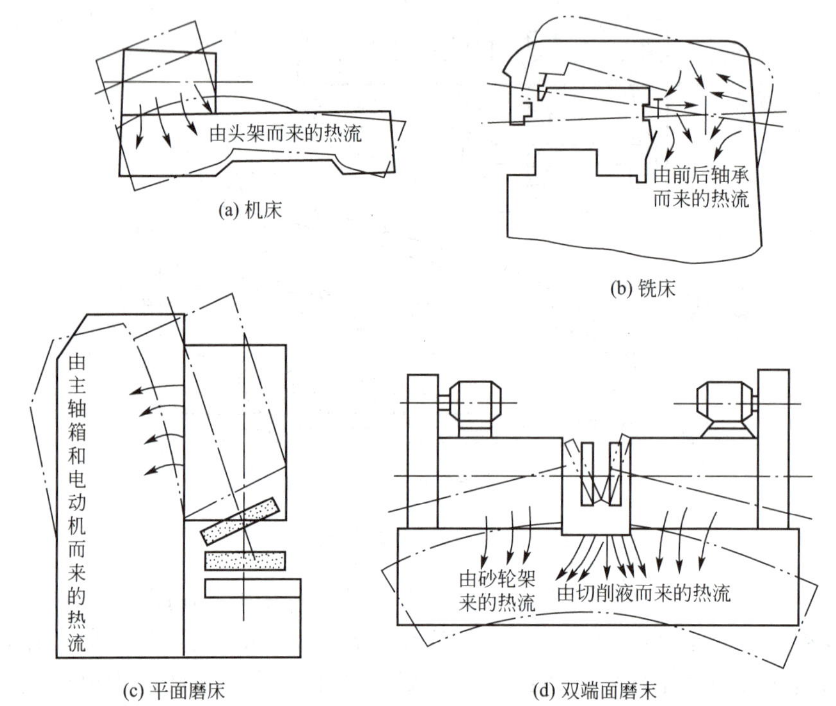

图 4—16　几种机床热变形的趋势

（3）刀具热变形引起的加工误差。

刀具的热变形主要是由切削热引起的。虽然切削热大部分由切屑带走，传入刀具的热量不多，但因刀具的体积小，热容量小，刀具切削部分仍产生很高的温升，从而引起刀具的热伸长并造成加工误差。如高速钢刀具车削时，刀刃部分的温度可高达 700～800℃，刀具的热伸长量可达 0.03～0.05mm。如图 4—17所示为车削时车刀的热伸长量与切削时间的关系曲线。当车刀连续车削时，车刀变形情况如曲线 A 所示，经过 10～20 分钟便可达到热平衡，车刀热变形过程如曲线 B 所示。此时，刀具热变形影响很小。当车削一批短小轴类零件时，加工为间断切削（如装卸工件），变形过程如曲线 C 所示。由此可知，在开始切削阶段，刀具热变形显著；在热平衡后，对加工精度的影响不明显。

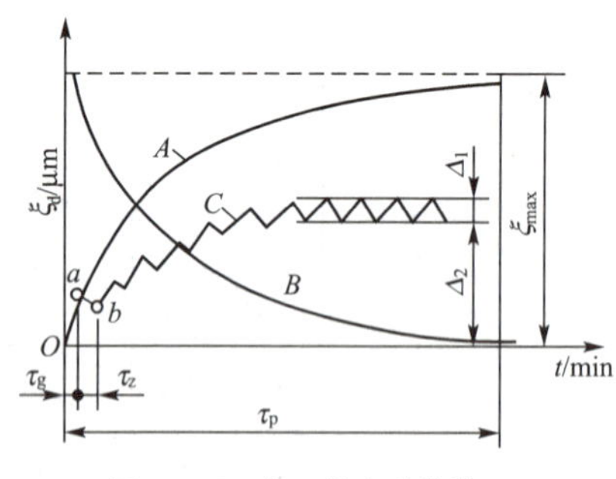

图 4—17　车刀热变形曲线

3. 减小工艺系统热变形的主要措施

(1) 减少热源的发热。

为了减少机床的热变形，凡是能够分离出去的热源，如电动机、变速箱、液压系统、冷却液系统等尽可能移出。对于不能分离的热源，如主轴轴承、丝杠螺母副、高速运动的导轨副等则可以从结构、润滑等方面改善其摩擦特性，减少发热。例如，采用静压轴承、静压导轨、低黏度润滑油、锂基润滑脂等，也可用隔热材料将发热部件和机床大件（如床身、立柱）隔离开来。

(2) 加强散热能力。

加强散热是控制工艺系统热变形的一种行之有效的措施。例如，在加工过程中供给充分的冷却液，并使其喷射到应有的位置上，以加强散热能力，从而降低系统的热变形程度。

对发热量大的热源，若既不能从机床内部移出，又不便隔热，则采用强制冷却的方法来控制机床的温升和热变形。例如，图 4—18 所示为一台坐标镗铣床的主轴箱采用恒温喷油循环强制冷却的实验结果。曲线 1 为没有采用强制冷却的实验结果，机床工作 6 小时后，主轴中心线到工作台的距离产生了 190μm 的热变形（垂直方向），且尚未达到热平衡；当采用强制冷却后，上述热变形减少到了 15μm，如曲线 2 所示，且工作不到 2 小时机床就达到热平衡。

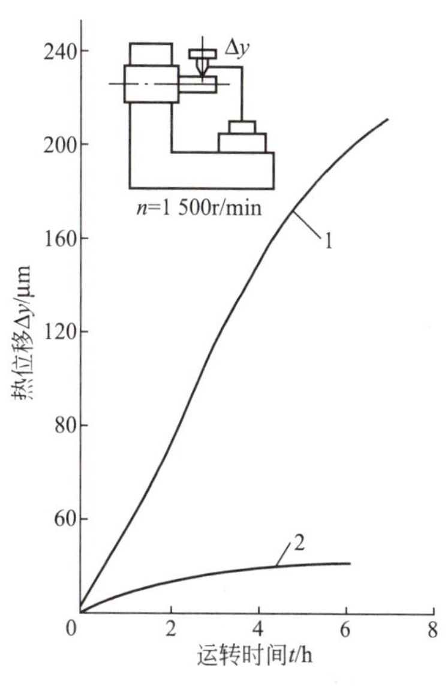

图 4—18 强制冷却实验曲线

加工中心机床常采用冷冻机对润滑油进行强制冷却，使润滑油起到冷却剂的作用，将主轴轴承和齿轮箱中产生的热量吸收带走，并通过热交换器散发出去。有的机床采用水冷装置，使冷却水经过主轴部件的空腔，这样可使主轴的温升不超过 1～2℃。还有些机床采用风冷装置，也可以改善机床的热变形程度。

(3) 用热补偿方法减少热变形。

有时单纯的减少温升很难收到满意的效果，此时可以采用热补偿的方法使机床产生不影响加工精度的均匀热变形。如图 4—19 所示平面磨床采用热空气加热温升较低的立柱后壁，以减小立柱后壁的温度差，从而减少立柱的弯曲变形。又如图 4—20 所示为 M7150 型平面磨床所采用的均衡温度场措施示意图。该机床床身上部温升高于下部，改善温升影响的措施是将油池搬出主机并做成一个单独的油箱，另外在床身下部开出热补偿油沟，利用带有余热的回油流经床身下部，使床身下部的温升提高，从而减小床身上、下部的温度差。

(4) 采用合理的机床部件结构。

1) 采用热对称结构。

设计机床时，采用热对称结构可以减小热变形，如在变速箱中，将轴、轴承、传动齿轮对称布置，可使箱壁温升均匀，从而减少箱体变形。有些机床采用左右对称的双立柱结构，在左右方向的热变形就比单立柱结构要小得多。

在结构设计时，使关键部件的热变形只在无碍于加工精度的方向上产生，这也是从结

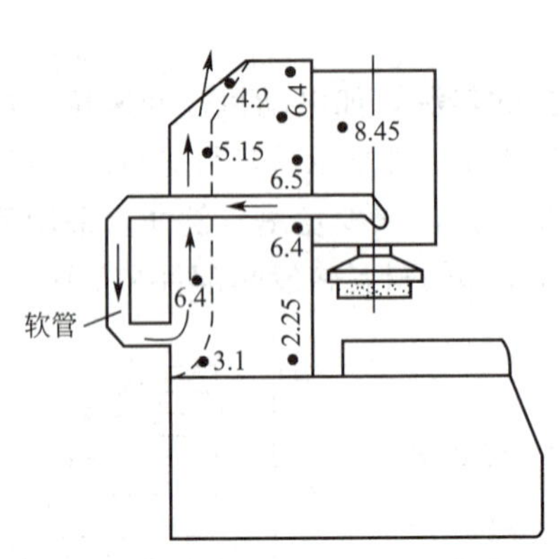

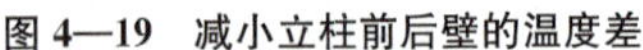

图 4—19 减小立柱前后壁的温度差

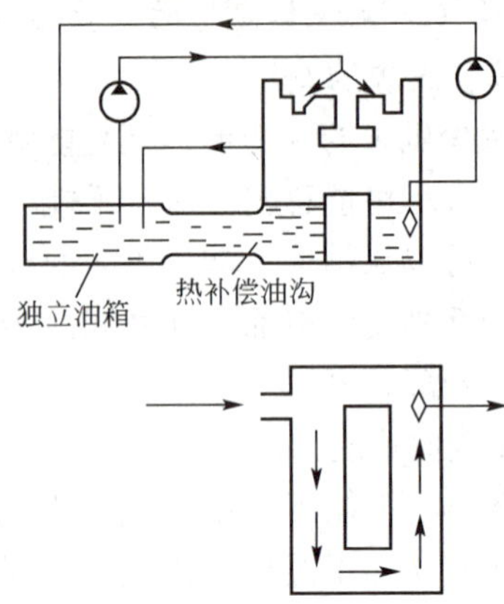

图 4—20 均衡温度场措施示意图

构上解决热变形对加工精度影响的一个措施。如图 4—21 所示为车床主轴箱和床身连接的结构。如图 4—21(a) 中的主轴轴线相对于装配基准 H 而言，只产生 z 方向的热变形，此方向主轴的热位移对加工精度影响很小。如图 4—21(b) 中主轴的热位移不仅在 z 方向上而且在 y 方向上也产生，这就直接影响了主轴轴线和刀具之间的径向位置，从而造成较大的加工误差。由此可知图 4—21(a) 要比图 4—21(b) 所示的结构合理。

2）合理选择机床部件的安装基准。

如图 4—22 所示，车床主轴箱定位面到主轴轴线的位置不同，对热变形的影响也不同。图中 $L_2>L_1$，当主轴与箱体产生热变形时，在误差敏感方向上的热变形 $\Delta L_2>\Delta L_1$。因此，应选择图 4—22(a) 所示的方案定位比较合理。

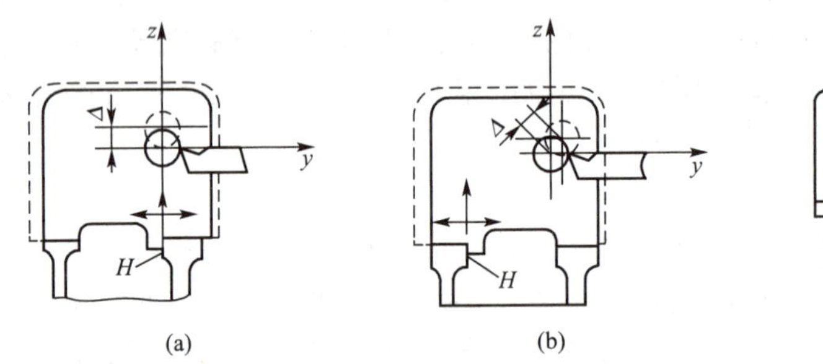

图 4—21 车床主轴箱两种设计结构的位移示意图

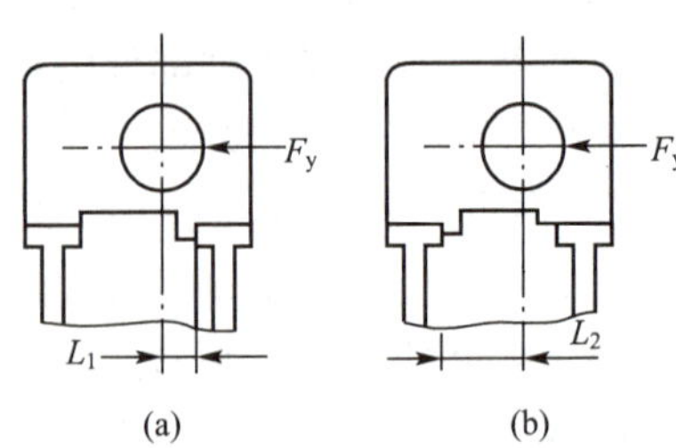

图 4—22 定位面位置对热变形的影响

(5) 保持工艺系统的热平衡。

由热变形规律可知，大的热变形发生在机床开动后的一段时间内，当达到热平衡状态后，热变形趋于稳定，加工精度才得以保证。因此，对于精密机床特别是大型机床，可预先进行高速空运转或通过设置来控制热源，人为给机床加热，使其较快达到热平衡状态，然后再加工。基于同样原因，精密机床加工时应尽量避免中途停车。

(6) 控制环境温度。

对于精密加工应在恒温下进行。恒温精度一般控制在±1℃以内，精密级控制在±0.5℃。恒温的平均室温一般控制在 20℃，为节约能源可进行季节调温，如春秋两季取

20℃，夏季取 23℃，冬季取 17℃。

八、工件内应力引起的变形

1. 残余应力的概念及特点

残余应力是指外部载荷去除后，仍残存于工件内部的应力。这种残余应力的特点是始终处于相互平衡状态，且随时间的推移会逐渐缓慢地减小，直至自行消失。具有残余应力的零件，在外观上一般没有什么表现，只有当应力超过材料的强度极限时，才会在零件的表面出现裂纹。

零件中的残余应力往往处于一种相对平衡状态。在常温下特别是在外界某种因素的影响下很容易失去原有的状态，使残余应力重新分配，此时零件会产生相应的变形，从而破坏了原有的精度。因此，必须采取措施消除残余应力对所加工零件精度的影响。

2. 产生残余应力的原因

残余应力是由金属内部相邻组织发生了不均匀的体积变化而产生的，体积变化的因素主要来自热加工或冷加工。

(1) 热加工产生的残余应力。

在铸造、锻造、焊接以及热处理等热加工过程中，由于工件各部分厚度不均匀，冷却速度和收缩程度不一致以及金相组织转变时的体积变化，使毛坯内部产生了相当大的残余应力。毛坯的结构越复杂、壁厚越不均匀，散热的条件差别越大，毛坯内部产生的残余应力也就越大。这种毛坯中的残余应力只是暂时处于相对平衡，毛坯变形也是缓慢的。但是当切除毛坯一层金属材料后，便打破了这种平衡，残余应力会重新分布，工件就会发生明显的变形。

如图 4—23(a) 所示为一个内外截面厚薄不均的铸件。当铸件冷却时，由于壁 A 和壁 C 比较薄，散热较容易，所以冷却较快；而壁 B 较厚，冷却较慢。这样一来，铸件冷却后就会在壁 A 和壁 C 处产生残余压应力，相应的在壁 B 处产生残余拉应力与之平衡。如果在该铸件壁 C 上切开一个缺口，如图 4—23(b) 所示，则壁 C 处的压应力消失。而此时在残余应力作用下，壁 B 收缩而壁 A 膨胀，铸件整体发生弯曲变形，直至残余应力重新分布达到新的平衡为止。

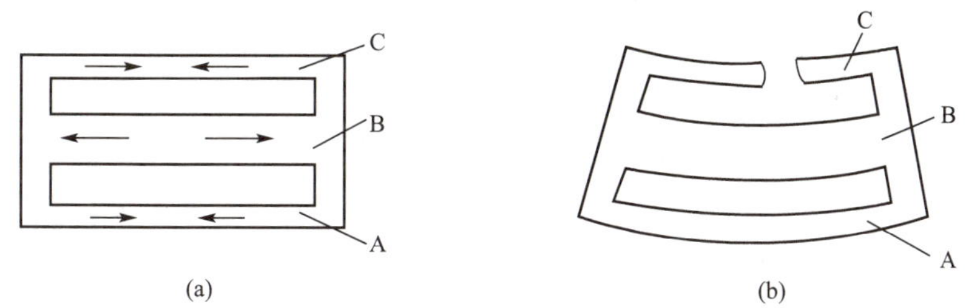

图 4—23　铸件残余应力引起的变形

(2) 冷校直带来的残余应力。

实际生产中，常采用冷校直的方法来纠正刚性较差、容易变形的细长轴的弯曲变形。校直的方法是在弯曲的反方向施加外力 F，如图 4—24(a) 所示。在外力 F 的作用下，工件内部的残余应力分布如图 4—24(b) 所示，在轴线以上产生压应力（用负号表示），在轴线以下产生拉应力（用正号表示）。在轴线和两条双点划线之间为弹性变形区域，在两条双点划线之外为塑性变形区域。当外力 F 去除后，弹性变形区域的弹性变形要恢复，使残余应力重新分布，如图 4—24(c) 所示。这时，冷校直虽然减小了工件的弯曲变形，但工件仍处于不稳定状态，如果工件再次加工，残余应力的平衡状态将被打破，残余应力又要重新分布，并产生新的变形。

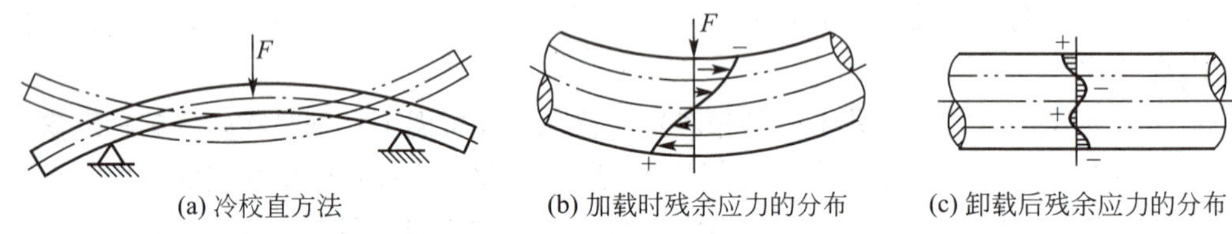

图 4—24　冷校直引起的残余应力

(3) 切削加工中产生的残余应力。

切削时，工件表面层在切削热的作用下而膨胀，受到里层金属的阻碍作用，从而产生压应力。如果表面温度过高，表层金属产生热塑性变形，切削完毕逐渐冷却时，表层较里层收缩量大、速度快。当表层温度下降到弹性变形温度范围时，表层收缩受到里层的阻碍而产生残余拉应力，而里层相应地产生压应力与之平衡。

在高速切削、强力切削以及磨削加工时，切削热的作用占主导地位，加工后工件表面呈拉应力；在精加工时（如珩磨、研磨），切削力的作用占主导地位，加工后工件表面呈压应力。

3. 减小或消除残余应力的措施

由上述可知，无论是在铸造中还是在零件加工过程中，都会由于局部塑性变形而产生不同程度的残余应力，并造成毛坯或工件产生相应的变形。一般来说，对刚度高或精度要求不高的零件，残余应力的影响可以不考虑。但是对刚度低的零件，特别是精密零件，则必须设法采取措施减小或消除残余应力。

(1) 合理设计零件结构。

在零件的结构设计中，应尽量简化结构，减小尺寸和壁厚差，增加零件的刚度，以减小在毛坯制造中产生的残余应力。

(2) 合理安排工艺过程。

将粗加工和精加工分开在不同工序中进行，使粗加工后有一定的时间让残余应力重新分布，以减少对精加工的影响。在加工大型工件时，粗、精加工往往安排在一道工序中来完成，这时应在粗加工后松开工件，使其有自由变形的可能，然后再用较小的夹紧力重新夹紧工件继续精加工。

(3) 安排必要的热处理。

例如，对铸件、锻件、焊接件进行退火或回火；零件淬火后进行回火；对精度要求高的零件（如床身、丝杠、箱体、精密主轴等），在粗加工后进行时效处理；对一些要求很高的零件如精密丝杠、标准齿轮、精密床身等，则在每次切削加工后都要安排时效处理。

第3节　加工误差的综合分析

前面已对影响加工精度的各种主要因素进行了分析，也提出了保证加工精度的措施。但从分析方法上讲属于单因素法。生产实际中，影响加工精度的因素往往是错综复杂的，有时很难通过单因素法来分析其因果关系。因此，需要用到数理统计的方法对其进行综合分析，从而找出解决问题的途径。

一、加工误差的分类

各种加工误差按其在一批工件中出现的规律不同，可分为系统性误差和随机性误差两大类。

1. 系统性误差

顺次加工一批工件时，若误差的大小和方向都保持不变或随加工时间按一定规律变化的误差，称为系统性误差。误差大小和方向都保持不变的误差称为常值系统误差，这种误差与加工顺序无关，且不随时间而变化，它不会引起尺寸的波动，如果确定其大小和方向，就可通过调整加以消除；误差大小和方向按一定规律变化的误差称为变值系统误差，这种误差与加工顺序有关。

加工原理误差和机床、夹具、刀具的制造误差以及工艺系统的受力变形等都是常值系统误差；机床、夹具和刀具等在热平衡前的热变形误差和刀具的磨损等都是变值系统误差。

2. 随机性误差（偶然性误差）

顺次加工一批工件时，大小和方向呈不规律变化的误差，称为随机性误差。例如，毛坯误差的复映、定位误差、夹紧误差、多次调整误差以及残余应力引起的误差等都是随机误差。

随机误差变化不规则，是造成工件加工尺寸波动的主要原因。从表面上看随机误差似乎没有什么规律，但是应用数理统计的方法可以找出一批工件加工误差的总体规律，然后在工艺上采取相应的措施加以控制。

应当指出，在不同场合下，误差的表现性质也有不同。例如，机床在一次调整中加工一批工件时，机床的调整误差是常值系统误差，但是，当多次调整机床时，每次调整时产生的误差就不可能是常值，变化也无一定规律，故此时调整误差又成为随机误差了。

二、加工误差的统计分析

对加工误差进行分析的目的在于将两大类不同性质的加工误差分开，确定系统误差的数值和随机误差的范围，从而找出造成加工误差的主要因素，以便采取相应的措施。目前常用的加工误差分析方法是分析计算法和统计分析法，这里将重点介绍统计分析法。

加工误差的统计分析法是以现场观察与实际测量所得的数据为基础，应用概率论理论和统计学原理，分析一批工件的误差大小及分布情况。这种方法不仅可以指出系统误差的大小和方向，同时还可以指示出各种随机误差因素对加工精度的综合影响。由于这种方法是建立在对大量实测数据进行统计的基础上，故一般只适用于成批和大量生产中。

常用的统计方法有两种：分布曲线法和点图法。

1．分布曲线法

（1）实际分布曲线图（直方图）。

某一工序加工出来的一批工件，由于存在各种加工误差，必定会引起加工尺寸的变化，即尺寸分散。为了了解加工误差的变化规律，有必要画出实际加工尺寸的分布曲线。具体步骤如下：

1）取样。

在一批工件（n个）中抽取一定数目的工件为样本，其数目不少于50件，测量其尺寸x_i（$i=1$，2，…，n）。样本中的最大值为x_{max}，最小值为x_{min}。

2）分组。

① 确定分组数k，可按表4—2进行选择；② 计算组距h，其公式为$h=(x_{max}-x_{min})/k$；③ 计算各组上下界限值。

表4—2　取样件数与分组数

取样件数n	分组数k	取样件数n	分组数k
50～100	6～10	100～250	7～12

3）统计频数、计算频率。

统计每个组内的工件数目m_j——频数（$j=1$，2，…，k），计算频数与样本总数之比m_j/n——频率。

4）作图。

以每个组的中心值为横坐标，以每个组的频数或频率为纵坐标描点，用直线将各点依次连接起来，就成了分布折线图。若再以横坐标上每个组距为底，以每个组内的频数或频率为高画出一个个连成一体的矩形，就成了直方图。

现以轴套镗孔$\phi14^{+0.018}_{0}$为例来说明直方图的绘制及应用。抽样$n=100$件进行测量，测量后发现它们的尺寸各不相同，$x_{max}=14.022$mm，$x_{min}=14.006$mm。将其分为$k=8$组，组距$h=(x_{max}-x_{min})/k=(14.022-14.006)/8=0.002$mm。其结果如表4—3所示。

表4—3　内孔直径测量统计表

组别j	尺寸范围/mm	组中值$\bar{x}_j$/mm	频数m_j	频率m_j/n
1	14.006～14.008	14.007	1	1%
2	14.008～14.010	14.009	6	6%
3	14.010～14.012	14.011	15	15%
4	14.012～14.014	14.013	25	25%
5	14.014～14.016	14.015	27	27%
6	14.016～14.018	14.017	13	13%
7	14.018～14.020	14.019	8	8%
8	14.020～14.022	14.021	2	2%

根据表 4—3 中的数据可以绘制出如图 4—25 所示的分布折线图和直方图。

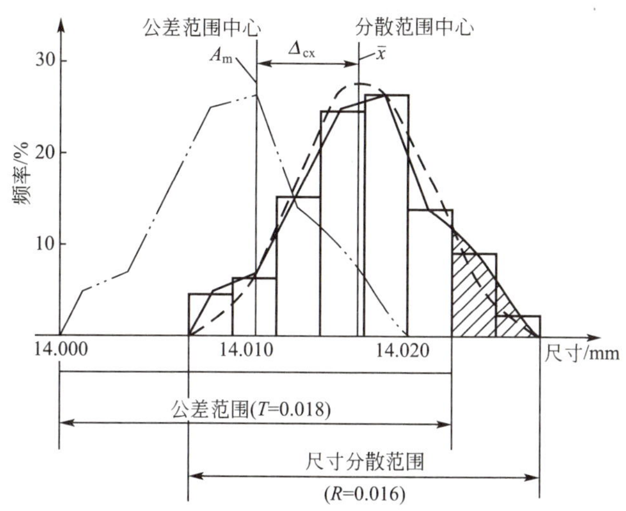

图 4—25 实际分布曲线图（直方图、折线图）

由表 4—3 和图 4—25 可知：

① 零件的尺寸公差范围 $T=14.018-14.000=0.018\text{mm}$

公差范围（带）中心 $A_m=14.00+14.018/2=14.009\text{mm}$

② 零件实际尺寸分散范围 $R=x_{max}-x_{min}=14.022-14.006=0.016\text{mm}$

分散范围中心（样件平均值）

$$\bar{x}=\sum x_i/n\approx\sum x_j m_j/n$$

$$=(14.007\times1+14.009\times6+\cdots+14.021\times2)/100=14.0139\text{mm}$$

③ 样本标准差（分散度）

$$S=\sqrt{\frac{1}{n}\sum_{j=1}^{k}(\bar{x}_j-\bar{x})^2 m_j}=\sqrt{\frac{(14.007-14.0139)^2\times1+\cdots+(14.021-14.0139)^2\times2}{100}}$$

$$=0.0048\text{mm}$$

由上述结果可知：

① 一部分工件已经超出公差范围，成为不合格零件。但 $R<T$，说明本工序的加工精度能满足公差要求。问题是尺寸分散范围中心与公差带中心不重合，两者相差 $\Delta_{系统}=\bar{x}-A_m=14.0139-14.009=0.0049\text{mm}$，所以只要将机床的径向进给量减小 0.004 9mm，加工的零件即可以全部合格。

② 在加工误差的统计分析中，由于实际取样不可能很多，一般用样本标准差 S 代表总体标准差 σ。x 和 S（σ）两个数字特征，可以用来描述工件尺寸的分布情况。

③ 当取样数目很多且组距很小时，分布折线图就非常接近光滑曲线。如再将纵坐标改为频率密度（即频率与组距之比），则原曲线便成为频率分布函数，就可以用数理统计中的理论分布曲线（概率密度曲线）近似代替实际分布曲线来分析和研究加工误差的问

题。机械加工中大量实验与研究表明：若加工中没有突出的随机性误差的影响，频率密度分布曲线与正态分布曲线将十分吻合。

（2）理论分布曲线。

1）正态分布曲线。

正态分布函数的图形如图 4—26 所示，其概率密度函数表达式为

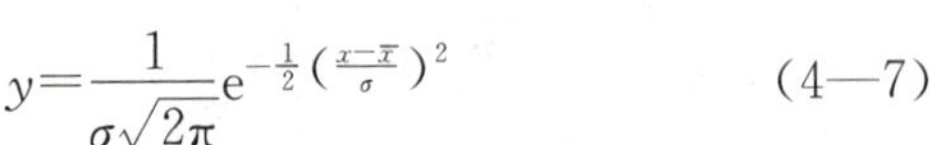

$$y=\frac{1}{\sigma\sqrt{2\pi}}e^{-\frac{1}{2}\left(\frac{x-\bar{x}}{\sigma}\right)^2} \tag{4—7}$$

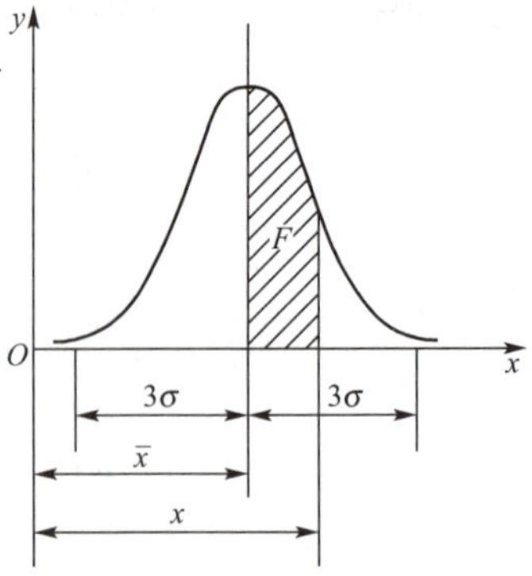

图 4—26　正态分布曲线

式中：y——分布的概率密度；

σ——正态分布随机变量的标准差（均方根误差）；

x——随机变量（样件尺寸）；

$\bar{x}$——正态分布随机变量总体的算术平均值（样件的平均值）。

2）正态分布曲线的特点。

① 曲线呈钟形，中间高，两边低，对称于 $x=\bar{x}$，与水平轴相交于无限远。这表明分散范围中心的工件占大多数，远离分散范围中心的工件为少数，且尺寸大于 $\bar{x}$ 和小于 $\bar{x}$ 的概率是相等的。

② $\bar{x}$ 决定曲线的位置，若改变 $\bar{x}$ 的位置，则分布曲线沿横坐标移动而不改变形状，如图 4—27(a) 所示。它主要受常值系统误差的影响。

③ σ 决定曲线的形状，σ 越小，曲线越陡，σ 越大，曲线越平坦，表示了随机变量的分散程度，如图 4—27(b) 所示。它主要受随机误差的影响。

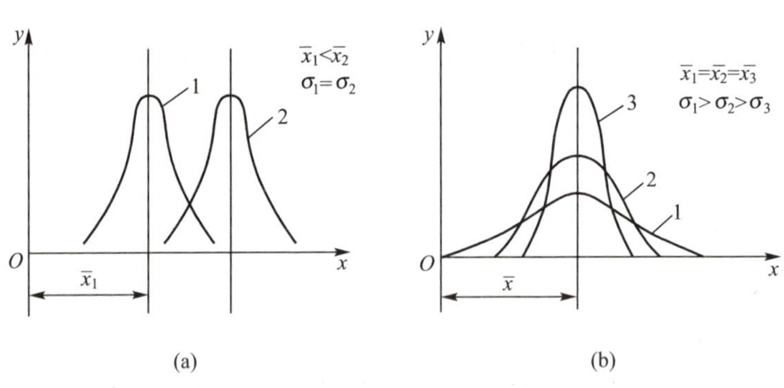

图 4—27　不同 $\bar{x}$ 和 σ 的正态分布曲线

④ 正态分布曲线与 x 轴所包围的面积为 1，代表全部工件，而在一定范围内所围成的面积，就是该范围内工件出现的概率。如图 4—26 中所示阴影部分的面积即为工件尺寸在 $\bar{x}$ 到 x 之间出现的概率。

具体计算时，概率值可由概率函数积分表 4—4 查得。

$$F=\frac{1}{\sigma\sqrt{2\pi}}\int_{\bar{x}}^{x}e^{-\frac{1}{2}\left(\frac{x-\bar{x}}{\sigma}\right)^2}dx \tag{4—8}$$

表 4—4　　概率函数积分表

$\frac{x-\bar{x}}{\sigma}$	F	$\frac{x-\bar{x}}{\sigma}$	F	$\frac{x-\bar{x}}{\sigma}$	F	$\frac{x-\bar{x}}{\sigma}$	F
0.0	0.000 00	0.9	0.315 94	1.8	0.464 07	2.7	0.496 53
0.1	0.039 83	1.0	0.341 34	1.9	0.471 28	2.8	0.497 44
0.2	0.079 26	1.1	0.364 33	2.0	0.477 25	2.9	0.498 13
0.3	0.117 91	1.2	0.384 93	2.1	0.482 14	3.0	0.498 65
0.4	0.155 42	1.3	0.403 20	2.2	0.486 10	3.1	0.499 03
0.5	0.191 46	1.4	0.419 24	2.3	0.489 28	3.2	0.499 52
0.6	0.225 75	1.5	0.433 19	2.4	0.491 80	3.3	0.499 31
0.7	0.258 04	1.6	0.445 20	2.5	0.497 39	3.4	0.499 66
0.8	0.288 14	1.7	0.445 43	2.6	0.495 34	3.5	0.499 77

⑤ 当 $(x-\bar{x})/\sigma=\pm 0.67$ 时，$2F=50\%$；当 $(x-\bar{x})/\sigma=\pm 2$ 时，$2F=95.6\%$；当 $(x-\bar{x})/\sigma=\pm 3$ 时，$2F=99.73\%$。通常取等于整批工件加工尺寸的分布范围，这样只有 0.27%的废品，可忽略不计。

3）其他形式的分布曲线。

工件的实际分布曲线有时并不近似正态分布，也可能出现其他形式的分布。

① 双峰分布。将两次调整下加工出来的工件混在一起测量，则其分布曲线为双峰分布，实质上是两组正态分布的叠加，如图 4—28(a) 所示。

② 平顶分布。如果砂轮或刀具磨损较快而无自动补偿时，所得一批工件的尺寸分布为平顶分布，如图 4—28(b) 所示。

③ 不对称分布。当工艺系统存在显著热变形影响时，由于热变形在开始阶段变化较快，以后逐渐减慢，直至达到热平衡状态。因此，工件尺寸的实际分布曲线会出现不对称形式，如图 4—28(c)、(d) 所示。又如在试切法加工时，由于主观上不愿出现不可修复的废品，故加工内孔时“宁小勿大”（峰值偏左），在加工外圆时“宁大勿小”（峰值偏右）。

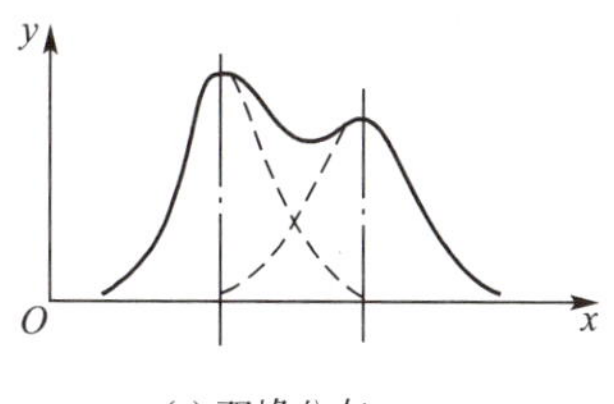

(a) 双峰分布

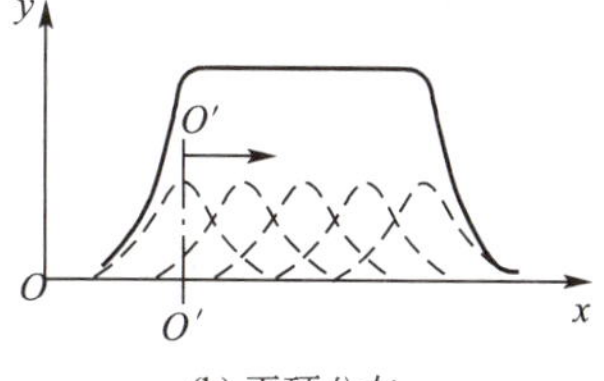

(b) 平顶分布

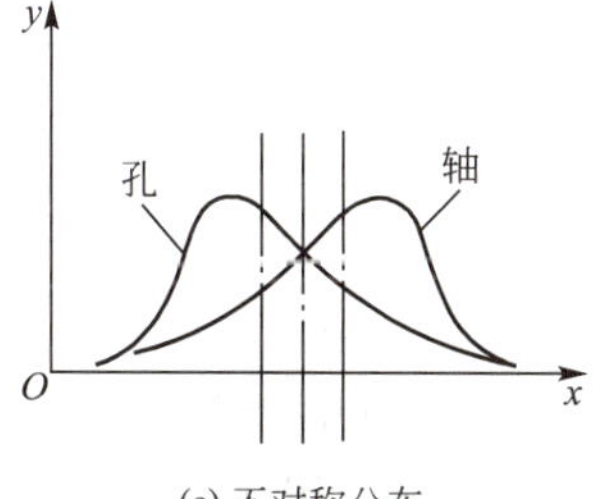

(c) 不对称分布

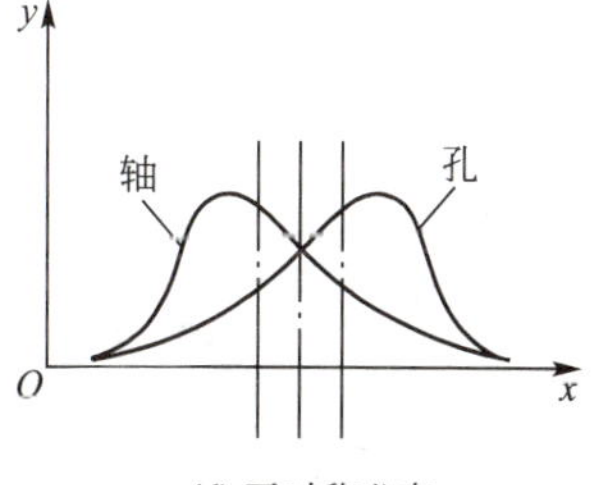

(d) 不对称分布

图 4—28　其他形式的分布曲线

对于非正态分布曲线，其特征参数还有以下两个：

① 相对分布系数 k：正态分布曲线的分布范围与非正态分布曲线的分布范围之比，即

$$k=R_{正态}/R_{非正态}=6\sigma/R_{非正态} \tag{4—9}$$

② 相对不对称系数 e：算术平均值 $\bar{x}$ 坐标点与分布中心的距离和分布范围一半（$R/2$）之比。

表 4—5 列出了几种典型分布的 k、e 值。

表 4—5　　不同分布曲线的 k、e 值

分布特征	正态分布	三角分布	均匀分布	瑞利分布	偏态分布	
					外尺寸	内尺寸
分布曲线	-3σ　3σ			$e\frac{T}{2}$	$e\frac{T}{2}$	$e\frac{T}{2}$
e	0	0	0	−0.28	0.26	−0.26
k	1	1.22	1.73	1.14	1.17	1.17

（3）分布曲线的应用。

1）判断加工误差的性质。

如加工系统中没有变值系统误差，其尺寸分布与正态分布基本相符；如分布范围中心与公差带中心重合，则表明不存在常值系统误差；如分布范围大于公差带宽度，则随机误差的影响很大。

2）测定加工精度。

由于 6σ 的大小代表某一加工方法在规定的条件下所能达到的加工精度，所以可在大量统计分析的基础上，求出每一加工方法的 σ 值。而在确定公差时，为使加工不出废品至少应使零件的公差带宽度 T 等于其分布范围 6σ，再考虑到各种误差因素使加工过程不稳定，实际应使零件的公差带宽度大于其分布范围，即

$$T>6\sigma \tag{4—10}$$

3）评估工艺能力。

工艺能力是指加工处于稳定状态时，所能加工出产品质量的实际能力，用工艺能力系数 C_P 来衡量，即

$$C_P=T/6\sigma \tag{4—11}$$

根据工艺能力系数的大小，可将工艺能力分为五个等级，如表 4—6 所示。

表 4—6　　工艺能力等级

工艺能力系数 C_P	工艺等级	说　明
$C_P>1.67$	特级	工艺能力足够，可以有异常波动
$1.67\geqslant C_P>1.33$	一级	工艺能力足够，可以有一定的异常波动
$1.33\geqslant C_P>1.00$	二级	工艺能力勉强，必须密切注意
$1.00\geqslant C_P>0.67$	三级	工艺能力不足，有一定数量的废品
$0.67\geqslant C_P$	四级	工艺能力极差，不能胜任，必须改进

4）估算废品率。

如果尺寸分布范围大于零件的公差带 T，则将有废品产生。如图 4—29 所示，在曲线上 C 和 D 两点之间的面积（阴影部分）代表合格产品数量，而其余部分的面积则表示废品的数量。当加工外圆表面时，图中左边空白部分所对应的产品为不可修复的废品；而右边空白部分所对应的产品为可修复的废品。加工内孔时，其情况刚好相反。

例 4—1 车削一批外径为 $\phi 20_{-0.1}^{\ 0}$mm 的销轴，抽样后测得 $\sigma=0.025$mm。分布中心与公差带中心相差 0.02mm，且偏于量规通端，其尺寸分布符合正态分布。试分析该工序的加工质量。

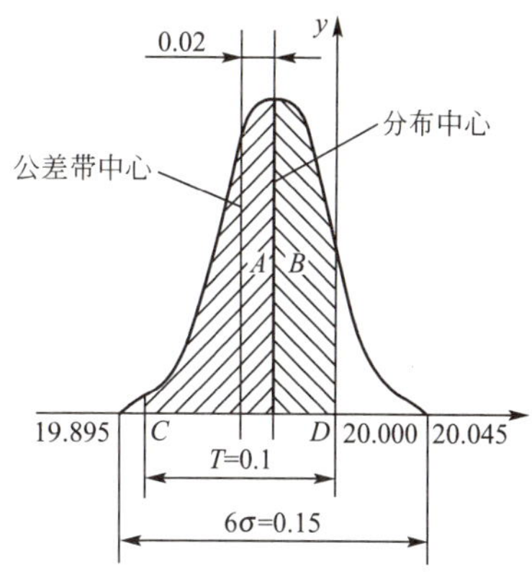

图 4—29 车削销轴工序尺寸分布

解： 该工序的尺寸分布如图 4—29 所示。

① 计算工艺能力等级。

$$C_P=T/6\sigma=0.1/6\times0.025$$
$$=0.67<1$$

工艺能力系数 $C_P<1$，说明该工序工艺能力不足，即产生废品是不可避免的。

② 计算合格率。

由图可计算出 A、B 两部分的面积。

A 部分：$(x-\bar{x})/\sigma$

$$-(T/2+0.02)/0.025=2.8$$

B 部分：$(x-\bar{x})/\sigma$

$$=(T/2-0.02)/0.025=1.2$$

查表 4—4 得，$F_A=0.497\,44$，$F_B=0.384\,93$，所以合格率为

$$F_{合格}=0.497\,44+0.384\,93=0.882\,37=88.24\%$$

③ 计算废品率。

$$F_{废品}=1-F_{合格}=1-0.882\,37=0.117\,63=11.76\%$$

可以修复的废品率（尺寸大于量规通端）为

$$F_{可修}=0.5-F_B=0.5-0.384\,93=0.115\,07=11.5\%$$

不可以修复的废品率（尺寸小于量规止端）为

$$F_{不可修}=0.5-F_A=0.5-0.497\,44=0.002\,56=0.26\%$$

④ 改进措施。

如重新调整机床和刀具，使分布中心 $\bar{x}$ 与公差带中心重合，则可减少废品率。具体操作时，使车刀沿切削深度方向多进刀 0.02/2=0.01mm 即可。

（4）分布曲线的不足之处。

1）必须待一批工件加工完毕后才能得出分布情况，即使出现了废品，也无法挽回，而且其分析结果也只能对下批工件起指导作用。

2）由于没有考虑一批工件的加工顺序，故不能反映出加工误差随时间的变化规律，也难以区分随机误差与变值系统误差。

2. 控制图法

控制图法又称点图法。它是在加工过程中，按加工顺序定期对工件进行抽样检测，做

出加工尺寸随时间（或加工顺序）的变化图形，即点图，以便观察加工过程的进行情况，及时调整工艺系统，达到预防产生废品的目的。生产中常用的点图为 $\bar{x}-R$ 图。

（1）$\bar{x}-R$ 图的绘制方法。

1）在加工过程中，按一定的时间间隔或工件数量，连续抽取 m（$m=2\sim10$）个工件为一个样组，且抽取 n（$n=20\sim30$）个样组，这样按加工先后顺序共抽取 $N=m\times n$ 个工件。再依次测量它们某项质量特征值，得到如下数据：x_{ij}（$i=1, 2, \cdots, n$；$j=1, 2, \cdots, m$）。

例如，球面磨床磨削挺杆零件球面，要求球面边缘对挺杆外圆的跳动不大于 0.05mm，按每隔一小时抽检一组零件，每个样组 4 个零件（$m=4$），顺序抽检 25 组（$n=25$），共抽检 100 个零件，便得到 $\bar{x}-R$ 图记录表，如表 4—7 所示。

表 4—7　　$\bar{x}-R$ 图记录表

零件编号	760-1007055A3			工序名称		初磨球面		质量要求				球面跳动允差 0.05（mm）		
零件名称	挺杆			使用机床		球面磨床		表内数据						
组号	测定值/μm x_1	x_2	x_3	x_4	总计 $\sum x$	平均值 $\bar{x}$	极差 R_i	组号	测定值/μm x_1	x_2	x_3	x_4	总计 $\sum x$	平均值 $\bar{x}$	极差 R_i
1	30	18	20	20	88	22	12	14	30	10	10	30	80	20	20
2	15	22	25	20	82	20.5	10	15	30	30	20	10	90	22.5	20
3	15	20	10	10	55	13.75	10	16	30	10	15	25	80	20	20
4	30	10	15	15	70	17.5	20	17	15	10	35	20	80	20	25
5	25	20	20	30	95	23.75	10	18	30	40	20	30	120	30	20
6	20	35	25	20	100	25	15	19	20	30	10	20	80	20	20
7	20	20	30	30	100	25	10	20	10	35	10	40	95	23.75	30
8	10	30	20	20	80	20	20	21	10	10	20	20	60	15	10
9	25	20	25	15	85	21.5	10	22	10	10	10	30	60	15	20
10	20	30	10	15	75	18.75	20	23	15	20	45	20	100	25	30
11	10	10	20	25	65	16.5	15	24	10	20	20	30	80	20	20
12	10	10	10	30	60	15	20	25	15	10	15	20	60	15	10
13	10	50	30	20	110	27.5	40								
$\bar{x}$ 图 $K_s=\bar{x}+A\bar{R}=33.8$ $K_s=\bar{x}-A\bar{R}=7.2$					R 图 $K_z=D\bar{R}=41.7$			总和						512.5	45
								$\bar{x}=20.5$　$\bar{R}=18.28$							

2）计算各组的平均值 $\bar{x}_i$ 与极差 R_i。

平均值　　$\bar{x}_i=\sum x_{ij}/m$

极差　　$R_i=x_{i\max}-x_{i\min}$

3）以组号为横坐标，分别以 $\bar{x}$ 和 R 为纵坐标，将求得的各组的平均值 $\bar{x}_i$ 和极差 R_i 按组序号依次标在 $\bar{x}$ 和 R 图上，然后将各点连接起来就得到 $\bar{x}-R$ 图，如图 4—30 所示。

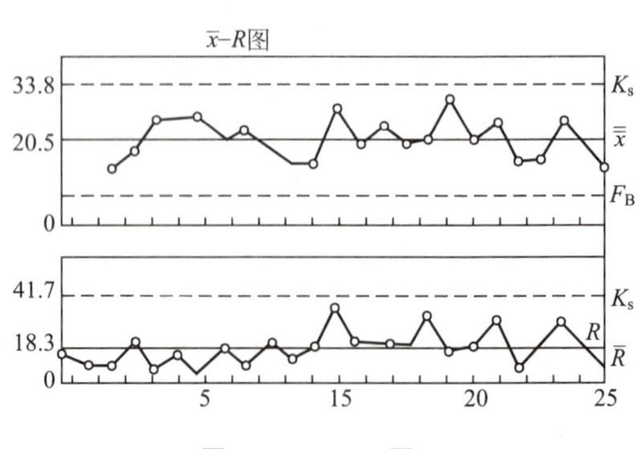

图 4—30　$\bar{x}-R$ 图

4）用实线在 $\bar{x}-R$ 图中画出中心线 $\bar{x}$ 和 $\bar{R}$，再用虚线标出控制线。图中各中心线及控制线的位置可按下例公式计算：

$\bar{x}$ 图中心线	$\bar{\bar{x}}=\sum\bar{x}_i/n$
R 图中心线	$\bar{R}=\sum R_i/n$
$\bar{x}$ 图上控制线	$\bar{x}_s=\bar{\bar{x}}+A\bar{R}$
$\bar{x}$ 图下控制线	$\bar{x}_x=\bar{\bar{x}}-A\bar{R}$
R 图上控制线	$R_s=D\bar{R}$
R 图下控制线	$R_x=0$

式中：系数 A 和 D 可按表 4—8 选取。

表 4—8　　系数 A 和 D 的值

每组个数	A	D	每组个数	A	D
4	0.73	2.28	6	0.48	2.00
5	0.58	2.11			

在点图上做出中心线和上下控制线后，就可根据图中点的分布情况以及变化趋势来判断工艺过程的波动是否正常，判别的标志见表 4—9。

表 4—9　　正常波动与异常波动标志

正常波动	异常波动
① 没有点子超出控制线 ② 大部分点子在中线上下波动，小部分在控制线附近 ③ 点子没有明显的规律性	① 有点子超出控制线 ② 点子密集在中线上下附近 ③ 点子密集在控制线附近 ④ 连续 7 点以上出现在中线一侧 ⑤ 连续 11 点中有 10 点出现在中线一侧 ⑥ 连续 14 点中有 12 点以上出现在中线一侧 ⑦ 连续 17 点中有 14 点以上出现在中线一侧 ⑧ 连续 20 点中有 16 点以上出现在中线一侧 ⑨ 点子有上升或下降倾向 ⑩ 点子有周期性波动

(2) $\bar{x}-R$ 图的应用。

1) 通过 $\bar{x}-R$ 图可以判断工艺过程的稳定性。工艺过程的稳定性用 $\bar{x}$ 和 R 两个统计参数来表征，稳定的工艺过程 $\bar{x}$ 和 R 只有正常波动。正常波动是随机的，且波动幅值不大；不稳定的工艺过程存在异常波动，$\bar{x}$ 和 R 有明显的上升或下降，或有很大波动，或有点超出控制线。

2) $\bar{x}-R$ 图用以显示 $\bar{x}$ 和 R 的大小及变化情况。从 $\bar{x}-R$ 图上可以观察出变值系统误差和随机误差的大小及变化情况。如图 4—31 所示，$\bar{x}$ 有明显的上升趋势，说明工艺系统中存在变值系统误差。

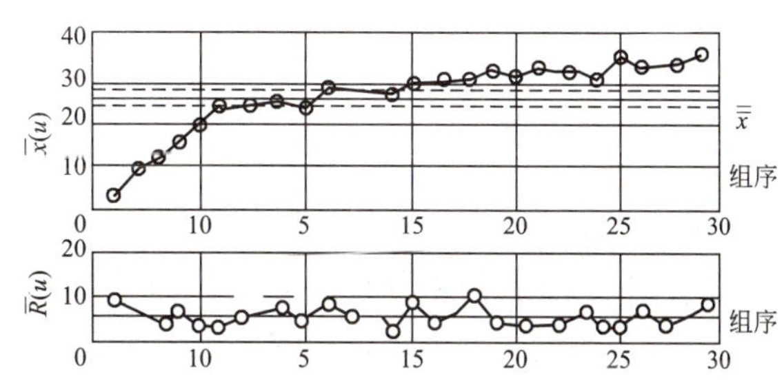

图 4—31　$\bar{x}$ 有明显的上升趋势图

总之，利用点图法就有可能将所有系统误差与随机误差区分开，从而采取补偿措施来消除各种系统误差，提高加工精度。

第 4 节　提高加工精度的工艺措施

上述几节中，在分析各种单因素的原始误差对加工精度的影响时，曾涉及一些保证和提高加工精度的方法和措施。本节准备将生产中的这些方法加以归纳整理，以便使读者对提高加工精度的途径有更加全面的了解。

保证和提高加工精度的方法大致可以概括为以下几种：直接减少误差法、补偿或抵消误差法、分组调整误差法、误差转移法以及误差平均法。

一、直接减少误差法

直接减少误差法是生产中应用较广的一种基本方法，它是在查明产生加工误差的主要因素之后，设法对其进行消除或减小。

零件加工时，提高所使用的机床、夹具、刀具及量具的精度，以及控制工艺系统受力、受热变形等均属直接减少误差法。为有效地提高加工精度，应根据不同情况，针对主要的原始误差采取措施加以解决。加工精密零件时，应尽可能提高所使用机床的几何精度、刚度及控制加工过程中的热变形；加工刚性差的零件时，主要应尽量减小其受力变形；加工具有型面的零件时，主要减小成形刀具的形状误差和刀具的安装误差。

例如，车削细长轴时，由于受到力和热的影响，即使在切削用量较小的情况下，也会使工件产生弯曲变形和振动，虽然在加工时采用了跟刀架，但加工后仍很难保证工件的准确形状。现在采用的“大走刀反向切削法”（见图 4—32），改变了进给方向使细长轴在加工过程中承受拉力，再辅之以弹簧后顶尖，进一步消除热伸长的影响，故可使工件获得较高的形状精度。

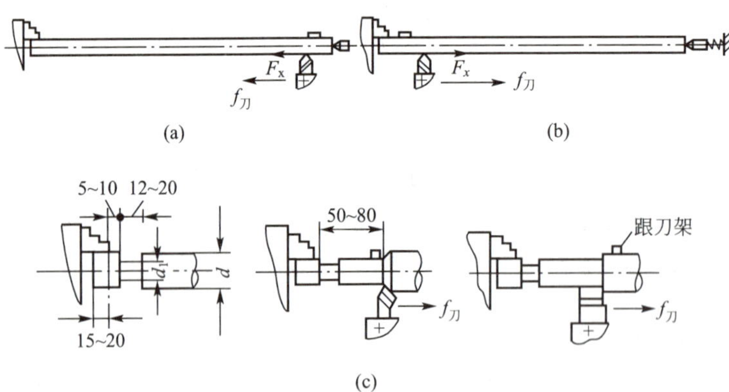

图 4—32　车削细长轴的受力分析及大进给反向切削法

采用“大走刀反向切削法”加工细长轴时，为了使切削平稳以获得良好的加工效果，最好将工件卡盘夹持部分车出一个颈部（$d_1 \approx d/2$），以消除由于坯料本身弯曲而在卡盘强行夹持下引起工件轴线歪斜的影响。为了保证最终车削加工表面的粗糙度，在精车时应将跟刀架安装在待加工表面上。

又如，在磨削薄环形零件时，可采用黏结剂黏合以加强工件刚度的办法，使工件在自由状态下得到固定，解决了薄环形零件两端面的平行度问题。其具体方法是将薄环形零件在自由状态下黏结到一块平板上，并将平板放到磁力工作台上磨平工件的上端面，然后将工件从平板上取下（使黏结剂热化），再以磨平的一面作为定位基准磨另一面，从而保证其平行度。

二、补偿或抵消误差法

对工艺系统中的一些原始误差，若无适当措施使其减小时，则可采用补偿或抵消误差法消除其对加工精度的影响。

误差补偿法就是人为地制造出一个新的原始误差来抵消原来工艺系统中固有的原始误差，从而达到减小加工误差、提高加工精度的目的。例如，在精密丝杠加工中，机床传动链误差将直接反映到所加工零件的螺距上，使加工精度受到一定得限制。为此，在实际生产中广泛使用误差补偿法来消除传动链误差，如图4—33所示。由图可知，校正装置通过杠杆4将校正尺5和母丝杠3的螺母连接起来，校正尺上的曲线使母丝杠的螺母做微小的附加移动以补偿螺距误差。当然为实现这一误差补偿需要先测量出母丝杠的螺距误差，并根据误差数值和杠杆比在校正尺上制作出校正曲线。

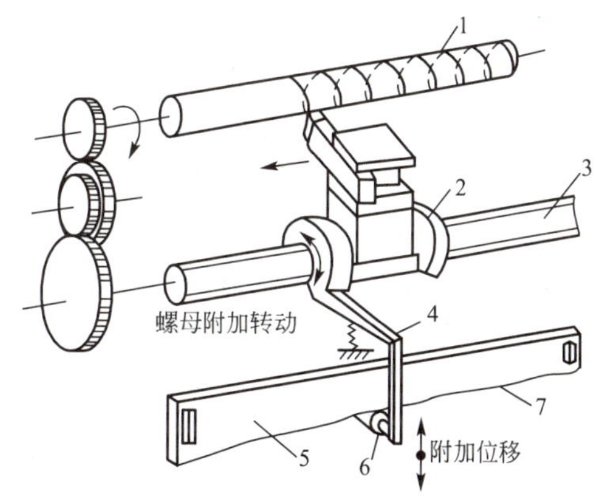

图4—33 丝杠加工误差校正装置

1—工件；2—螺母；3—母丝杠；4—杠杆；5—校正尺；6—触头；7—校正曲线

需要说明的是，类似这种机械式校正装置只能校正机床静态的传动误差。如果校正机床动态传动误差，则可以采用由计算机控制的传动误差补偿装置。

误差抵消法是利用原始误差本身的规律性，部分或全部抵消其所造成的加工误差。例如，在立式铣床上采用端铣刀加工平面时，由于铣刀回转轴线对工作台直线进给运动不垂直，加工后会造成加工表面下凹的形状误差Δ，如图4—34所示。为减小此项加工误差，可采取工件相对铣刀轴线横向多次移位走刀加工的方法，使加工后的形状误差减小到Δ′。这就是利用铣刀回转轴线位置误差的规律性来抵消其所造成的加工误差的一个实例。

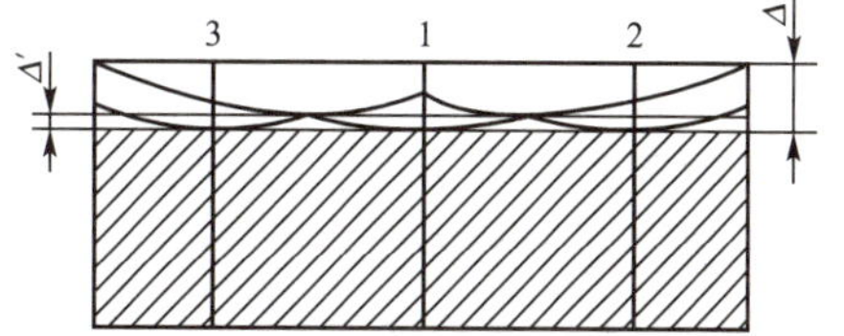

图4—34 铣削加工平面多次走刀加工

1—工件位移前铣刀轴线位置；2，3—工件两次位移后铣刀轴线位置

三、分组调整误差法

在生产中会遇到这种情况：本工序的加工精度是稳定的，工序能力也足够，但毛坯或上道工序加工的半成品精度太低，引起定位误差或复映误差过大，因而不能保证加工精度。如果提高毛坯精度或上道工序的加工精度，往往是不经济的。这时可以采用分组调整误差法，在加工前将毛坯（或上道工序）尺寸按误差大小分为n组，每组毛坯尺寸的误差

就缩小为原来的 $1/n$，然后再按各组分别调整刀具与工件的相对位置或调整定位元件，这样就可以大大缩小整批工件的尺寸分散范围。

四、误差转移法

误差转移法是指在一定条件下，把工艺系统的原始误差转移到加工误差的非敏感方向或其他不影响加工精度的方面。这样，在不减小原始误差的情况下，同样可以获得较高的加工精度。例如，对具有分度或转位的多工位加工工序或采用转位刀架加工的工序，其分度、转位误差将直接影响工件有关表面的加工精度。此时，如将切削刀具安装到适当位置(如误差非敏感方向)，则可大大减小其影响。如图 4—35 所示的立轴六角车床采用垂直装刀，可使六角刀架转位时的重复定位误差 $\pm\Delta\alpha$ 转移到工件内孔加工表面误差的非敏感方向。又如大批量生产箱体零件时，常用镗模加工箱体上的孔系，机床的有关误差（如主轴误差、导轨误差）对孔系的加工精度已不再产生影响，孔系的加工精度取决于镗模的精度。

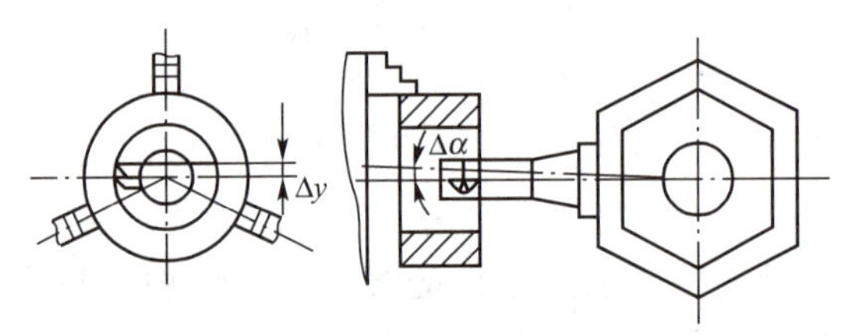

图 4—35　转移原始误差

五、误差平均法

误差平均法是通过加工使被加工零件表面原有的原始误差不断平均化和缩小。例如，对零件上精密孔径或轴颈的研磨加工，就是利用工件与研具的研磨，使最初的最高点相接触逐渐扩大到面接触，从而使原有误差不断减小而最后达到很高的形状精度。又如高精度标准平台、平尺等，就是通过三个相同的工件相互依次研合及检验而获得的。再如精密分度盘的最终精磨，也是不断微调定位基准与砂轮之间的角度位置，通过不断均化各分度槽之间的角度误差来达到加工精度要求的。

本章小结

本章介绍了与机械加工精度有关的一些问题。通过学习，学生要重点掌握机械加工精度的影响因素及其变化规律，结合具体生产条件分析加工精度的主要影响因素，并给出解决的办法。要点如下：

(1) 机械加工精度的概念、组成、获取方法以及加工误差的来源。精度和误差是描述同一物理量的不同方面的不同叫法，与理想几何尺寸接近的程度称为精度，与理想几何尺寸偏离的程度称为误差。加工精度包括三方面：尺寸精度、形状精度、位置精度。获得尺寸精度的方法有试切法、调整法、定尺寸刀具法、自动控制法；获得形状精度的方法有轨迹法、成形法、展成法；获得位置精度的方法有一次装夹获得法和多次装夹获得法。加工误差主要是由于工艺系统制造误差与磨损、工艺系统受力受热变形而产生的。

(2) 影响机械加工精度的因素及提高加工精度的相应措施。影响加工误差的因素包括：原理误差、机床误差、刀具和夹具误差、调整误差、测量误差、工艺系统受力受热变形等，其中有的是静态的，有的是动态的，有的和加工过程有关，也有的和加工过程无关。在学习过程中要认真分析、区别对待。

(3) 常采用的加工误差分析方法是统计分析法。它是以现场观察和测量所得到的大量数据为基础，运用概率论的统计学知识，确定一批工件总误差的大小和方向，并能指出各种随机误差因素对加工精度的综合影响，故一般用于调整法加工的大批量生产中。其重点是应用分布曲线解决具体的工艺问题，如计算废品率、工序能力、随机误差、判别误差性质等。

习题

1. 什么是加工误差？它与加工精度、公差有何区别？

2. 什么是原始误差？它包括哪些内容？它与加工误差有何关系？

3. 零件的加工精度包括哪三个方面？它们之间的联系和区别是什么？

4. 为什么对卧式车床床身导轨在水平面内的直线度要求高于在垂直面内的直线度要求？而对平面磨床床身导轨的要求却相反？

5. 试说明磨削外圆时，使用死顶尖的目的是什么？

6. 如题图 4—1 所示，在车床上车削工件端面时，加工后端面产生内凹或外凸的形状误差，试从机床几何误差的影响分析该加工误差的原因。

7. 在内圆磨床上磨削内孔，磨削后产生如题图 4—2 所示的两种形状误差，试分析其原因。

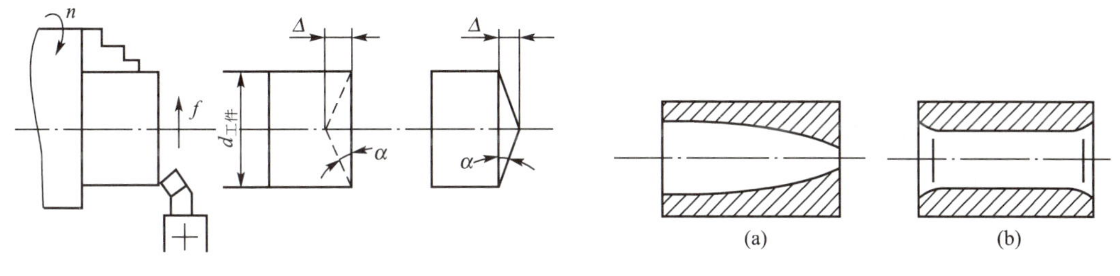

题图 4—1　　题图 4—2

8. 磨削薄板零件时，由于工件单面受热，导致工件凸起，中间磨去材料较多，磨削完冷却后加工表面产生中凹的形状误差。若工件材料为钢材，工件长度 $L=1.5\text{m}$，厚度 $H=300\text{mm}$，上下表面温差 $\Delta t=1℃$，试求其形状误差值。

9. 如题图 4—3(a) 所示铸件，若只考虑毛坯内残余应力的影响，试分析当端铣刀铣去工件上部连接部分后，工件将产生怎样的变形？又如题图 4—3(b) 所示，当用宽度为 B 的三面刃铣刀将工件中部铣开时，试分析开口宽度的变化。

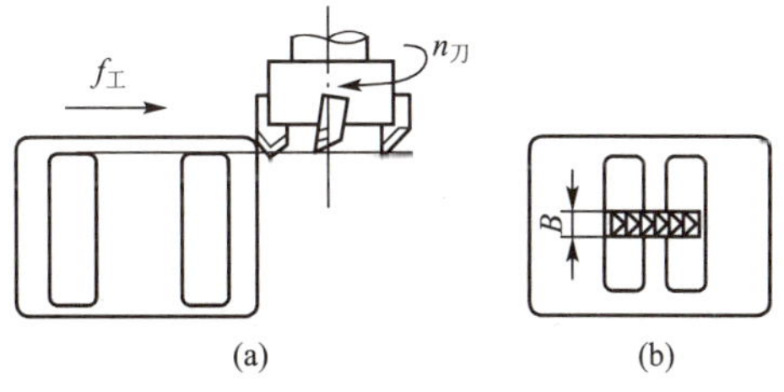

题图 4—3

10. 如题图 4—4 所示，在车床上用三爪自定心卡盘装夹、精车薄壁套的内孔。试分析加工后产生的孔径和孔形误差，以及影响孔与外圆同轴度误差的主要原始误差项目有哪些？

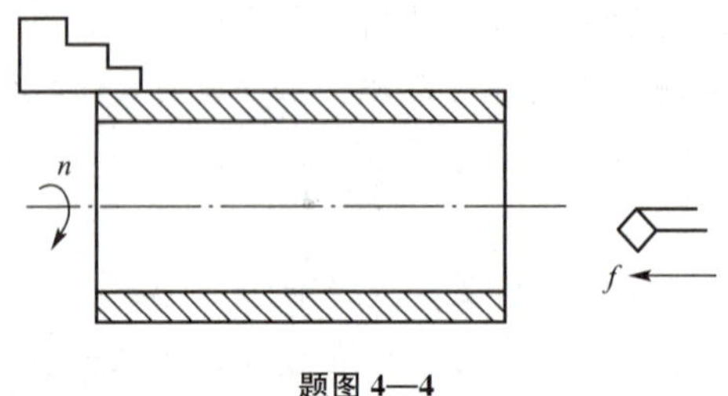

题图 4—4

11. 在自动车床上加工一批销轴，从中抽检 200 件，以 0.01mm 为组距将该批工件按尺寸大小分组，所测得的数据如题表 4—1 所示。

题表 4—1 数 据 表

尺寸间隔	自（mm）	15.01	15.02	15.03	15.04	15.05	15.06	15.07	15.08	15.09	15.10	15.11	15.12	15.13	15.14
	到（mm）	15.02	15.03	15.04	15.05	15.06	15.07	15.08	15.09	15.10	15.11	15.12	15.13	15.14	15.15
零件数 n_i		2	4	5	7	10	20	28	58	26	18	8	6	5	3

已知图纸加工要求为$\phi 15^{+0.14}_{-0.04}$mm，试求：

(1) 绘制整批工件实际尺寸的分布曲线；

(2) 计算合格品率及废品率；

(3) 计算工艺能力系数；

(4) 分析出现废品的原因，并提出改进办法。

12. 在两台相同的自动车床上加工一批小轴的外圆，要求保证直径尺寸为$\phi 11\pm 0.02$mm。第一台加工 1 000 件，其直径尺寸按正态分布，直径尺寸的平均值为 $\bar{x}_1=11.005$mm，标准偏差 $\sigma_1=0.004$mm；第二台加工 500 件，其直径尺寸也按正态分布，且 $\bar{x}_2=11.015$mm，$\sigma_2=0.002\,5$mm。试求：

(1) 在同一张图上画出两台机床加工的两批工件尺寸分布图，并指出哪台机床的工序精度高；

(2) 计算并比较哪台机床的废品率高，并分析其产生的原因并提出改进的办法。

第 5 章　机械加工表面质量

【学习内容】

表面质量的概念与组成；影响表面质量的因素及改进措施。

【学习要求】

本章要求理解表面质量的概念；掌握影响表面质量的因素及提高表面质量的措施；了解机械加工中振动的基本概念。

第 1 节　表面质量概述

机器零件的加工质量除了加工精度外，还包括零件在加工后的表面质量。机械产品的安全性、可靠性、使用寿命等工作性能，在很大程度上取决于其主要零件的表面质量。随着科学技术的发展，对机器使用性能及其零件的表面质量要求也越来越高。因此，研究和探讨机械加工表面质量的影响因素及其变化规律，对保证产品质量具有极其重要的意义。

一、表面质量的概念

1. 表面的几何特征

如图 5—1 所示，表面的几何特征主要由以下几部分组成：

（1）表面粗糙度。

表面粗糙度是指加工表面上具有的较小间距和峰谷所组成的微观几何形状特征。它一般由所采用的加工方法或其他因素形成，其波高与波长的比值一般大于 1∶50。

（2）表面波度。

表面波度是介于宏观几何形状误差与微观表面粗糙度之间的中间几何形状误差。它主要是由工艺系统的低频振动造成的，其波高与波长的比值一般为 1∶50～1∶1 000。

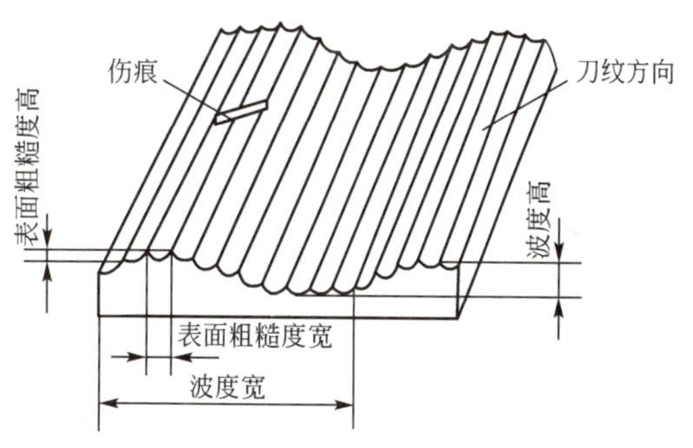

图 5—1　表面几何特征的组成

（3）表面加工纹理。

表面加工纹理反映表面微观结构的主要方向，它取决于表面形成过程中所采用的机械加工方法以及主运动和进给运动的关系。

（4）伤痕。

伤痕是指在加工表面的一些个别位置上出现的缺陷，它们大多数是随机分布的。例如砂眼、气孔、裂痕和划痕等。

2. 表面层物理—机械性能

表面层物理—机械性能主要是指表面层因塑性变形引起的冷作硬化、表面层因切削热引起的金相组织变化、表面层中产生的残余应力三个方面。

二、表面质量对机器使用性能的影响

1. 表面质量对零件耐磨性的影响

零件的耐磨性主要与摩擦副的材料、热处理和润滑条件有关。在这些条件已确定的情况下，零件的表面质量就起着决定性的作用。

(1) 表面粗糙度的影响。

当两个零件的表面相互接触时，实际上只是两个表面上的凸峰接触，因此实际接触面积远小于理论上的接触面积。两个表面产生相对运动时，实际接触的凸峰处发生弹性变形、塑性变形以及剪切变形，从而产生摩擦力，并引起表面磨损。

由以上分析可知，表面粗糙度对零件表面的磨损影响很大。表面越粗糙越大，实际接触面积就越小，相对运动时摩擦阻力相应增大，磨损也就越严重，但并不是说表面粗糙度值越小，耐磨性就越好。由图 5—2 可知，表面粗糙度值 Ra 与初期磨损量 Δ_0 之间存在一个最佳值，此点所对应的是零件最耐磨的表面粗糙度值。这是因为如果表面粗糙度值太小，不仅不利于储存润滑油，而且还会增加零件表面的吸附力，导致磨损加剧。因此，零件摩擦表面粗糙度值偏离最佳值过大都是不利的。在不同的工作条件下，零件的最佳表面粗糙度值是不同的。从图 5—2 可见，重载荷情况下零件的最佳表面粗糙度值要比轻载荷时大。

(2) 表面冷作硬化的影响。

表面层冷作硬化会使表面金属硬度提高，塑性降低，减少了摩擦副接触部分处的弹性变形和塑性变形，同时也减少了金属“咬焊”(冷焊) 的可能，从而使表面耐磨性有所提高。但是冷作硬化过度，会使金属组织疏松，加剧磨损，甚至使金属表面出现裂纹、剥落，导致耐磨性下降，如图 5—3 所示。

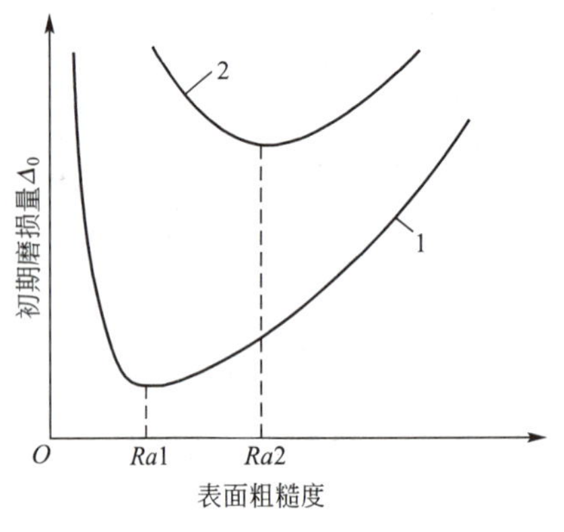

图 5—2　表面粗糙度与初期磨损量的关系

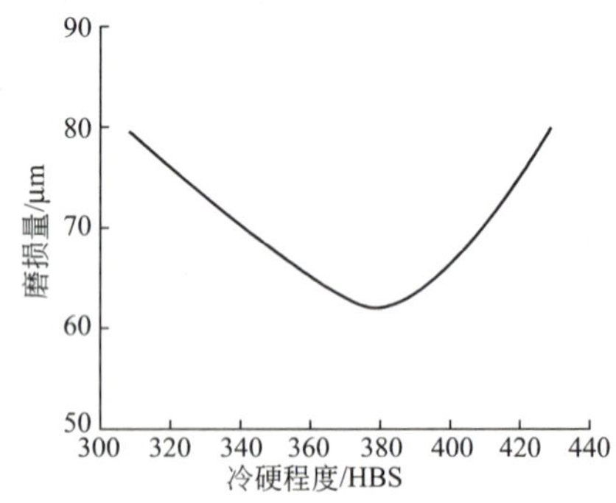

图 5—3　表面冷作硬化与耐磨性的关系

表面层金相组织发生变化时，改变了基体材料的硬度，也会影响耐磨性。

2. 表面质量对零件疲劳强度的影响

(1) 表面粗糙度的影响。

零件在交变载荷作用下，其表面微观不平的凹谷、划痕和裂纹等部位容易引起应力集中而产生疲劳裂纹，造成零件的疲劳破坏。实验表明，减小零件表面粗糙度值，可以提高零件的抗疲劳强度。因此，对于一些承受交变载荷的重要零件，如曲轴的曲拐与轴颈的交接处精加工后常进行光整加工，以减小零件的表面粗糙度值，从而提高零件的抗疲劳强度。

（2）表面层冷作硬化的影响。

表面层的冷作硬化程度对零件的疲劳强度影响也很大。表面层的适度硬化可以在零件表面形成一个硬化层，该硬化层能够阻碍表面层疲劳裂纹的出现，从而提高零件的抗疲劳强度。但是，零件表面层硬化程度过大，反而易于产生裂纹，故冷作硬化程度与深度应控制在一定范围之内。

（3）表面层残余应力的影响。

表面层为残余压应力时，能够部分抵消零件所承受的拉应力，延缓疲劳裂纹的扩展，提高零件的疲劳强度；反之表面层为残余拉应力时，会使疲劳裂纹加剧，降低零件的疲劳强度。

3．表面质量对零件耐腐蚀性能的影响

零件的耐腐蚀性在很大程度上取决于其表面粗糙度。零件表面越粗糙，越容易积聚腐蚀性物质，凹谷越深，渗透与腐蚀作用越强烈。因此，减小表面粗糙度值，可以提高零件的耐腐蚀性能。

当零件表面为残余压应力时，零件表面紧密，腐蚀性物质不易进入，可提高零件的耐腐蚀性；而表面为残余拉应力时，则结果正好相反。

4．表面质量对零件配合性质的影响

在间隙配合中，如果零件的配合表面粗糙，则会使配合零件表面很快磨损而增大配合间隙，改变配合性质，降低配合精度；在过盈配合中，如果零件的配合表面粗糙，则装配后配合表面的凸峰被挤平，配合件之间的有效过盈量减小，配合件之间的连接强度也降低，进而影响配合的可靠性。因此，对有配合要求的零件表面应规定较小的表面粗糙度值。

由于表面层残余应力会引起零件变形，使零件形状和尺寸发生变化，因此对零件的配合性质也会有一定的影响。

5．其他影响

表面质量对零件的使用性能还有一些其他方面的影响。例如，对于液压缸和滑阀来说，降低表面粗糙度值可以减少泄漏，提高密封性能；较小的表面粗糙度值可以使零件具有较高的接触刚度；对于工作时滑动的零件，恰当的表面粗糙度值能降低摩擦系数，提高运动的灵活性，减少发热和功率损失；表面层的残余应力会使加工好的零件因应力重新分布而在使用过程中逐渐变形，从而影响尺寸和形状精度。

总之，提高加工表面质量，对保证零件的使用性能、提高零件的使用寿命都是很重要的。

第 2 节　表面粗糙度的影响因素

影响表面粗糙度的因素分为三类：第一类是与切削刀具有关的因素；第二类是与工件材质有关的因素；第三类是与加工条件有关的因素。下面就切削加工和磨削加工中影响表面粗糙度的因素分别给予介绍。

一、切削加工

1. 刀具因素的影响

以车削加工为例，设刀尖圆弧半径 $r_\varepsilon=0$，即认为加工后的表面粗糙度主要是由刀刃的直线部分形成的。由图 5—4(a) 可得：

$$H=f/(\mathrm{ctan}k_r+\mathrm{ctan}k_r') \tag{5—1}$$

式中：f——刀具的进给量（mm/r）；

k_r——刀具主偏角；

k_r'——刀具副偏角。

若加工时的背吃刀量和进给量均较小，则加工后的零件表面粗糙度主要由刀尖圆弧部分形成。由图 5—4(b) 所示几何关系可得：

$$H=r_\varepsilon(1-\cos\alpha/2)\approx f^2/8r_\varepsilon \tag{5—2}$$

由上述两个公式可以看出，减小进给量和刀具的主、副偏角或增大刀具圆弧半径均能有效地降低零件表面粗糙度。

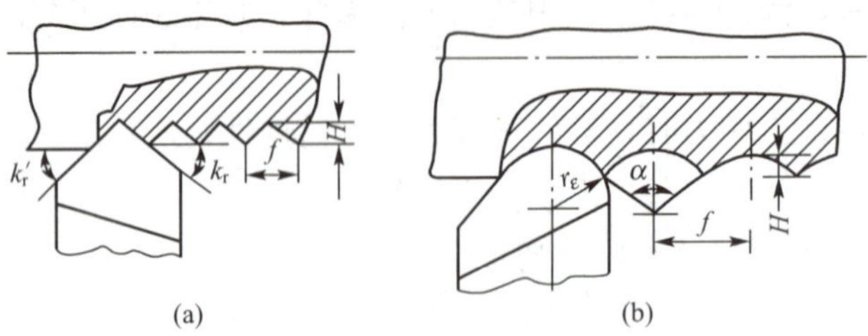

图 5—4　车削时理论残留面积高度

另外，刀具前角适当增大，刀具易于切入工件，塑性变形小，有利于抑制积屑瘤和鳞刺的产生，进而减小表面粗糙度值。但是前角太大，刀刃有嵌入工件的倾向，反而会使表面粗糙度值加大；前角过小将导致塑性变形增大，表面粗糙度值也会加大。如图 5—5 所示为在一定条件下，加工钢件时前角对表面粗糙度值影响的变化情况。

前角一定时，后角越大，切削刃钝圆半径越小，刀刃越锋利，同时还能减小后刀面与加工表面之间的摩擦和挤压，有利于减小表面粗糙度值。但是后角过小，对刀刃强度、刚度不利，容易产生切削振动，进而使表面粗糙度值加大。如图 5—6 所示为在一定加工条件下，后角对表面粗糙度值影响的变化情况。

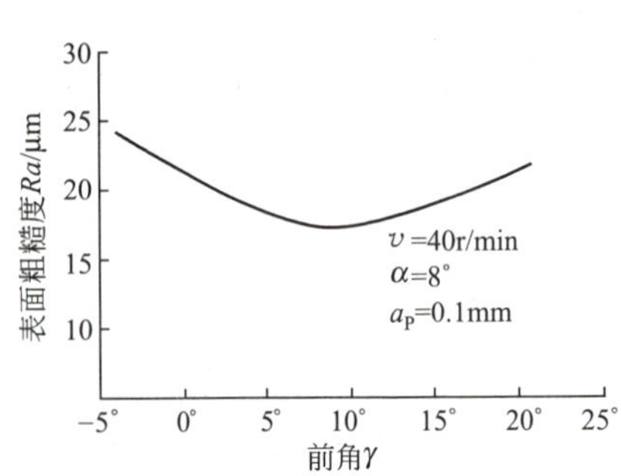

图 5—5　前角对表面粗糙度值的影响

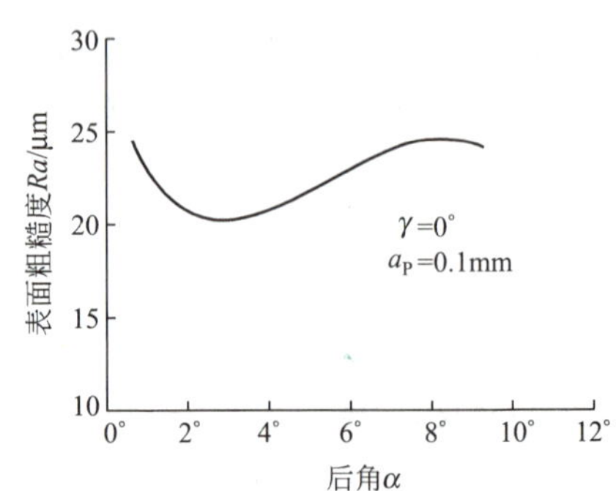

图 5—6　后角对表面粗糙度值的影响

刀具的材料与刃磨质量对产生积屑瘤、鳞刺等现象影响甚大。实践表明，在其他条件相同的情况下，使用硬质合金刀具加工工件的表面粗糙度比用高速钢加工的要小；使用金刚石车刀加工时，由于摩擦系数很小，刀面上不会产生切屑的黏附、冷焊现象，能够获得更小的表面粗糙度值。

2. 工件材料性能的影响

与工件材质性能相关的因素包括材料的塑性和金相组织等。通常，塑性较大的材料易产生塑性变形，与刀具的黏结作用增加，加工后表面粗糙度值较大。相反，脆性材料加工后的表面比较接近理想的表面粗糙度值。

对于同种材料，晶粒组织越是粗大，加工后的表面粗糙度值也越大。利用调质或正火等热处理方法，可以细化晶粒组织，改善材料的机械加工性能，减小表面粗糙度值。

3. 加工条件的影响

加工条件包括切削用量、冷却条件及工艺系统的抗振性。

在切削用量中，切削速度对表面粗糙度的影响比较复杂。一般情况下，低速或高速切削不易产生积屑瘤和鳞刺，加工表面粗糙度值小。但在中等速度下，由于塑性材料容易产生积屑瘤和鳞刺，且塑性变形较大，因此表面粗糙度值会增大。图 5—7 和图 5—8 分别给出了加工不同工件材料时，切削速度对表面粗糙度值影响的变化情况。

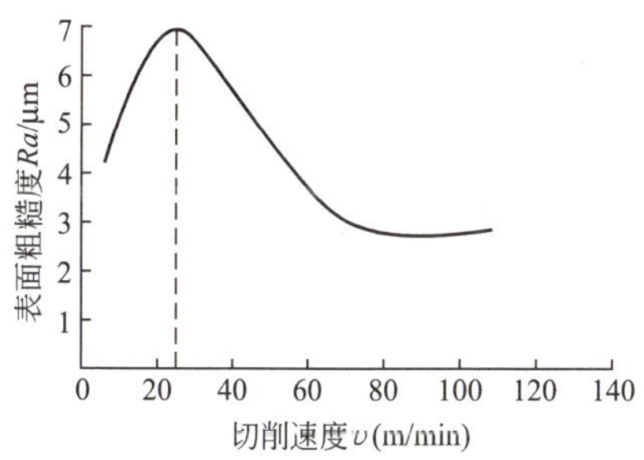

图 5—7 加工塑性材料

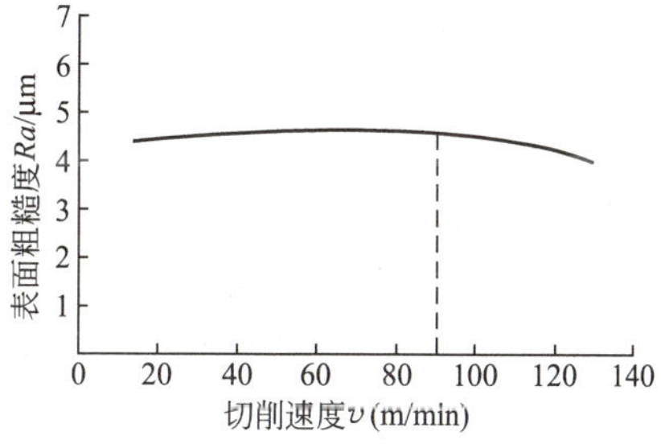

图 5—8 加工脆性材料

如前所述，减小进给量可以减小切削残留面积高度，进而减小表面粗糙度值；但进给量太小，刀刃不能切入工件表面而形成挤压，增大了工件的塑性变形，结果反而使表面粗糙度值变大。

切削深度对表面粗糙度影响不明显，一般可忽略。

此外，合理选择冷却润滑液，提高冷却润滑效果，能够抑制积屑瘤和鳞刺的生成，减少切削时的塑性变形，有利于降低表面粗糙度值。当冷却润滑液中含有表面活性物质（如硫、氯等化合物）时，润滑性能增强，降低表面粗糙度值的效果更为显著。

从上述分析可知，影响切削加工表面粗糙度的因素很多，实际加工中到底以哪个因素为主，要根据加工方法以及加工表面的实际轮廓形状进行分析。

二、磨削加工

1. 砂轮的影响

砂轮的粒度、硬度、黏结剂等对表面粗糙度均有影响。

砂轮的粒度越细，则砂轮工作表面的单位面积上的磨粒数就越多，工件表面上的刻痕也越密而细，表面粗糙度值越小。但粒度过细时，砂轮易堵塞，磨削性能下降，表面粗糙度值反而会增大，同时还会引起表面磨削烧伤。

砂轮的硬度是指磨粒受磨削力作用后从砂轮上脱落下来的难易程度。如果砂轮太硬，磨粒磨钝后还不能脱落，使工件表面受到强烈的摩擦和挤压，增大了工件的塑性变形，结果导致工件表面粗糙度值增加；如果砂轮太软，磨粒很容易脱落，砂轮不仅消耗快，而且也不易磨出表面粗糙度值小的表面。

砂轮的修整质量是改善磨削表面粗糙度的重要因素，因为砂轮表面的不平整误差将直接反映到被加工表面上。修整砂轮时，金刚石笔的纵向进给量越小，金刚石笔尖越锋利，修整出的砂轮磨粒微刃等高性就越好，磨出的工件表面粗糙度值也就越小。

2. 工件材料的影响

通常情况下，硬度过高或过低以及韧性太大的材料都不易磨光。太硬的材料使磨粒容易变钝，进而造成工件表面烧伤并产生裂纹而使零件报废。铝、铜及其合金材质软，容易堵塞砂轮，比较难磨。韧性大、导热性差的耐热合金容易使磨粒早期崩落，造成砂轮表面不平，导致被磨削工件表面粗糙度值增大。

3. 磨削条件的影响

提高砂轮速度可以增加单位面积上的刻痕，同时工件塑性变形造成的表面隆起量会随着砂轮速度的增大而下降。如图5—9所示为砂轮速度对工件表面粗糙度影响的实验结果。

增大磨削深度和工件速度会加大工件的塑性变形，从而降低工件表面粗糙度值。如图5—10和图5—11所示分别为磨削深度和工件速度对表面粗糙度的影响实验曲线。通常在磨削过程开始时采用较大的磨削深度，以提高生产效率，而在最后采用较小的磨削深度或无进给磨削，并增加进给磨削次数，以达到降低工件表面粗糙度值的目的。

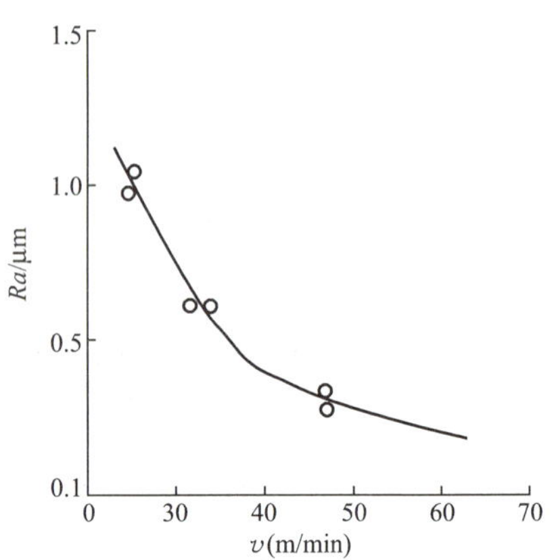

图5—9　砂轮速度对表面粗糙度的影响

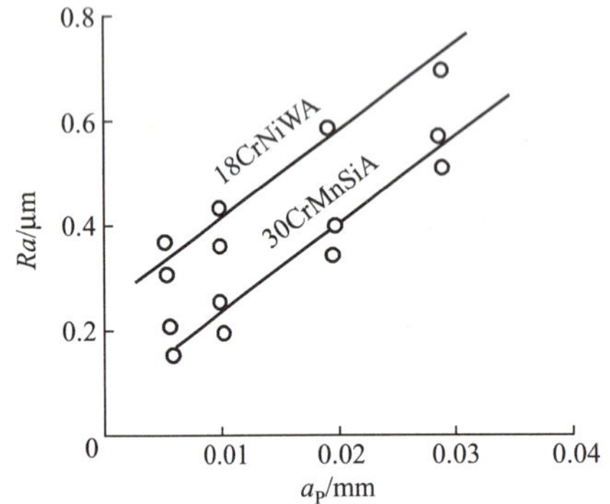

图5—10　磨削深度对表面粗糙度的影响

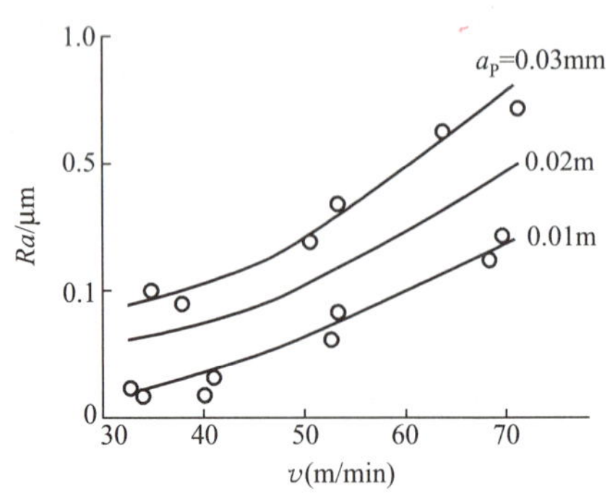

图5—11　工件速度对表面粗糙度的影响

此外，冷却润滑液的成分和洁净程度以及工艺系统的振动都是对工件表面粗糙度有影响而不容忽视的重要因素。

第3节 表面层物理机械性能的影响因素

工件在加工过程中受到切削力和切削热的作用，其表面层的物理—机械性能会发生很大的变化，主要体现在表面层金相组织的变化、微观硬度的变化和表面层中产生的残余应力。

一、表面层加工硬化

表面层加工硬化是由于机械加工时，工件表面层金属受到切削力的作用产生强烈的塑性变形，使晶格扭曲，晶粒之间发生剪切滑移，晶粒被拉长、纤维化甚至碎化，从而使表面层硬度增加、塑性降低的现象。衡量表面层加工硬化程度的指标主要有硬化层深度 h、表面层硬度 H 及硬化程度 N。

$$N=(H-H_0)\times 100\%/H_0 \tag{5—3}$$

式中：H_0——基体材料的硬度。

表面层的硬化程度决定于产生塑性变形的力、变形速度以及变形时的温度。

切削力越大，硬化程度越大；变形速度越大，塑性变形越不充分，硬化程度也就越小；变形时的温度不仅影响塑性变形的程度，还会影响变形后的金相组织的恢复，即较高的温度会部分地消除加工硬化（亦称恢复或弱化）。因此，表面层加工硬化是强化作用和恢复作用的综合结果。

各种机械加工方法在加工钢件时表面层加工硬化的情况如表5—1所示。

表5—1　各种机械加工方法加工钢件时表面层加工硬化情况

加工方法	硬化层深度 $h/\mu m$		硬化程度 $N/\%$	
	平均值	最大值	平均值	最大值
车削	30～50	200	20～50	100
精细车削	20～60	—	40～80	120
端铣	40～100	200	40～60	100
圆周铣	40～80	—	20～40	80
钻孔、扩孔	180～200	110	60～70	—
拉孔	20～75	—	50～100	—
滚齿、插齿	120～150	250	60～100	—
外圆磨低碳钢	30～60	—	60～100	150
外圆磨未淬硬中碳钢	30～60	—	40～60	100
外圆磨淬火钢	20～40	—	25～30	—
平面磨	15～25	—	50	—
研磨	3～7	—	12～17	—

1. 切削加工时影响表面层硬化的因素

(1) 工件材料的影响。

被加工材料硬度越低、塑性越大，加工硬化程度越严重。

(2) 刀具参数的影响。

刀具的前角、刃口圆角半径和后刀面的磨损量对于硬化层都有很大影响。前角减小，刃口圆角半径增大及后刀面的磨损量增加时，将显著加大刀具对工件表面层的挤压作用，导致表面层金属塑性变形增加，硬化层深度及硬度也随之增大。

(3) 切削用量的影响。

随切削速度增大，硬化层深度及硬度都有所减小，如图 5—12 所示。进给量 f 增大时，切削量增加，塑性变形程度也加大，硬化现象增强，如图 5—13 所示。但是进给量 f 过小时，由于刀具的刃口圆角在加工表面单位长度上的挤压严重且挤压次数增多，因此硬化现象也会增强。

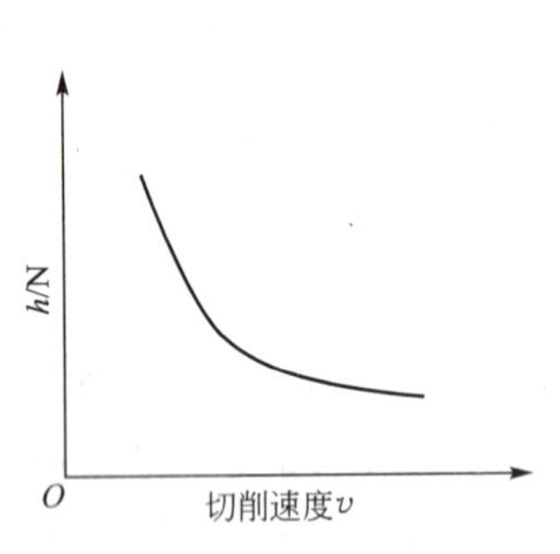

图 5—12 切削速度对加工硬化的影响

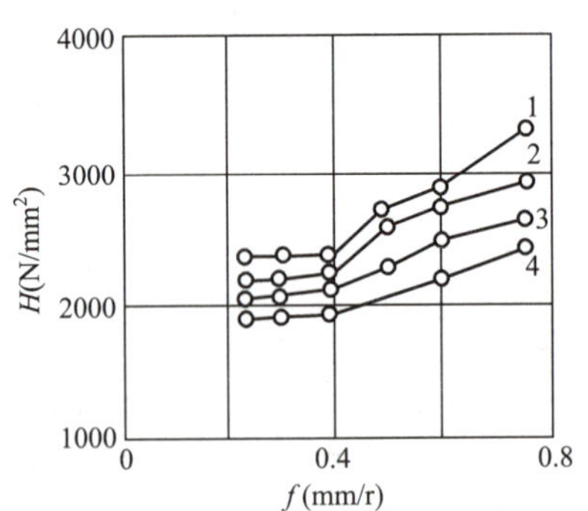

图 5—13 进给量对加工硬化的影响

1—v=170m/min；2—v=135m/min；3—v=100m/min；4—v=50m/min

2. 磨削加工时影响表面层硬化的因素

(1) 磨削用量。

砂轮速度增加，每个磨粒的切削厚度减小，硬化程度减弱。工件速度升高，能缩短热作用时间，增加硬化程度。增加轴向进给量，虽然磨削力加大，但同时也会产生较大的磨削热量，使恢复现象增强，因此硬化情况取决于综合结果。增大径向进给量，磨削力加大，塑性变形加剧，硬化程度增加。

(2) 砂轮。

砂轮的粒度、硬度增加时，每个磨粒负荷减小，同时随着温度的升高，软化也作用加大，从而使硬化程度减弱。

(3) 冷却润滑。

冷却润滑效果好，热恢复作用减小，硬化作用便占主导地位；反之亦然。

(4) 工件材料。

塑性好、导热系数大的材料，硬化程度增强。

二、表面层的金相组织变化

1. 磨削烧伤

在磨削加工中，由于大多数磨粒的负前角切削所产生的磨削热要比一般切削大得多，加之磨削时约有 70%的热量传给工件，因而造成磨削表面层具有很高的温度（可达800～1 000℃），且极易发生金相组织变化，此时表面层会呈现出黄、褐、紫、青等不同颜色的氧化膜，致使表面层金属强度和硬度降低，产生残余应力，甚至出现微观裂纹，这种现象称为磨削烧伤。

磨削淬火钢时，由于磨削条件不同，产生的磨削烧伤主要有三种形式：

（1）淬火烧伤。

磨削时，如果工件表面层温度超过相变温度 A_{c3}（一般中碳钢为 720℃），则马氏体组织转变为奥氏体组织。由于冷却充分，表面层金属会出现二次淬火马氏体组织，硬度要比原来的回火马氏体高。二次淬火马氏体组织层很薄，只有几个微米，在它的下层因温度较低，冷却较慢，出现硬度较低的回火索氏体或屈氏体组织，这种现象称为淬火烧伤。

（2）回火烧伤。

磨削时，如果工件表面层温度未超过相变温度 A_{c3}，但超过马氏体组织的转变温度（一般中碳钢为 250～300℃），那么工件表面层的马氏体组织将转变为硬度较低的回火索氏体或屈氏体组织，这种现象称为回火烧伤。

（3）退火烧伤。

磨削时，如果工件表面层温度超过相变温度 A_{c3}，则马氏体组织转变为奥氏体组织。但此时无切削液冷却，表面层金属在空气中缓慢冷却形成退火组织，硬度和强度均大幅度下降，这种现象称为退火烧伤。

在以上三种磨削烧伤中，以退火烧伤的影响最为严重。

磨削烧伤色是磨削热引起的磨削表面产生的一种可见的颜色变化。在磨削产生的热量作用下，磨削表面生成氧化膜，由于厚度的不同，其反射光线的干涉状态不同，因而形成不同的颜色。如图 5—14 所示为碳素工具钢的烧伤色与砂轮磨削区最高温度之间的关系；如图 5—15 所示为碳素工具钢的烧伤色与变质层深度之间的关系。烧伤色虽然可以反映出表面层发生金相组织变化的程度，但表面层没有烧伤色并不等于表面层未受到热损伤。例如，在磨削过程中采用大的磨削用量，会造成很深的变质层，尽管后续无进给磨削能够磨去表面的烧伤色，但却未能去掉热变质层，留在工件上就会成为使用中的隐患。

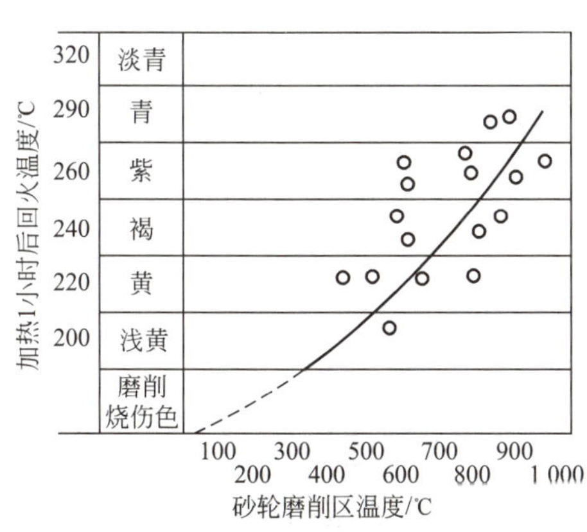

图 5—14　碳素工具钢的烧伤色与砂轮磨削区最高温度之间的关系

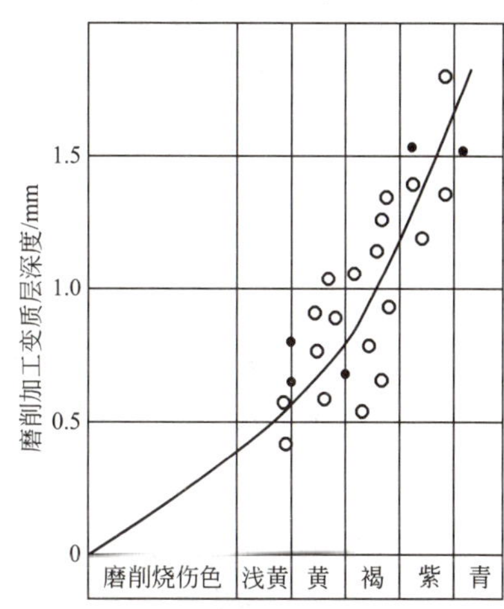

图 5—15　碳素工具钢的烧伤色与变质层深度之间的关系

2. 影响磨削烧伤的因素

磨削温度是造成磨削烧伤的根源，因此影响磨削温度的因素都在一定程度上对烧伤产生影响，研究磨削烧伤问题可以从磨削温度入手。

(1) 磨削用量。

当径向进给量增大时，塑性变形增大，工件表面层及里层温度都将升高，极易造成烧伤。因此，径向进给量不宜选得太大。

工件轴向进给量增大，砂轮与工件的表面接触时间相对减短，因而磨削热的作用时间减少，散热条件得到改善，磨削烧伤程度得到减轻。但增大工件轴向进给量会导致表面粗糙度值变大，为此常采用较宽的砂轮给予弥补。

工件速度增大时，磨削区温度会上升，但热源作用时间却减少了，因而可以减轻磨削烧伤程度。但提高工件速度会造成表面粗糙度值增大，故此时应同时提高砂轮速度来弥补不足。实践证明，同时提高工件和砂轮的速度既可减轻工件表面烧伤程度，又能保持较高的生产效率。

(2) 砂轮。

硬度太高的砂轮，磨粒钝化后不易脱落，自锐性不好，磨削力增大，温度升高，容易产生磨削烧伤，故不宜选用硬度过高的砂轮。为了防止磨削烧伤，可采用有弹性的黏结剂，如橡胶、树脂等，磨削时磨粒受到较大磨削力时可以弹让，使磨削厚度减小，从而减轻磨削烧伤的程度。

此外，采用粗粒度砂轮、组织疏松的砂轮都可以提高砂轮的自锐性，改善散热条件，使砂轮不易堵塞，进而减小磨削烧伤的产生。

(3) 冷却方法。

现有的冷却方法效果一般很差，由于旋转的砂轮表面产生强大气流以至于没有多少冷却液进入磨削区，而常常是将大量的冷却液喷注到已离开磨削区的工件已加工表面上，此时磨削烧伤早已发生。所以，改进冷却方法提高冷却效果具有非常重要的意义。具体改进措施如下：

1) 采用高压大流量冷却，不但能提高冷却效果，而且还能对砂轮表面进行冲洗，使其气孔不易被切屑堵塞。这时机床要加防护罩，以免冷却液飞溅。

2) 加装空气挡板，可以减轻高速旋转的砂轮表面高压附着气流的作用，使冷却液能够顺利喷注到磨削区，如图 5—16 所示。

3) 采用内冷却法，如图 5—17 所示。将冷却液引入砂轮的中心腔内，由于离心力的

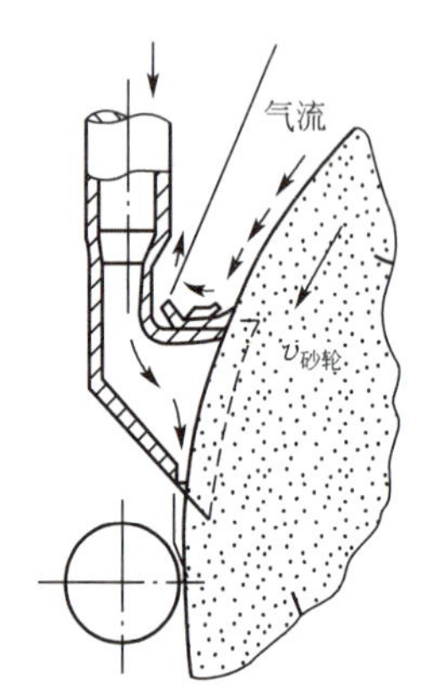

图 5—16　加装空气挡板的冷却液喷嘴

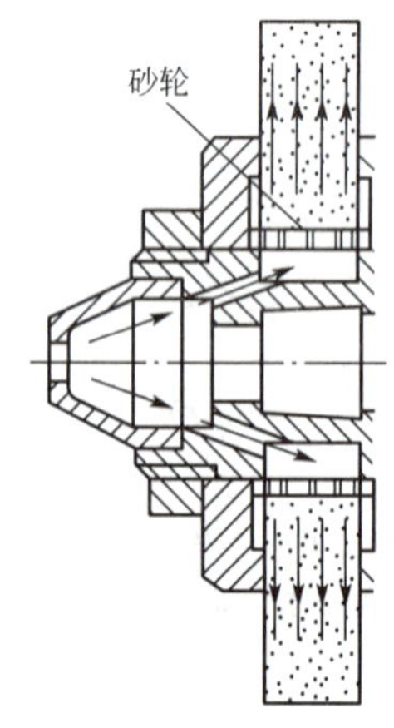

图 5—17　内冷却法示意图

作用，冷却液再经过砂轮内部的孔隙从砂轮四周的边缘甩出，从而使冷却液直接进入磨削区，起到有效的冷却效果。

4）工件材料硬度和强度越高、韧性越好，功耗就越大，磨削区温度也就越高，工件表面就越容易发生磨削烧伤。导热性能较差的材料，如耐热钢、轴承钢、不锈钢等，在磨削时都容易产生磨削烧伤。

三、表面层的残余应力

1. 表面层残余应力的产生

机械加工过程中，被加工的表面层相对基体材料发生形状、体积变化时，工件表面层与基体材料的交界处会产生互相平衡的应力，这种应力称为表面层残余应力。表面层残余应力产生的原因主要归纳为以下三个方面：

（1）冷塑性变形的影响。

在切削或磨削加工过程中，工件表面受到刀具后刀面或砂轮磨粒的挤压和摩擦作用，表面层产生伸长塑性变形，此时基体材料仍处于弹性变形状态。加工过后，基体材料趋于弹性恢复，但受到已产生塑性变形的表面层的牵制，从而在表面层产生残余压应力，里层产生残余拉应力，如图 5—18 所示。

（2）热塑性变形的影响。

在切削或磨削加工过程中，工件表面受切削热的作用会产生热膨胀，此时基体材料温度较低，因此表面层产生热压应力。加工结束时，工件表面层温度下降，由于表面层已热塑性变形并受到基体的限制，故而表面层产生残余拉应力，里层产生压应力，如图 5—19 所示。

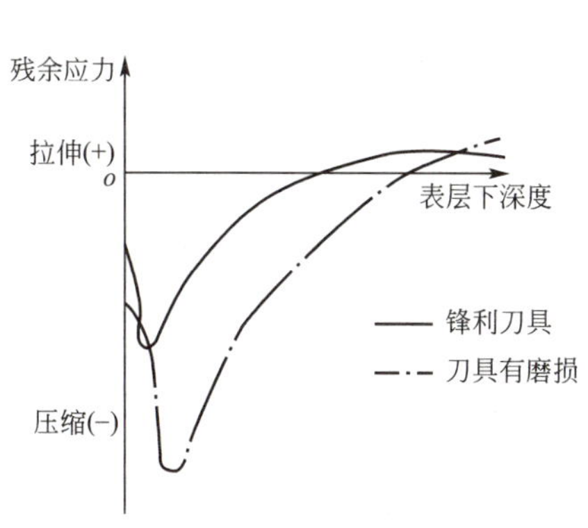

图 5—18　切削时表面层残余应力的分布

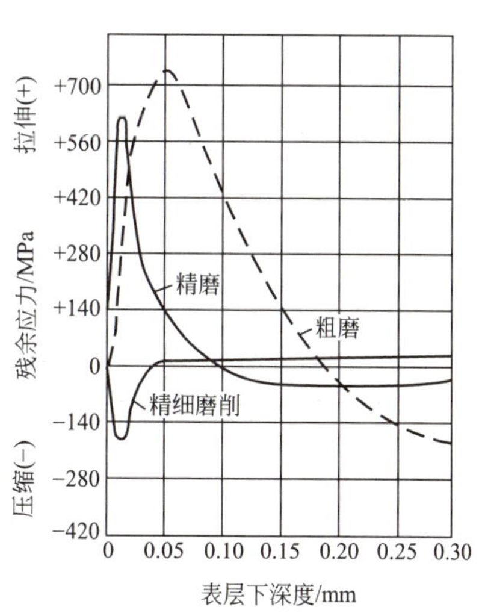

图 5—19　磨削时表面层残余应力的分布

（3）金相组织变化的影响。

高温会引起表面层金相组织的变化。由于不同的金相组织具有不同的密度，因而表面层金相组织变化的结果造成了体积的变化。表面层体积膨胀时，因为受到基体的限制，于是产生压应力。反之，表面层体积缩小，产生拉应力。以磨削淬火钢为例，磨削加工后，表面层产生回火现象，马氏体组织转变为屈氏体或索氏体组织，密度增大而体积减小，表面层产生残余拉应力。如果表面层温度超过相变温度，冷却又不充分，则表面层产生二次淬火现象，其组织转变为二次淬火马氏体，密度减小而体积膨胀，表面层产生残余压应力。

总之，机械加工后表面层残余应力是上述三方面原因综合作用的结果。在一定的条件下，其中某一种或两种原因可能会起主导作用，从而决定工件表面层残余应力的性质和状态。一般来说，切削加工时产生残余压应力，磨削时产生残余拉应力。

2. 磨削裂纹

在磨削过程中，当表面层的残余拉应力超过材料的强度极限时，工件表面就会产生裂纹，即磨削裂纹。有时磨削裂纹不会显示在工件的外表面，而是在表面层下成为难以发现的隐患。磨削裂纹的方向大都与磨削方向垂直或呈网状，且常与磨削烧伤同时出现，如图5—20所示。磨削裂纹的产生会使零件承受交变载荷的能力大大降低。

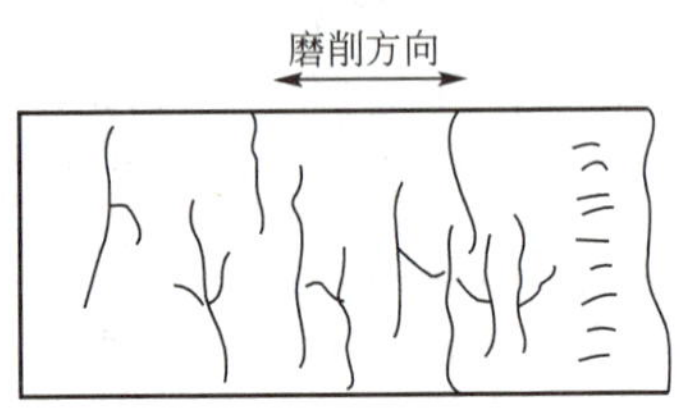

图5—20 磨削裂纹

3. 影响表面层残余应力的主要因素

(1) 磨削用量的影响。

磨削用量是影响表面层残余应力和磨削裂纹的首要因素。提高工件速度可以减小其表面层残余拉应力甚至消除磨削裂纹，如图5—21所示为工件速度对表面层残余应力的影响曲线。减小磨削深度也可以减小表面层残余应力，当磨削深度减小到一定数值后可得到具有较小残余应力的工件表面，如图5—22所示为磨削深度对表面层残余应力的影响曲线。降低砂轮速度能减小工件表面层残余拉应力，甚至可以得到残余压应力，这对消除磨削裂纹有好处。但由于降低砂轮速度会影响磨削加工效率，故生产实际中一般不采用，如图5—23所示为砂轮速度对表面层残余应力的影响曲线。

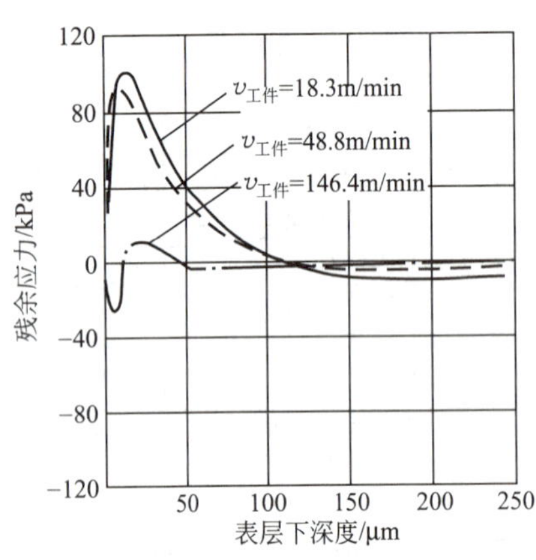

图5—21 工件速度对表面层残余应力的影响

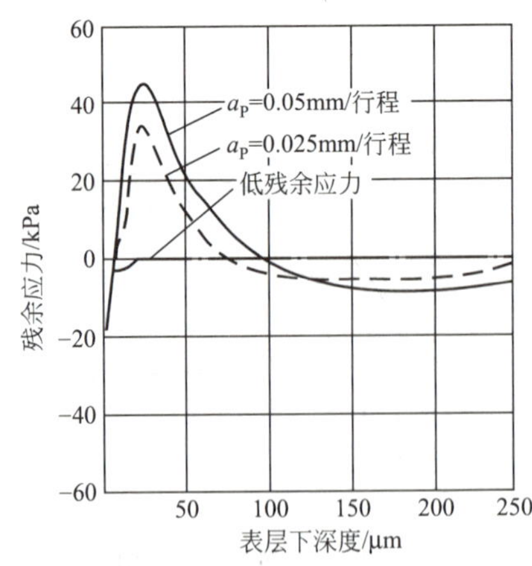

图5—22 磨削深度对表面层残余应力的影响

(2) 工件材料的影响。

磨削导热性差的高强度合金钢，其表面易产生磨削裂纹。磨削硬质合金时，由于材料脆性大，抗拉强度低且导热性不好，因此极易产生磨削裂纹。磨削碳素钢时，含碳量越高，越容易产生磨削裂纹。如果渗碳、渗氮工艺不当就会在表面层的晶面上析出脆性的碳化物或氮化物，在磨削热的作用下就容易沿着这些组织发生脆性破坏，导致网状裂纹出现。

由于磨削产生的热量是造成表面层残余应力的根本原因，因此防止产生磨削裂纹的途径就是要减少磨削热量并改善其散热条件。

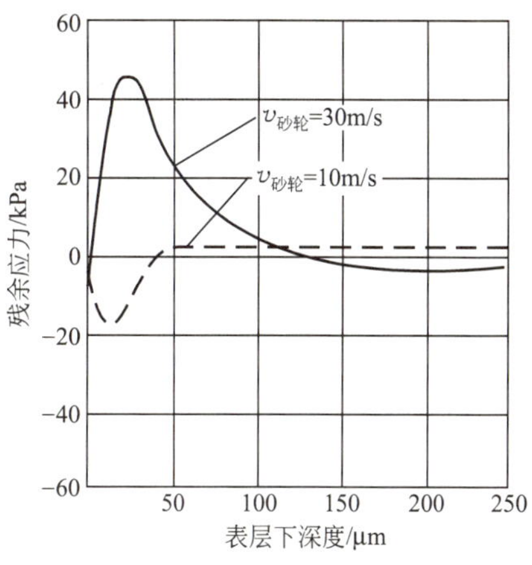

图 5—23　砂轮速度对表面层残余应力的影响

四、表面强化工艺

表面强化工艺是一种能提高工件表面层强度和硬度，降低表面粗糙度值，同时又能在表面层产生残余压应力的工艺方法。

表面强化工艺包括化学热处理（如渗碳、渗氮）和表面机械强化等。其中表面机械强化是通过冷挤压的方法使工件表面层金属产生冷塑性变形，从而提高工件表面层强度和硬度并形成表面残余压应力。

以下介绍几种常用的表面强化的工艺方法：

1. 喷丸强化

喷丸强化利用压缩空气或离心力将大量的珠丸（直径一般为ϕ0.4～ϕ2mm）高速（35～50m/s）打击工件表面，使表面产生硬化层和残余压应力，可以显著提高工件的疲劳强度。

喷丸强化工艺主要用来强化形状复杂的零件，如齿轮、曲轴、连杆、弹簧等。零件经喷丸强化后，硬化层深度可达 0.7mm，表面粗糙度 Ra 值可由 3.2μm 减小到 0.4μm，使用寿命可提高几倍甚至几十倍。例如经过喷丸强化后，齿轮的使用寿命可提高 4 倍，螺旋弹簧的使用寿命可提高 5 倍以上。在磨削、电镀等工序后进行喷丸强化，可以有效地消除这些工序带来的有害残余拉应力。当工件表面粗糙度值要求很小时，也可以在喷丸强化后再进行小余量的磨削，但这时要注意控制磨削温度，以免影响强化的效果。

2. 滚压加工

滚压加工是利用淬硬的滚压工具（滚轮或滚珠）对工件表面施加压力，使其产生塑性变形，使工件表面上原有的凸峰填充到相邻的凹谷中，使工件表面层金属晶格产生畸变，并使表面产生硬化层和残余压应力，从而提高零件的承载能力和疲劳强度。

滚压加工可以对外圆、内孔、平面以及其他规则表面实施强化，通常在普通车床、转塔车床或自动车床上进行。

如图 5—24 所示为典型滚压加工示意图，如图 5—25 所示为双排滚珠滚压工具结构示意图。

与切削加工相比，滚压加工具有许多优点，常常取代部分切削加工，成为精密加工的一种方法。例如，滚压加工可以使工件的表面粗糙度值从 Ra＝1.25μm 减小到 Ra＝0.63～0.16μm，表面硬化层深度可达 0.2～1.5mm，硬化程度为 10％～40％，而且工件表面呈现残余压应力，对提高零件疲劳强度有明显的效果，尤其对于有应力集中的零件（如有键槽或横向孔的轴），效果更为显著。

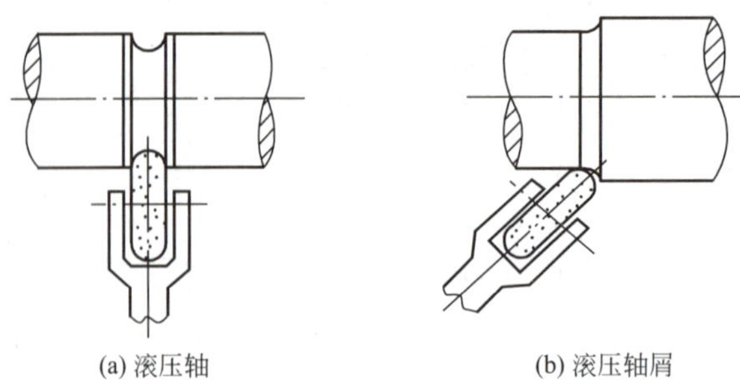

图 5—24 典型滚压加工示意图

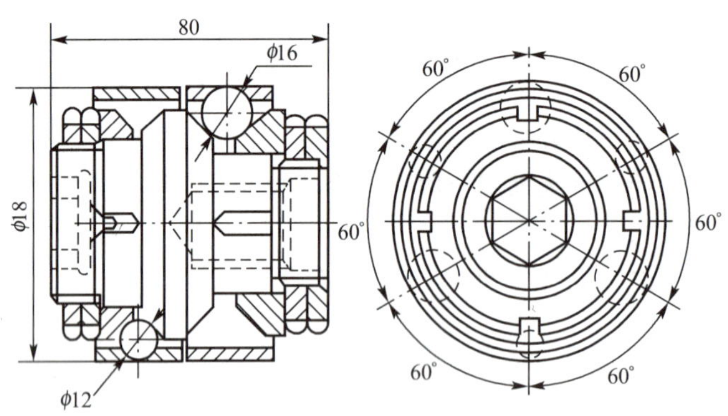

图 5—25 双排滚珠滚压工具

3. 液体磨料强化

液体磨料强化是利用液体和磨料的混合物强化工件表面的一种加工工艺。

如图 5—26 所示为液体磨料喷射加工原理示意图。液体和磨料在 400～800kPa 压力下经过喷嘴高速喷出，射向工件表面，磨平工件表面粗糙凸峰并碾压金属表面。由于磨粒的冲击作用，工件表面层产生塑性变形，变形层仅为几十微米。加工后的工件表面层具有残余压应力，提高了工件的耐磨性、抗腐蚀性以及疲劳强度。实践表明，与磨削加工的零件相比，经过液体磨料强化的零件的耐磨性可提高 25%～30%，疲劳强度可提高 15%～75%。这种加工工艺最适用于加工复杂型面，如锻模、汽轮机叶片、螺旋桨、仪表零件和切削刀具等。

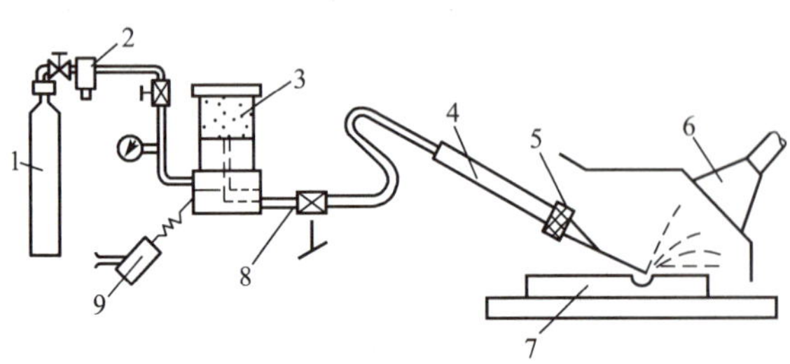

图 5—26 液体磨料喷射加工原理图

第4节 机械加工中的振动

机械加工中产生的振动会使正常的切削加工受到干扰和破坏，因此研究机械加工中的振动，分析振动产生的原因，采取有效的减振、消振措施是机械制造领域中的一项重要课题。

一、振动对机械加工的影响

(1) 影响已加工表面粗糙度。

振动使零件加工表面产生振纹，低频振动会使工件表面生成波度，高频振动会使工件表面粗糙度值增大。

(2) 影响生产效率。

由于振动，限制了切削用量的进一步提高，严重时甚至无法正常切削。

(3) 影响刀具寿命。

振动使刀具承受附加载荷，加速刀具磨损，甚至可能使刀刃崩碎，尤其是对硬质合金、陶瓷等韧性差的刀具更是如此。

(4) 影响机床和夹具的正常使用。

振动会使机床、夹具的零件连接松动而增大间隙，降低机床和夹具的刚度及精度，并缩短使用寿命。

(5) 影响工作环境。

振动会伴有刺耳的噪声，污染环境，危害操作者的身心健康。

二、机械加工中振动的种类

机械加工中产生的振动，按其性质大体可分为自由振动、受迫振动和自激振动三种类型。

1. 自由振动

自由振动是由于工艺系统受到一些偶然因素作用（如外界传来的冲击力、机床传动系统中产生的非周期性冲击力、被加工材料中局部硬质点引起的冲击力等），系统的平衡被破坏，只靠其弹性恢复力来维持的振动。自由振动的频率就是系统的固有频率。由于工艺系统的阻尼作用，这类振动会很快衰减，因此对机械加工过程的影响较小。在机械加工过程中，自由振动仅占所有振动的5%。

2. 受迫振动

受迫振动是指工艺系统在外界周期性干扰力（激振力）的持续作用下，被迫产生的振动。如机床附近的振动源经过地基传来的周期性干扰力，机床运动零件工作时产生的惯性力，机床传动件的冲击力，断续切削产生的交变力等都会引起工艺系统受迫振动。由于受迫振动是依靠外界振源补充能量来维持的，故其特性与外部激振力的大小、方向、频率密切相关。在机械加工过程中，受迫振动占所有振动的30%。对于精密切削和磨削加工来说，通常认为工艺系统产生的振动主要是受迫振动。

3. 自激振动

自激振动是指在未受到外界周期性干扰力（激振力）的作用下，由工艺系统内部激发反馈产生的持续振动。维持这种振动的交变力是振动系统在自身运动中激发出来的，也称为切削颤振。在机械加工过程中，自激振动占所有振动的65%。

三、减小或消除振动的基本途径

在采取减振和消振措施之前，首先要对振动进行检测和诊断，即判别振动的类型。受迫振动是由外界激振力引起的，其频率等于外界激振力的频率，除了切削冲击引起的受迫振动外，一般受迫振动与切削过程无关。自激振动的频率接近系统主振部件的固有频率，与切削过程直接有关。如果使刀具退出切削，机床做空转，振动很快停止，则这种振动属于自激振动。不过这种自激振动要与断续切削冲击力引起的受迫振动加以区别，受迫振动的频率随工件或刀具的转速变化而变化，或随铣刀齿数的改变而相应变化。另外，自激振动的产生与切削宽度 a_w 或背吃刀量 a_P 有着密切关系。当 a_w 或 a_P 增大到一定数值时，自激振动会突然产生，当 a_w 或 a_P 减小到一定数值时，自激振动又会突然消失，而受迫振动一般与 a_w 或 a_P 关系不大。若停机或机床空转时仍有振动发生，则这种振动属于受迫振动，应进一步查找振源。

1. 减小或消除受迫振动的基本途径

（1）减小或消除振源的激振力。

1）消除工艺系统中回转零件的不平衡。

回转零件不平衡，会形成一个周期性的干扰振源，振源的圆频率，即回转零件的角速度。对于转速在600r/min以上的回转零件，主要通过静平衡和动平衡的方法来减小或消除激振力。例如，在磨削外圆时，特别是精密、高速磨削时，砂轮不平衡很容易引起系统受迫振动。所以，新装砂轮应进行两次平衡，即在粗修整前后要进行两次静平衡，然后再精修整砂轮；或者采用附加平衡装置的办法进行砂轮在线自动平衡。

机床电机不平衡而引起的振动也是工艺系统的主要干扰振源之一。如果电动机转子不平衡，则应对其进行动平衡；如果振动是由电动机中电磁力不平衡引起的，那么减小振动的一般方法是在电动机与机床的连接处使用橡皮或其他柔性材料来隔离振动。

2）提高机床传动件的制造精度。

对于齿轮转动来说，齿轮精度不高和安装偏心误差都会导致齿轮啮合时产生冲击，引起振动。提高齿轮的制造精度和装配质量，采用对冲击不敏感的材料以及镶嵌阻尼材料等都是减小齿轮啮合振动的主要措施。

主轴滚动轴承振动将引起主轴系统的振动，严重影响工件的加工精度即表面质量。振动程度的大小，主要取决于装配质量和轴承本身的制造精度。

使用平带传递动力或运动时，平带不能调得过紧，最好采用无接头平带。使用多根V形带时，应保证其长短、厚薄、宽窄、挠性等尽量一致。

（2）调节振动源的频率。

在选择转速时，应使旋转件的频率远离机床有关零件的固有频率，避开共振区（$0.7<\lambda<1.4$，λ 为自激振动频率与系统固有频率之比，即频率比），使工艺系统各部件在准静态区（$\lambda<0.7$）或惯性区（$\lambda>1.4$）里运行，以免共振。

(3) 提高工艺系统的抗振性。

提高工艺系统刚度及增加阻尼，可显著提高工艺系统的抗振性。具体做法是，适当调节零件之间某些配合处的间隙或刮研接触面以增加接触刚度，采用阻尼较大的材料以增加阻尼等。

(4) 减振与隔振。

为了防止液压驱动系统引起的振动，最好将油泵与机床分离开，并使用软管连接。在精密机床上最好将齿轮泵改为叶片泵或螺杆泵。由往复运动产生的惯性力所引起的振动，一般采用液压缓冲结构或装置减小机床工作台换向时受到的冲击。

工艺系统的干扰振源，除来自机床以外，还有来自工件和刀具。做回转运动的工件本身不平衡、加工表面不连续（如加工面上有键槽）、加工余量不均匀以及工件材质不均匀等，都会引起切削力的周期性变化。当刀具做回转运动时（如铣削），由于刀齿的不连续切削会引起周期性的冲击振动，要减小这类振动通常采用减振装置。

对于在工艺系统外部由地基传来的干扰振源，主要是采用隔离振源措施。

2. 减小或消除自激振动的基本途径

自激振动与切削过程本身及工艺系统的结构特性有关。因此，控制自激振动的基本途径就是抑制激振力和增加工艺系统的稳定性。

(1) 合理选择切削用量。

一般切削速度在 30～70m/min 范围内容易产生振动，而且相应的振幅值也较大。当切削速度高于或低于这个范围时，振动处于减弱状态，因此采用高速或低速切削可以避免自激振动。在加工表面粗糙度允许的情况下，增大进给量可以避免自激振动。切削深度增大，切削宽度也增大，振动增强，选择切削深度时一定要考虑切削宽度对振动的影响。

(2) 合理选择刀具几何参数。

适当增大前角 γ_0，可以减小主切削力 F_z，可减轻振动；适当增大主偏角 k_r，可减小吃刀抗力 F_y，且减小切削宽度 a_w，从而减小振动；后角 α_0 对振动影响不大，但当后角 $\alpha_0=2°\sim3°$时，却能明显削弱振动。当然如果后角过小，刀具后刀面与已加工表面之间的摩擦会增大，这样反而容易引起自激振动。另外，实际生产中还往往用油石稍稍钝化新磨的刀具刃口，对消减振动也很有效果。

(3) 提高工艺系统的抗振性。

首先是提高机床的抗振性能。例如，外圆磨床主轴系统要适当减小轴承的间隙，滚动轴承应施加一定的预紧力，以增强接触刚度。其次，当工件与刀具的抗振性能成为系统的薄弱环节时，应采取相应的措施予以改善。如加工细长轴时可用中心架或跟刀架来提高工件的抗振性能；使用细长刀杆加工内孔时，要使用中间导向支承来提高刀具的抗振性能等。

(4) 采用减振装置。

在采用上述措施后仍然不能达到减振目的时，就要考虑使用减振装置。常用的减振装置有：阻尼减振器、冲击减振器、动力减振器和摩擦减振器。在以上几种减振器中，阻尼减振器和摩擦减振器适用于精加工工序（如磨削工序）；而比较有发展前景的是冲击减振器和动力减振器，它们结构简单、使用方便并且能够起到比较好的减振效果。

本章小结

这一章主要讲述了机械加工表面质量的概念与组成，分析了表面质量的影响因素和规律以及控制表面质量的措施。通过学习，应能够对加工中常见的表面质量问题（如表面粗糙度过大、磨削烧伤、磨削裂纹等）进行分析，并找到解决问题的方法。

(1) 表面质量与加工精度是同样重要的概念，表面质量包括表面几何特征和表面层物理—机械性能，表面质量对零件的耐磨性、耐腐蚀性、抗疲劳强度、配合性质等使用性能均有重要影响。

(2) 影响表面质量的因素有刀具材料、刀具几何参数、切削（磨削）用量、工件材料、砂轮特性、振动等。学习时要注意掌握它们对表面质量的影响规律以及提高表面质量的措施。

(3) 主要了解振动的基本概念、种类以及对加工的影响和消振措施。

习题

1. 机械加工表面质量主要包括哪些内容？它们对零件的使用性能和使用寿命有什么影响？

2. 在切削加工中，减小表面粗糙度的工艺措施有哪些？

3. 在磨削加工中，减小表面粗糙度的工艺措施有哪些？

4. 车削一铸铁零件的外圆表面，若进给量 $f=0.4$mm/r，车刀刀尖圆弧半径 $r_\varepsilon=3$mm，试估算车削后表面粗糙度的数值。

5. 采用粒度为 36 号的砂轮磨削外圆，其表面粗糙度要求为 $Ra=1.6\mu$m；在相同的磨削用量下，改换 60 号的砂轮可使表面粗糙度值降低为 $Ra=0.2\mu$m。试说明其原因。

6. 在切削加工中，造成工件表面层加工硬化的原因是什么？如何控制？

7. 在切削加工中，造成工件表面层残余应力的原因是什么？如何控制？

8. 在磨削加工中，造成工件表面烧伤的原因是什么？如何防止？

9. 机械加工中的振动有哪几种类型？减振措施有哪些？

10. 试分析比较题图 5—1 所示刀具结构中哪一种对减振有利？为什么？

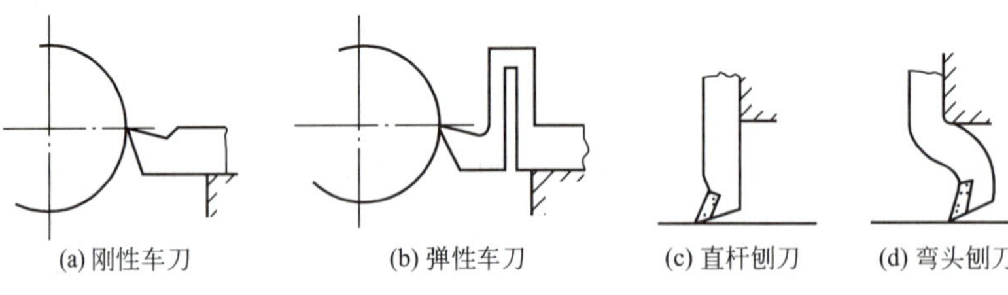

(a) 刚性车刀　(b) 弹性车刀　(c) 直杆刨刀　(d) 弯头刨刀

题图 5—1

第 6 章　典型零件加工

【学习内容】

基本表面的加工方法；制定轴类、套类、轮盘类、箱体类、叉杆类等典型零件的加工工艺过程的原则及特点。

【学习要求】

典型表面加工方法的选择和制定加工工艺过程的原则。

众所周知，绝大多数零件都需要进行机械加工才能够满足质量要求。尽管这些零件种类繁多、形状多变、功能各异，但其几何构成基本要素无非是外圆、内孔、平面、锥面以及各种特型面。本章就从基本表面加工入手，介绍常见典型零件的加工方法。

第 1 节　零件基本表面的加工

一、外圆表面的加工

外圆表面的加工是轴类零件的主要加工工序。外圆表面加工的基本方法有车削加工、磨削加工和光整加工。

1. 车削加工

车削加工是外圆表面最常用的一种加工方法。根据零件的加工精度要求和毛坯情况，外圆车削可分为荒车、粗车、半精车、精车及细车等加工阶段。

如果毛坯为自由锻件或大型铸件，则一般先要进行荒车，以减少空间偏差和形状误差，使后续工序加工余量比较均匀。荒车后的零件尺寸精度为 IT16 级左右。

对于中小型锻造或铸造毛坯，可直接进行粗车。粗车后的零件尺寸精度一般为 IT12～IT10 级，表面粗糙度为 $Ra=80 \sim 20\mu m$。粗车时，在机床动力和工艺系统刚度允许的条件下，切削深度尽可能选得大一些（一般为 2～8mm），以便将硬化层切除，减轻后续工序刀具的磨损。

半精车一般作为中等精度表面最终工序或磨削等精加工工序前的预加工工序。半精车后的零件尺寸精度为 IT10～IT9 级，表面粗糙度为 $Ra=20 \sim 10\mu m$。

精车通常是车床上的最终工序或作为光整加工前的预加工工序。精车后的零件尺寸精度为 IT8～IT6 级，表面粗糙度为 $Ra=10 \sim 1.25\mu m$。对于制造精度较高的毛坯，可以不经过粗车，而直接进行半精车或精车。

细车是一种光整加工方法。细车后的零件尺寸精度为 IT7～IT5 级，表面粗糙度为 $Ra=1.25 \sim 0.32\mu m$。加工大型零件的精密外圆表面时，常用细车代替磨削加工（大型零件不便于磨削）。加工小型有色金属零件时也是用精细车而不用磨削（因为有色金属容易使砂轮堵塞)，表面粗糙度可达 Ra=0.63～0.16μm。

2. 磨削加工

磨削是外圆表面精加工的主要方法，其加工精度可达到 IT7～IT6 级，Ra=1.25～0.32μm。所以，磨削加工是大多数轴类零件的最终加工工序。

磨削可分为粗磨、半精磨和精磨等加工阶段。粗磨后的零件尺寸精度为 IT10～IT9 级，表面粗糙度 Ra=2.6～1.25μm；半精磨后的零件尺寸精度为 IT7～IT6 级，表面粗糙度 Ra=1.25～0.63μm；精磨后的零件尺寸精度为 IT6～IT5 级，表面粗糙度 Ra=0.63～0.16μm。

为了提高磨削加工的生产效率，可采用高速磨削和强力磨削。

一般的磨削，其砂轮线速度都在 35m/s 以下。所谓高速磨削，是指砂轮线速度在 45m/s 以上的磨削。目前，高速磨削砂轮线速度可高达 120m/s。另外，高速磨削还有利于降低磨削表面的粗糙度并提高磨削表面的加工精度。

强力磨削的特点是采用较高的砂轮速度、较大的磨削深度和进给量来进行磨削，生产效率较高。强力磨削一次磨削深度可达到 6mm 以上，每小时金属切削量能够达到 320kg 以上。强力磨削主要用于粗磨、半精磨大余量的铸锻件，可以实现以磨代车、以磨代铣。

采用高速磨削和强力磨削时，必须提高机床的刚性，增大主电动机的功率，保证砂轮的质量和良好的冷却条件。

3. 光整加工

对于尺寸精度和表面质量要求很高的关键零件，常需要进行光整加工。光整加工的主要作用是改善工件的表面质量，有的光整加工方法还可以提高工件的尺寸精度和形状精度。

外圆表面常用的光整加工方法有：超精加工、双轮珩磨、研磨、抛光和滚压加工等。近年来还发展了一种以金刚石为刀具的超精密车削。

(1) 超精加工。

超精加工是降低工件表面粗糙度值、延长使用寿命的一种高生产效率的光整加工方法。由于加工余量小（一般为 0.005～0.02mm），切除金属能力弱，通常很难修正工件的尺寸和形状误差。

图 6—1 为超精加工原理示意图。通过施加较小的压力（$p\approx4.9\times10^4$Pa）使细粒度磨条和工件表面接触，工件做低速回转运动，磨头做轴向进给运动，磨条做高速往复运动，这三种运动的合成使磨粒在工件表面上形成不重复的复杂曲线，并在加工过程中从切削作用过渡到光整抛光。超精加工后工件表面粗糙度值可达到 Ra=0.02～0.01μm，而且不会产生磨削烧伤现象，有利于保证工件表面的物理机械性能。

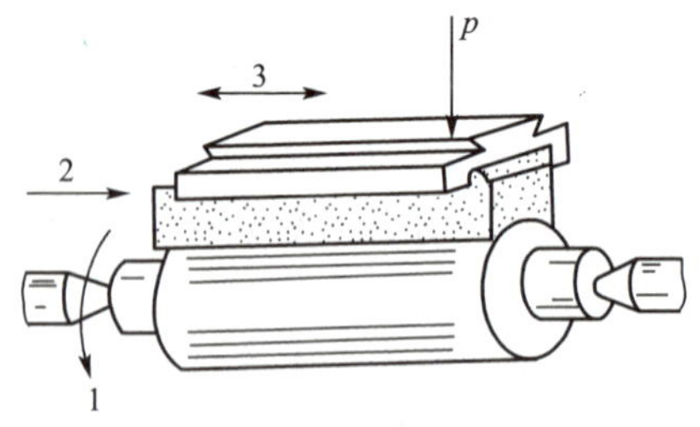

图 6—1 超精加工原理

1—低速回转运动；2—轴向进给运动；3—高速往复运动

目前，超精加工广泛应用于加工曲轴、凸轮轴、刀具、轧辊、轴承、精密量仪以及电子仪器等精密零件，能够加工钢铁、黄铜、磷青铜、铝、陶瓷、花岗岩等多种材料。

(2) 双轮珩磨。

双轮珩磨是根据齿轮珩磨原理试验成功的一种加工方法。珩磨时，工件安装在顶尖上

以转速 n_1 转动，将两个修整成双曲线体的珩磨轮反向倾斜安装，并在弹力作用下压向工件表面，工件通过摩擦力带动珩磨轮以 $n_{珩}$ 回转，同时两个珩磨轮还沿工件轴线方向做往复进给运动。由于珩磨轮的回转中心线与工件轴线相交成 α 角，因此工件在带动珩磨轮回转的同时，彼此之间会有相对滑动，从而产生切削作用，如图 6—2 所示。

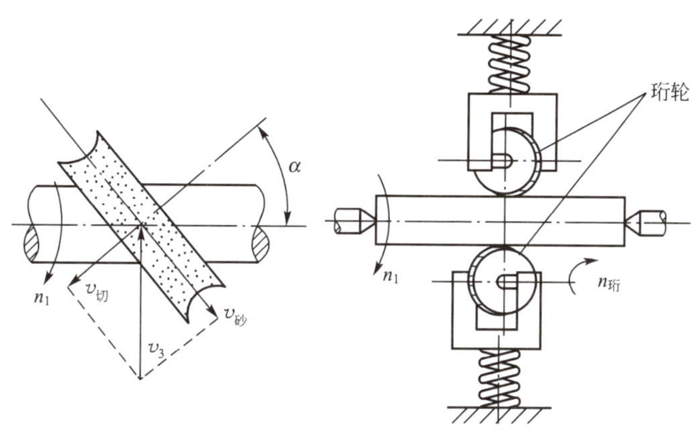

图 6—2 双轮珩磨原理图

双轮珩磨除了磨粒的切削作用外，还有一定的挤压作用，有利于减小工件表面粗糙度值；又因为珩磨轮与工件表面呈线性接触，单位面积压力较大，切削效率较高。另外，双轮珩磨的磨损均匀，耐用度高，传动简单，运动平稳，因此在生产实际中具有很好的发展前景。

(3) 超精密加工。

超精密加工是指加工后尺寸极限误差在 1μm 以下的加工方法。由于加工余量只有数微米甚至 1μm，故刀尖半径必须精研至数微米或 1μm 以下，并要求具有一定的耐久性，只有金刚石才能满足如此要求。所以，超精密加工一般又称为金刚石超精密车削。

超精密车削要求极其稳定的加工条件。例如，对切削温度变化、工件材质、机床精度、防振减振措施、检测技术等都提出了很高的要求。

4. 外圆加工方案的选择

一般情况下，外圆的主要加工方法是车削和磨削。对于精度要求高、表面粗糙度值小的工件外圆，还需经过珩磨、研磨以及超精加工等方法才能达到要求；对某些精度要求不高但需要光亮表面的外圆，可通过滚压或抛光加工获得。常见外圆加工方案可参考表 3—7 选用。

二、圆孔的加工

1. 常见圆孔的种类及特点

(1) 连接零件的紧固孔和非配合孔。

如螺钉孔、螺栓孔、气孔等。这类孔的尺寸精度和表面粗糙度要求不高，尺寸精度一般在 IT10 级以下，表面粗糙度 Ra=50～12.5μm，通常在钻床上使用麻花钻加工即可。

(2) 回转零件的中央孔。

如空心轴、套筒、轮盘类零件上的中央孔。这类孔的尺寸精度和表面粗糙度要求比较高，尺寸精度为 IT9～IT7 级，表面粗糙度 Ra=3.2～0.8μm，一般要求孔与外圆表面有较高的同轴度，与端面有一定的垂直度等。这类零件通常在车床上一次装夹完成孔、外圆以及端面的加工，或先加工出孔，再以孔作为定位基准加工出外圆和端面。

(3) 箱体零件的孔系。

如主轴箱上的孔系。这类孔的尺寸精度和表面粗糙度要求都很高，尺寸精度为 IT7 级以上，表面粗糙度 $Ra \leqslant 0.8\mu m$。孔轴线之间有一定的尺寸精度、平行度或垂直度要求，孔轴线与箱体基准面的平行度、垂直度要求也比较高。这类孔通常在镗床上加工。

(4) 深孔。

一般将长径比 $L/D \geqslant 5$ 的孔视为深孔，如主轴孔、长油孔等。这类孔的加工条件较差，通常要使用特制刀具（如深孔钻）在特殊钻床上加工，而且很难保证获得比较高的加工精度和较小的表面粗糙度。

2. 圆孔加工方法

(1) 钻孔。

钻孔是孔加工的一种基本方法，它在机械加工中占有较大的比重，通常在钻床、车床、镗床上进行。钻孔所用刀具通常为扁钻和麻花钻，可在实体材料上加工或扩大已有孔的直径。由于钻削时切削负荷大，刀具刚性差及钻头结构上的缺点，所以钻孔一般只能用来加工尺寸精度要求不高的中小孔，或作为尺寸精度要求较高孔的预加工。钻孔一般尺寸精度为 IT14～IT11 级，表面粗糙度 $Ra=60\sim12.5\mu m$。为了改善加工情况，工艺上常常采用以下措施：

1) 钻孔前先加工端面，保证端面与钻头垂直，防止引偏。

2) 先用小顶角（$2\phi=90^\circ\sim100^\circ$）、直径小于被加工孔径的短麻花钻预钻一个凹坑（主要起定心作用），以此引导钻头钻削，这种方法多用在转塔车床和自动车床上进行加工。

3) 刃磨钻头时，尽量把两个主切削刃对称刃磨，使两个刀刃产生的径向切削力大小一致，减小径向引偏力。

4) 用钻模做为导向装置，以减少钻孔引偏，这对在斜面或曲面上钻孔尤其重要。

5) 采用工件旋转、钻头进给的加工方式，可减小孔轴线的偏斜程度，并注意排屑和切削液的合理使用。

6) 钻小孔或深孔时应采用较小的进给量。

钻孔直径一般不超过 75mm。当孔径大于 30mm 时，应分两次钻削，即第一次钻削直径应大于第二次钻孔所用钻头横刃的宽度，以减小轴向力。通常第一次钻孔直径约为被加工孔径的 0.4～0.6 倍。

(2) 扩孔。

扩孔是用扩孔钻来扩大工件上已有孔径的加工方法，一般扩孔孔径不大于 100mm。扩孔时由于切削深度小，排屑容易，所以扩孔钻的刚性比较好。另外由于扩孔钻刀齿较多，导向性好，切削平稳，再加之没有横刃，因此扩孔的加工质量较高。通常扩孔后孔径尺寸精度为 IT11～IT10 级，表面粗糙度 $Ra=10\sim5\mu m$，并可以在一定程度上校正钻孔的轴线歪斜。

扩孔加工余量一般为孔径的 1/8 左右，进给量较大（0.4～2mm/r），生产效率较高。

(3) 铰孔。

铰孔是用铰刀对未淬硬孔进行精加工的一种加工方法，其加工尺寸精度一般为 IT8～IT7 级，表面粗糙度 $Ra=1.6\sim0.8\mu m$。若铰刀经过改进并合理使用，被加工孔的精度可以达到IT6级，表面粗糙度 $Ra<1.4\mu m$。由于铰刀的刚性好，刀齿数量多（6～12个），因而导向性好。另外由于铰削余量（0.5～0.08mm）和切削速度（0.06～0.4m/s）都比较小，所以切削力和切削热也都随之降低，从而减少了工件的变形，提高了孔的加工质量。

铰刀是定尺寸刀具，铰孔直径不宜过大，一般为ϕ3mm～ϕ150mm。机用铰刀与机床常采用浮动连接，故铰孔的加工质量取决于铰刀的精度和安装方式以及切削条件。由于铰孔不能纠正孔的轴线歪斜，因此孔的有关位置精度要求应由铰孔的前道工序或后道工序来保证。另外，铰孔不宜加工短孔、深孔和断续孔。

实际生产中，常会因多种因素的影响而使孔径扩大或缩小。为了保证铰孔的加工精度，应注意以下几个问题：

1）正确选择铰刀直径尺寸及精度。铰刀直径的选择要首先考虑孔径的尺寸及精度，其次再结合工件材料、加工余量以及切削液的使用情况予以确定。

2）正确安装铰刀。为了提高铰孔后轴线的形状精度，防止孔径出现扩大或喇叭口现象，要注意调整机床，并采用浮动夹头装夹铰刀。

3）选择合适的加工余量。加工余量过大，会增加切削过程中的热量，致使铰刀直径膨胀而导致孔径扩大，并且切屑增多容易划伤孔壁，影响表面质量。加工余量过小，不能去掉上一道工序的刀痕，而且刀齿容易打滑，造成表面粗糙度值增大。一般粗铰余量为0.15～0.35mm，精铰余量为0.08～0.15mm。孔径较小或精度要求较高的孔，其铰削余量取小值。

4）确定合理的切削用量。为了提高铰孔的加工质量，避免产生积屑瘤，应选用较低的切削速度和较小的进给量。使用高速钢铰刀加工钢件时，粗铰切削速度为4～10m/min；精铰切削速度为2～3m/min；进给量为0.5～1.5mm/r。

5）正确选择冷却液。铰孔时必须选用适当的冷却液来降低刀具和工件的温度，以防止产生积屑瘤并减少切屑黏附在铰刀和孔壁上，从而降低表面粗糙度值和减小孔的扩张量。铰削钢件时选用乳化液冷却；铰削铸铁时可以不用冷却液，如果为了提高表面质量，也可选用煤油冷却。

（4）镗孔。

镗孔是用镗削方法扩大工件的孔。镗孔时镗刀（或工件）做旋转主运动，工件（或镗刀）做进给运动。镗孔可在镗床、铣床或车床上进行，箱体类零件上的孔或孔系，通常只有在镗床上加工才更方便，如图6—3所示。镗孔精度主要取决于机床的精度。普通镗床镗孔的尺寸精度一般为IT8～IT6级，表面粗糙度 $Ra=12.5\sim1.6\mu m$；若使用金刚镗床或坐标镗床，可获得更高的尺寸精度（IT7～IT5级）和更小的表面粗糙度值（$Ra=1.6\sim0.2\mu m$）。

镗孔的应用范围很广，可用于粗加工、半精加工，也可用于精加工和细加工；可用于单件小批生产，也可用于成批大量生产；可镗各类零件上不同直径（但应足够大）的孔，也可镗端面垂直于轴线的阶梯孔及孔系。另外，镗孔还可以修正毛坯制造或上道工序加工后孔的形状误差和位置误差。但镗孔的生产效率较低，操作技术要求较高。

（5）车孔。

用车削的方法扩大工件的孔或加工空心工件的内表面称为车孔。车孔一般只能加工回转零件的中央孔和小型叉杆类零件上的轴承孔（用花盘装夹）。

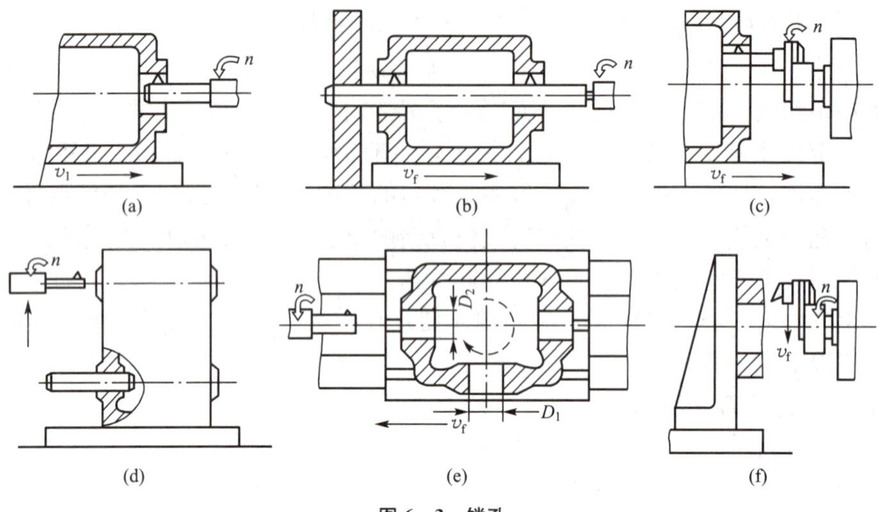

图 6—3 镗孔

(6) 拉孔。

用拉削方法加工工件孔称为拉孔。拉孔是用拉刀在拉床上进行的，孔的形状和尺寸精度由拉刀廓形保证，因而拉孔不仅能加工圆孔，而且还可以加工其他形状的通孔。拉削时，工件固定不动，拉刀做轴向运动，通过一把拉刀完成粗、精加工，其加工精度主要取决于拉削方式和拉刀精度。拉削后孔的尺寸精度一般可达到 IT9～IT7 级，表面粗糙度为 Ra=1.6～0.4μm。由于拉孔是用被加工孔自身定位，故不能修正孔的位置公差。拉刀强度和机床功率限制了拉孔的直径范围，通常孔径为 10～100mm，孔的深度一般不超过孔径的 5 倍。拉孔的适应性较差，一把拉刀只适用于加工一种尺寸和精度规格的孔，不能加工台阶孔和盲孔；对于薄壁孔，因拉削力大，孔容易产生变形，一般不宜采用拉削加工。拉孔的质量好，生产效率高，而且被拉孔在拉削前无需精确的预加工；圆孔在拉削前经钻、扩或粗镗即可，故拉孔主要用于大批量生产。

(7) 磨孔。

磨孔是一种常用的精加工孔的方法。对不宜（或无法）镗削、铰削的高精度孔，如淬硬的孔、断续表面的孔和长度较短的精密孔，磨削加工是主要的精加工方法。磨孔通常在内圆磨床上进行，如图 6—4 所示。磨孔加工的尺寸精度可达到 IT8～IT6 级，表面粗糙度 Ra=1.25～0.4μm。磨孔不仅能够保证孔本身加工精度和表面粗糙度要求，而且还能提高孔的位置精度。磨孔所用砂轮磨削孔径范围较大，可以磨削通孔、阶梯孔、孔端面、锥孔以及轴承内滚道等。

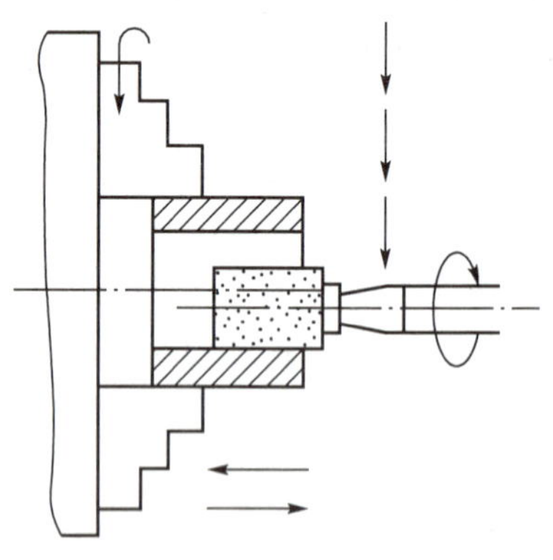

图 6—4 磨孔的方法

对于质量大、形状不对称零件的孔，可采用行星式内圆磨削，如图 6—5 所示。对于大型薄壁零件的孔，可采用无心内圆磨削，加工原理如图 6—6 所示。

内圆磨削与外圆磨削相比，存在以下主要问题：

1) 砂轮直径受工件孔径的限制，故砂轮磨损较快，需要经常修正和更换。同时由于砂轮轴直径比较小、悬伸较长、刚性差、转速高，磨削时容易发生弯曲变形和振动，故

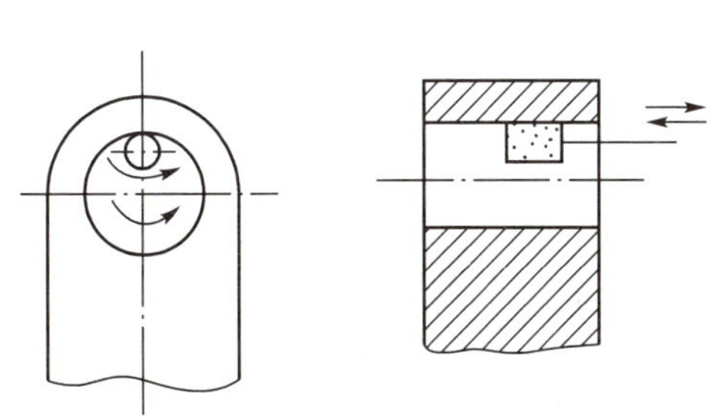
图 6—5 行星式内圆磨削

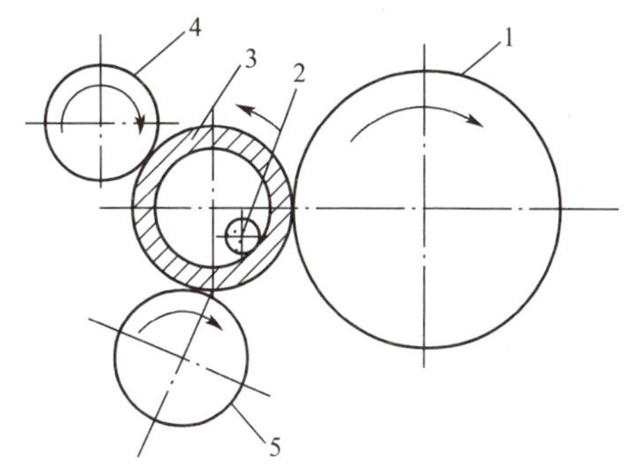

图 6—6 无心内圆磨削原理

1—导轮；2—砂轮；3—工件；4，5—滚轮

磨削用量不能太大，从而导致磨削生产效率很低。

2）磨削速度受到砂轮直径的限制，故磨孔时的磨削速度要比外圆磨削低得多，孔的表面粗糙度也比一般外圆磨削要大。

3）砂轮与工件接触面积大，磨削力和磨削热增大增多，而冷却液又不易直接注入磨削区，冷却、排屑条件较差，易产生磨削裂纹，降低了零件的使用寿命。所以，应注意采用正确的冷却方法。对于脆性材料，为了排屑方便及避免出现磨削裂纹，有时采用干磨削。

3. 圆孔加工方案的选择

圆孔的加工方案较多，各种方案又有不同的适用条件。例如，使用定尺寸刀具进行钻、扩、铰、拉等方式加工圆孔，因受刀具尺寸的限制，只适宜加工中小尺寸的圆孔，而大一些尺寸的圆孔只能采用镗削加工。因此，选择圆孔的加工方案应综合考虑各种相关因素和加工条件。表 3—8 列出的圆孔加工方案供选择时参考。

三、平面的加工

1. 平面加工方法

(1) 平面车削加工。

平面车削一般用于加工回转体类零件的端面。因为回转体类零件的端面大多与其外圆表面、内圆表面有垂直度要求，而车削可以在一次装夹中将这些表面全部加工出来，有利于保证它们之间的位置要求。

平面车削的表面粗糙度 Ra=6.3～1.6μm，精车后的平面度误差在直径为 100mm 端面上最小可达 5μm。

中小型回转件的端面一般在普通车床上加工；大型回转件的平面则在立式车床上加工。

(2) 刨平面。

刨平面是平面加工的主要方法之一，可在牛头刨床或龙门刨床上进行。刨削后零件的尺寸精度为 IT9～IT8 级，表面粗糙度 Ra=3.2～1.6μm。刨削加工刀具简单，机床调整方便，但生产效率不如铣削。除封闭凹形面不能刨削外，其他平面都可以采用刨削加工，尤其适合加工窄长平面（如机床床身导轨面，此时刨削生产率通常要比铣削高）。刨削多用于单件小批生产，尤其是在修配加工中应用较多。

目前常采用宽刃刨削来代替刮研。所谓宽刃刨削是指在精刨之后，使用带有较宽平直切削刃的刨刀，以很低的切削速度在工件表面上刨去一层极薄的金属。因为切削力以及工件的变形都很小，所以能获得很高的加工尺寸精度（IT7～IT6 级）和很小的表面粗糙度（Ra=1.25～0.16μm）。

（3）铣平面。

铣平面是加工平面的主要方法之一。铣平面一般适用于平面的粗铣和精铣。精铣后的平面尺寸精度为 IT8～IT7 级，表面粗糙度 Ra=3.2～1.6μm，直线度可达到 80～120μm/m。铣平面主要在铣床上使用端铣刀或圆柱铣刀进行。使用端铣刀铣削称为端铣，使用圆柱铣刀铣削称为周铣，如图 6—7、图 6—8 所示。

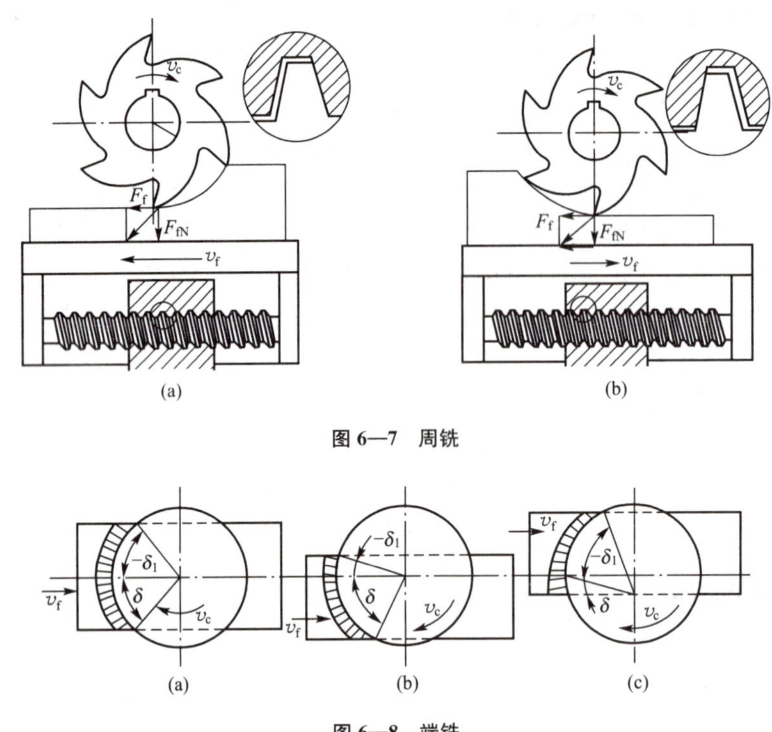

图 6—7　周铣

图 6—8　端铣

端铣时，刀齿的副切削刃具有修光作用；铣刀同时参加切削的刀齿数较多，铣削平稳；刀杆伸出短，刀具刚性好；刀齿切入的铣削层厚度虽然小，但不会为零，能够避免磨钝的切削刃切入时产生剧烈摩擦，可提高铣刀的耐用度；端铣刀广泛采用镶硬质合金结构，有利于增大铣削用量。因此端铣加工质量好，生产效率高，是目前铣削平面最常用的方法。

但是由于端铣加工受工艺条件和铣刀结构的限制，不能铣削内侧面、小尺寸沟槽、成形表面以及采用多刀组合铣，因此在生产实际中仍经常采用周铣。

无论是端铣还是周铣，都有逆铣和顺铣之分。以圆柱铣刀铣平面（周铣）为例，当铣刀与工件接触部分的旋转方向与工件进给运动方向相反时称为逆铣，反之为顺铣。

如图 6—7(a) 所示，顺铣时铣刀的旋转运动方向 v_c 与工件的进给运动方向 v_f 相同，铣削力与进给力方向相同。此时工作台传动丝杠与螺母之间存在间隙，使工作台在进给力 F_f 的作用下，发生窜动现象。有时会因为切削厚度的突然增大，导致铣刀刀齿折断。但顺铣的切削厚度是从最大开始，避免了刀具与工件之间的滑移挤压现象，可减小刀具磨损，从而提高铣刀使用寿命和加工表面质量。因此，顺铣一般用于精加工。

如图 6—7(b) 所示，逆铣时铣刀的旋转运动方向 v_c 与工件的进给运动方向 v_f 相反，铣削力与进给力方向相反。此时由于进给力 F_f 的作用，使工作台传动丝杠与螺母传动面始终贴紧，故铣削过程平稳。但由于逆铣的切削厚度是由零逐渐增大，刀齿在切入工件前发生滑移挤压现象，使工件表面层产生硬化层，并加剧刀齿磨损，从而降低铣刀寿命和加工表面质量。因此，逆铣一般用于粗加工。

(4) 磨平面。

磨平面是平面精加工的主要方法之一，一般在铣削或刨削加工基础上进行。磨平面主要用于中、小型零件高精度表面及淬火钢等硬度较高的材料表面的加工。平面磨削后的尺寸精度为 IT6～IT5 级，表面粗糙度为 $Ra=0.8 \sim 0.2\mu m$，平面度可达 $10 \sim 30\mu m/m$。

磨平面分为周磨和端磨。周磨时，砂轮与工件的接触面积小、发热少、易散热、排屑和冷却条件好，可达到较高的尺寸精度和较小的表面粗糙度值，但效率低，故适用于精磨。端磨时，磨头伸出短、刚性好、变形小，可采用较大的磨削用量；但磨削面积大，发热多，散热和冷却较困难，加之砂轮端面各点的圆周速度不同，磨损不均匀，故精度较低，适用于粗磨。

2. 平面加工方案的选择

根据平面的技术要求和零件的结构形状、尺寸大小、材料性质及毛坯种类，结合具体的加工条件，平面可分别采用车、铣、刨、磨、拉等进行加工。要求更高的精密平面，可用刮研、研磨等方法进行光整加工。表 3—9 给出的平面加工方案，可供参考选择。

四、圆锥面的加工

1. 车锥面

(1) 转动小托板法。

如图 6—9(a) 所示，用转动小托板法车锥面时，只需把小托板按工件要求的锥度转动一定得角度即可。转动小托板法可车各种角度的内、外圆锥，适用范围广。但因受小托板行程的限制，只能车圆锥母线不长的工件；又因车床小托板只能手动进给，劳动强度大且表面粗糙度难以控制，故只适用于单件小批生产精度要求不高的锥面零件。

(2) 偏移尾座法。

如图 6—9(b) 所示，用两端顶尖定位车削圆锥时，可将车床尾座在水平面内偏移一段距离，即可车出所需锥面。尾座偏移量可按下式计算：

$$S=L\sin\alpha \tag{6—1}$$

式中：S——尾座偏移量 (mm)；

L——工件总长 (mm)；

α——半锥角。

当 $\alpha<8°$ 时，$\sin\alpha \approx \tan\alpha$，尾座偏移量 S 可用下式近似计算：

$$S \approx L\tan\alpha = L(D-d)/(2l) = LC/2 \tag{6—2}$$

式中：D——圆锥大端直径 (mm)；

d——圆锥小端直径 (mm)；

L——圆锥面长度 (mm)；

C——锥度。

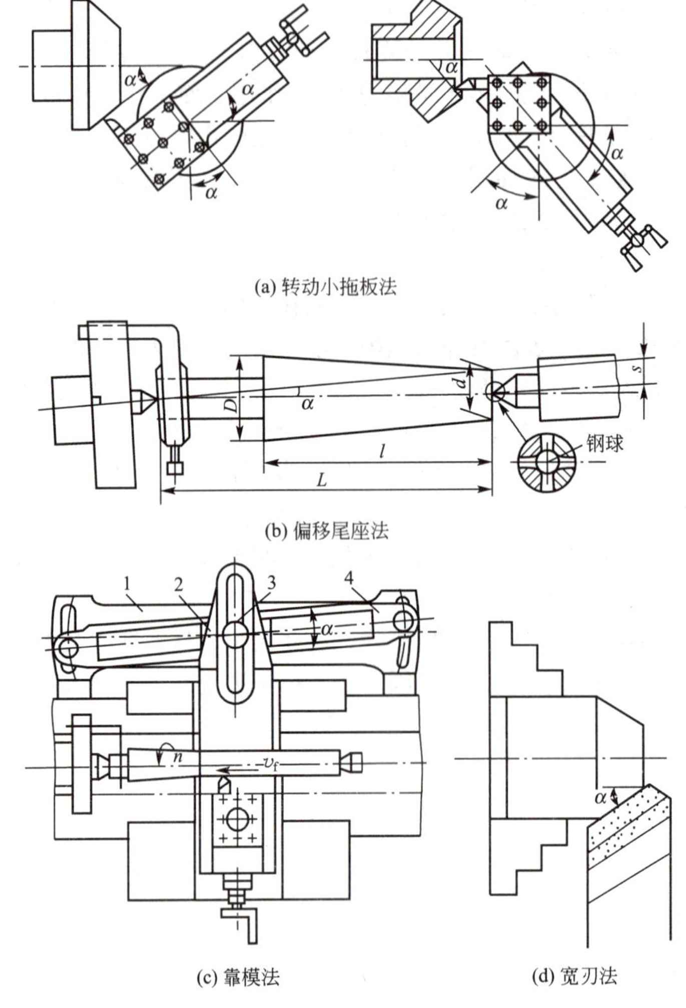

(a) 转动小拖板法

(b) 偏移尾座法

(c) 靠模法

(d) 宽刃法

图 6—9　车锥面

1—底座；2—滑块；3—螺钉；4—靠模板

采用偏移尾座法车削圆锥可加工母线较长的锥面并能实现机动进给，加工出的表面粗糙度值较小；但因受车床尾座偏移量及刀具工作位置的限制，只能车削锥度较小的外圆锥面，不能车削内圆锥面。尾座偏移是前后顶尖轴线的平行错位，将使顶尖工作面与工件中心孔接触不良，影响加工质量，此时可改用球面过渡顶尖，其工作条件可以得到改善。

（3）靠模法。

如图 6—9(c) 所示，靠模法是使刀具按照模板给定的轨迹进给从而车削出所需锥面。采用靠模法车削锥面，可实现机动进给，加工出的锥度比较准确，锥面质量高；但靠模调节范围小，一般在 12°以下。当锥面精度要求较高、工件批量较大时常用此法。

（4）宽刃法。

如图 6—9(d) 所示，宽刃法实质是用成形车刀车削锥面，此法加工质量较好，但能车削的锥面较短（一般 $L<20$mm）。采用宽刃法要求车刀切削刃平直，车床和工件的刚性要好，否则容易引起振动而使表面粗糙度值增大。

2. 铰锥孔

生产中加工精度要求较高的未淬硬小直径锥孔，常用锥铰刀铰削。铰锥孔的精度比车削高，表面粗糙度值可达 Ra=1.6μm。

铰锥孔前孔的预加工可以有几种方法。对于直径较小的孔，以小端直径为基准钻出底孔，并注意小端留够铰削余量；对于直径较大的孔，钻削后应先粗车成锥孔，在直径上留0.2～0.3mm 的铰削余量，再用铰刀精铰到尺寸精度要求。也可以采用粗、精铰分开的成套锥铰刀在钻出的底孔上直接铰孔。

铰锥孔应使用切削液。铰钢件锥孔常用乳化液作为冷却液；铰铸铁、铜材锥孔常用柴油作为冷却液。

3. 磨锥面

加工精度要求较高（IT7 级以上）、表面粗糙度 Ra<1.6μm 的淬硬锥面时，一般采用磨削方法进行加工。如图 6—10 所示为在万能外圆磨床上磨锥面，其加工原理与车削锥面相同。如图 6—10(a) 所示为转动小托板法磨削锥面，如图 6—10(b) 所示为宽刃法磨锥面，如图 6—10(c) 所示为偏移尾座法磨锥面。在磨锥面时，转动磨床砂轮架、头架或工作台的角度，必须使被加工圆锥母线与轴线之间的夹角等于半锥角。

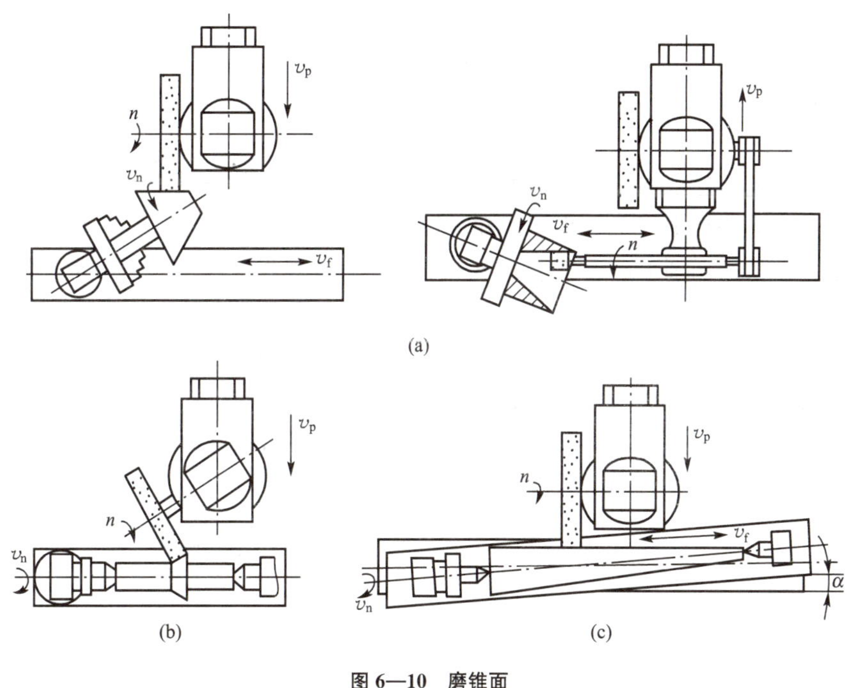

图 6—10　磨锥面

五、齿面的加工

1. 齿面加工方法

(1) 成形法。

按成形法加工齿面时，刀具廓形与工件齿形吻合，常用方法为铣齿，所用刀具为成形铣刀。成形法铣削齿轮的刀具有盘状模数铣刀和指状模数铣刀两种，这两种刀具专门用来加工直齿和斜齿圆柱齿轮，其中指状模数铣刀适用于加工模数较大的齿轮。如图 6—11 所示为成形法铣齿的工作情况，铣刀装在有分度头的卧式铣床的主轴上。当切削轮齿时，铣刀做旋转主运动，工件沿其轴向做纵向进给运动，铣刀每铣完一个齿槽后，工件退回原处，依次转过一齿再进行切削。

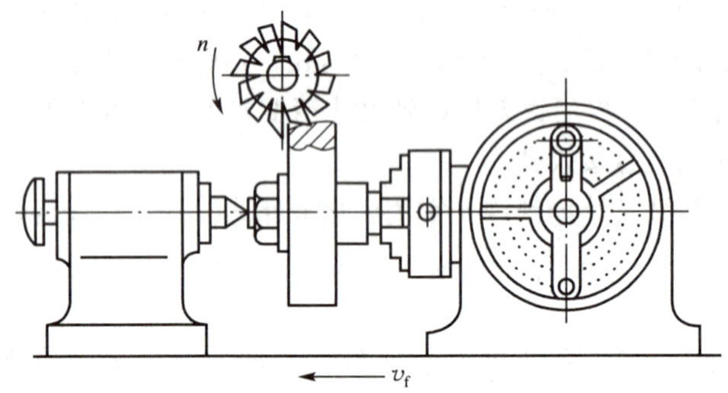

图 6—11　成形法铣齿

铣齿时，由于铣刀的齿形误差、系统的分度误差以及齿坯的安装误差等因素影响，故加工尺寸精度较低（一般为 IT10 级以下）；又因为每铣一齿后需要退刀和分度，增加了辅助时间，降低了生产效率。然而铣齿无需专用齿轮加工机床，刀具结构简单、制造容易、成本较低，所以常用于单件小批生产和修配行业，对于缺乏专用齿轮加工设备的小厂，铣齿得到广泛应用。

（2）展成法。

展成法加工齿面是根据一对齿轮啮合传动原理实现的，即将其中一个齿轮制成具有切削功能的刀具，另一个则为工件齿坯，并通过专用机床（如滚齿机、插齿机）使两者在啮合过程中由各刀齿的切削痕迹逐渐包络出工件齿面。按展成法加工齿面最常见的方式是滚齿和插齿。使用展成法可以加工内、外啮合的圆柱齿轮及蜗轮等。

1）插齿。如图 6—12 所示为插内齿轮、多联齿轮和斜齿轮的情形。按展成法插齿需要在专用插齿机上进行，插齿精度高于铣齿，通常可达 IT8～IT7 级，齿面粗糙度为$Ra=1.6\mu m$，但生产效率较低。插齿广泛应用于加工直齿和斜齿圆柱齿轮、人字齿轮以及齿条等，特别适用于加工内齿轮和多联齿轮。

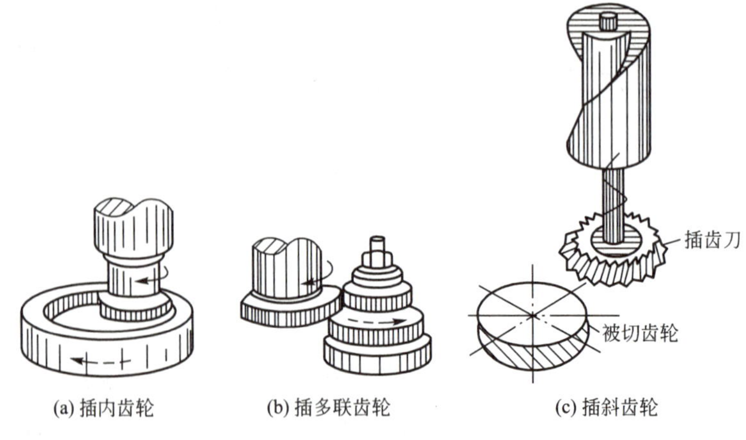

图 6—12　插齿

2）滚齿。滚齿是用滚刀在滚齿机上加工齿轮和蜗轮齿面的常见方法，其加工尺寸精度一般为IT8～IT7级，齿面粗糙度值可达 $Ra=3.2\sim0.8\mu m$。因为滚齿属于连续切削，故生产效率要比铣齿、插齿都高。

滚齿加工的基本原理如图6—13所示。滚齿不仅用于加工直齿和斜齿圆柱齿轮，而且还可以加工蜗轮和花键轴等。滚齿既可用于大批量生产，同时也是单件小批量生产中加工圆柱齿轮的基本方法。

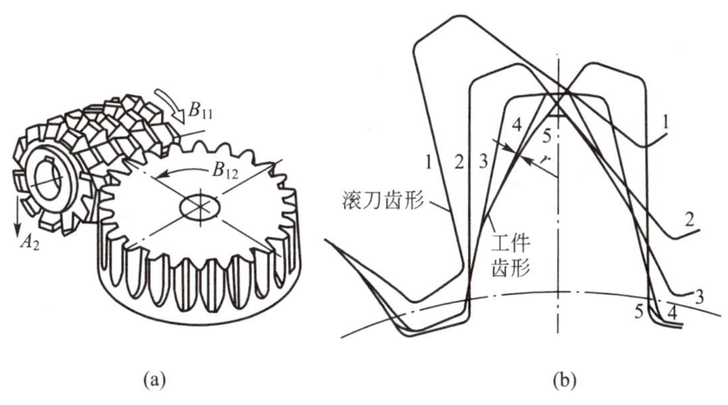

图6—13 滚齿原理

(3) 齿面精加工。

铣齿、插齿和滚齿只能获得一般精度的齿面。当尺寸精度要求超过IT7级或齿面需淬硬时，在铣齿、插齿和滚齿等预加工或热处理后还需进行精加工。常用齿面精加工方法如下：

1）剃齿。剃齿是用剃齿刀对齿轮或蜗轮未淬硬齿面（一般在35HRC以下）进行精加工的方法，如图6—14所示。剃齿加工对齿轮的齿形误差和基节误差具有较强的修正能力，因而有利于提高齿轮的齿形精度，但剃齿对修正齿轮切向误差的能力差。因此，在工序安排上应采用滚齿作为剃齿的前道工序。因为滚齿的运动精度比插齿好，滚齿后的齿形误差虽然比插齿大，但这在剃齿工序中是不难纠正的。

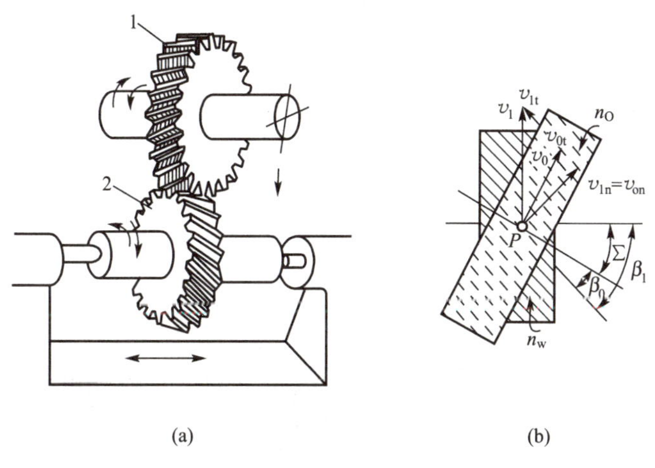

图6—14 剃齿工作原理

剃齿加工精度主要取决于剃齿刀，只要剃齿刀本身的精度高、刃磨好，就能够加工出表面粗糙度 Ra=1.5～0.32μm、精度为IT7～IT6级的齿轮。另外，剃齿前的齿轮应有较高的精度，一般剃齿后的齿轮精度只能比剃齿前提高一级。

剃齿的生产效率很高，通常只需要2～4分钟便可完成一个齿轮的加工。剃齿加工的成本（包括剃齿刀的费用在内）平均要比磨齿低90%左右。

对于大批量生产加工中等模数、IT7～IT6级精度、非淬硬齿面的齿轮，剃齿是最常用的精加工方法。

2）珩齿。珩齿是用珩磨轮对齿轮或蜗轮的淬硬齿面（硬度大于35HRC）进行精加工的重要方法。珩齿时刀具与工件之间的运动关系以及所用机床与剃齿类同，与剃齿所不同的只是以含有磨料的塑料珩轮代替了原来的剃齿刀，在珩轮与被珩齿轮自由啮合的过程中，依靠齿面之间的压力和相对滑动对齿轮进行精加工。珩齿对齿面齿形精度改善不大，主要用于降低热处理后的齿面粗糙度。珩磨过程具有磨、剃和抛光等几种精加工的综合作用。

3）磨齿。磨齿是齿形加工中精度最高的一种方法，一般情况下加工精度可达IT6～IT4级，齿面粗糙度值 Ra=0.8～0.2μm，适用于淬硬齿面的精加工。由于采用强制啮合方式，对磨前齿轮误差和热处理变形具有较强的修正能力，故多用于高精度的硬齿面齿轮、插齿刀和剃齿刀等的精加工。但是，磨齿生产效率很低，机床结构复杂，调整比较困难，加工成本较高。

磨齿有成形法和展成法两大类。在成形法中，因砂轮侧面轮廓各点的切削速度不同而引起磨损不均，所以加工精度较低；齿距精度取决于分度机构的工作精度，如图6—15(a)所示。成形法加工生产效率高，对大批量生产较为有利。

在展成法中，目前常用双片碟形砂轮磨削齿轮，如图6—15(b)所示。这种磨齿方法的展成运动传动链环节少，传动误差小，分齿精度高；但砂轮刚性差，切削深度小，生产效率低，故加工成本较高。它适用于单件小批生产高精度直齿和斜齿圆柱齿轮的精加工。另外，对于大批量生产高精度齿轮，常采用蜗杆砂轮磨齿法进行齿轮的精加工。

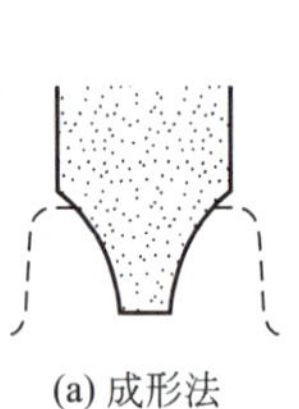
(a) 成形法

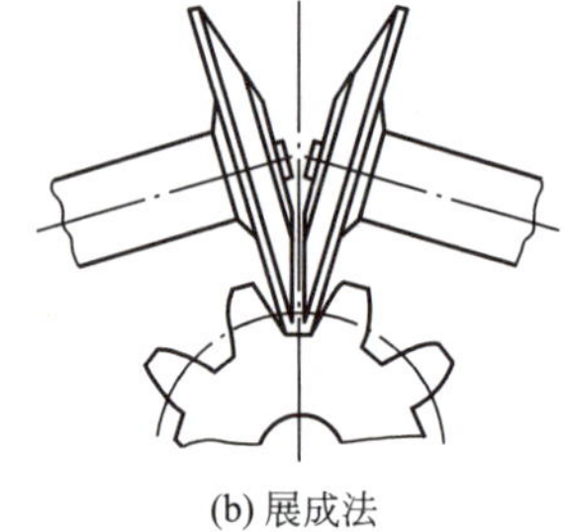
(b) 展成法

图6—15 磨齿

2. 齿面加工方案的选择

齿轮齿面的精度要求大多较高，加工工艺也较复杂，选择加工方案时应综合考虑齿轮的模数、尺寸、结构、材料、精度等级、生产批量、热处理要求以及工厂的加工条件等。在汽车、拖拉机和许多机械设备中，精度为IT6～IT4级、模数为1～10mm的中等尺寸圆柱齿轮，其齿面加工方案可参考表6—1选择。

表6—1 常见齿面加工方案

序号	加工方案	精度等级	生产规模	主要装备	适用范围	说明
1	铣齿	IT10～IT9	单件小批	通用铣床、分度头及盘铣刀或指状铣刀	机修业、农机业小厂及乡镇企业	靠分度头分齿

（续前表）

序号	加工方案	精度等级	生产规模	主要装备	适用范围	说明
2	滚（插）齿	IT9～IT6	单件小批	滚（插）齿机、滚（插）齿刀	滚齿常用于加工外啮合圆柱齿轮及蜗轮；插齿常用于加工阶梯轮、齿条、扇形轮、内齿轮	滚齿的运动精度较高、插齿的齿形精度较高
3	滚（插）—剃齿	IT7～IT6	大批大量	滚（插）齿机、剃齿机、滚（插）齿刀、剃齿刀	不需淬火的调质齿轮	尽量滚齿后剃齿，双联、三联齿轮插齿后剃齿
4	滚（插）—剃—高频淬火—珩	IT6	成批大量	滚齿机、剃齿机、珩磨机	需淬硬的齿轮、机床制造业	矫正齿形精度及热处理变形能力较差
5	滚（插）—淬火—磨	IT6～IT5	单件小批	滚（插）齿机、磨齿机及滚（插）齿刀、砂轮	精度较高的重载齿轮	生产效率低、精度高

六、螺纹表面的加工

1. 车螺纹

在普通车床上车削螺纹是螺纹加工的基本方法。车螺纹可用来加工各种牙型、尺寸及精度不同的内、外螺纹，特别适用于加工尺寸较大的螺纹，如图 6—16 所示。车削螺纹时，工件与刀具之间的相对运动必须严格遵从螺旋运动关系，即工件每转一周，刀具沿工件轴线移动螺纹的一个导程。安装螺纹车刀时，刀尖必须与工件轴线等高，刀尖角的等分线必须垂直于工件轴线（常用对刀样板对刀）。车削螺纹的生产效率较低，加工质量取决于工人技术水平及机床和刀具的精度。但是螺纹车刀结构简单，机床调整方便，通用性广，故常用于单件小批量生产。

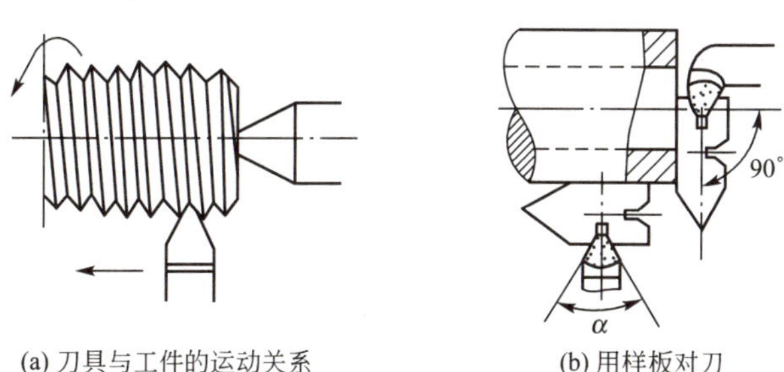

(a) 刀具与工件的运动关系　　(b) 用样板对刀

图 6—16　车螺纹

2. 铣螺纹

铣螺纹是用螺纹铣刀在螺纹铣床上加工螺纹的方法，其原理与车螺纹基本相同。由于铣刀刀齿多、转速快、切削用量大，故比车螺纹生产效率高。但铣螺纹是断续切削，振动大，不平稳，铣出的螺纹表面较粗糙。因此，铣螺纹多用于加工大批量、加工精度不太高的螺纹表面。

3. 攻螺纹与套螺纹

攻螺纹与套螺纹是广泛用于加工小尺寸螺纹表面的方法。其加工精度较低，主要用来加工精度要求不高的普通连接螺纹。

采用丝锥在工件内孔表面上加工出内螺纹的方法称为攻螺纹。对于小尺寸的内螺纹，攻螺纹几乎是唯一的加工方法。单件小批生产时，用丝锥攻螺纹；生产批量较大时，可在车床、钻床或攻丝机上使用机用丝锥攻螺纹。

采用板牙在圆柱形工件表面上加工出外螺纹的方法称为套螺纹。由于受板牙结构尺寸限制，套螺纹直径一般为1～52mm，使用手工或在机床上套螺纹均可。

应当指出，无论是攻螺纹还是套螺纹，刀具每转过1～1.5转后，均需要反转断屑，以免因切屑堵塞而导致刀齿或被加工螺纹的损坏。

4. 磨螺纹

磨螺纹是用经过修整廓形的砂轮在螺纹磨床上对螺纹进行精加工的方法，其加工精度可达IT6～IT4级，表面粗糙度 $Ra \leqslant 0.8\mu m$。

根据所用砂轮外形的不同，外螺纹的磨削分为单线砂轮磨削和多线砂轮磨削两种，最常用的是单线砂轮磨削，如图6—17所示。

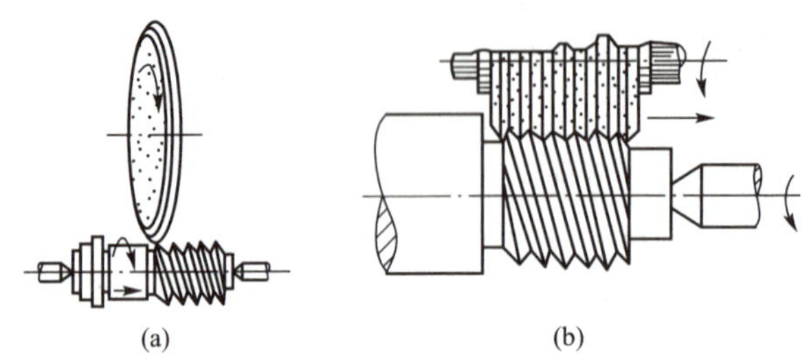

图6—17　单线砂轮磨削螺纹

由于螺纹磨床属于精密机床，其结构复杂、生产效率低、加工成本高，所以磨螺纹一般只用于表面要求淬硬的精密螺纹（如精密丝杠、螺纹量块、丝锥等）的精加工。

第2节　轴类零件的加工

一、轴类零件工艺分析

1. 轴类零件的功用与结构特点

轴类零件是机器中常见的典型零件之一，主要用来支承传动零部件（如齿轮、皮带轮、离合器等）、传递扭矩以及承受载荷。

从轴类零件的结构特征来看，它们大都属于长度（L）大于直径（d）的回转体零件。当 $L/d \leqslant 12$ 时，通常称为刚性轴；当 $L/d > 12$ 时，则称为挠性轴。轴类零件主要由内外圆柱面、内外圆锥面、螺纹、花键和键槽等组成。根据结构形状特点的不同，轴类零件可分为光轴、阶梯轴、空心轴和异形轴（如曲轴、偏心轴、凸轮轴）四类，如图6—18所示。

2. 轴类零件的主要技术要求

所有零件的技术要求都是根据其使用功能和工作条件来制定的。轴类零件常以其某两段外圆表面装配在轴承或基准件上。因此，与轴承孔配合的两段轴颈是轴类零件的重要表面，一般也是确定各项技术要求的基准。

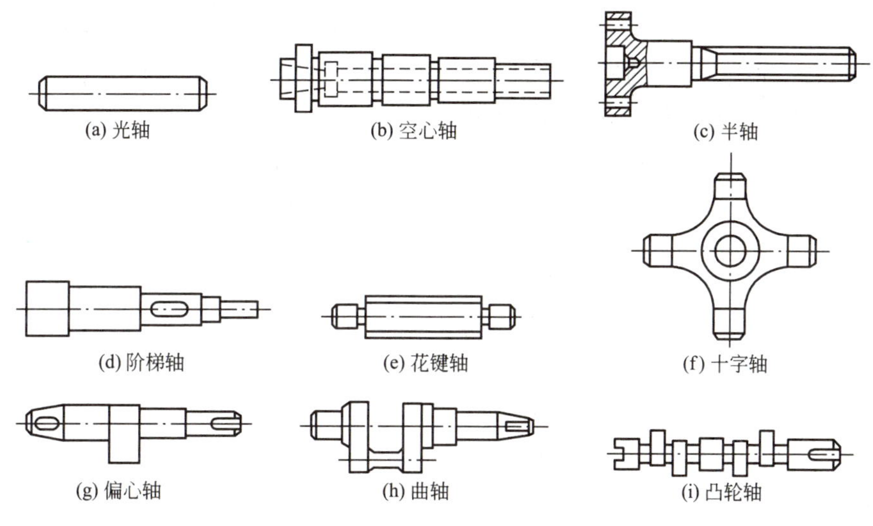

图 6—18 常见轴类零件

（1）尺寸精度。

轴类零件的尺寸精度主要指直径和长度精度。直径精度由使用要求和配合性质确定。对于主要支承轴颈，通常尺寸精度为 IT8～IT6 级；特别重要的轴颈，尺寸精度可达 IT5 级。长度精度一般要求不高，通常按未注公差尺寸加工；要求较高时，其允许偏差为 50～200μm。

（2）形状精度。

轴类零件的形状精度主要指轴颈的圆度、圆柱度要求。由于轴类零件本身的形状误差会直接影响与之配合的零件接触质量及回转精度，因此形状精度一般限制在直径公差范围内；要求较高时可取直径公差的 1/2～1/4，或另外在图纸上专门另行规定允许偏差。

（3）位置精度。

保证配合轴颈（装配传动件的轴颈）相对支承轴颈（装配轴承的轴颈）的同轴度、圆跳动以及轴颈与支承端面的垂直度，是轴类零件位置精度的普遍要求。普通精度的轴，配合轴颈对支承轴颈的径向圆跳动一般为 10～30μm，高精度的轴径向圆跳动为 1～5μm。端面圆跳动为 5～10μm。

（4）表面粗糙度。

轴类零件的主要工作表面粗糙度根据其运转速度和尺寸精度等级决定。支承轴颈的表面粗糙度一般为 Ra=0.8～0.2μm；配合轴颈的表面粗糙度一般为 Ra=0.8～0.2μm。

3. 轴类零件的材料、毛坯及热处理

（1）轴类零件的材料。

轴类零件应根据不同的工作条件和使用要求选用不同的材料和热处理方法，以获得必要的强度、硬度、韧性及耐磨性。

一般轴类零件常用 45 钢，经过调质（或正火）可得到较好的切削性能，而且能获得较高的强度和韧性等综合机械性能，重要表面经局部淬火后再回火，表面硬度可达45～52HRC。

对于中等精度而转速较高的轴类零件可选用40Cr合金结构钢，这类钢经调质和表面淬火热处理后，具有较高的综合机械性能。精度较高的轴类零件，也可选用轴承钢GCr15和弹簧钢65Mn，这类钢经调质和表面高频淬火后再回火，表面硬度可达50～58HRC，并具有较高的耐疲劳性能和较好的耐磨性能。

对于在高转速、重载荷等条件下工作的轴类零件，可选用20Cr、20CrMnTi、20Mn2B等低碳合金钢或38CrMoAlA中碳合金渗氮钢。低碳合金钢经正火和渗碳淬火处理后可获得很高的表面硬度与较软的芯部，耐冲击韧性好，其主要缺点是热处理变形较大。而对于渗氮钢，由于渗氮温度比一般淬火温度低，经调质和表面渗氮后，变形小而硬度却很高，具有良好的耐磨性和耐疲劳强度。

（2）轴类零件的毛坯。

轴类零件最常用的毛坯是棒料和锻件，只有某些大型或结构复杂的轴类零件（如曲轴、凸轮轴），在质量允许时才选用铸件毛坯。毛坯经过锻造后能使金属内部纤维组织沿表面均匀分布，可获得较高的抗拉、抗弯及抗扭强度。所以，除了光轴和直径相差不大的阶梯轴选用热轧棒料或冷拉棒料外，一般比较重要的轴类零件大都采用锻件毛坯。

根据生产类型和使用要求的不同，锻造毛坯分自由锻和模锻两种制造方法。自由锻设备简单、易投产，但毛坯精度较低、加工余量较大且不易锻造形状复杂的毛坯，多用于单件小批生产。模锻的毛坯精度高，加工余量小，生产效率也高，而且可以锻造形状复杂的毛坯，但模锻设备及专用锻模所需成本较高，通常适用于大批量生产。

另外，对于一些大型轴类零件，如低速船用柴油机曲轴，还可以采用组合毛坯，即事先将曲轴分成几段毛坯，经各自锻造加工后，再通过红套等过盈连接方法拼装成整体毛坯。

（3）轴类零件的热处理。

轴类零件的性能不仅与所选材料种类有关，而且还与热处理方法有关。锻造毛坯在机械加工之前，均需安排正火或退火处理（含碳量大于0.7%的碳钢与合金钢），使钢材内部晶粒细化（或球化），以消除锻造后的残余应力。降低毛坯硬度，改善切削加工性能。

为了获得良好的综合切削性能，轴类零件在淬火之前常要求进行调质处理（有的采用正火）。当毛坯加工余量较大时，调质安排在粗车之后、半精车之前，以便消除粗加工所产生的残余应力；当毛坯加工余量较小时，调质可安排在粗车之前进行。表面淬火一般安排在精加工之前，这样可以纠正因淬火而引起的局部变形。

对于精度要求较高的轴类零件，在局部淬火或粗磨之后，还需安排低温时效处理（在160℃的油中进行长时间的低温时效），以消除淬火及磨削中产生的残余奥氏体和残余应力，从而保证尺寸的稳定；对于整体淬火的精密轴类零件，在淬火粗磨后，要经过较长时间的低温时效处理；对于精度要求更高的轴类零件，在淬火之后，还应安排定性处理（一般采用液氮深冷处理）。

二、轴类零件的装夹

1. 用外圆表面装夹

当轴的长径比（L/d）不大时，可用其外圆表面装夹，通常使用的夹具为三爪自定心卡盘。三爪自定心卡盘能够自动定心，装卸工件快，但由于夹具的制造和装夹误差，其定心精度为 0.05～0.10mm。四爪卡盘不能自动定心，装夹工件时四个卡爪需要按工件定位表面的形状分别校正调整，很费时间，适用于单件小批量生产。

在自动车床和转塔车床上加工较短的轴类零件时，常用冷拉圆钢或热轧圆钢做毛坯，由于毛坯直径不大而且直径误差较小，故通常采用弹簧夹头按毛坯外圆定心夹紧。弹簧夹头能够自动定心，装卸工件快，但也有少许的装夹偏心，并且夹紧力不大。

2. 用两端中心孔装夹

当工件的长径比较大时，常用两端中心孔装夹。它的优点是定位基准统一，有利于保证轴上各加工表面之间的相互位置精度。但是两顶尖的装夹刚性差，不能承受太大的切削力，故主要用于半精加工和精加工。

对于较大型的长轴零件的粗加工，常采用一夹一顶的装夹方法，即工件的一端用卡盘夹紧，另一端用尾座顶尖支承，这样便克服了刚性差不能承受重切削力的缺点。

3. 用内孔表面装夹

对于空心的轴类零件，在加工出内孔后，作为定位基准的中心孔已不存在。为了保证后续各道工序能有统一的定位基准，常采用带有中心孔的各种堵头和拉杆心轴装夹工件。

当空心轴孔端有小锥度孔（如莫氏锥孔）时，常用锥堵定位，如图 6—19 所示；当锥孔的锥度较大（如 7∶22 和 1∶10 等）或圆柱孔的情况下，可用带锥堵的拉杆心轴装夹，如图 6—20 所示。

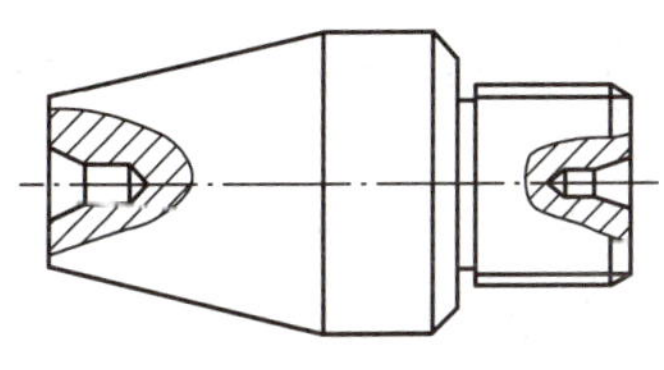

图 6—19 锥堵

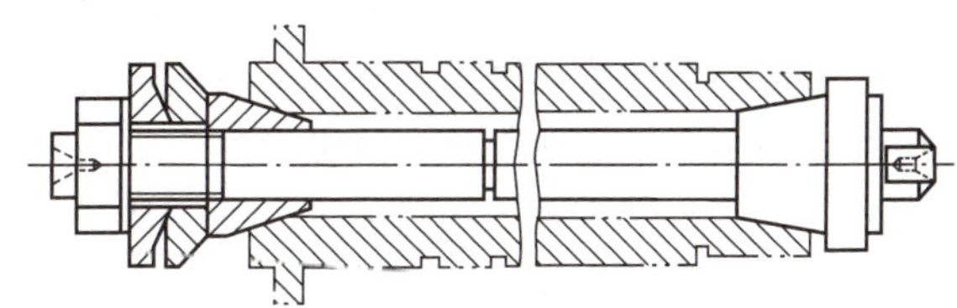

图 6—20 带锥堵的拉杆心轴

当空心轴孔端无锥孔且不允许做出锥孔时，可用自动定心的弹簧堵头装夹，如图 6—21 所示。它是利用顶尖压力使弹簧套扩张来定位和夹紧工件的。

在空心轴内孔直径不是很大的情况下，可在孔端口车出长 2～3mm 的 60°内锥面（坡口），如图 6—22 所示。坡口经过修研后，定位精度会有很大提高，而且刚性也比顶尖孔好。

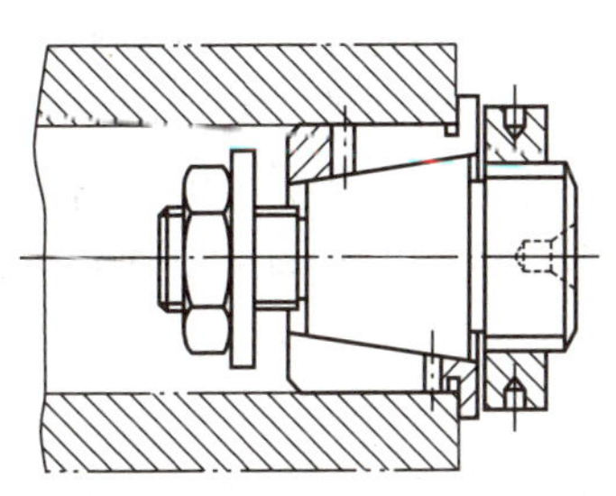

图 6—21 弹簧堵头

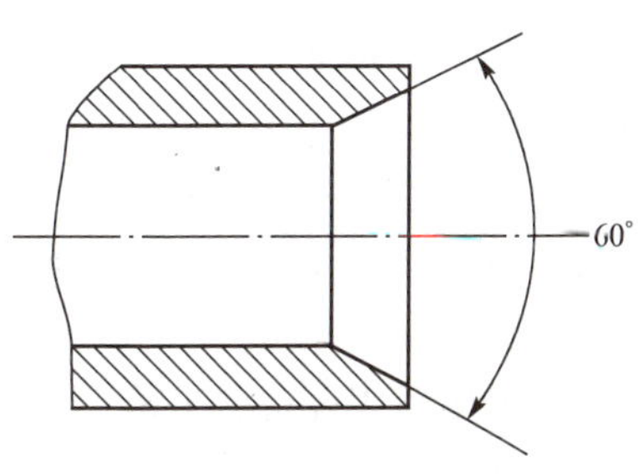

图 6—22 坡口

应当指出，采用各种堵头或拉杆心轴时，堵头要有足够的精度（特别是用以定位的表面必须与中心孔同轴）；安装堵头的内孔或锥孔应事先经过精车或磨削；工件在加工过程中最好不要在中途更换或拆装堵头，以保证定位误差最小。

三、轴类零件的加工工艺过程及特点

1. 轴类零件的基本加工工艺过程

轴类零件应根据其技术要求、生产类型、毛坯种类等情况制定出相应的工艺规程。轴类零件的工艺规程具有很大的共性，尤其是在单件小批量生产中，大都遵循工序集中原则，工艺过程非常相似。单件小批量生产中轴类零件加工的基本工艺路线如下：下料→车端面、钻中心孔→粗车各外圆表面→热处理（正火或调质）→修研中心孔→半精车和精车各外圆表面、车螺纹→铣键槽或花键→热处理（淬火）→修研中心孔→粗、精磨外圆→检验。

2. 轴类零件加工工艺的特点

（1）车削和磨削是轴类零件的主要加工方法。

一般精度的轴类零件，经过粗车和精车即可达到精度要求；精度较高、表面粗糙度值较小或需要进行表面淬火的轴类零件，经过粗车、半精车或精车并进行热处理后，还需进行粗磨和精磨。

（2）安排必要的热处理工序。

在轴类零件加工过程中，应合理安排热处理工序，以保证轴类零件的力学性能及加工精度，并改善材料的切削加工性能。

一般在轴类零件毛坯经过锻造后，首先需要安排正火处理，以消除锻造内应力，改善材料内部金相组织，细化晶粒，降低硬度，提高材料的可加工性。

在粗加工后，安排第二次热处理——调质处理，以获得均匀细致的回火索氏体组织，提高零件的综合力学性能，并为后续表面淬火时得到均匀致密且硬度由表面向中心逐步降低的硬化层打好基础。同时，调质后的金相组织经过切削加工能够得到较小的表面粗糙度值。

两次热处理后，对有相对运动的轴颈表面和经常装卸工具的内锥孔等摩擦部位进行表面淬火，以提高其耐磨性。

（3）普遍采用中心孔定位。

轴类零件加工时采用的顶两头、一夹一顶的装夹方式，其定位基准均为中心孔。因为轴类零件各内外圆表面、锥面、螺纹表面的同轴度以及端面对轴线的垂直度等是位置精度要求的主要项目，而这些表面的设计基准一般都是轴线。以中心孔作为定位基准，符合基准重合原则；而且许多工序（如粗车、半精车、精车、粗磨和精磨等）均采用中心孔作为定位基准，符合基准统一原则；另外，使用中心孔定位能够在一次装夹中加工出多个外圆表面和端面，符合工序集中原则。因此，加工轴类零件多用中心孔作为定位基准，有利于保证各加工表面的位置精度。

（4）广泛采用通用设备和工装。

单件小批生产轴类零件，大多在卧式车床、外圆磨床等通用设备上进行，所需工装主要是卡盘、顶尖、中心架或跟刀架等通用夹具以及车刀、砂轮等通用切削工具。上述加工设备和工装的类型、规格和技术性能应与轴类零件的外形尺寸及精度要求相适应。

四、传动丝杠的加工

1. 细长轴的加工工艺

细长轴（$L/d>10$）刚性差，加工时极易变形。为了获得良好的加工精度和表面质量，生产实际中常采用以下措施：

(1) 改进装夹方法。

车削细长轴时，工件常用一夹一顶方式，同时在夹持端缠绕一圈直径约为4mm的钢丝，使工件与卡爪之间保持线接触，避免前夹后顶时在工件上附加弯曲力矩；尾座上采用弹性顶尖，工件受热伸长时后顶尖能够自动后退，避免工件产生弯曲变形，如图6—23所示。

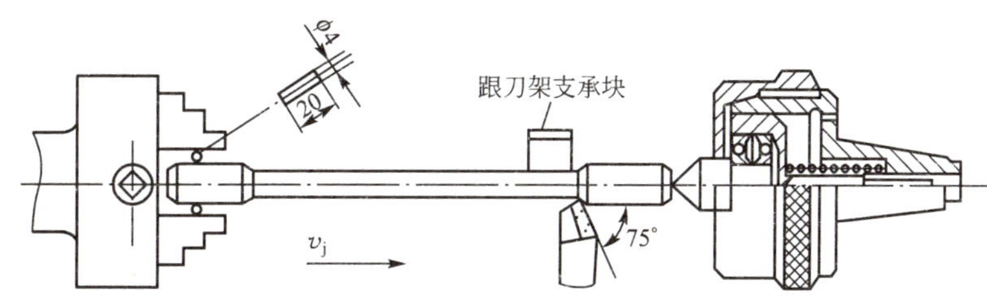

图6—23 车削细长轴

(2) 采用跟刀架。

如图6—23所示，采用跟刀架可以抵消车削或磨削时背向力的影响，从而减小切削振动和工件变形。使用跟刀架时必须仔细调整各支承爪对工件施加的压力要适当而且均匀，保持跟刀架的中心与机床顶尖中心重合。粗车时，跟刀架支承在刀尖后面1～2mm处；精车时，跟刀架支承在刀架前面，以避免支承爪划伤已加工表面。

(3) 采用反向进给。

车削细长轴时，通常使车刀朝着尾座方向做纵向进给运动，如图6—23所示。这样，刀具施加于工件上的进给力使工件已加工部分受到的是轴向拉伸作用，其伸长量可由尾座上的弹性顶尖补偿，从而大大减小了工件的弯曲变形程度。

(4) 改进车刀结构。

车削细长轴的车刀，一般前角和主偏角较大，不仅切削轻快，而且可以减小径向力，从而避免产生振动和弯曲变形。粗车车刀在前刀面上开出断屑槽，改善断屑条件；精车车刀常取正刃倾角，使切屑流向待加工表面，保证已加工表面不被划伤。

(5) 采用无进给量磨削。

磨削细长轴时，因受背向力的影响，工件发生弯曲变形会使其加工后呈两头小中间大的腰鼓形。为此，磨削时不宜采用切入法；精磨结束前，应安排多次无进给量走刀，直至无火花出现为止。

2. 传动丝杠的加工工艺

传动丝杠除了具有细长轴加工工艺特点外，还具有螺纹面结构复杂、误差环节多、易产生变形以及加工难度大等特点。因此，传动丝杠加工时还应注意下列问题：

（1）校直与热处理。

传动丝杠毛坯在加工之前应先进行校直，在粗加工和半精加工阶段，还应根据需要安排多次校直和热处理。例如，粗车外圆、螺纹和半精车螺纹后均应安排校直和低温时效，以消除丝杠内部的残余应力和加工变形。

传动丝杠的弯曲变形可采用热校直（一般用于毛坯）或冷校直（多用于半成品）的方法进行校直。初校时，丝杠弯曲变形较大，可用压高点的方法校直；螺纹半精加工后，丝杠的弯曲变形已较小，可用砸凹点校直法进行校直。如图 6—24 所示，将丝杠弯曲的凸点放在硬木或铜垫上，凹点朝上，用扁錾卡在螺纹凹点的小径处，并施加作用力 F，使凹点金属向两边延伸而达到校直的目的。

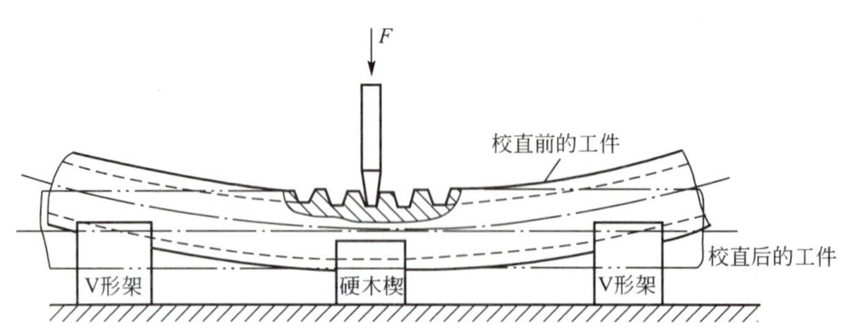

图 6—24　砸凹点校直丝杠

为了保证传动丝杠的精度在长期使用中能够稳定不变，加工时应对其进行多次时效处理以消除残余应力。特别是螺纹粗加工后，由于切削加工余量较大，而且切断了材料原来的纤维组织，造成了内应力重新分布平衡；另外，丝杠经过校直也会引起丝杠产生较大的塑性变形而加大内部残余应力。因此，安排时效处理对传动丝杠来说尤为重要。在时效处理时可采用人工时效或自然时效。

（2）工艺基准的加工。

传动丝杠的加工以车削为主，除了粗车时因切削力大可按一夹一顶的方式装夹外，其余工序的加工都要用顶两头的方式装夹，以实现基准重合和基准统一原则。因此，作为工艺基准的两端中心孔应首先加工。生产实际中常选用带有 120°保护锥的 B 型中心孔。每次热处理后和精车螺纹之前，都需要修研中心孔，以确保其精度。

另外，传动丝杠还常用外圆表面作为辅助基准，以便采用跟刀架，增强工艺系统的刚度。因此，虽然传动丝杠外圆的精度要求不高，但为了满足加工工艺要求，可采用磨削代替车削作为外圆的最终加工。

（3）传动螺纹的加工。

传动丝杠的螺纹精度要求较高，粗加工、半精加工和精加工应划分不同工序进行。粗车、半精车和精车螺纹分别在精车、粗磨和精磨外圆之后进行。半精车时应将螺纹小径车至要求的尺寸，这样可以防止精车螺纹传动面时，车刀与螺纹小径面接触，从而避免产生过大的径向力，减小丝杠弯曲变形的程度。

3. 传动丝杠的加工工艺过程

如图 6—25 所示为卧式车床传动丝杠零件简图，如表 6—2 所示为该传动丝杠单件小批量生产的机械加工工艺过程。

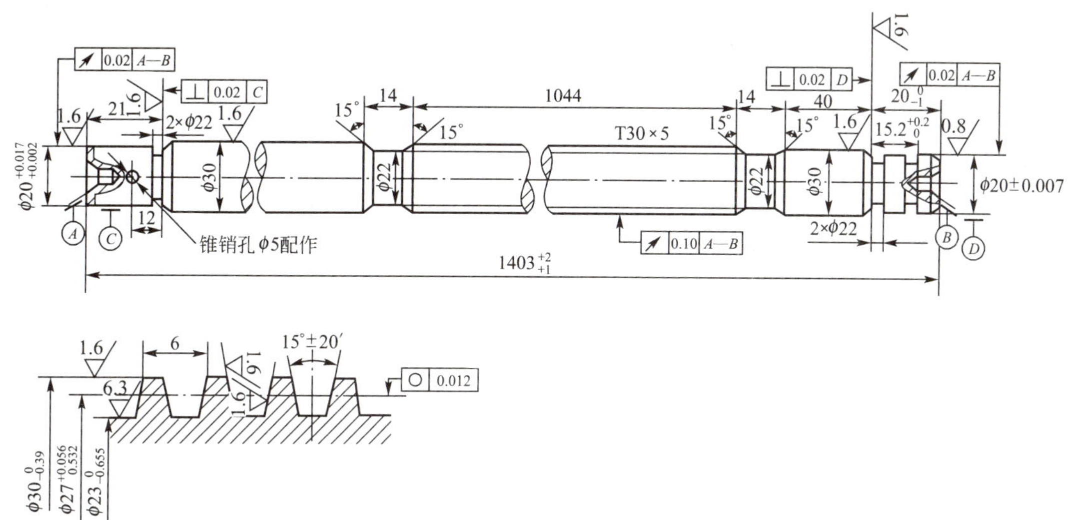

图 6—25 卧式车床传动丝杠零件简图

表 6—2 卧式车床传动丝杠机械加工工艺过程

工序	工序名称	工序内容	设备及主要工艺装备
1	备料	下料：45 钢，φ35mm×1 410mm	弓锯机
2	钳	校直，全长弯曲度≤1.5mm	
3	热处理	正火，170～210HBS，外圆跳动≤1.5mm	
4	车	① 车端面、控制总长、两端钻 B 型标准中心孔 ② 粗车外圆，各部分预留量为 2～3mm	卧式车床、中心架、跟刀架、B 型中心钻
5	钳	校直、压高点、外圆跳动≤1mm	
6	热处理	高温回火、外圆跳动≤1mm	
7	车	① 修中心孔 ② 半精车外圆各部，各部分预留量为 0.5～0.8mm ③ 粗车梯形螺纹，每侧预留量为0.3～0.5mm	卧式车床、硬质合金顶尖
8	钳	校直、砸凹点、外圆跳动≤0.3mm	
9	热处理	中温回火，外圆跳动≤0.2mm	
10	车	① 修中心孔 ② 半精车螺纹，每侧预留量为 0.2～0.3mm，小径车至尺寸	卧式车床、硬质合金顶尖
11	钳	校直、砸凹点、外圆跳动≤0.15mm	
12	时效	垂吊一周，早晚各敲打两次	
13	磨	修中心孔，磨外圆各部分至要求的尺寸	万能外圆磨床或无心磨床
14	钳	校直，径向跳动<0.1mm	
15	车	精车螺纹至尺寸	
16	检验		

五、空心主轴的加工

空心主轴是最具代表性的轴类零件。现以图 6—26 所示 CA6140 型车床主轴零件的加工工艺为例；进行工艺分析。

1. 主轴的主要技术条件

由图 6—26 可以看出，主轴的支承轴颈 A、B 是主轴部件的装配基准，其制造精度直接影响到主轴部件的回转精度，所以对 A、B 两段轴颈提出很高的要求。

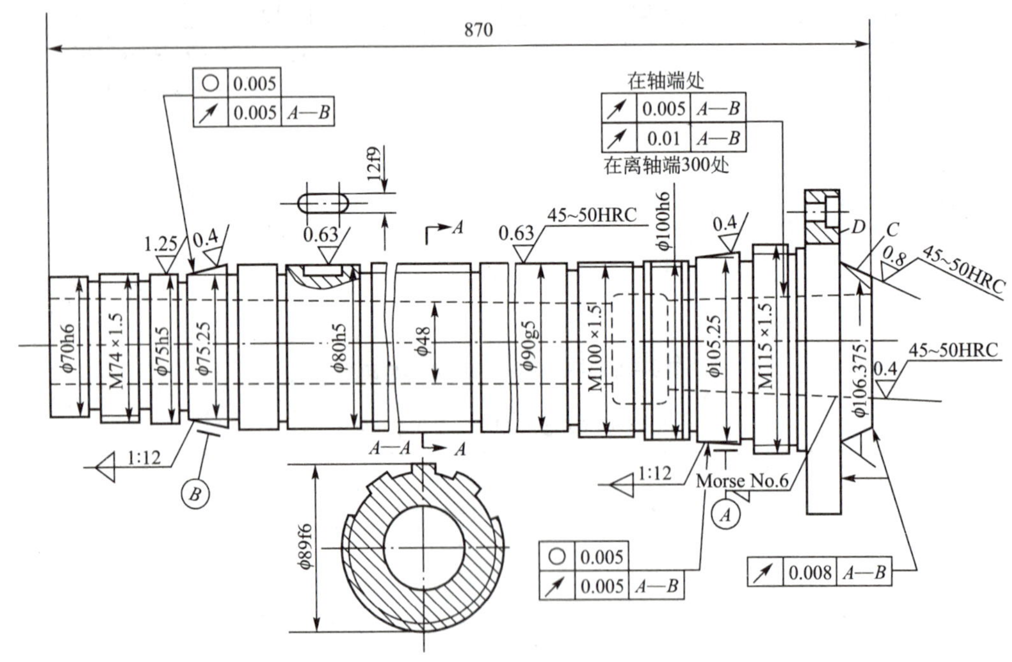

图 6—26 CA6140 型车床主轴零件简图

主轴前端锥孔（莫氏 6 号）用来安装顶尖或工具锥柄，其轴线必须与支承轴颈轴线严格同轴，否则会引起加工工件产生形位误差。

主轴前端圆锥面和端面是安装卡盘或车床夹具的定位表面。为了保证卡盘的定心精度，该圆锥面必须与支承轴颈同轴，端面必须与主轴的回转轴线垂直。

主轴上的螺纹是用来固定和调节主轴轴承间隙的。当螺纹中径相对支承轴颈歪斜时，会造成锁紧螺母端面不垂直，轴承位置发生变动，引起主轴径向圆跳动。

2. 主轴的加工工艺过程

通过对主轴的技术要求和结构特点进行深入分析，根据生产类型、设备条件、工人技术水平等因素，就可以拟定其机械加工工艺过程。

如表 6—3 所示为 CA6140 型车床主轴零件成批生产时的加工工艺过程简表。主轴材料为 45 钢。

3. 主轴的加工工艺过程分析

(1) 加工阶段的划分。

由于主轴是多阶梯带通孔的零件，切除大量金属后，会引起残余应力重新分布而变形，故安排工序时，一定要粗精分开，先粗后精。如表 6—3 所示 CA6140 型车床主轴零件加工工艺过程就是以重要表面（特别是支承轴颈）的粗加工、半精加工和精加工为主线，适当穿插其他表面的加工工序所组成的工艺路线。

表 6—3　　CA6140 型车床主轴零件成批生产时的加工工艺过程简表

序号	工序名称	工序简图	加工设备
1	备料		
2	锻造		立式精锻机
3	热处理	正火	
4	锯头		
5	铣端面、钻顶尖孔		专用机床
6	荒车	车各外圆面	卧式车床
7	热处理	调质 220～240HBS	
8	车大端各部	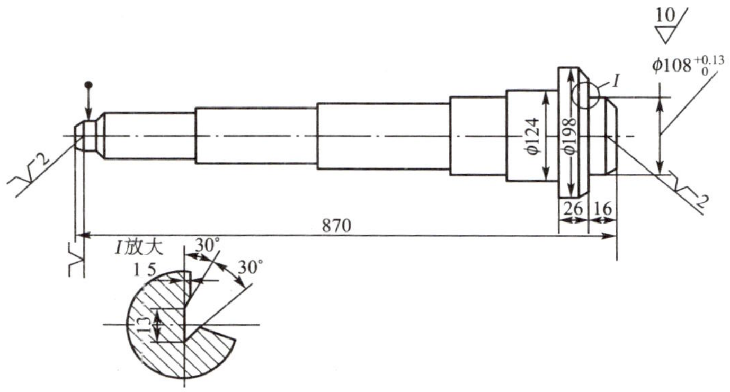	卧式车床 CA6140
9	仿形车小端各部	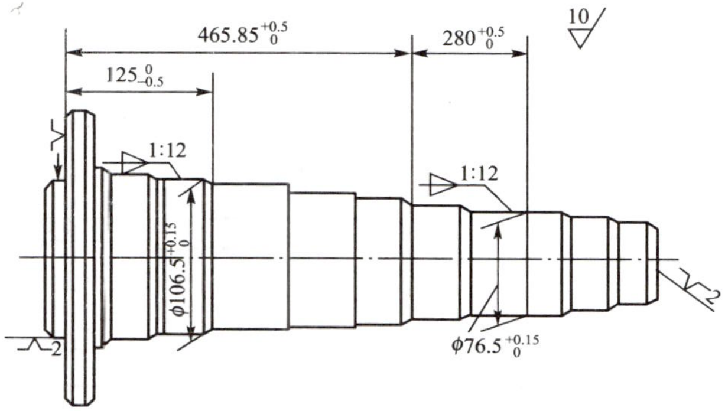	仿形车床 CE7120

（续前表）

序号	工序名称	工序简图	加工设备
10	钻深孔	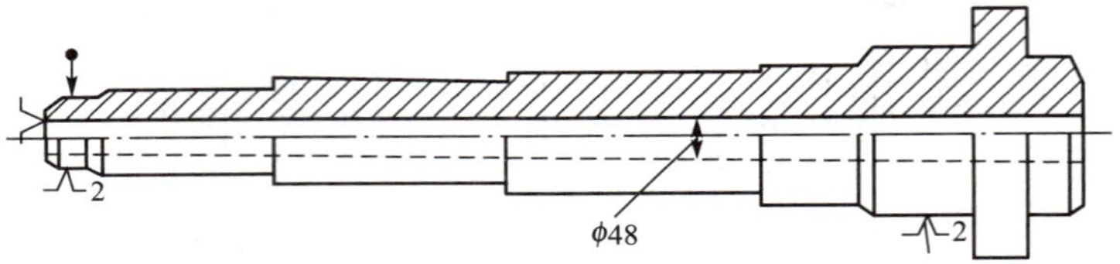 $\phi48$　2　2	深孔钻床
11	车小端内锥孔(配 1：20 锥堵)	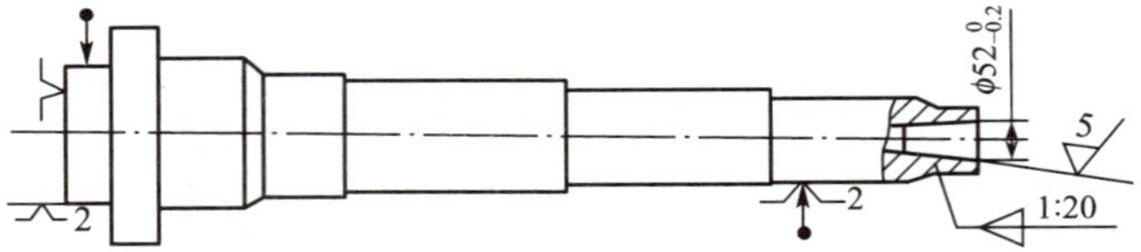 $\phi52_{-0.2}^{0}$　5　1:20　2　2	卧式车床 CA6140
12	车大端锥孔（配莫氏 6 号锥堵）；车外短锥及端面	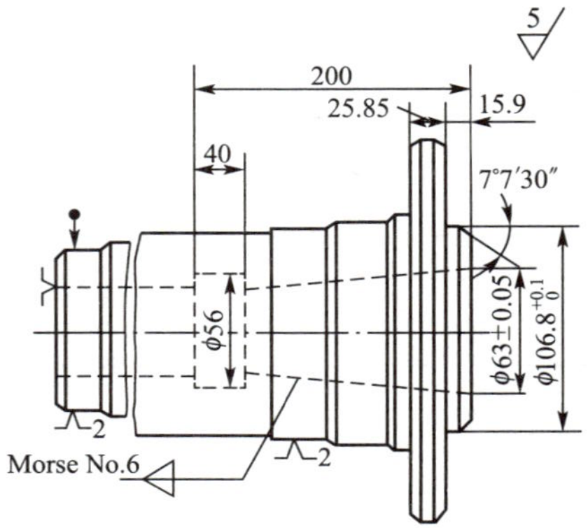 5　200　25.85　15.9　40　7°7′30″　$\phi56$　$\phi63\pm0.05$　$\phi106.8_{0}^{+0.1}$　Morse No.6　2　2	卧式车床 CA6140

（续前表）

序号	工序名称	工序简图	加工设备
13	钻大端端面各孔	K; 0.8; $\phi19^{+0.05}_{0}$; 3; M8; 4×ϕ23; 5; 1.4; K向; 2; ϕ160; 30°; 45°; 2×M10	Z55 钻床
14	热处理	调频感应加热淬火ϕ90g6、短锥及莫氏 6 号锥孔	
15	精车各外圆并车槽	5; 465.85; $279.9^{0}_{-0.3}$; $237.85^{0}_{-0.5}$; 4×0.5; $112.1^{+0.5}_{0}$; $114.9^{+0.20}_{+0.05}$; 10; 32; 46; 4×1.5; 38; 8; 8; 3; 4×0.5; 110; $106.4^{+0.3}_{+0.1}$; 3; 30; 44; (35); 4×1; 4×1; 4×0.5; 4×0.5; ϕ115.1h8; ϕ89.4h8; ϕ80.4h8; ϕ76.5; ϕ77.9h8; ϕ75.75; ϕ75h8; $\phi74^{0}_{-0.2}$; ϕ70.4h8; 2; 2	数控车床 CSK6163

（续前表）

序号	工序名称	工序简图	加工设备
16	粗磨外圆二段	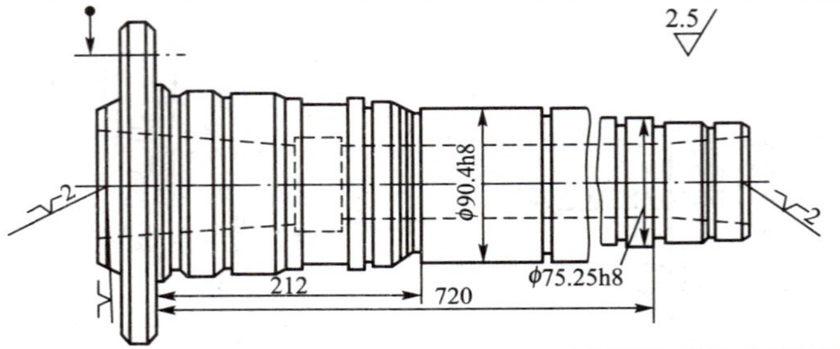	万能外圆磨床 M1432B
17	粗磨莫氏锥孔	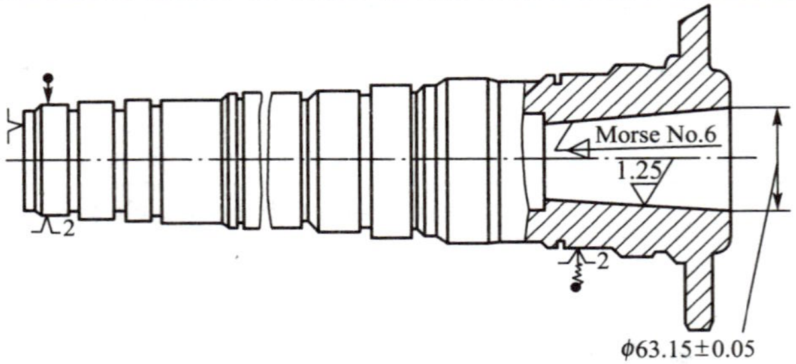	内圆磨床 M2120
18	粗精铣花键	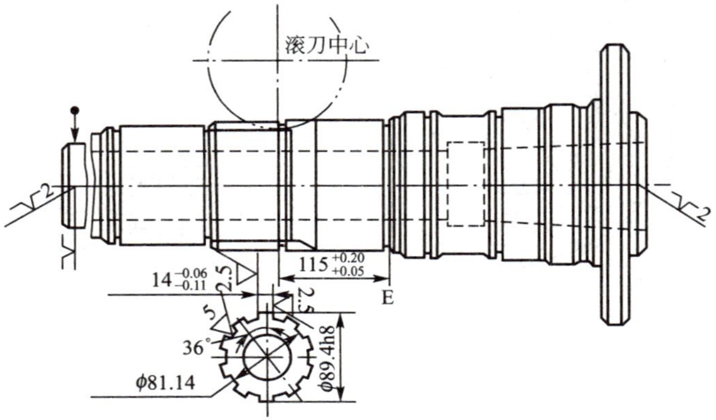	花键铣床 YB6016

（续前表）

序号	工序名称	工序简图	加工设备
19	铣键槽	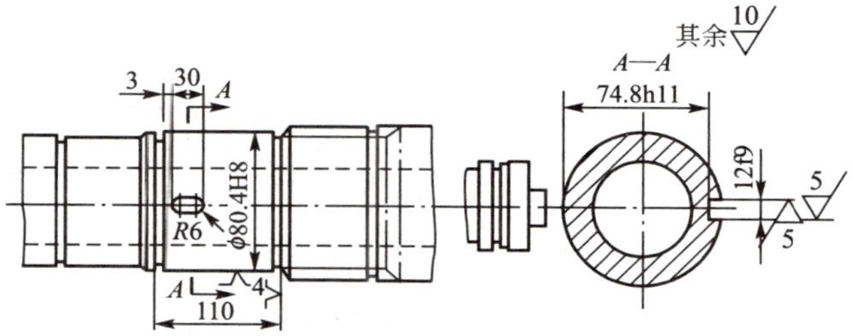 3　30　A　R6　ϕ80.4H8　A　4　110　其余 10　A—A　74.8h11　12f9　5　5	铣床 X52
20	车大端内侧面及三段螺纹(配螺母)	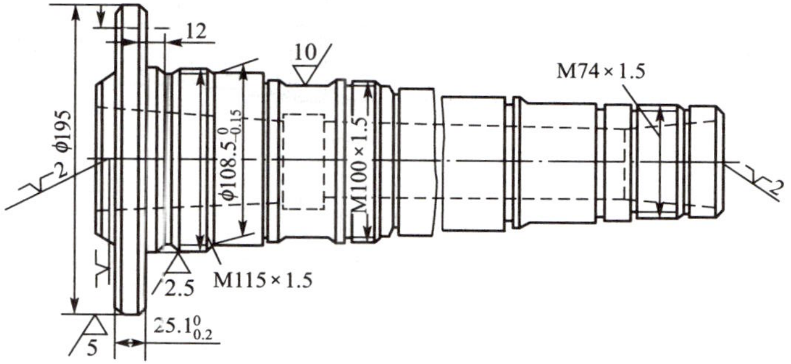 12　10　M74×1.5　ϕ195　2　$\phi108.5^{0}_{-0.15}$　M100×1.5　2　2.5　M115×1.5　5　$25.1^{0}_{-0.2}$	卧式车床 CA6140
21	粗精磨各外圆及 *E*、*F* 两端面	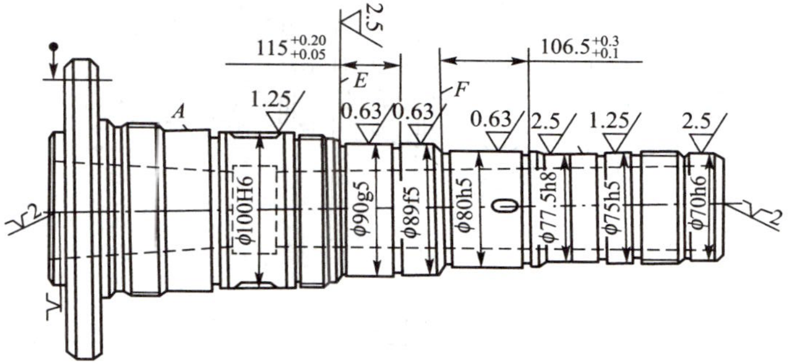 2.5　$115^{+0.20}_{+0.05}$　*E*　$106.5^{+0.3}_{+0.1}$　*F*　1.25　0.63　0.63　0.63　2.5　1.25　2.5　*A*　2　ϕ100H6　ϕ90g5　ϕ89f5　ϕ80h5　ϕ77.5h8　ϕ75h5　ϕ70h6　2	万能外圆磨床 M1432B

（续前表）

序号	工序名称	工序简图	加工设备
22	粗精磨圆锥面	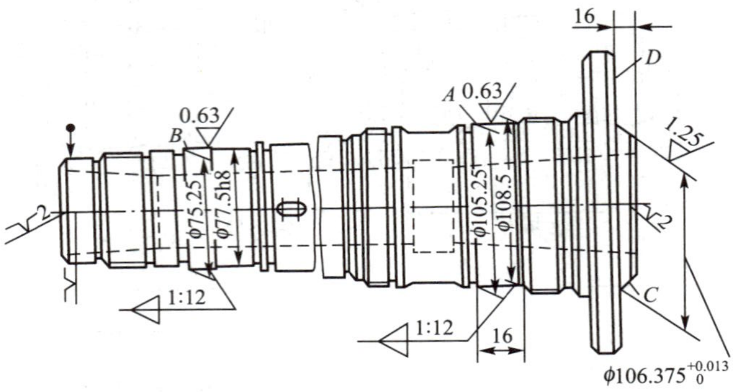	专用组合磨床
23	精磨莫氏 6 号内锥孔	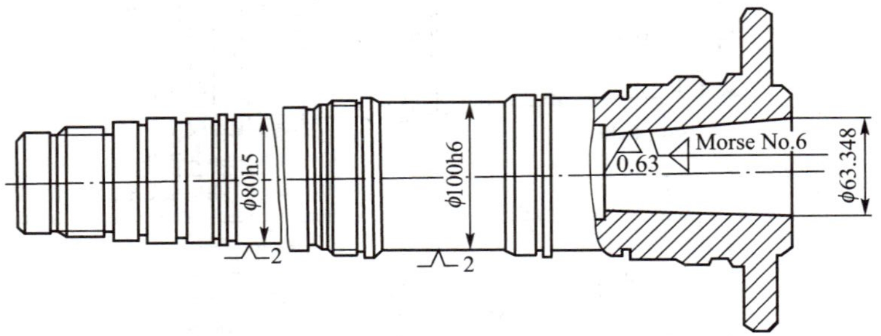	主轴锥孔磨床
24	检查	按图样技术要求项目检查	

1）粗加工阶段（铣端面钻中心孔、粗车外圆等）。

毛坯处理：备料、锻造、热处理（正火），工序1～3。

粗加工：工序4～6。

目的：切除大部分余量，接近最终尺寸，及时发现缺陷。

2）半精加工阶段（半精车外圆和各辅助表面、调质处理）。

热处理：调质（工序7）。

半精加工：工序8～13。

目的：为精加工做好准备，次要表面达到图纸要求。

3）精加工阶段（外圆表面与锥孔的精加工）。

热处理：高频淬火（工序14）。

精加工前各种加工：工序15～20。

精加工：工序21～23。

目的：各表面都加工到图纸要求。

（2）定位基准的选择。

CA6140型车床主轴零件带有通孔，作为定位基准的中心孔，因钻出通孔后而消失。为了在通孔加工之后还能使用中心孔作为定位基准，可采用图6—19和图6—20所示的锥堵或带锥堵的拉杆心轴结构进行装夹。

综上所述，CA6140型车床主轴零件定位基准的使用与转换，大致采用以下方式：开始时以外圆为粗基准铣端面钻中心孔，为粗车外圆准备好定位基准。粗车外圆又为深孔加工准备好定位基准，钻深孔时采用一夹（夹一头外圆）一托（托一头外圆）的装夹方式。随后加工好前后锥孔，以便安装锥堵，为半精加工和精加工外圆准备好定位基准。终磨锥孔之前，必须磨好轴颈表面，以便用支承轴颈定位来磨锥孔，从而保证锥孔的精度。

（3）工序顺序的安排。

安排主轴加工工序的顺序时应注意以下几点：

1）基准先行。在安排机械加工工艺时，总是先加工好定位基准面，即基准先行。主轴加工也是先安排铣端面钻中心孔，以便为后续工序准备好定位基准。

2）深孔加工。为了使中心孔能够在多道工序中使用，希望深孔加工安排在最后。但是，深孔加工属于粗加工，余量大，发热多，变形也大，故不能放在最后加工。一般深孔加工安排在外圆粗车之后，以便有一个较为精确的轴颈做定位基准用来搭中心架，这样加工出的孔容易保证主轴壁厚均匀。

3）先外后内与先大后小。先加工外圆，再以外圆定位加工内孔。如上述主轴锥孔安排在轴颈精磨之后再进行精磨；加工阶梯外圆时，先加工直径较大的，后加工直径较小的，这样可以避免过早地削弱主轴的刚度。加工阶梯深孔时，先加工直径较大的，后加工直径较小的，这样便于使用刚度较大的孔加工工具。

4）次要表面的加工安排。主轴上的花键、键槽、螺纹等次要表面的加工，通常均安排在精车或粗磨之后、精磨外圆之前进行。如果精车前就铣出键槽，则精车时因断续切削容易产生振动，既影响加工质量，又容易损坏刀具，也难控制键槽的深度。次要表面的加工也不能安排到主要表面精磨之后，否则会破坏主要表面已获得的精度。

（4）主要工序的加工方法。

1）外圆表面的加工。主轴外圆表面的粗加工和半精加工应采用车削的方法，成批生产时采用转塔车床、数控车床；大批量生产时，采用多刀半自动车床、液压仿形半自动车床等。

主轴外圆表面的精加工应采用磨削的方法，并安排在热处理（如高频淬火）工序后进行，用来纠正主轴在热处理中所产生的变形，以便保证所需的加工精度和表面粗糙度。

2）锥孔的精磨。主轴锥孔对主轴支承轴颈的径向圆跳动是一项重要的精度指标，因此锥孔加工是关键工序。

主轴锥孔磨削通常使用专用夹具。如图 6—27 所示，专用夹具由底座、支架及浮动夹头三部分组成。支架固定在底座上，支承前后各有一个 V 形块，其上镶有硬质合金（提高耐磨性），工件放在 V 形块上，工件中心与磨头中心必须等高，否则会出现双曲线误差，影响其接触精度。后端的浮动夹头锥柄装在磨床主轴锥孔内，工件尾部插入弹性套内，用弹簧将夹头外壳连同主轴向左拉，通过钢球压向带有硬质合金的锥柄端面，限制工件轴向窜动。这种磨削方式，可使主轴锥孔磨削精度不受内圆磨床主轴回转误差的影响。

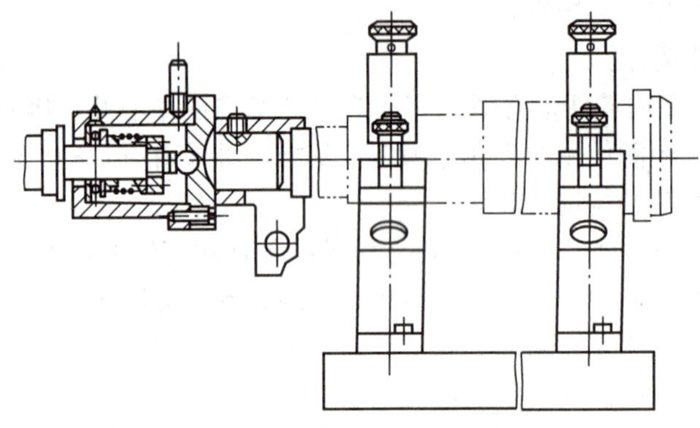

图 6—27　磨削主轴锥孔的专用夹具

3）中心通孔的加工。主轴中心通孔一般都是深孔，针对深孔加工的不利条件，要解决好刀具引导、顺利排屑和充分润滑三个关键问题。生产实际中，常采取以下措施：

① 采用工件旋转、刀具进给的加工方式，使钻头具有自定心能力，防止深孔轴线加工偏斜；

② 采用特殊结构的刀具——深孔钻，以增加其导向的稳定性和断屑性能；

③ 在工件上预先加工出一段精确的导向孔，保证钻头从一开始就不引偏；

④ 利用压力将冷却润滑液送入切削区域，对钻头起到较好的冷却润滑作用，并将切屑顺利排出。

4）花键的加工。主轴上的花键若需要淬火，可在外圆精车或粗磨后铣出，淬火后的变形可在花键磨床上通过磨削得以消除；若花键无需淬火，则可在其他表面高频淬火后铣削。铣花键的方法与生产类型有关，成批或大量生产时可用花键铣床加工；单件小批量生产时可在卧式铣床上加工。

六、曲轴的加工

1. 曲轴加工的工艺特点

曲轴或偏心轴属于异形轴，它是发动机、空压机、曲柄压力机、剪切机等机械设备中的重要零件之一。曲轴的结构与一般轴类零件不同，它由主轴颈、曲拐轴颈（又称连杆轴颈)、主轴轴颈与曲拐轴颈之间的连接板等几部分组成。曲轴有一个或多个曲拐轴颈，其结构复杂、刚性差、技术要求较高，故曲轴或偏心轴是较难加工的零件。

(1) 曲拐轴颈的加工。

曲拐轴颈的轴线应与主轴颈的轴线平行并保持要求的中心距，因此加工曲拐轴颈之前，应先加工出曲轴端面和中心孔，以确定各轴颈轴线的正确位置。对于大型或单件小批量生产的曲轴，因毛坯大多是自由锻造，所以中心孔一般按划线加工。

如图 6—28(a) 所示，当曲轴轴颈偏心距 $e<d/2$（d 为支承轴颈直径）时，可将曲拐轴颈的中心孔钻在主轴颈中心孔的同一端面上；当 $e\geqslant d/2$ 时，可在两端预留工艺端部或在焊接挡板上钻出主轴颈及曲拐轴颈的中心孔，如图 6—28(b) 所示。

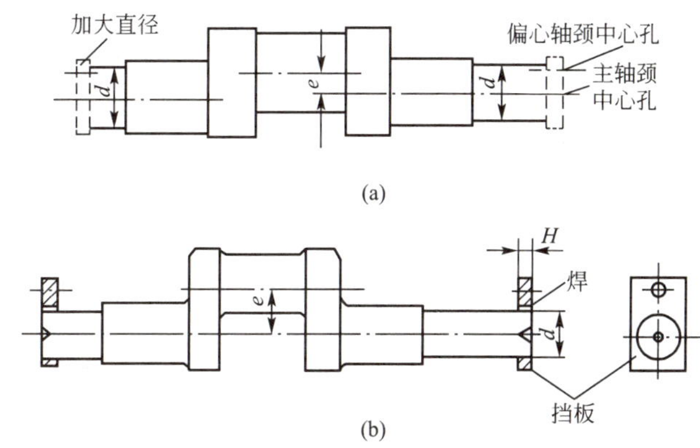

图 6—28 曲轴轴颈的中心孔

(2) 防止变形及平衡方法。

由于曲轴质量大、形状特殊、重心与几何重心不重合，车削时容易引起变形和振动，为此应采取必要措施改善加工条件。为了提高曲轴刚性及减小变形，车削主轴颈时，可在曲拐轴颈的开挡处用螺栓螺母支撑，如图 6—29(a) 所示；当 $e\geqslant d/2$ 并使用挡板或夹具车削曲拐轴颈时，可在曲拐轴线上用螺栓支撑，如图 6—29(b) 所示。由于曲轴重心和轴颈

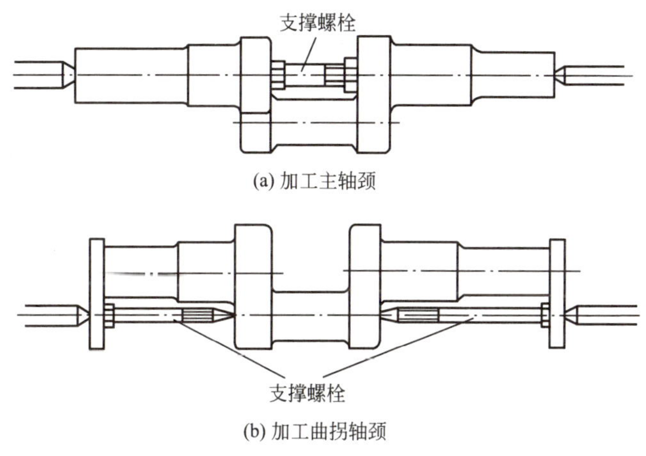

图 6—29 防止曲轴变形的支撑方法

轴线偏移，在车床上加工时产生的离心力和振动会影响轴颈的加工精度。因此，在曲拐轴颈的开挡处加平衡重块并适当降低曲轴转速，可以改善轴颈的加工精度，如图 6—30 所示。

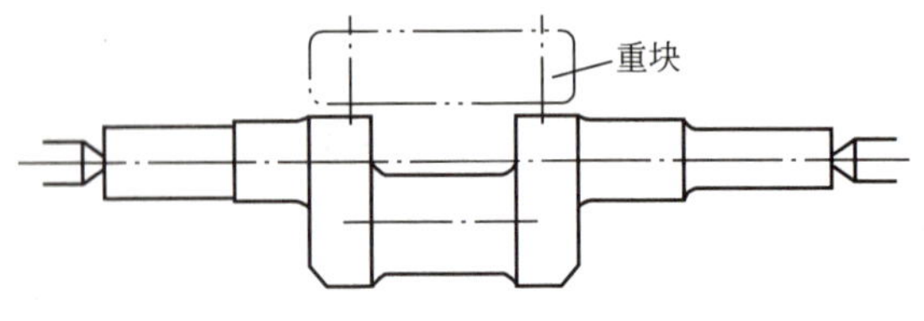

图 6—30　加工曲轴时的重心平衡

(3) 探伤检查。

由于曲轴工作负荷大而且又是重要传动件，为保证制造质量和使用寿命，半精加工或精加工后应进行超声波探伤，发现缺陷（如表面微裂纹、内部气孔和夹渣等）必须采取补救措施，无法补救的必须报废。

2. 曲轴加工的工艺过程

如图 6—31 所示为 JA31－250 发动机曲轴简图，其单件小批量生产的机械加工工艺过程见表 6—4。

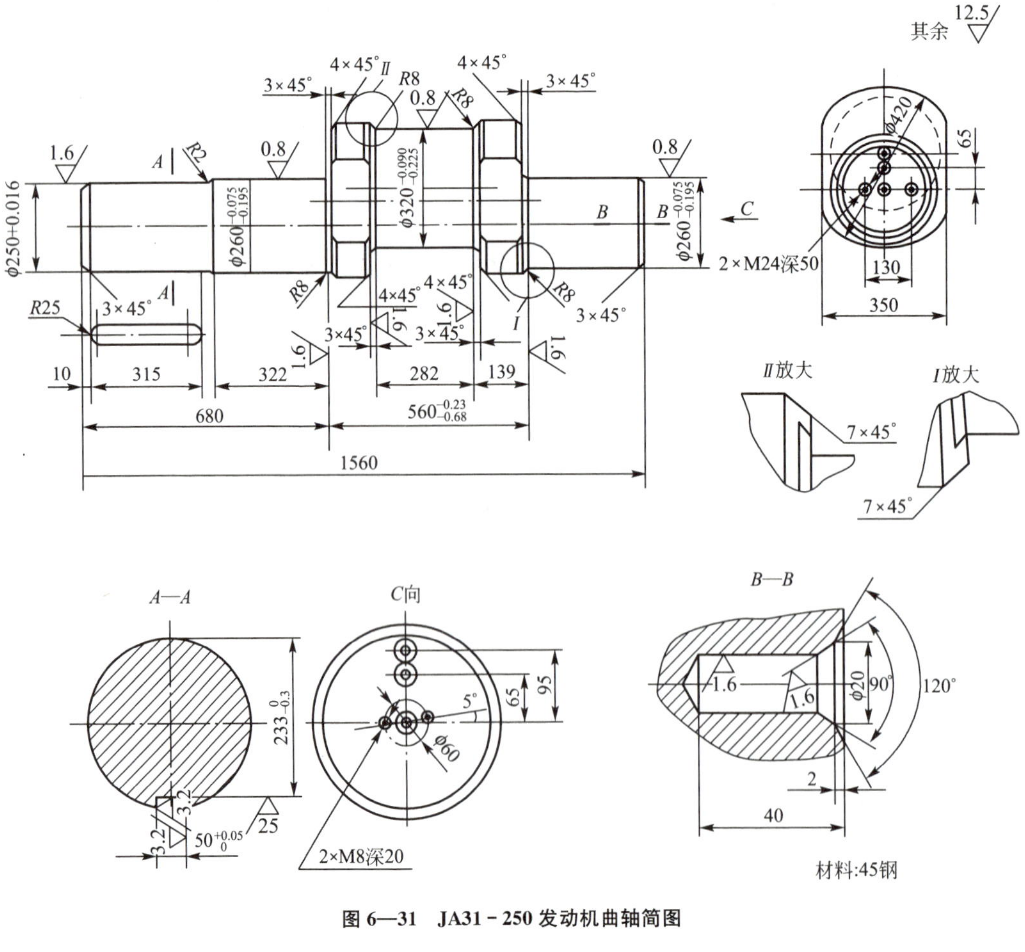

图 6—31　JA31－250 发动机曲轴简图

表 6—4 JA31－250 发动机曲轴机械加工工艺过程

工序	工序名称	工序内容	设备及主要工艺装备
1	锻	锻造毛坯	
2	热处理	退火	
3	钳	兼顾各部划全线	
4	镗	按上母线及侧母线找正，镗两端面，每端预留量为 5mm	卧式铣镗床
5	钳	按上母线及侧母线找正，在两端面上划三中心孔线	
6	镗	钻全部中心孔	卧式铣镗床
7	车	粗车各部，从两端轴颈端面起 50～60mm 长度车圆即可，其余各外圆预留余量为 10～12mm，端面预留余量为 3～4mm，注意加平衡重块	卧式车床
8	钳	划尺寸 350mm 加工线	
9	刨	刨尺寸 350mm 两平面，每面预留余量为 2～3mm	牛头刨床
10	热处理	调质 220～250HBS	
11	钳	划全线检查变形量，划三中心孔线	
12	镗	重钻中心孔	卧式铣镗床
13	车	精车全部至要求的尺寸，其中轴颈按上偏差车出；滚压轴颈表面及 R8mm 圆角，注意加平衡重块	卧式车床、滚压工具
14	检验	超声波探伤检查，做好记录，标明部位	超声波探伤仪
15	钳	划尺寸 350mm 加工线，键槽及螺孔线	
16	镗	以轴颈外圆定位，铣尺寸 350mm 达到要求，铣键槽，钻螺纹底孔	卧式铣镗床
17	钳	攻螺纹，去毛刺	
18	检验		

第 3 节 套筒类零件的加工

一、套筒类零件的工艺分析

1. 套筒类零件的功用与结构

套筒类零件在机器中应用十分广泛，大多起支承或导向作用。例如，支承旋转轴的各种滑动轴承、夹具中的导向套、内燃机的气缸套、液压系统中的液压缸等，如图 6—32 所示。套筒类零件工作时主要承受径向力或轴向力。由于功用的不同，套筒类零件的结构和尺寸差别很大。但它们仍有共同点：结构简单，主要工作表面为形状精度和位置精度要求较高的内外回转面；孔壁较薄，加工中极易变形，长度一般大于直径。

2. 套筒类零件的材料与毛坯

套筒类零件常用材料可以是钢、铸铁、青铜或黄铜等。为节省贵重材料，对于滑动轴

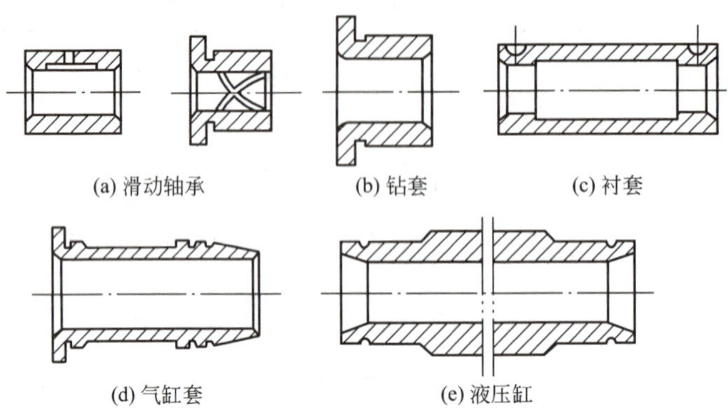

图 6—32　套筒类零件示例

承可采用双层金属结构，即用离心铸造法在钢或铸铁套筒的内壁上浇注一层巴氏合金等材料，用来提高轴承寿命。

套筒类零件毛坯的选择与材料、结构尺寸、批量等因素有关。直径较小的套筒（$d<$20mm）一般选用热轧或冷拉棒料，也可以选择实心铸铁；直径较大的套筒，常选用无缝钢管或带孔的铸、锻件。大批量生产时可采用冷挤压和粉末冶金等先进的毛坯制造工艺。

3. 套筒类零件的主要技术要求

（1）内孔的技术要求。

内孔是套筒类零件起支承或导向作用最主要的表面，通常与运动的轴、刀具及活塞相配合。其直径尺寸精度一般为 IT7 级，精密轴承套为 IT6 级；形状公差一般应控制在孔径公差以内，较精密的套筒应控制在孔径公差的 1/2～1/3，甚至更小。对于长套筒零件除了有圆度要求外，还应对孔的圆柱度有要求。套筒类零件内孔表面粗糙度值一般为 Ra=2.5～0.16μm，某些精密套筒的要求更高，其 Ra 值可达 0.04μm。

（2）外圆的技术要求。

套筒零件的外圆表面与箱体或机架上的孔通常按过盈或过渡配合。其直径尺寸精度一般为 IT7～IT6 级；形状公差应控制在外径公差以内；表面粗糙度值 Ra=5～0.63μm。

（3）各主要表面之间的位置精度。

1）内外圆之间的同轴度。若套筒与机座装配后再进行最终加工，这时对套筒内外圆之间的同轴度要求较低；若套筒是在装配之前进行最终加工，则对其内外圆之间的同轴度要求较高，一般为 0.01～0.05mm。

2）孔轴线与端面之间的垂直度。套筒端面（或凸缘端面）如果在工作中承受轴向载荷，或是作为定位基准和装配基准，这时端面与孔轴线有较高的垂直度或端面圆跳动要求，一般为 0.02～0.05mm。

二、套筒类零件的装夹

由于套筒类零件的主要技术要求是内外圆的同轴度，因此选择定位基准和装夹方法时，应着重考虑在一次装夹中尽可能完成各主要表面的加工，或以内孔和外圆互为基准反复加工逐步提高其精度。同时，由于套筒类零件壁薄、刚性差，选择装夹方法、定位元件和夹紧机构时，要特别注意防止工件变形。

1. 以外圆或内孔为粗基准一次装夹

这种方法可在一次装夹中完成工件主要表面的加工，能够消除因反复装夹对加工精度的影响，并保证一次装夹加工出的各表面之间有很高的相互位置精度。但这种装夹方法大都要求毛坯留有夹持部位，待各表面加工好后再切掉，造成材料的浪费，故多用于尺寸较小的轴套类零件的车削加工。

2. 以内孔为精基准用心轴装夹

以内孔为精基准定位加工套筒类零件的外圆，在生产实践中广泛应用。这是因为加工内孔的切削条件和刀具刚性都较差，若以外圆作为精基准来定位加工内孔，要保证内外圆的同轴度要求就显得比较困难；而以孔为定位基准的心轴类夹具，结构简单、刚性较好、易于制造，在机床上装夹的误差也很小。所以，当不能在一次装夹中加工出套筒内外圆表面时，往往改由内孔定位加工外圆，这一方案特别适合于加工小直径深孔套筒零件。

3. 以外圆为精基准使用专用夹具装夹

当套筒零件内孔直径太小不适合做定位基准时，可先加工外圆，再以外圆为精基准定位，用卡盘夹紧来最终加工内孔。采用这种装夹方法，迅速可靠，能传递较大的扭矩。但是，一般卡盘的定位误差较大，加工后内外圆的同轴度较低。目前，采用弹性膜片卡盘、液性塑料夹头或经修磨的高精度三爪自定心卡盘等定心精度高的专用夹具，可以满足较高的同轴度要求。

三、套筒类零件的工艺过程及特点

1. 套筒类零件的基本加工工艺过程

由于各种套筒类零件的几何构造和基本功能具有许多共同之处，使其加工方案表现出明显的相似性。套筒类零件的基本加工工艺过程是：备料→热处理（锻件调质或正火、铸件退火）→粗车外圆及端面→调头粗车另一端面及外圆→钻孔和粗车内孔→热处理（调质或时效）→精车→划线（键槽及油孔线）→铣键槽或钻油孔→热处理→磨孔→磨外圆→检验。

2. 套筒类零件加工工艺的特点

套筒类零件的加工工艺特点如下：

(1) 以车削和磨削为主要加工方法。

套筒类零件的主要加工表面大多是同一回转轴线的内孔、外圆和端面，可在一次装夹中完成切削加工，比较容易保证外圆和内孔的同轴度、端面对轴线的垂直度以及外圆、端面、内孔对轴线的圆跳动要求。对于精度要求较高的套筒类零件，可在粗车或半精车后，以外圆和内孔互为基准定位反复磨削，最后以内孔为定位基准精磨外圆和端面，从而满足内外圆同轴度、端面对轴线的垂直度以及各加工表面的表面粗糙度要求。对于精度要求较高而且是有色金属材料制作的套筒类零件，因不宜采用磨削，故常用细车代替磨削完成加工。

(2) 易变形且位置精度要求较高。

防止变形和保证各加工面位置精度是加工套筒类零件的关键。由于套筒类零件大多壁薄、长径比大，加工中受夹紧力、切削力、切削热等作用后极易产生变形，而主要加工面的相互位置精度要求又比较高。因此，如何保证主要表面的相互位置精度和防止其在加工中的变形是套筒类零件加工的显著工艺要求。

(3) 使用通用设备和专用工艺装备。

尽管套筒类零件的技术要求较高，加工中又容易变形，但由于其主要加工方法为车削和磨削，因此在生产实际中仍然广泛采用卧式车床和万能外圆磨床等通用设备。为了保证主要加工面的相互位置精度，还需辅之以专用心轴装夹。

四、防止套筒类零件加工变形的措施

1. 减少夹紧力对变形的影响

(1) 使夹紧力均匀分布。

为了防止套筒类零件因局部受力引起变形，应使夹紧力均匀分布。如图 6—33(a)、(b)、(c) 所示，若用三爪自定心卡盘夹紧圆形截面的薄壁套时，夹紧后套筒呈三棱形；加工出符合要求的圆孔并松开卡爪后，套筒外圆因弹性变形恢复成圆形，但已加工出的圆孔却变成了三棱形。为此，可采用开口过渡环或专用卡爪装夹就能够避免上述现象发生，如图 6—33(d)、(e) 所示。

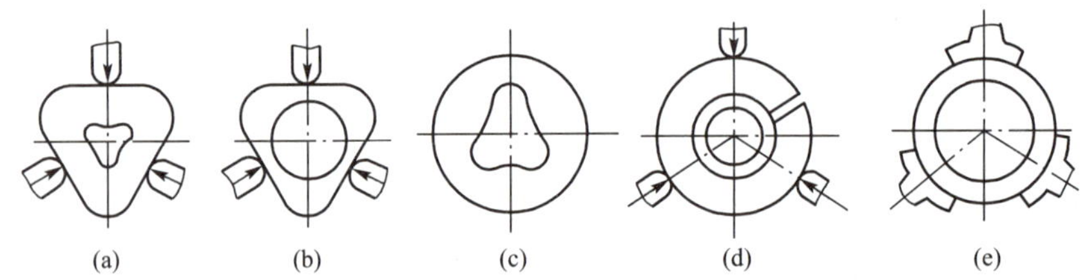

图 6—33 夹紧套筒时的变形误差及消除措施

(2) 变径向夹紧为轴向夹紧。

由于薄壁套筒零件径向刚性要比轴向差，所以在套筒零件结构允许的情况下，可采用轴向夹紧以减小夹紧力引起的工件变形，如图 6—34 所示。

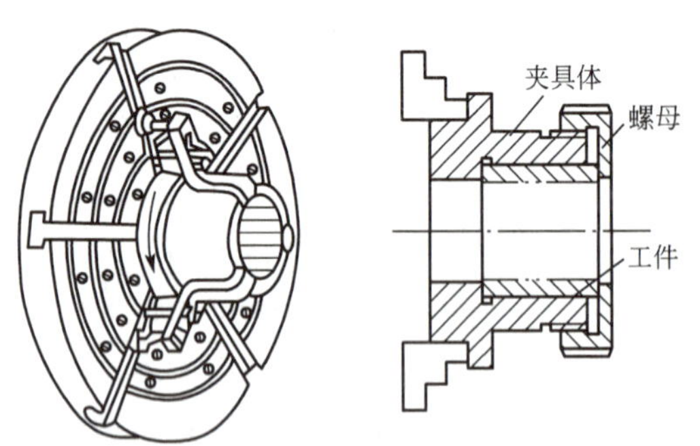

图 6—34 轴向夹紧薄壁套筒

(3) 增加套筒毛坯刚性。

在薄壁套筒夹持部位增设工艺肋或凸边，使夹紧力作用在刚性较好的部位以减少变形，待加工结束时再将工艺肋或凸边切除。

2. 减少切削力对变形的影响

(1) 减少背向力。

增大刀具主偏角 k_r，可有效减小切削时的背向力，使作用在套筒零件上的径向力明显降低，从而减少径向变形程度。

(2) 平衡切削力。

内外圆同时加工可使切削时的背向力相互抵消（内外圆车刀刀尖相对），从而大大减少甚至消除套筒零件的径向加工变形。

3. 减少切削热对变形的影响

切削热引起的温度升降和分布不均会使套筒零件发生热变形。合理选择刀具几何角度和切削用量，可减少切削热的产生；使用切削液可加快切削热的散出；精加工时使套筒零件在轴向或径向有自由延伸的可能。这些措施都可以减少因切削热引起的工件变形。

4. 粗、精加工分开

将套筒零件的粗、精加工分开，可使粗加工时因夹紧力、切削力、切削热产生的工件变形在精加工中得到纠正。

五、油缸本体零件加工工艺分析

液压系统中的油缸本体是比较典型的长套筒类零件，如图 6—35 所示。该零件结构简单，壁薄容易变形，加工面比较少，加工方法变化不多。其加工工艺过程如表 6—5 所示。现对这类零件加工的共性问题进行分析。

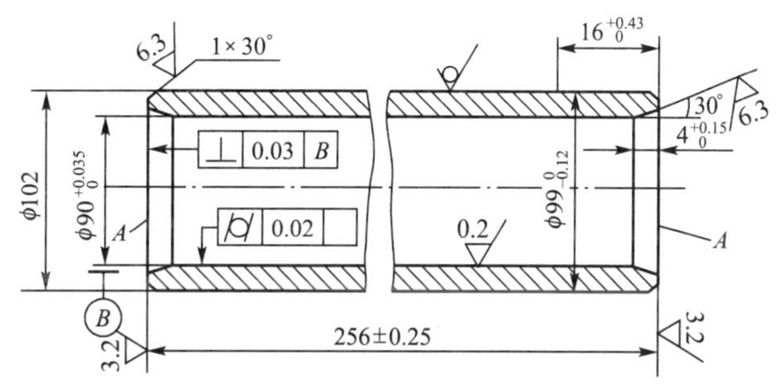

图 6—35 油缸本体简图

表 6—5 油缸本体加工工艺过程

序号	工序名称	工序内容	定位与夹紧
1	备料	无缝钢管切断	
2	热处理	调质 241～285HBS	
3	粗镗、半精镗内孔	镗内孔到φ89±0.2mm	四爪卡盘与托架
4	精车端面及工艺圆	① 车端面，保证全长 258mm，车外倒角 0.5×45°；车内倒角 $4^{+0.15}_{0}$×30° ② 车另一端面，保证全长 256±0.25mm；车工艺圆φ99.3$_{-0.12}^{0}$mm、*Ra* 为 3.2μm，长 $16^{+0.43}_{0}$mm，倒内、外角	φ89mm 孔可胀心轴
5	检查		
6	精镗内孔	镗内孔至φ89.94±0.035mm	夹工艺圆，托另一端
7	粗、精研磨内孔	研磨内孔至φ$90^{+0.035}_{0}$mm（不许用研磨剂）	夹工艺圆，托另一端
8	清洗		
9	终检		

1. 油缸本体加工的技术要求

油缸本体主要加工表面为$\phi 90^{+0.035}_{0}$mm 的内孔，尺寸精度和形状精度要求都比较高，壁厚公差为 1mm。为保证活塞在油缸体内移动顺利且不漏油，还特别要求内孔光洁无划痕，不允许使用研磨剂研磨。两端面对内孔有垂直度要求。外圆面为非加工面，但自 A 端起 16mm 以内，外圆尺寸允许加工至$\phi 90^{+0.12}_{0}$mm。

2. 加工工艺过程分析

为保证外圆的同轴度要求，长套筒零件的加工也应采取互为基准反复加工的原则。该油缸本体的外圆为非加工面，为了保证壁厚均匀，先以外圆为粗基准加工内孔，再以内孔为精基准加工出$\phi 90^{0}_{-0.12}$mm 的工艺外圆，最后以工艺外圆为基准精加工内孔。内孔的精加工方案为：粗镗→半精镗→精镗→粗研→精研。

第 4 节　轮盘类零件的加工

一、轮盘类零件的工艺分析

1. 轮盘类零件的功用与结构

轮盘类零件包括：齿轮、带轮、凸轮、链轮、联轴节和端盖等，如图 6—36 所示。轮盘类零件通常为回转体，其结构特点是径向尺寸较大，轴向尺寸相对较小；主要几何构成有孔、外圆、端面和沟槽等；其中孔和一个端面往往是加工、检验和装配的基准。齿轮、带轮等轮盘类零件用来传递运动和动力，端盖、法兰盘等轮盘类零件则对传动轴起支承和导向作用。轮盘类零件工作时一般都承受较大的扭矩和径向载荷，而且都在交变载荷作用下工作。

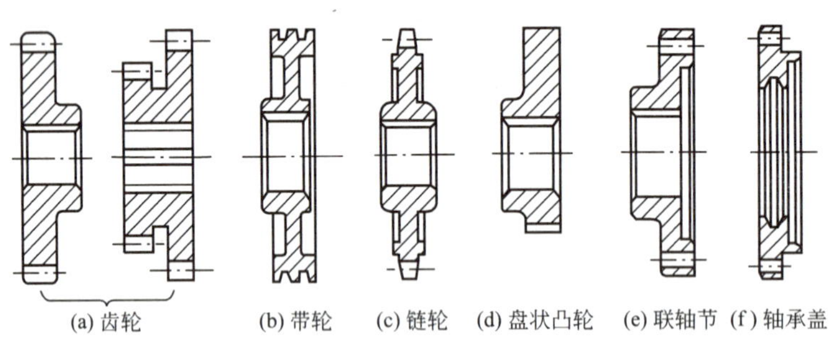

图 6—36　常见轮盘类零件

2. 轮盘类零件的材料及毛坯

传递动力的轮盘类零件，工作面承受交变载荷作用并存在较大的滑动摩擦，要求具有一定的接触疲劳强度、弯曲疲劳强度以及足够的硬度和耐磨性；需要反向旋转工作的轮盘类零件，还要求具有较高的冲击韧性；需要进行调质或淬火等热处理的轮盘类零件，应具有热处理变形小等性能。因此，像齿轮、链轮、凸轮等轮盘类零件常用 45 钢或 40Cr 合金钢等材料制造；对于重载、高转速或精度要求高的轮盘类零件，常用 20Cr、20CrMnTi 等低碳合金钢制造并经表面化学处理。带轮、轴承端盖等轮盘类零件多用 HT150、HT200、HT250、HT300 等铸铁或 Q235 等普通碳素钢制造。有些受力不大、尺寸较小的轮盘类零件，可用尼龙、塑料或胶木等非金属材料制造。轮盘类零件毛坯的选择与所用材料、几何结构及尺寸大小等因素有关，通常使用锻件或铸件。

3. 轮盘类零件的主要技术要求

轮盘类零件的内孔和一个端面是该类零件的装配基准，设计时大多以内孔和端面为设计基准来标注尺寸和各项技术要求。所以，轮盘类零件内孔的精度要求较高，通常为 IT7 级；孔与基准面的垂直度要求一般为 0.02～0.05mm；表面粗糙度值 Ra＝1.6～0.8μm 或更小。相比之下，除盘状凸轮工作面外，一般轮盘类零件的外圆精度要求较低。根据工作特点和使用条件，对用于传动的轮盘类零件还有一些专项要求。例如，齿轮需要足够的传动精度；V 带轮则要求各梯形槽宽度一致，与孔同轴，夹角平分线垂直于轴线等。此外，大多数轮盘类零件都有热处理要求。

二、轮盘类零件的装夹

因为多数中小型轮盘类零件毛坯事先未锻出或铸出中央孔，或虽有毛坯孔但孔径太小、精度太低，故轮盘类零件一般都用外圆作为粗基准进行装夹。因为精基准的选择主要考虑如何保证内外圆的同轴度和端面与孔的垂直度，所以通常选用以下三种装夹方式：

(1) 以外圆或端面为定位基准进行装夹。

若轮盘类零件两端面对孔的轴线都有较高的垂直度要求，或要求两端面有较高的平行度而又不能在一次装夹中加工出孔和两端面，则可在第一次装夹中车削好一个端面、内孔及外圆，然后调头，用已加工好的外圆做基准找正加工另一个端面。因找正费时、效率低，一般只适用于单件小批量生产。当工件生产批量较大时，为节省找正时间并使工件获得准确定位，可在三爪自定心卡盘上采用软卡爪装夹。装夹前先将卡爪定位支承面精车一刀，使工件已加工好的端面紧靠在定位支承面上，再夹紧已加工好的外圆。这样加工出来的端面与轴线的垂直度及端面平行度都较高。

(2) 以内孔和端面为定位基准进行装夹。

选择既是设计基准又是测量基准和装配基准的内孔和端面作为定位基准，既符合基准重合原则，又能使后续各道工序基准统一，能严格控制内孔的尺寸精度以及与基准端面之间的垂直度，其他表面也均可获得较高的加工精度。轮盘类零件以内孔为基准在专用心轴上进行装夹时，无需找正，结构简单，生产效率高，广泛应用于大批量生产。

(3) 一次装夹中完成主要表面的加工。

如图 6—37 所示，法兰盘凸缘 A 与内孔的同轴度以及两端面与孔的垂直度要求都很高。为保证各表面的相互位置精度，可设计一把专用端面车刀，使工件在一次装夹中车削出所有的主要表面。这种方法可消除工件的定位误差对加工表面位置精度的影响，能够保证很高的凸缘与孔的同轴度及孔与端面的垂直度。

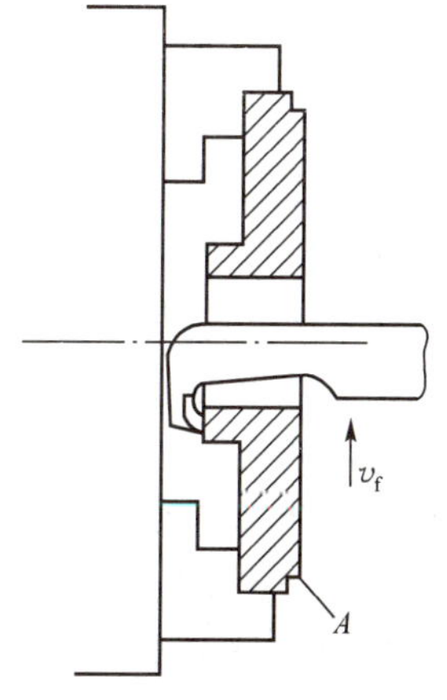

图 6—37 一次装夹车削法兰盘

三、轮盘类零件的加工工艺过程及特点

1. 轮盘类零件的基本加工工艺过程

根据轮盘类零件的基本功用、几何结构和精度要求的不同而有不同的加工方案。其一般工艺过程为：锻造或铸造毛坯→热处理（正火或退火）→粗车端面及外圆→调头粗车另一端面、外圆及内孔→调质→精车端面及外圆→调头精车另一端面、外圆、沟槽及内孔→特殊型面加工→按划线插键槽或拉键槽（不用划线）→钻孔→热处理（淬火或表面淬火）→磨内孔→磨型面→检验。

2. 轮盘类零件加工工艺的特点

轮盘类零件的加工工艺特点主要有以下几点：

(1) 轮盘类零件几何构造的一大特点是长径比小，径向刚度要比轴类零件高得多，加工时沿径向装夹变形很小，能够承受较大的夹紧力和切削力，而且允许采用较大的切削用量。

(2) 轮盘类零件的主要表面大多为具有公共轴线的回转面，可按工序集中的原则制定工艺路线。大多数轮盘类零件精度要求一般，在车床、磨床等通用设备上采用通用夹具装夹加工即可满足需要。因此，加工轮盘类零件回转面的工艺路线较短。

(3) 轮盘类零件上的特殊型面，如齿轮的齿形面、凸轮的工作面、V 带轮的槽形面等，都是在基本回转面的基础上由专用设备或工艺装备加工而成的，因此其加工工艺过程具有明显的阶段性。基本回转面的加工属于一般加工，特殊型面的加工属于专门加工，两者具有很大差别。将两者划分不同阶段进行加工，有利于生产组织和管理。

(4) 由于轮盘类零件的内孔和一个端面往往是加工、检验和装配的基准面，因此内孔和基准面之间有较高的垂直度要求，此要求可通过在一次装夹中将内孔和基准面同时加工的方法来保证。

四、法兰盘的加工

1. 法兰盘加工的技术要求

如图 6—38 所示法兰盘零件的材料为 HT250，毛坯是普通铸件；其内孔与止口的尺寸精度和同轴度要求较高；两端面与孔的垂直度要求也比较高。因此，加工中应重视形位公差要求。如果是单件小批量生产，在采用通用设备和工艺装备时，就必须在一次装夹中把这些表面都加工出来。为此，可参照图 6—37 所示的装夹和加工方法，用专用车刀加工ϕ125mm 端面。

2. 法兰盘的加工工艺过程

单件小批生产图 6—38 所示法兰盘的机械加工工艺过程见表 6—6。

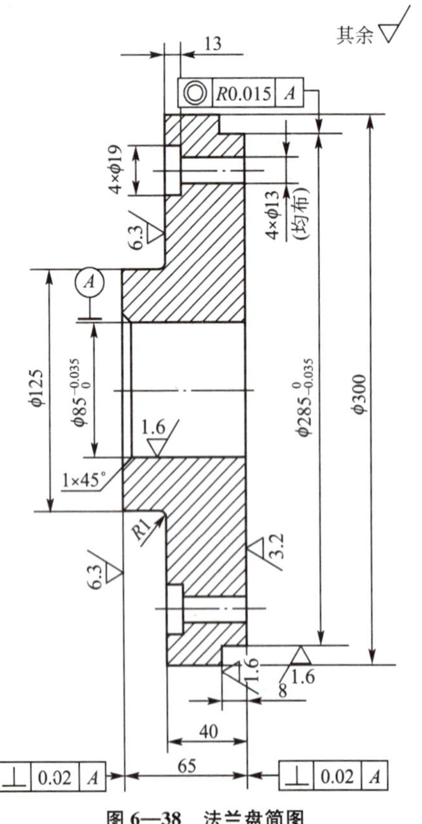

图 6—38　法兰盘简图

表 6—6 法兰盘的机械加工工艺过程

工序	工序名称	工序内容	设备及主要工艺装备
1	铸造		
2	热处理	人工时效	
3	车	① 反爪夹ϕ300mm 毛坯外圆，车各表面，除内孔ϕ85mm 及ϕ25mm 台阶端面预留余量 2～3mm 外，其余车好 ② 调头，反爪夹ϕ300mm 已加工外圆表面，找正，车其余各表面至尺寸，内孔及ϕ25mm 台阶端面精车至尺寸并倒角	卧式车床专用偏刀
4	钳	划 4×ϕ19mm 孔线	
5	钻	钻 4×ϕ13mm 孔、锪 4×ϕ19mm 沉头孔	立式钻床
6	钳	去毛刺	

五、盘状齿轮的加工

1. 齿轮的基本要求

（1）齿轮常用材料及热处理。

齿轮常用材料为 45 钢；高速、重载或高精度齿轮，可选用 20Cr、40Cr 或 20CrMnTi 等合金钢；有些轻载齿轮，可选用夹布胶木、尼龙等非金属材料。钢制齿轮的毛坯多采用锻造毛坯。经过锻造镦粗后的毛坯，其内部纤维组织弯曲，可有效提高齿轮的强度。对于直径很大或结构较复杂的齿轮，也可选用铸钢作为毛坯。

齿轮材料及热处理对齿轮的内在质量和使用性能影响很大，选择时应主要考虑齿轮的工作条件（如速度与载荷）和失效形式（如点蚀、剥落或断齿等）。当前生产中常用的齿轮材料及热处理方法大致有：

1）中碳结构钢（如 45 钢）进行正火、调质或表面淬火。

这种钢进行热处理后具有良好的综合机械性能。齿形经正火或调质处理可改善金相组织和材料的切削加工性能，降低加工后的表面粗糙度值，并可减小淬火变形。中碳结构钢适用于制造低速轻载和不太重要的齿轮。

2）中碳合金结构钢（如 40Cr）进行正火、调质或表面淬火。

这种钢与 45 钢相比，加入少量铬合金后可以使金属晶粒细化，提高强度，改善淬透性并减少淬火时的变形。中碳合金结构钢适用于制造速度较高、载荷较大、精度要求较高的齿轮。

3）渗碳钢（如 20Cr、20CrMnTi 等）进行渗碳或碳氮共渗。

这种钢经过渗碳淬火处理后，齿面硬度可达到 58～63HRC，而芯部又有较高的韧性，既耐磨又能承受冲击载荷，多用于制造高速、大载荷或受冲击载荷作用的齿轮。由于淬火变形的影响，对于高精度齿轮需要进行磨齿，故费用较高。因此，有些齿轮可以采用碳氮共渗，这样能减小热处理变形，但由于渗层较浅，承载能力不如单纯渗碳的齿轮。

4）渗氮钢（如 38CrMoAiA）进行渗氮处理。

这种钢制造的齿轮要比渗碳钢具有更高的表面硬度、耐磨性与耐腐蚀性，而且热处理变形很小，剃齿为齿面最终加工，可以不磨齿。用于制造高速轻载且耐磨的齿轮。

5）其他材料。

铸铁易铸成复杂的形状，容易切削，成本较低，但抗弯强度、耐冲击和耐磨性较差，故常用于制造受力不大、无冲击的低速齿轮。常用铸铁材料有 HT200、HT300。

有色金属用来做齿轮材料的有黄铜 HPb59－1、青铜 QSn90－1 和铝合金 LC40。黄铜 HPb59－1 切削性能好，易获得较低的表面粗糙度值，抗腐蚀性强，常用来制造一般齿轮。青铜 QSn90－1 具有较高的耐磨性和尺寸稳定性，适用于制造重要的齿轮。铝合金 LC40 经阳极化处理后，具有足够的耐磨性和小的惯量。有色金属多用于制造仪器仪表中的小模数齿轮。

非金属材料有夹布胶木、尼龙、塑料。这些材料易制造、噪声低、耐磨且减振性好，适用于制造轻载并在低噪声、需减振、润滑条件差的场合中使用的齿轮。

（2）齿轮毛坯。

齿轮毛坯的种类主要有棒料、铸件和锻件。

齿轮毛坯的选择取决于齿轮的材料、结构、形状、尺寸大小、使用条件以及生产类型等多种因素。对于钢制齿轮，除了直径较小且不太重要的齿轮直接采用轧制棒料外，一般均采用锻造毛坯。其中生产批量较小或尺寸较大齿轮采用自由锻造，生产批量较大的中小型齿轮采用模锻。锻造后需要正火处理以消除内应力并细化组织。直径大于 400mm 的齿轮常采用铸造毛坯。对于铸钢毛坯一般要进行正火处理。为了减少加工量，对于大尺寸低精度的齿轮可以直接铸出轮齿，而对于小尺寸形状又复杂的齿轮可采用精铸、精锻、粉末冶金、热轧、冷挤压等新工艺制造出具有轮齿的齿坯，以便节约原材料并提高生产效率。

2. 齿轮加工的工艺特点

齿轮加工可分为轮坯加工和齿形面加工两个阶段，与一般轮盘类零件加工的最大不同点是齿形面的加工。加工齿形面的工艺要点如下：

（1）加工齿形面时基准的确定。

1）以内孔定心端面定位。

如图 6—39(a) 和图 6—39(b) 所示分别为这种装夹方式下插齿和滚齿的情况。这种方式以轮坯内孔和端面作为定位基准，通过轮坯内孔与心轴之间的配合保证轮坯轴线位置，同

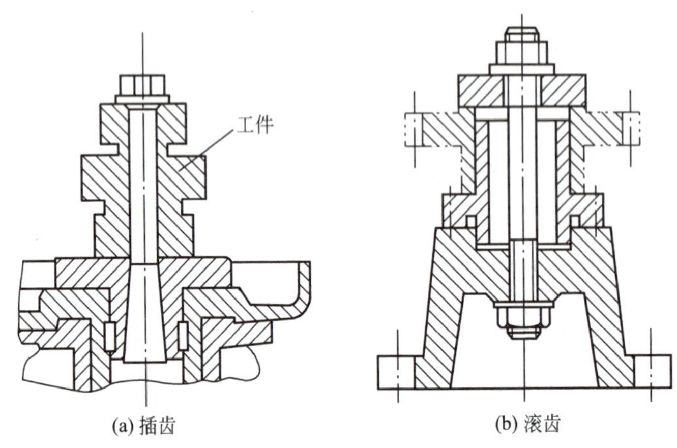

(a) 插齿　　(b) 滚齿

图 6—39　以轮坯内孔和端面定位加工齿形面

时辅以端面定位并沿轴向夹紧。切齿前无需再找正轮坯，生产效率高，适用于大批量生产。

2）以外圆定心端面定位。

如图 6—40 所示，使用千分表找正轮坯外圆确定轴线位置，以轮坯端面定位夹紧。这种方式不需要专用心轴，但找正比较费时，生产效率较低，适合于单件小批量生产。

（2）齿形加工工艺的确定。

要加工出符合要求的齿形，除了选择正确的定位装夹方式外，还需根据齿形精度要求，合理选择齿形加工方案。

由于滚齿（或插齿）后齿形能直接达到 IT8～IT7 级精度，所以对于 IT7 级精度以下的齿轮，如果不要求淬火，则滚齿（或插齿）后便能达到精度要求；如果要求淬火，则可按滚齿（或插齿）→剃齿工艺，将精度提高一级，然后再进行热处理。这是因为热处理后，齿形精度一般要降低一级。

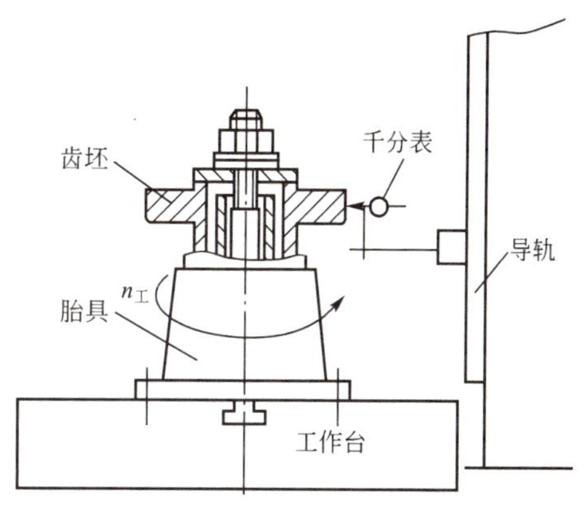

图 6—40　以轮坯外圆定心的找正方法

对于 IT7 级精度的齿轮，如果不需要淬火，则可采用滚齿→剃齿→冷挤压工艺；如果需要淬火，则可采用滚齿（或插齿）→热处理→磨齿工艺（生产批量较小时），或滚齿→剃齿→(或冷挤压)→热处理→珩齿工艺（批量较大时）。

对于 IT6～IT5 级且要求淬火的齿轮，则可采用粗滚齿→精滚齿（或精插齿）→热处理→磨齿工艺。

（3）修正精基准。

淬火后齿轮孔的形状和尺寸都会有变化，而且齿轮的精度以及表面粗糙度也会受到影响。为此，需要对齿轮孔加以修正，以便后续齿面进行光整加工。

对于高频淬火后均匀收缩的孔，可以用精车或在压力机上用齿升量很小的推刀来修正；整体淬火后变形较大而表面硬度增高的孔，则可用磨孔来修正。精车或磨孔时，一般用齿圈定位。

（4）齿端的加工。

为了使有轴向移动的齿轮容易进入啮合，这类齿轮的齿端必须倒尖、倒圆，如图 6—41所示。

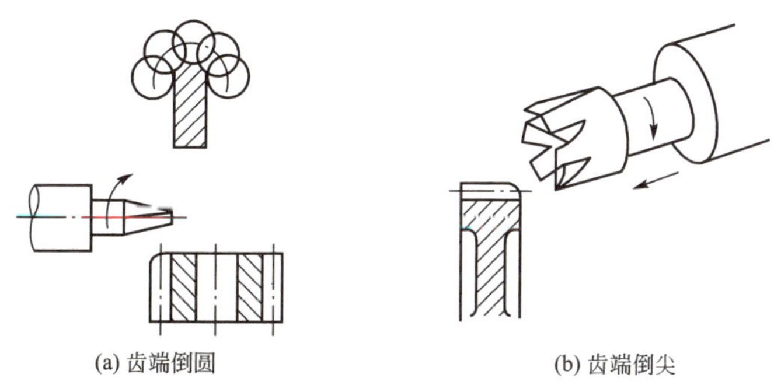

图 6—41　齿端加工

齿端倒圆用指状铣刀加工，工作时铣刀除绕自身轴线旋转外，还沿圆弧做摆动，如图 6—41(a) 所示。倒完一个齿后，工件退出并转过一个齿，铣刀再倒下一个齿。齿端倒尖采用筒状双齿铣刀加工，如图 6—41(b) 所示。它是在连续分度过程中，靠铣刀和工件的协同旋转来自动完成两个相交球面的齿端加工。工件和铣刀轴线安装成一个角度，铣刀旋转并做缓慢的垂直进给。铣刀逆时针方向转一圈，工件顺时针方向转过两个齿。

齿轮的齿端加工通常在粗切齿之后进行。如果齿轮在精切齿后还需要进行光整加工，则齿端加工应安排在精切齿以后进行。

(5) 齿轮热处理工序的安排。

齿轮加工时，常根据不同要求安排以下两种热处理工序：

1) 齿坯热处理。

在齿坯粗加工前后安排预先热处理——正火或调质。正火安排在粗车前，用以消除毛坯制造内应力，改善材料的加工性能。调质一般安排在齿坯粗加工后进行，用以获得良好的综合机械性能。但调质后齿坯的硬度会提高，将导致切削加工时刀具磨损加快，生产中应用较少。

2) 齿面热处理。

为提高齿面的硬度和耐磨性，常在齿形面加工后安排表面热处理工序。齿面热处理的主要方法有高频感应加热淬火、渗碳淬火以及火焰淬火等几种方法。

3. 齿轮加工的工艺过程

如图 6—42 所示为一高精度齿轮，材料为 40Cr，精度为 6－5－5。技术要求规定对齿面进行高频淬火，淬火后齿面硬度较高，而芯部仍保持较高的韧性。这样的齿轮齿面既耐磨，轮齿又能承受较大的冲击载荷，符合齿轮工作性质的要求。但因齿面高频淬火后轮齿变形较大，齿形需经磨齿精加工。所以，应在淬硬齿面时预留磨削余量，不需高频淬火的部位应适当加大精加工余量，待热处理后切除。

该齿轮单件小批量生产时的机械加工工艺过程见表 6—7。

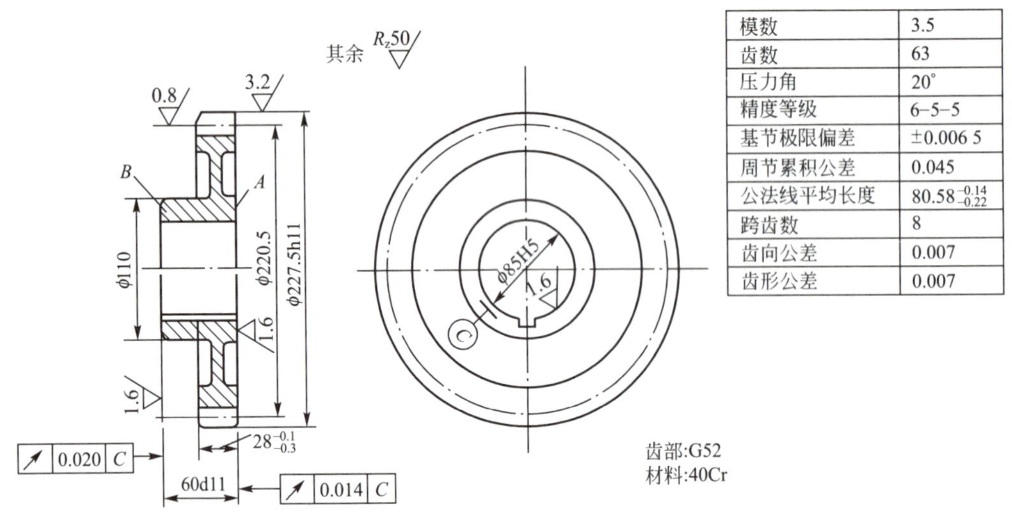

图 6—42 齿轮简图

表 6—7 齿轮机械加工工艺过程

工序	工序名称	工序内容	设备及主要工艺装备
1	锻造	锻造毛坯	
2	热处理	正火	
3	车削	粗车外形，各部预留量为 2mm	卧式车床
4	车削	精车各部，内孔至ϕ84.8H7，总长预留加工余量为 0.2mm，其余至要求的尺寸	卧式车床
5	滚齿	滚齿，齿厚预留磨量为 0.25～0.35mm	Y3180
6	钳	修齿部，倒角，去毛刺	
7	热处理	齿面高频淬火（G52）	
8	插削	插键槽	插床
9	磨削	靠磨大端面 A	外圆磨床
10	磨削	平面磨削大端面 B，总长至要求的尺寸	平面磨床
11	磨削	磨内孔ϕ85H6 至要求的尺寸	内圆磨床
12	磨削	磨齿达要求	Y7131 磨齿机
13	检验		

第 5 节　箱体类零件的加工

一、箱体类零件的工艺分析

1. 箱体类零件的功用与结构

箱体类零件是机器或部件的基础零件，其作用是将箱体内部的轴、套、齿轮等有关零件和机构连接为一个有机整体，并使之保持正确的相对位置，以传递转矩或改变转速来完成规定的运动。因此，箱体零件的加工质量将直接影响整台机器的使用性能和寿命。常见的箱体类零件有汽车、拖拉机的发动机箱体、变速箱体，机床的主轴箱、进给箱、溜板箱，农机具的传动箱体等。如图 6—43 所示为常见的几种典型箱体零件结构简图。

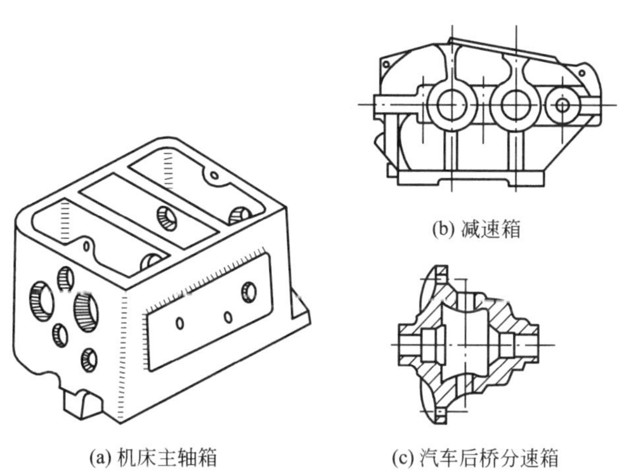

(a) 机床主轴箱　(b) 减速箱　(c) 汽车后桥分速箱

图 6—43　典型箱体结构简图

从结构上看，箱体类零件的共同特点是形状复杂，壁薄且厚度不均，内部呈腔形，刚性较差，有各种加工平面和较多的支承孔、紧固孔，平面和支承孔一般都有较高的加工精度和表面质量要求，加工量比较大。据统计，一般中型机床厂花在箱体上的机械加工工时，占整个产品加工工时的 15%～20%。

2. 箱体类零件的材料与毛坯

箱体类零件常用材料为 HT200、HT250、HT300 等灰铸铁。灰铸铁具有较好的耐磨性、减振性和良好的铸造性及可加工性，而且价格低廉。对于承受重载和冲击的工程机械、锻压机床的一些箱体，可采用铸钢材料（如 ZG200～ZG400）或钢板焊接而成。

箱体毛坯通常为铸件，因为采用铸造方法容易得到复杂的形状、内腔和必要的加强筋、凸台、凸边等。铸造毛坯的生产视生产批量而定。单件小批量生产采用木模手工造型，毛坯精度低，加工余量大；大批量生产时，常用金属模机器造型，毛坯精度高，加工余量小。单件小批生产加工直径大于φ50mm 的孔或成批生产加工直径大于φ30mm 的孔，一般都在毛坯上铸出底孔，以减少加工量。为了消除铸件内应力对机械加工质量的影响，应安排退火处理或时效处理。

3. 箱体类零件的主要技术要求

箱体类零件中以机床主轴箱精度要求为最高，现以图 6—44 所示 CA6140 型车床主轴箱简图为例归纳为以下五项精度要求：

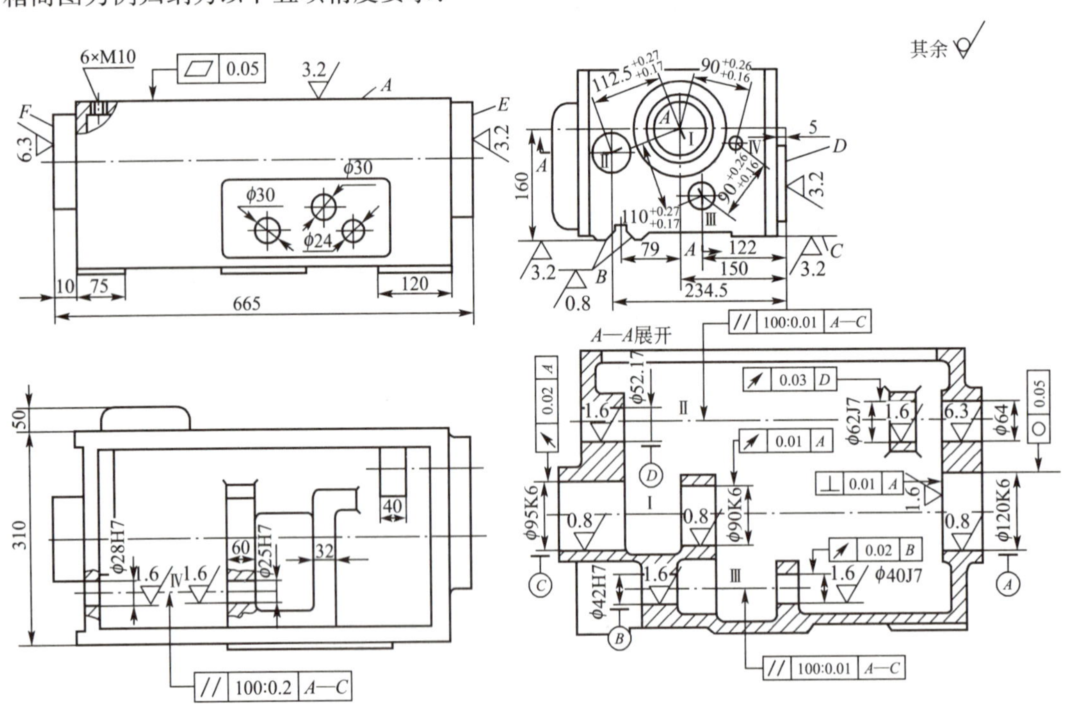

图 6—44　CA6140 型车床主轴箱简图

（1）孔径精度。

孔径的尺寸误差和形状误差会造成轴承与孔的配合不良。孔径过大，配合过松，将使主轴回转轴线不稳定，并降低其支承刚度，易产生振动和噪声；孔径太小，会使配合偏紧，轴承将因内外环变形而不能正常运转，缩短轴承寿命。轴承孔圆度误差增大，也会使轴承外环变形而引起主轴径向圆跳动。因此，主轴孔的尺寸公差等级为 IT6，其余孔为 IT7～IT6。孔的形状精度未做规定，一般控制在尺寸公差范围内即可。

(2) 孔与孔的位置精度。

同一轴线上各孔的同轴度误差和孔端面对轴线的垂直度误差，会使轴和轴承装配到箱体内出现歪斜，从而造成主轴径向圆跳动和轴向窜动，同时也加剧了轴承磨损。为此，一般同轴上各孔的同轴度约为最小孔径公差的一半。另外，孔系之间的平行度误差会影响到齿轮的啮合质量，因此各支承孔轴心线平行度为 100～125μm，中心距允差为±50～±70μm。

(3) 孔与平面的位置精度。

主轴孔和主轴箱安装基面的平行度要求，决定了主轴与床身导轨的相互位置关系，这项精度是在安装时通过刮研来达到的。为了减少刮研工作量，一般规定在垂直和水平两个方向上，只允许主轴前端向上和向前偏移。

(4) 主要平面的精度。

装配基面的平面度影响主轴箱与床身连接时的接触刚度，加工过程中作为定位基准面则会影响主要孔的加工精度。因此规定底面和导向面必须平直，用涂色法检查接触面积或单位面积上的接触点数来衡量平面平直的程度。顶面的平面度要求是为了保证箱盖的密封性，防止工作时润滑油泄出。在大批量生产中，若以其顶面作为定位基准面来加工孔时，对它的平面度要求还要提高。

(5) 表面粗糙度。

重要孔和主要平面的表面粗糙度会影响连接面的配合性质与接触刚度。因此一般要求主轴孔表面粗糙度值 Ra=0.4μm，其余各纵向孔的表面粗糙度值 Ra=1.6μm，孔的内端面表面粗糙度值 Ra=3.2μm，装配基准面和定位基准面的表面粗糙度值 Ra=2.5～0.63μm，其他平面的表面粗糙度值 Ra=10～2.5μm。

二、箱体类零件的装夹

1. 箱体类零件定位基准的选择

由于箱体类零件结构复杂，加工精度要求较高，尤其是主要孔的尺寸精度和位置精度要求更高，因此要确保加工质量，首先就要合理选择定位基准。

(1) 精基准的选择。

选择箱体类零件精基准时，通常从基准统一原则出发，使具有相互位置精度要求的大部分表面尽可能采用同一组基准来定位加工，从而避免因基准转换过多而造成累积误差，有利于保证各主要表面之间位置精度的要求。同时，由于多道工序采用同一基准，可减少夹具设计和制造工作量，并缩短生产周期、降低加工成本。

在生产实际中，一般根据生产批量和生产条件的不同来考虑精基准的选择。

1) 单件小批量生产采用装配基准作为精基准。

如图 6—44 所示车床主轴箱，加工时可选择底面导轨 B、C 面为精基准。导轨 B、C 面既是主轴箱的装配基准，也是主轴孔的设计基准，并与主轴箱两端面、侧面及各主要纵向轴承孔在位置上有直接联系，故选择导轨 B、C 面作为精基准符合基准重合原则，定位误差小。另外，在加工各孔时，由于箱体口朝上，固而更换导向套、安装调整刀具、测量孔径尺寸、观察加工情况等都很方便。

但是这种定位方式也有其不足之处。在加工箱体中间壁上的孔时，为了提高刀具系统刚度，需要在箱体内部相应部位增加中间导向支承。由于箱体底部是封闭的，中间导向支承只能采用图 6—45 所示的吊架式镗模夹具，从箱体顶面的开口处伸入箱体内，每加工一件需装卸一次。吊架与镗模之间虽有定位销定位，但吊架刚性差，制造安装精度低，经常装卸也容易产生误差，而且增加了加工的辅助时间。因此，这种定位方式只适用于中小批量生产。

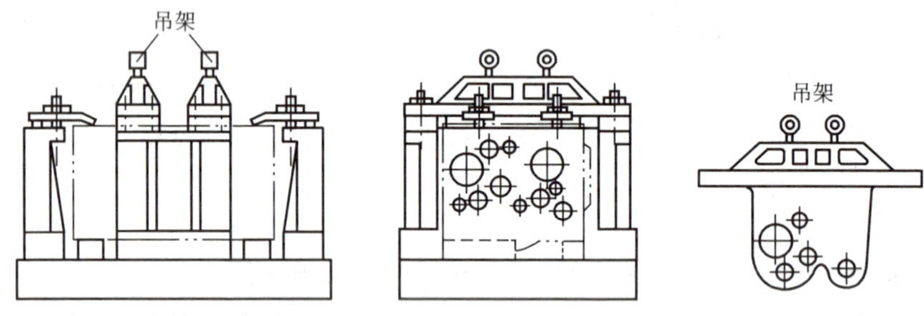

图 6—45 吊架式镗模夹具

2) 大批量生产时采用“一面两孔”作为精基准。

“一面两孔”定位即采用箱体顶面和两个销孔定位，如图 6—46 所示。此时，箱体顶面开口朝下，中间导向支承可以紧固在夹具体上，提高了夹具刚性，简化了夹具结构，在一次装夹中能够完成其余各面的加工，便于工序集中，有利于保证各支承孔加工的位置精度，而且工件装卸方便，减少了辅助时间，提高了生产效率。但这种定位方式由于主轴箱顶面不是设计基准，即定位基准与设计基准不重合，会产生基准不重合误差。另外，由于箱口朝下，不便于直接观察加工情况，而且在加工中无法测量和调整刀具。

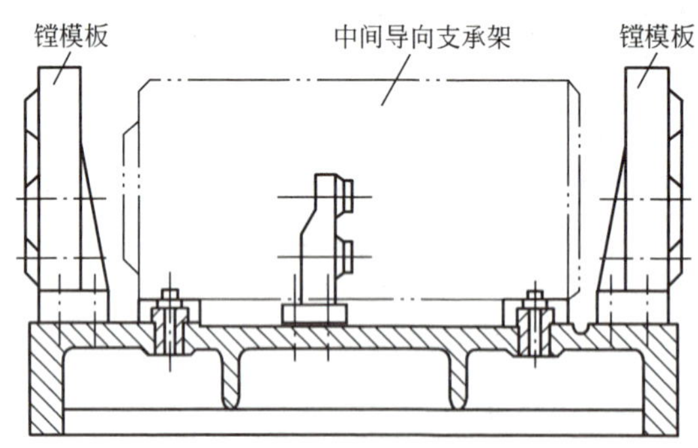

图 6—46 用箱体顶面及两销孔定位的镗模

通过对以上两种定位方式的分析可知，主轴箱零件精基准的选择与生产类型有很大关系。通常从“基准统一”的原则出发，最好能够使定位基准与设计基准重合。但是在大批量生产时，首先考虑的是如何稳定加工质量和提高生产效率，而不是机械地强调基准重合。

(2) 粗基准的选择。

通常选择箱体主轴孔作为粗基准，这样可以使主轴孔的余量比较均匀，加工质量好。同时由于箱体为铸造毛坯，其内腔型芯与各孔型芯往往是连成一体的，彼此之间有一定的位置精度，因而以主轴孔作为粗基准可使其他主要孔与箱体内壁的位置较准确，避免内部装配回转零件（如齿轮）时与箱体内壁干涉。

在单件小批量生产中，由于毛坯精度较低，故多采用以主轴孔为基准划线装夹的方式；在大批量生产中，由于毛坯精度较高，常采用以主轴孔作为夹具的定位基面；在中批量生产中，若不便以孔为粗基准设计夹具时，也可以采用划线的方法。

2. 箱体类零件的装夹

由于箱体零件壁薄，孔系精度要求高，因此装夹箱体零件时，夹紧力应作用在主要定位基面上刚性较好的部位上，例如箱体边缘实体或筋板处。

单件小批量生产可直接使用压板和螺钉将箱体零件装夹在机床工作台上；大批量生产需使用专用夹具装夹。

三、箱体孔系的加工

箱体零件上各轴承孔之间以及轴承孔与平面之间都具有一定的位置要求，工艺上将这些具有相互位置精度要求的一系列孔称为孔系。孔系可分为平行孔系、同轴孔系和交叉孔系，如图 6—47 所示。孔系加工是箱体零件加工的关键工序。根据生产类型、生产条件以及加工精度要求的不同，所采用的加工方法也不一样。下面分别予以介绍。

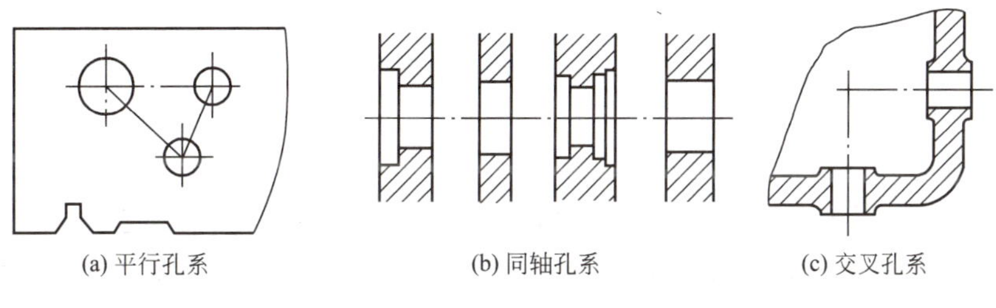

(a) 平行孔系　(b) 同轴孔系　(c) 交叉孔系

图 6—47　孔系分类

1. 平行孔系的加工

平行孔系的加工，主要是如何保证各孔之间的位置精度，包括各孔轴线之间、轴线与基准之间的位置尺寸精度和平行度等。其加工方法如下：

(1) 找正法。

找正法是在通用机床（镗床、铣床）上利用辅助工具来找正所要加工孔的正确位置的加工方法。找正法加工效率低，一般只适用于单件小批量生产。

1) 划线找正法。

加工前按照零件图在箱体毛坯上划出各孔的加工位置，然后以此找正机床主轴的位置，逐孔进行加工。划线时，首先将箱体用千斤顶支承并安放在平台上，如图 6—48(a) 所示，调整千斤顶，使主轴孔Ⅰ与台面基准平行，D 面与台面基本垂直，再根据毛坯的主轴孔在箱体的四个面上划出主轴孔的水平轴线Ⅰ—Ⅰ，作为第一校正线。划此线时，应检查所有的加工部位在水平方向是否留有加工余量，如果加工余量不合格则需要重新校正Ⅰ—Ⅰ线的位置。当Ⅰ—Ⅰ线确定后，同时划出 A 面和 C 面的加工线。接着将箱体翻转 90°，把 D 面置于三个千斤顶上，调整千斤顶使Ⅰ—Ⅰ线与台面垂直，再根据毛坯的主轴孔并考虑各个部位在垂直方向的加工余量，按照上述同样的方法划出主轴孔的垂直轴线

Ⅱ—Ⅱ作为第二校正线，如图 6—48(b) 所示。然后依据Ⅱ—Ⅱ线划出 D 面加工线。最后再将箱体翻转 90°，如图 6—48(c) 所示，将正面置于三个千斤顶上，通过调整千斤顶使Ⅰ—Ⅰ线和Ⅱ—Ⅱ线与台面垂直，再根据凸台高度尺寸，先划出 F 面加工线，然后再划出正面加工线。

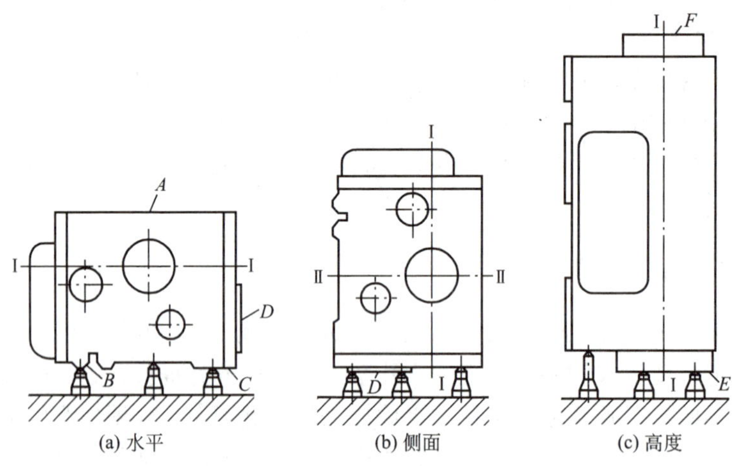

图 6—48 主轴箱的划线

划线找正花费时间长、生产效率低，而且加工出的孔距精度也较低，一般在 0.5～1.0mm。为了提高划线找正的精度，加工中往往需要结合试切法同时进行。

2）心轴找正法。

此法如图 6—49 所示。在镗第一排孔时将心轴插入主轴孔内（或直接利用镗床主轴插入主轴孔内），然后根据孔和定位基准的距离，组合一定尺寸的量规来校正主轴位置。校正时用塞尺测定量规与心轴之间的间隙，以避免量规与心轴直接接触损伤量规，如图 6—49(a) 所示。镗第二排孔时，分别在机床主轴和已加工孔中插入心轴，采用同样的方法来校正主轴轴线的位置，以保证孔距的精度，如图 6—49(b) 所示。这种找正法的孔距精度可达±0.03mm。

3）样板找正法。

如图 6—50 所示，用 10～20mm 厚的钢板制成样板，装在垂直于各孔的端面上（或固定于机床工作台上），样板上的孔径较工件的孔径大，以便镗杆通过。样板上孔的直径

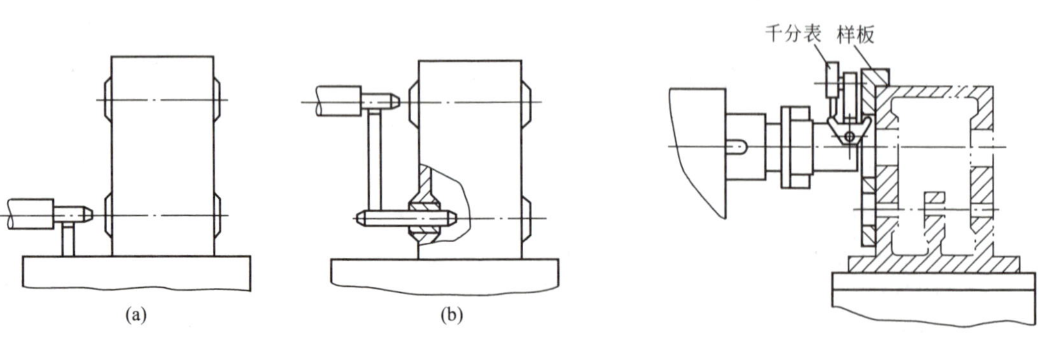

图 6—49 心轴找正法

图 6—50 样板找正法

精度要求不高，但要有较高的形状精度和较小的表面粗糙度值。当样板准确地装到工件上后，在机床主轴上安装一个千分表，按样板找正机床主轴，找正后即换上镗刀加工。此法加工孔系不易出差错，找正方便，孔距精度可达±0.05mm。这种样板的成本低，仅为镗模成本的1/9～1/3，单件小批量的大型箱体加工常用此法。

（2）镗模法。

镗模法就是预先精确地将孔系复制到镗模板上，并将镗模板安装到夹具体上，镗杆支承在镗模导套中并与机床主轴浮动连接，由机床主轴带动镗杆旋转，由镗模导向，将孔系加工出来，如图6—51所示。

镗模法的加工精度与机床精度基本无关，而主要与镗模的精度、镗杆的支承方式以及镗杆与导套之间的配合精度有关。用镗模精加工孔系能可靠保证IT7级精度和表面粗糙度值 $Ra=5\sim2.5\mu m$。当采用固定式镗模时，孔距精度可达±50μm。当从孔的一端加工，并且镗杆两端均有支承时，孔与孔之间的平行度以及同轴度为20～30μm；当分别由孔的两端同时加工，孔与孔之间的平行度以及同轴度为40～50μm。

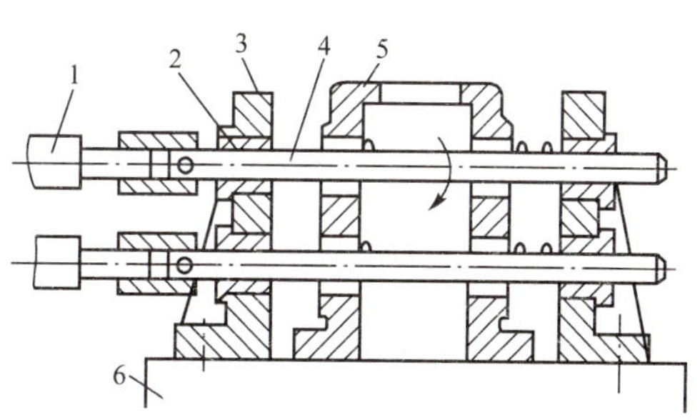

图6—51　镗模法加工简图

1—主轴；2—导套；3—镗模；4—镗杆；5—工件；6—夹具体

必须指出，镗模的导套与镗杆之间存在一定的配合间隙，导套和镗杆的制造误差以及使用中的磨损，都会影响孔系的加工精度。所以，在开始加工和加工一段时间后，应当对加工精度进行检查，发现问题要及时调整。

使用镗模加工孔系，生产效率和加工精度都较高，而且操作简单，在大批量生产中广泛使用；即使在小批量生产中，当零件精度要求较高时，使用镗模加工也是合理的，但此时力求使镗模简单。

（3）坐标法。

坐标法镗孔就是把孔距尺寸换算成两个互相垂直的坐标尺寸，然后借助测量装置调整机床主轴与工件在水平和垂直方向的相对位置，以保证孔距精度的一种镗孔方法。这种方法不仅省去了多次测量和找正主轴的操作，而且也不需要专用的工艺装备。因此，坐标法镗孔无论在单件小批量生产还是成批量生产中都得到广泛采用。

采用坐标法镗孔系时，要特别注意选择基准孔和镗孔顺序，否则坐标尺寸的累积误差会影响孔距精度。基准孔应尽量选择本身尺寸精度高、表面粗糙度值小的孔（一般为主轴孔），以便加工过程中检验其坐标尺寸。有孔距精度要求的两孔应连在一起加工，加工时应尽量使工作台向同一方向移动，以减少机床传动元件反向间隙对坐标精度的影响。对于位置精度要求很高的孔系，现已多采用精密坐标镗床来加工，其孔距精度为0.002 5～0.01mm。

如图6—52所示为在普通卧式镗床上安装控制工作台横向移动和床头箱垂直移动的测量装置，利用百分表和不同尺寸的量块，就可以准确地控制主轴与工件在水平及垂直方向上的位置。

2. 同轴孔系的加工

在成批量生产中，箱体同轴孔系的同轴度几乎都由镗模来保证；在大批量生产中，可采用组合机床从箱体两边同时加工，孔系的同轴度由机床两端主轴间的同轴精度来保证；而在单件小批量生产中，其同轴度可用以下几种方法来保证：

(1) 利用已加工孔做支承导向。

如图 6—53 所示，当箱体前壁上的孔加工好后，在孔内装一导向套，支承和引导镗杆加工后壁上的孔，以保证两孔的同轴度要求。这种方法只适于加工箱壁较近的孔。

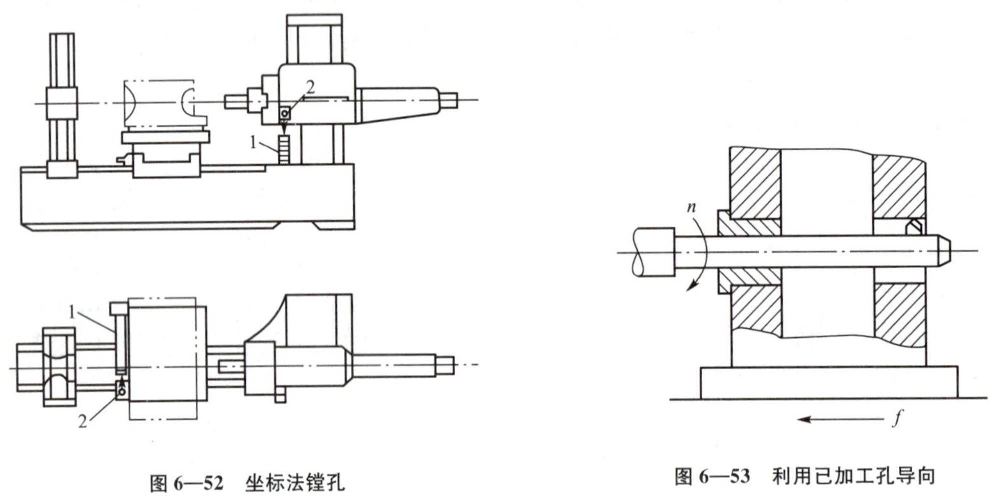

图 6—52　坐标法镗孔

1—量块；2—百分表

图 6—53　利用已加工孔导向

(2) 利用镗床后立柱做支承导向。

这种方法中镗杆为两端支承，刚性好。但此法调整麻烦，镗杆较长，比较笨重，故只适于单件小批量生产中大型箱体的加工。

(3) 采用调头镗。

当箱体箱壁相距较远时，可采用调头镗。工件在一次装夹中，先镗好一端的孔后，将镗床工作台回转 180°，调整工作台位置，使已加工孔与镗床主轴同轴，然后再加工另一端的孔。

当箱体上有一较长并与所镗孔轴线有平行度要求的平面时，镗孔前应先用装在镗杆上的百分表对此平面进行校正，如图 6—54(a) 所示，使其和镗杆轴线平行，校正后加工 B 孔；B 孔加工后，工作台回转 180°，并用装在镗杆上的百分表对此平面重新进行校正，以

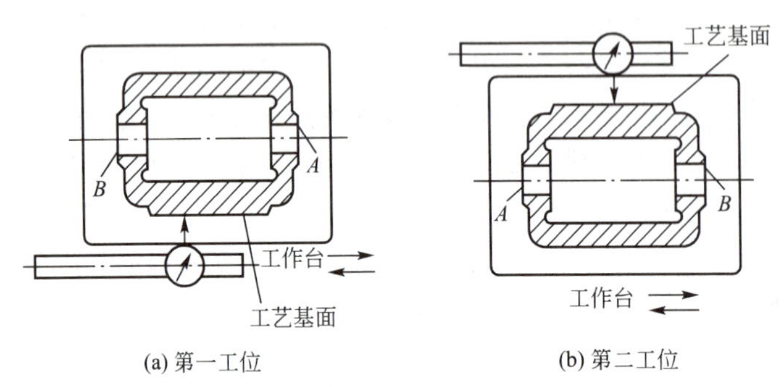

(a) 第一工位　(b) 第二工位

图 6—54　调头镗时工件的校正

保证工作台准确地回转 180°，如图 6—54(b) 所示。然后再加工 A 孔，从而保证 A、B 两孔同轴。

3. 交叉孔系的加工

交叉孔系的主要技术要求是控制有关孔的垂直度，在普通卧式镗床上主要依靠机床工作台上的 90°对准装置来保证。90°对准装置虽然结构简单，但对准精度较低（T68 镗床出厂精度为 0.04mm/900mm，相当于 8″）。目前，国内有些镗床如 TM617 采用了端面齿定位装置，90°定位精度达 5″，还有的使用了光学瞄准仪。

当有些镗床工作台 90°定位精度很低时，可使用心轴与百分表找正的方法来提高其定位精度，即在加工好的孔中插入心轴，工作台转位 90°，用百分表找正（转动工作台），如图 6—55 所示。

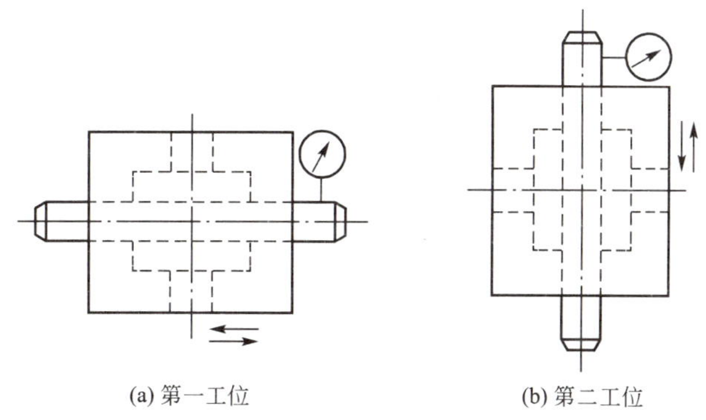

图 6—55　找正法加工交叉孔系

四、车床主轴箱的加工

1. 车床主轴箱加工的基本要求

车床主轴箱（如图 6—44 所示）属于结构复杂的重要箱体零件，是主轴箱部件装配时的基础件，主轴箱部件中的传动件（如轴、齿轮等），特别是主轴部件的正确工作位置是由箱体保证的。因此，主轴部件的工作性能在很大程度上取决于箱体零件的制造精度。与其他类型的箱体零件相比较，车床主轴箱的加工有如下基本要求：

(1) 确保主轴的回转精度。

主轴是主轴箱中特别重要的工作部件，其回转精度是车床的重要技术指标，对车床加工精度的影响极大。由于主轴部件通过轴承安装在主轴箱体的主轴孔内，故主轴孔的尺寸、形状、位置精度和表面粗糙度对主轴部件的装配质量和回转精度有很大影响。加工主轴孔时，必须严格控制其尺寸偏差、形状误差、前后轴承孔的同轴度偏差等技术要求。

(2) 确保主轴轴线的位置精度。

主轴箱部件通过箱体上的装配基准在床身上获得准确定位，从而确定了主轴轴线和床身导轨的相对位置。这一相对位置正确与否，对车床加工精度会产生很明显的影响。因此，加工主轴箱时应使箱体上的装配基准面与主轴孔互为基准，确保两者在水平和垂直两个方向上都有尽可能高的平行度。

(3) 确保传动件正常工作。

主轴箱部件实现主轴的正、反转及多级变速传动，其中支承轴、传动齿轮等重要传动件的正确工作位置，是由箱体上孔系的加工精度来保证的，即箱体孔系中各支承孔的尺寸精度、形状精度、位置精度以及表面粗糙度等将直接影响被支承传动件的传动精度。因此，加工主轴箱体上的孔系时，除了必须保证各孔的上述精度要求外，还必须保证各孔轴线和主轴孔轴线或装配基准面之间有足够高的平行度或垂直度。

综上所述不难看出，主轴箱装配基准面和孔系的加工是其加工的核心及关键。与加工其他箱体零件一样，主轴箱单件小批量生产时先经过划线，接着在通用机床上完成加工。成批大量生产时，广泛采用多轴龙门铣床、组合式磨床及多工位组合镗床等设备进行加工。

2. 车床主轴箱机械加工的工艺过程

如表6—8、表6—9所示分别为CA6140型车床主轴箱单件小批量生产和大批量生产时的机械加工工艺过程。其结构简图参见图6—44。

表6—8　CA6140型车床主轴箱单件小批生产时的机械加工工艺过程

工序	工序名称	工序内容	设备及主要工艺装备
1	铸造	铸造毛坯	
2	热处理	人工时效	
3	油漆	上底漆	
4	划线	兼顾各部划全线	
5	刨	① 按线找正，粗刨顶面 A，预留量为2～2.5mm ② 以顶面 A 为基准，粗刨底面 C 及 V 导向面，各部分预留量为2～2.5mm ③ 以底面 C 和 V 导向面为基准，粗刨侧面 D 及两端面 E 和 F，预留量为2～2.5mm	龙门刨床
6	划	划各纵向孔镗孔线	
7	镗	以底面 C 和 V 导向面为基准，粗镗各纵向孔，各部分预留量为2～2.5mm	卧式镗床
8	时效		
9	刨	① 以底面 C 和 V 导向面为基准精刨顶面 A 至尺寸 ② 以顶面 A 为基准精刨底面 C 及 V 导向面，预留刮研量为0.1mm	龙门刨床
10	钳	刮研底面 C 及 V 导向面至要求的尺寸	
11	刨	以底面 C 和 V 导向面为基准精刨侧面 D 及两端面 E 和 F 至要求的尺寸	龙门刨床
12	镗	以底面 C 和 V 导向面为基准： ① 半精镗和精镗各纵向孔，主轴孔留精细镗余量0.05～0.1mm，其余镗好，小孔可用铰刀加工 ② 用浮动镗刀精细镗主轴孔至要求的尺寸	卧式镗床

（续前表）

工序	工序名称	工序内容	设备及主要工艺装备
13	划	各螺纹孔、紧固孔及油孔孔线	
14	钻	钻螺纹底孔、紧固孔及油孔	摇臂钻床
15	钳	攻螺纹、去毛刺	
16	检验		

表 6—9　　CA6140 型车床主轴箱大批量生产时的机械加工工艺过程

工序号	工序内容	定位基准	设备
1	铸造		
2	时效		
3	涂漆		
4	铣顶面 A		
5	钻、扩、铰 2×ϕ8H7 工艺孔，4×M10 先钻至ϕ7.8mm		
6	铣两端面 E、F 及前面 D		立铣
7	铣导轨面 B、C	Ⅰ孔与Ⅱ孔	摇臂钻床
8	磨顶面 A	顶面 A 与外形	龙门铣床
9	粗镗各纵向孔	顶面 A 及两工艺孔	龙门铣床
10	精镗各纵向孔	顶面 A 及两工艺孔	转盘磨床
11	精镗主轴孔Ⅰ	导轨面 B、C	组合镗床
12	加工横向孔及各面上的次要孔	顶面 A 及两工艺孔	组合镗床
13	磨 D、C 导轨面及前面 D	顶面 A 及两工艺孔	专用镗床
14	将 2×ϕ8H7 及 4×ϕ7.8mm 均扩钻至ϕ8.5mm，攻 6×M10	顶面 A 及两工艺孔	摇臂钻床
15	清洗、去毛刺、倒角	顶面 A 及两工艺孔	组合磨床
16	检验	顶面 A 及两工艺孔	摇臂钻床

第 6 节　叉杆类零件的加工

一、叉杆类零件的工艺分析

1. 叉杆类零件的功用与结构

叉杆类零件通常是一些外形很不规则的中小型零件，例如机床拨叉、发动机连杆、铰链杠杆等，如图 6—56 所示。

叉杆类零件在各类机器中一般都是传力构件的组成部分，工作中大多承受较大的冲击载荷，受力情况比较复杂。由于这些零件在机器中的作用不同，其结构和形状有较大的差异。但是叉杆类零件仍具有共同特点：外形复杂，不易定位；大、小头由细长的杆身连接，所以弯曲刚性差，易变形；尺寸精度、形状精度、位置精度以及表面粗糙度要求较高。上述工艺特点决定了叉杆类零件在机械加工时存在一定的困难。因此，在确定叉杆类

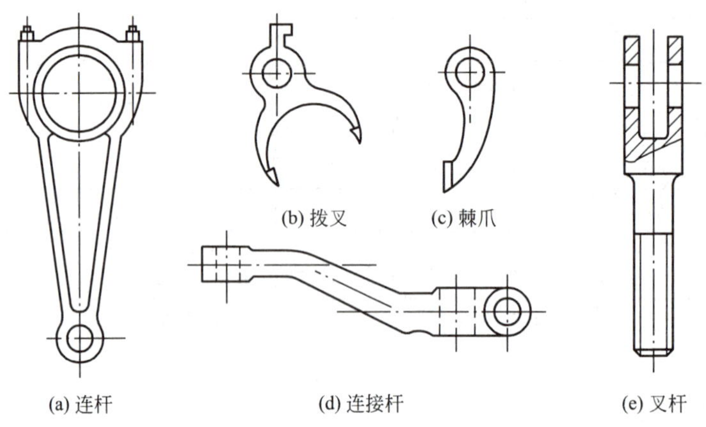

图 6—56　叉杆类零件示例

零件的工艺过程时应注意定位基准的选择，以减少定位误差；夹紧力方向和夹紧点的选择要尽量减少夹紧变形；对于主要表面应粗、精加工分阶段进行以减少变形对加工精度的影响。为了方便加工，某些叉杆类零件（如连杆）在结构设计或编制工艺规程时规定有工艺凸台、中心孔等作为装夹的辅助基准。叉杆类零件一般都有 1～2 个主要孔，工作时与销轴配合，精度要求较高。同时这些孔与其他表面之间也有较高的位置精度要求，增加了叉杆类零件加工的难度。

2. 叉杆类零件的材料与毛坯

为保证叉杆类零件正常工作，要求选用的材料必须具有足够的抗疲劳强度等力学性能。叉杆类零件的材料一般采用 45 钢并经过调质处理，以提高其强度及抗冲击能力。少数受力不大的叉杆类零件也可采用球墨铸铁铸造。

钢制叉杆类零件通常采用锻造毛坯，要求金属纤维沿杆身方向分布，并与外形轮廓相适应，不得有咬边、裂纹等缺陷。单件小批量生产时，常用自由锻或简单的锤上模锻制造毛坯；大批量生产时，则往往采用模锻制造毛坯。有些叉杆类零件的毛坯要求经过喷丸强化处理，重要的叉杆类零件还需安排硬度和磁力探伤或超声波探伤检查。

3. 叉杆类零件的主要技术指标

叉杆类零件的技术要求按功用和结构的不同而有较大的差异。主要孔的精度一般都要求较高，孔与孔、孔与其他表面之间的相互位置精度也有较高要求，工作表面的粗糙度 Ra 值一般小于 1.6μm。

由于叉杆类零件的用途、工作条件以及结构差异太大，下面仅以拨叉和连杆为代表，简要说明其机械加工工艺过程。

二、拨叉的加工

1. 拨叉的工艺特点

如图 6—57 所示拨叉零件，其材料为 HT200。该拨叉的装配基准为基准孔 A，它是拨叉上精度要求最高的加工表面，其他主要加工面和它都有一定的相互位置关系。因此，选择该孔为主要精基准，既能消除不重合误差，使得大多数加工表面的位置精度要求得以保证，又能使工件的装夹比较稳定。

精基准的加工有两种方案：

1）当生产批量不大时，采用钻→扩→铰加工方案。

2）当生产批量较大时，可采用钻→拉方案分工序完成。

平面的加工一般采用粗铣→精铣或粗车→精车方案，要求不高时，也可一次铣出（或车出）。

钻孔 A 也有两种方案：

1）成批量生产时，以毛坯外圆为粗基准定位，在滑柱式钻模上完成，这样可以保证加工后的孔和外圆具有较高的同轴度，而且孔的壁厚也比较均匀。

2）单件小批量生产时，可通过划线找正法确定钻孔位置。

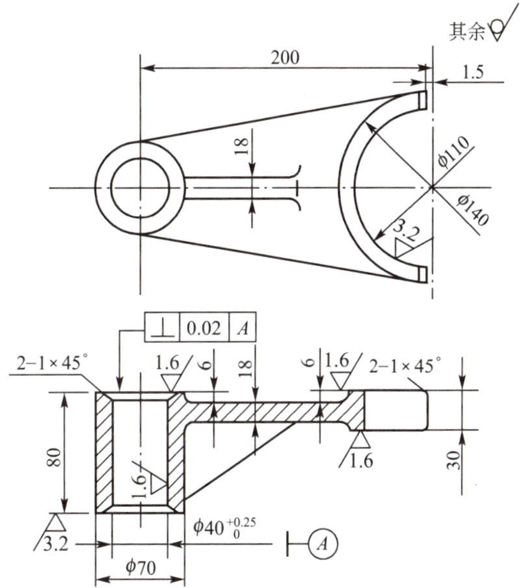

图 6—57 拨叉

另外，拨叉工作时头部开口槽因拨动拨块受冲击而容易磨损，若是钢件则需进行局部淬火，以提高其耐磨性和使用寿命。

2. 拨叉的机械加工工艺过程

拨叉单件小批量生产的机械加工工艺过程见表 6—10。

表 6—10 拨叉单件小批生产时的机械加工工艺过程

工序	工序名称	工序内容	设备
1	铸造	铸造毛坯及退火	
2	车	三爪定心卡盘夹 ϕ70mm 外圆：钻→扩→铰 $\phi40^{+0.25}_{0}$mm 孔至要求的尺寸；精车端面，保证距离为 6mm；倒角	卧式车床
3	钳	划 ϕ110mm 半圆加工线	
4	车	用花盘安装，轻压肋条，按 ϕ110mm 半圆加工线找正：粗车 $\phi40^{+0.25}_{0}$mm 孔和叉口端面；粗精镗 ϕ110mm 半圆面；精车 $\phi40^{+0.25}_{0}$mm 孔和叉口端面	卧式车床
5	钳	用 90°锪钻对 ϕ40mm 另一孔口倒角；叉口锉平，保证 1.5mm 并倒角；去 ϕ110mm 孔口毛刺	立钻
6	检验		立式钻床

三、连杆的加工

1. 连杆加工的工艺特点

连杆是各类发动机、曲柄压力机的主要部件之一。连杆由连杆盖、连杆体、螺栓和螺母等零件组成，形体结构可分为大头、小头和杆身等部分。大头为剖分式结构，杆身截面大多为工字形，对其外表面不进行机械加工。连杆的大头和小头端面，一般以杆身中间平面为对称面。为方便加工，有些连杆大头留有工艺凸台，作为机械加工时的辅助基准，便于定位基准的统一。连杆主要用于传递动力，工作中承受周期性急剧变化的冲击载荷。因此，要求连杆具有较高的抗疲劳强度和冲击韧性，其材料大多为 45 钢或 40Cr 钢，并采用模锻毛坯，要求正火、调质处理。

如图 6—58(a) 所示为汽车发动机连杆简图。汽车发动机连杆的主要技术要求有：大、小头孔的精度；大、小头孔轴线的平行度；大、小头孔的中心距误差以及大、小头端面对大头孔轴线的垂直度等。

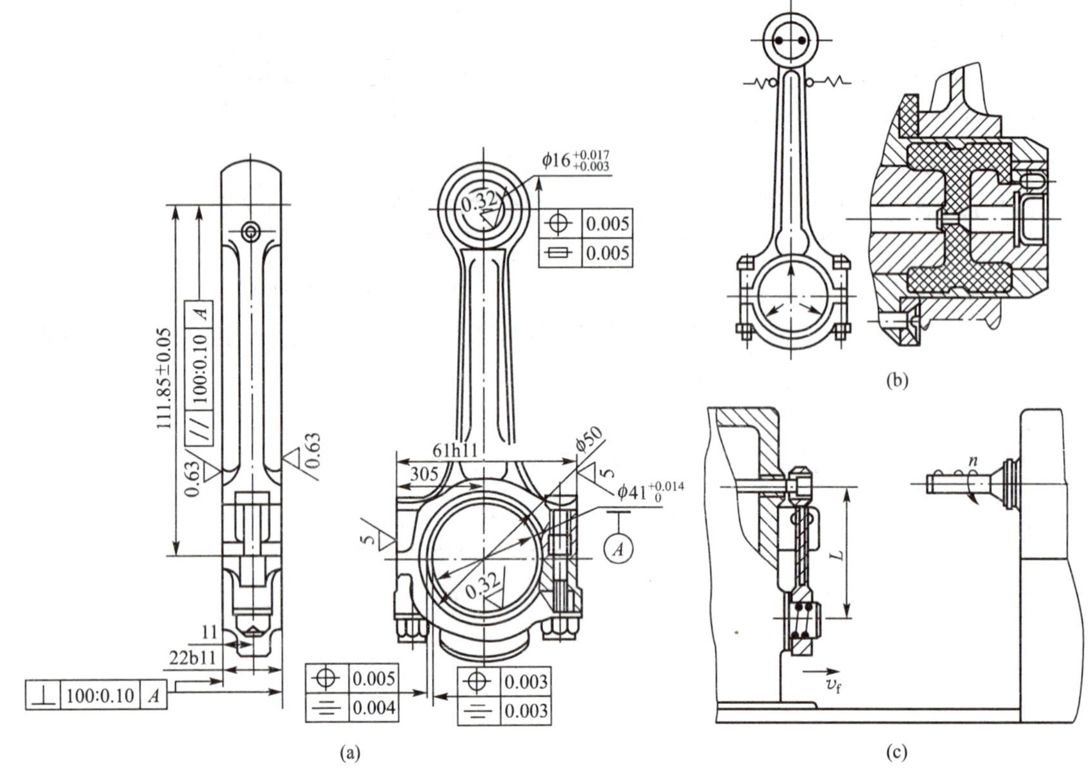

图 6—58　汽车发动机连杆及镗小头孔的定位

连杆加工中，因自身结构和加工工艺的原因，有两个主要因素会影响加工精度：一是杆身刚度低，在夹紧力和切削力的作用下容易变形；二是连杆孔的加工余量大，切削时会产生较大的内应力。因此，加工连杆一方面要选好合适的定位基准及装夹方法；另一方面要把各主要表面的粗、精加工分开。

连杆大、小头端面是加工中的主要定位基面，应首先加工；为保证两端以杆身中间平面为对称面，并使加工余量均匀，可采用两平面互为基准的办法进行磨削。加工连杆大、小头孔时，为保证两孔轴线的距离和位置精度，一般应先加工出大头孔作为精基准，使用液性塑料可胀心轴（或其他精度足够的元件）定心，并辅之以可移式销边定位销插入小头孔内使其获得准确定位。拆除销边定位销后，在金刚镗（或精密镗床）上镗削小头孔，如图 6—58(b)、6—58(c) 所示。

2. 连杆的加工工艺过程

连杆单件小批生产的机械加工工艺过程见表 6—11。

表 6—11 连杆单件小批生产的机械加工工艺过程

工序	工序名称	工序内容	设备及主要工艺装备
1	锻造	锻造毛坯	
2	热处理	正火	
3	钳	划全线，保证各件加工余量均匀	
4	铣	粗铣大、小头两平面，单边预留量为 2～3mm	铣床
5	钳	划大头盖和体的剖分线及连接孔加工线	
6	钻	配钻、扩连杆盖和体连接孔	钻床
7	铣	自连杆上切下连杆盖	卧式铣床
8	铣	精铣盖和体接合面	铣床
9	钳	攻螺纹，将盖和体用螺钉装配为一体	
10	钳	划大、小头孔线及连杆体中心线	
11	镗	按中心线及连杆接合面找正，粗镗大、小头孔，各孔预留量为 2～3mm，保证盖与体接合面通过大头孔中心	精密镗床或金刚镗床
12	磨	粗、精磨连杆两平面	平面磨床
13	镗	精镗大头孔至要求的尺寸，确保孔中心过盖与体的接合面	金刚镗床或精密镗床
14	镗	上夹具精镗小头孔	金刚镗床、液塑心轴
15	珩磨	珩磨大头孔	珩磨机

本章小结

本章主要介绍的是基本表面的加工、典型零件的工艺分析，应重点掌握基本表面的加工方法、适用场合以及各类典型零件的加工工艺特点。

(1) 典型表面的加工，应掌握外圆、内孔、平面、锥面、齿面等的加工方法和工艺特点，以及在操作过程中应该注意的问题。

(2) 轴类、套筒类、轮盘类、箱体类、叉杆类零件的加工，应掌握各类零件的主要用途、关键技术、装夹方法、基本工艺过程、机械加工工艺过程，以及为保证其加工精度所采取的主要工艺措施等。

(3) 要注意掌握诸如深孔、细长轴、花键槽等加工中的一些特殊问题。

习题

1. 试分析比较零件基本表面加工中外圆、内孔、平面加工方法的工艺特点及其适用范围。

2. 试述零件基本表面加工中车锥面的各种方法及适用范围。

3. 常见齿形加工方法有哪些？并分别叙述各自加工精度及适用范围。

4. 简述车削螺纹的工艺特征和操作中应注意的工艺技术问题。

5. 轴类零件常用的装夹方法有哪些？各自特点和适用范围是什么？

6. 在主轴加工的各个阶段中所安排的热处理工序有什么不同？

7. CA6140 型卧式车床主轴的主要表面加工顺序有如下四种方案，试分析比较各方案的特点，并指出最佳方案。

A. 外圆表面粗加工—钻深孔—锥孔粗加工—锥孔精加工—外表面精加工

B. 外圆表面粗加工—钻深孔—锥孔粗加工—外表面精加工—锥孔精加工

C. 外圆表面粗加工—钻深孔—外表面精加工—锥孔粗加工—锥孔精加工

D. 钻深孔—外圆表面粗加工—锥孔粗加工—外表面精加工—锥孔精加工

8. 试编写题图 6—1 所示传动轴的机械加工工艺过程。工件材料为 45 钢，毛坯为 ϕ50mm×155mm的热轧棒料，成批生产。

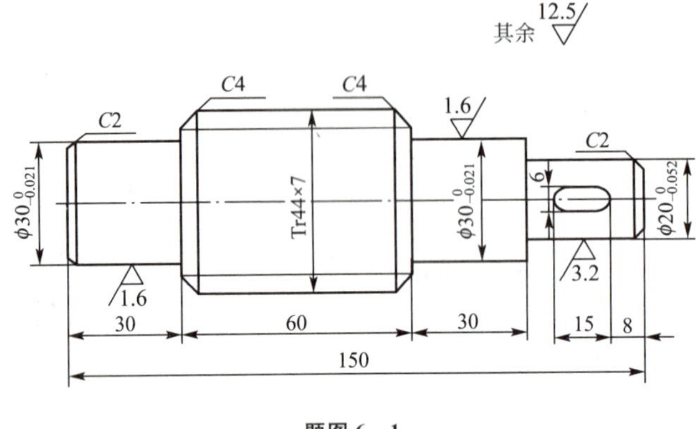

题图 6—1

9. 加工传动丝杠时，为获得良好的加工精度和表面质量，生产中常采用哪些工艺措施？

10. 试说明薄壁套筒零件受力变形对加工精度产生影响的原因及改进措施。

11. 试编写题图 6—2 所示车床尾座套筒零件的机械加工工艺过程。工件材料为 45 钢，毛坯为ϕ60mm×288mm 的热轧棒料，成批生产。

12. 加工轮盘类零件时常采用哪些装夹方法？各自特点如何？

13. 试编制某机床齿轮的齿形机械加工工艺过程，加工条件如下：

(1) 生产类型：大批生产；

(2) 工件材料：45 钢，要求高频淬火 52HRC；

(3) 齿面加工要求：模数 m=2.25mm；齿数 z=56；精度等级为 7-7-6；表面粗糙度为 Ra=0.8μm。

14. 试分析珩齿和磨齿有什么异同点？

15. 箱体加工顺序安排应遵循哪些基本原则？为什么？

16. 根据箱体的结构特点，选择粗、精基准时应考虑哪些主要问题？

17. 试编写题图 6—3 所示外圆磨床尾座的机械加工工艺规程。工件材料为 HT200，铸造毛坯，中批生产。

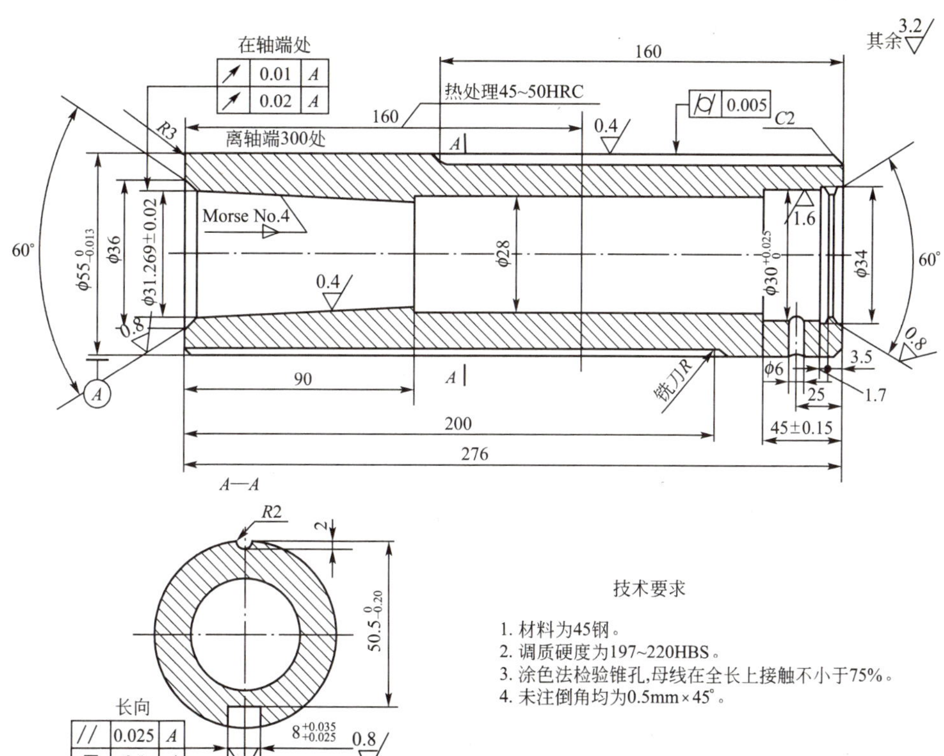

技术要求

1. 材料为45钢。
2. 调质硬度为197~220HBS。
3. 涂色法检验锥孔,母线在全长上接触不小于75%。
4. 未注倒角均为0.5mm×45°。

题图 6—2

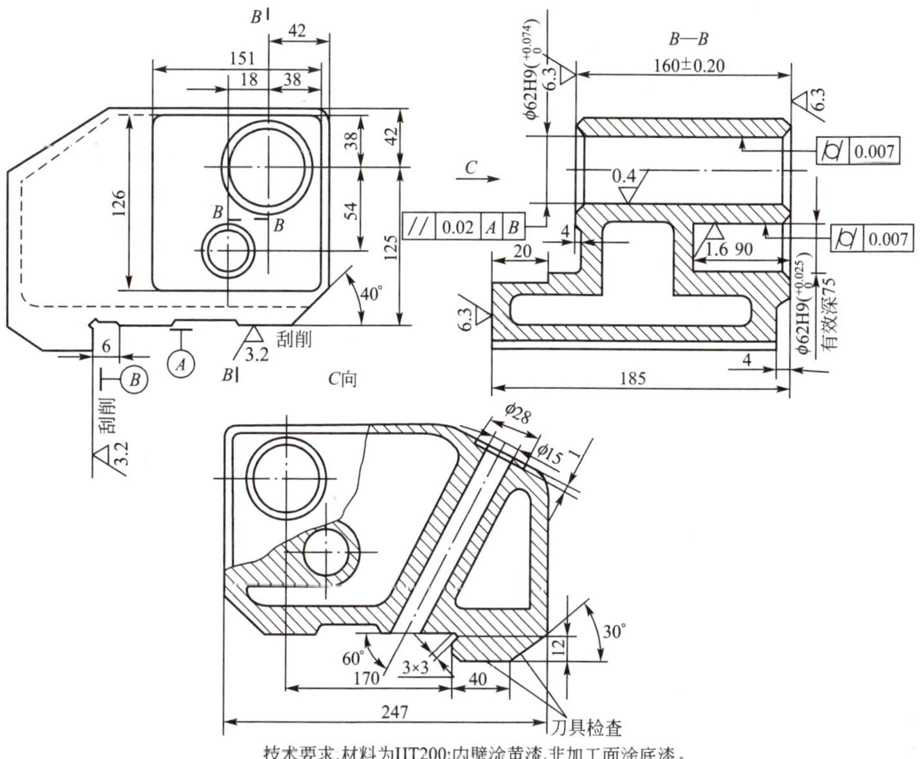

技术要求.材料为HT200;内壁涂黄漆,非加工面涂底漆。

题图 6—3

第 7 章　机器装配工艺

【学习内容】

机器装配基本问题概述，保证装配精度的方法，装配尺寸链，装配工艺规程的制定。

【学习要求】

掌握保证装配精度的方法及装配尺寸链的计算；能够制定一般部件及中等复杂程度小型机器的装配工艺规程。

第 1 节　机器装配概述

一、机器装配的概念

一台机器通常是由若干零件、组件和部件所组成的，其中零件是组成机器的基本单元。根据规定的技术要求，将零件先组合成组件，再进一步组合为部件以致整台机器的过程，分别称为组装、部装和总装，而对应的成品分别称为组件、部件和机器（产品）。

机器的质量是以其工作性能、使用效果、可靠性以及使用寿命等综合指标来评定的。这些指标，除与产品结构设计有关外，还取决于零件的制造质量（包括加工精度、表面质量、热处理等）和机器的装配工艺及装配精度。机器的质量最终是通过装配工艺来保证的。如果装配不当，即便零件的制造质量都合格，也不一定能够装配出合格的产品。反之，零件的制造质量虽然不是十分好，但只要在装配中采取合适的工艺措施，也能使产品达到规定的要求。因此，装配工艺及装配精度对保证机器的质量起到非常重要的作用。

另外，通过机器的装配，可以发现机器在设计上的错误（如不合理的结构、尺寸等）和零件加工工艺中存在的质量问题，并给予改进。因此，机器装配工艺又是机器生产的最终检验环节。目前，在生产实际中，装配工作大多数是靠手工操作来完成的，自动化程度和劳动生产率不如机械加工。所以，研究装配工艺，选择合适的装配方法，制定合理的装配工艺规程，不仅是保证机器装配质量的手段，同时也是提高产品生产效率、降低制造成本的有效措施。

二、装配工作的基本内容

装配过程并不是简单地将零件组合到一起，而是应当根据装配中的技术要求，通过调整、修配、校正和反复检验等一系列工艺措施，最终保证产品的质量要求。常见的装配工作主要有以下基本内容。

1. 清洗

在装配过程中，零部件的清洗对保证产品的装配质量和延长产品的使用寿命均有重要意义。清洗的目的是去除零件表面或部件中的油污及机械杂质。清洗方法有擦洗、浸洗、喷洗和超声波清洗等。常用的清洗液有煤油、汽油、碱液及各种化学清洗液等。

清洗方法和清洗液种类的选择应根据被清洗零件的材料、批量以及油污、杂质的性质等来选用。

2. 连接

装配过程中会有大量的连接工作。连接方式一般有两种：可拆卸连接和不可拆卸连接。

可拆卸连接是指在装配后可以很容易拆卸而不损坏任何零件，且拆卸后仍可重新装配在一起的连接。常见的可拆卸连接有螺纹连接、键连接和销连接等。

不可拆卸连接是指在装配后一般不再拆卸，如果拆卸则会损坏其中的某些零件的连接。常见的不可拆卸连接有焊接、铆接和过盈连接等。

3. 校正与配作

产品装配（特别是单件小批量生产）时，为了保证装配精度，常需要进行一些校正和配作。这是因为完全靠零件精度来保证装配精度往往是不经济的，有时甚至是不可能的。

校正是指产品中相关零部件之间相互位置的找正、找平以及其他各种调整方法以保证达到装配精度要求。配作是指配钻、配铰、配刮及配磨等，配作是和校正调整工作结合进行的。

4. 平衡

对于转速较高、运转平稳性要求高的机械，为防止使用中出现振动，装配时应对其旋转的零、部件进行平衡。

平衡分静平衡和动平衡两种。对于直径较大、长度较小的零件（如带轮、飞轮等），一般只需进行静平衡即可；对于长度较大的零件（如电机转子、机床主轴等），则需进行动平衡。

旋转件的不平衡量可采用下述方法校正：

(1) 用钻、铣、磨、锉、刮等方法去除质量；

(2) 用补焊、铆接、胶接、喷涂、螺纹连接等方式加配质量；

(3) 在预设的平衡槽内改变平衡块的位置和数量（如砂轮的静平衡）。

5. 验收试验

机械产品装配完后，应根据有关技术标准和规定，对产品进行全面的检验和试验工作，合格后方准出厂。金属切削机床的验收试验工作通常包括机床几何精度的检验、空运转试验、负荷试验和工作精度试验等。除上述装配工作外，油漆、包装等也属于装配工作。

三、装配的组织形式

在装配过程中，可根据产品结构特点和批量以及现有生产条件，采用不同的装配组织形式。

1. 固定式装配

固定式装配是将产品和部件的全部装配工作安排在某一固定的工作地进行，装配过程中产品位置不变，装配所需的零、部件都汇集在工作地附近。

在单件和中、小批量生产中，装配时不便移动的大型机械，或装配时移动会影响装配精度的产品，宜采用固定式装配。

2. 移动式装配

移动式装配是将产品或部件置于装配线上，通过连续或间歇的移动使其顺次经过各装配工作地从而完成全部装配工作。移动式装配有固定节奏和自由节奏两种装配方法。

移动式装配的特点是，各道装配工序划分较细致，广泛采用专用设备及工装，生产效率高，对工人技术水平要求较低，装配质量容易保证，多用于大批量生产。

四、装配精度

1. 装配精度的概念

机器的质量是以其工作性能、精度、使用效果和寿命等综合指标来评定的。机械产品的质量主要取决于结构设计、零件质量及其装配精度。

装配精度不仅影响机器及部件的工作性能，而且还影响它们的使用性能。对于机床来说，装配精度将直接影响在此机床上加工的零件精度。正确规定机器、部件的装配精度要求，是产品设计的重要环节。

对于一些系列化、标准化的产品，如通用机床、减速器等，其装配精度要求可按照国家、部委颁布的标准来制定。对于没有标准可循的产品，其装配精度可根据用户的使用要求，参照经过实践考验的类似产品或机器的已有数据，采用类比法确定。对于一些重要的产品，其装配精度要经过分析计算和实验研究后方能确定。

产品装配精度一般包括：零部件之间的相互距离精度、相互位置精度和相对运动精度。

(1) 相互距离精度。

相互距离精度是指相关零部件之间的距离尺寸的精度，包括间隙、过盈配合要求。例如，卧式车床前后两顶尖对床身导轨的等高度。

(2) 相互位置精度。

装配中的相互位置精度是指相关零部件之间的平行度、垂直度、同轴度以及各种跳动等。例如，台式钻床主轴轴线对工作台台面的垂直度。

(3) 相对运动精度。

相对运动精度是指产品中有相对运动的零部件之间在运动方向上和运动位置上的精度，包括回转运动精度、直线运动精度和传动链精度等。例如，滚齿机的滚刀主轴与工作台的相对运动精度。

2. 装配精度与零件精度之间的关系

机器和部件是由若干个零件装配而成的，所以零件的精度特别是关键零件的精度将直接影响相应部件和机器的装配精度。例如，在卧式车床装配中，要满足尾座移动对溜板箱的平行度要求，只要保证床身上溜板移动的导轨 A 与尾座移动的导轨 B 相互平行即可，如图 7—1 所示。这种用一个零件的精度来保证某项装配精度的情况，称为“单件自保”。但是，多数装配精度均与相关的多个零件或部件的加工精度有关，即这些零件的加工误差的累积将影响装配精度。如图 7—2 所示，卧式车床主轴锥孔中心线和尾座顶尖套筒中心线对床身导轨的等高度要求，与床身 4、主轴箱 1、尾座 2 和底板 3 等零件的加工精度相关。

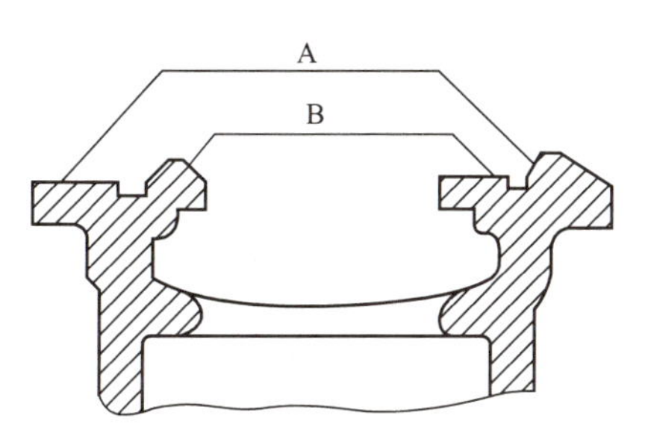

图 7—1 床身导轨简图

A—溜板导轨；B—尾座导轨

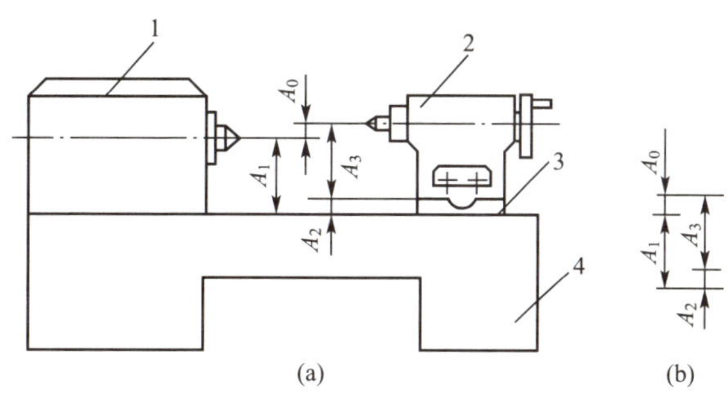

图 7—2 主轴与尾座中心线等高示意图

1—主轴箱；2—尾座；3—底板；4—床身

从以上分析可以看出，在装配时零件的加工误差的累积将会影响产品的装配精度。如果加工条件允许，则可以合理地规定有关零件的制造精度，使零件的累积误差不超出装配精度所规定的范围，从而简化装配工作，使之成为简单的连接过程。无需任何修配和调整，这一点对大批量生产过程是十分必要的。但是，零件的制造精度不但受工艺条件的影响，而且在经济性方面也会受到限制。特别是当产品装配精度要求较高时，通过控制零件加工精度来保证装配精度的方法，势必给零件加工带来诸多困难。所以，这时常按照经济加工精度确定零件的精度要求（即使之易于加工），而在装配时采用一定的工艺措施（如修配、调整等）来保证装配精度要求，并根据产品的性能、生产类型、装配条件来确定产品的装配方法。不同的装配方法中，零件加工精度与装配精度具有不同的相互关系。为了定量分析这种关系，将尺寸链的基本理论应用于装配过程，即通过装配尺寸链的分析计算，进而解决各种装配方法的装配精度与零件精度之间的关系问题。

第 2 节 装配尺寸链

一、装配尺寸链的概念及建立

1. 装配尺寸链的基本概念

一台机器包括组装、部装、总装，有很多装配精度技术要求项目需要保证。在制定产品装配工艺规程、确定装配工序、解决装配质量问题时，都可以通过尺寸链的分析计算予以解决。

如图 7—2 所示为车床主轴与尾座顶尖的装配简图。为了保证尾座顶尖与车床主轴的等高要求，需要保证主轴箱部件主轴至导轨面的尺寸 A_1、底板尺寸 A_2 以及尾座至底板的尺寸 A_3。总装时，这三个装配尺寸与两顶尖的等高要求（A_0）就构成了装配尺寸链。

从上面的例子分析可知，所谓装配尺寸链是指在机器的装配关系中，以装配所要保证的装配精度或技术要求为封闭环，以相关零件的尺寸或相互位置关系为组成环而构成的尺寸链。与工艺尺寸链一样，装配尺寸链也有增环和减环之分，并且增减环的判别方法、尺寸链的特点以及计算方法都相同。

例如，图 7—3 所示为轴与孔的配合尺寸链。装配后要求轴与孔之间有一定的间隙，而此间隙 A_0 即为该尺寸链的封闭环，它由孔的尺寸 A_1 和轴的尺寸 A_2 间接保证。在这里，孔的尺寸 A_1 增大，间隙 A_0（封闭环）亦随之增大，故 A_1 为增环；相反，轴的尺寸 A_2 为减环。

装配尺寸链按各环的几何特征和所处空间位置的不同可分为以下三种类型：

(1) 直线尺寸链。

直线尺寸链由长度尺寸组成，且各尺寸彼此平行，如图 7—2(b) 和图 7—3 所示。

(2) 角度尺寸链。

直线尺寸链由角度、平行度、垂直度、同轴度等构成。例如，卧式车床精度标准中规定了精车端面的平面度要求为：工件直径 $D\leqslant200$mm 时，端面只允许凹 0.15mm。该项要求可简化为如图 7－4 所示的角度尺寸链，其中装配精度要求 a_0 为封闭环，$T_{a_0}=0.015/100$。a_1 为主轴回转轴线与床身的前 V 形导轨在水平面的平行度，a_2 为溜板的上燕尾导轨对溜板的下 V 形导轨（溜板的下 V 形导轨装在床身的前 V 形导轨上）的垂直度。

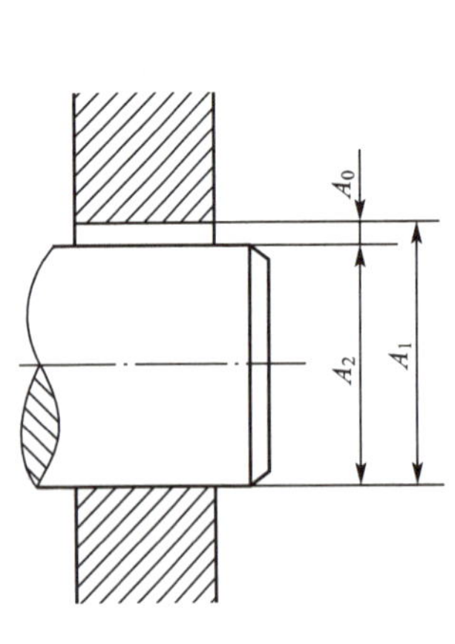

图 7—3 轴与孔的配合尺寸链

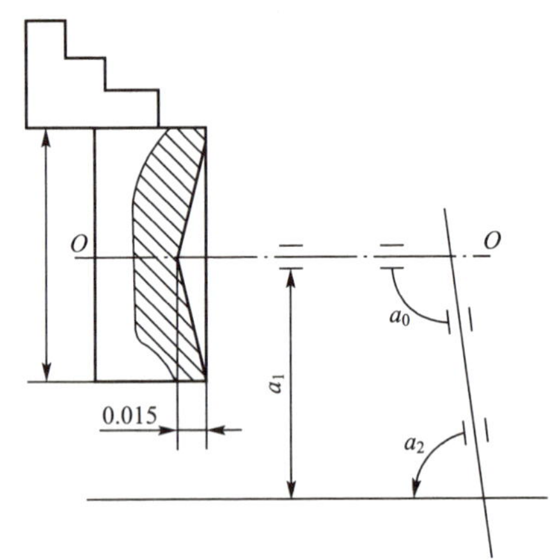

图 7—4 角度尺寸链

(3) 空间尺寸链。

空间尺寸链由位于三维空间的尺寸构成，在一般机器中较为少见。

本章只讨论直线尺寸链。

2. 装配尺寸链的建立

正确建立装配尺寸链，是进行尺寸链计算的基础。

首先根据装配精度要求确定封闭环，再取封闭环两端的两个零件为起点，沿装配精度要求的位置方向，以装配基准面为线索进行查找，分别找出影响装配精度要求的相关零件，直至找到同一个基准零件甚至是同一基准表面为止。

在建立装配尺寸链时，应注意以下原则：

(1) 装配尺寸链的简化原则。

机械产品的结构通常都比较复杂，对某项装配精度要求有影响的因素很多，查找装配尺寸链时，在保证装配精度要求的前提下，可略去那些影响较小的因素，使装配尺寸链得以适当简化。

例如，图 7—2(a) 所示车床主轴与尾座中心线等高示意图，影响该项装配精度要求（等高）的因素有（如图 7—5 所示）：

A_1——主轴锥孔中心线至床身平导轨的距离；

A_2——尾座底板的厚度；

A_3——尾座顶尖套锥孔中心线至尾座底板的距离；

e_1——主轴滚动轴承外圆与内孔的同轴度误差；

e_2——尾座顶尖套锥孔与外圆的同轴度误差；

e_3——尾座顶尖套与尾座孔配合间隙引起的向下偏移量；

e_4——床身上安装主轴箱和尾座的平导轨之间的高度差。

由于 e_1、e_2、e_3、e_4 的数值相对 A_1、A_2、A_3 的误差较小，故装配尺寸链可简化为图 7—2(b) 所示的结果。需要指出，在精密装配中，对装配精度有影响的所有因素都应当计入，不可随意简化。

(2) 装配尺寸链组成的最短路线原则。

由尺寸链的基本理论可知，在装配精度要求给定的条件下，组成环数目越少，则各组成环所分配到的公差值就越大，零件的加工就越容易和经济。

在查找装配尺寸链时，每个相关的零部件只能有一个尺寸作为组成环列入装配尺寸链，即将连接两个装配基准面之间的位置尺寸直接标注在零件图上。这样，组成环的数目就等于有关零部件的数目，即"一件一环"，这就是装配尺寸链的最短路线（环数最少）原则。

在图 7—6(a) 中，齿轮装配后轴向间隙的尺寸链就体现了"一件一环"的原则。如果把图中的主轴尺寸标注成图 7—6(b) 所示的两个尺寸，则违反了上述原则。如果主轴以两个尺寸列入装配尺寸链，则显然会缩小各环的公差。

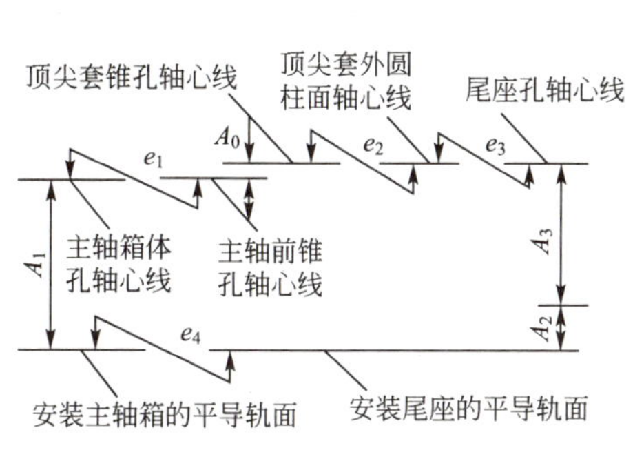

图 7—5 主轴与尾座套筒中心线等高装配尺寸链

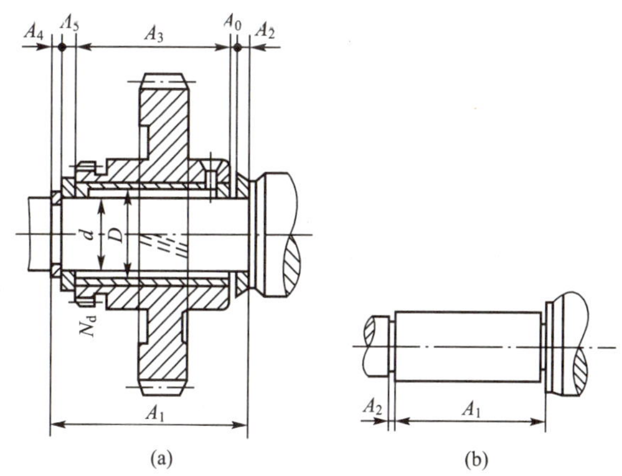

图 7—6 装配尺寸链的"一件一环"原则

(3) 装配尺寸链的方向性。

在同一装配结构中，如果在不同位置方向都有装配精度要求时，则应按不同方向分别建立装配尺寸链。例如蜗轮副传动结构，为确保正常啮合，要求同时保证蜗轮副两轴线之间的距离精度、垂直度精度以及蜗轮中心平面的重合度精度，这是三个不同位置方向的装配精度，因此需要在三个不同方向分别建立尺寸链。

二、装配尺寸链的计算方法

目前，尺寸链的计算方法有两种：极值法（极大极小值法）和概率法。极值法在各组成环同时出现极值（极大值或极小值）时，仍能保证封闭环的要求，其特点是简单可靠。但是，在封闭环公差较小且组成环数目较多的情况下，各组成环的公差将会更小，这势必造成加工困难，成本提高。为此，考虑到各组成环同时出现极值的几率很小，利用概率论原理来计算尺寸链要比极值法更为合理。下面着重介绍利用概率论原理计算尺寸链的方法（假设各尺寸分布符合标准正态分布，即工序尺寸的分布范围为 6σ，相对分布系数 $k_i=1$）。

1. 各环公差值的概率法计算

在装配尺寸链中，各组成环是有关零件上的加工尺寸或位置关系，这些加工数值是一些彼此独立的随机变量。根据概率论原理，作为各组成环合成结果的封闭环也是一个随机变量，而且两者的标准偏差 σ_i 和 σ_0 有下列关系：

$$\sigma_0=\sqrt{\sum\sigma_i^2} \tag{7—1}$$

由概率统计学知识可知，当误差呈正态分布，且分布中心与公差带中心重合时，可取各组成环的公差值 $T_i=6\sigma_i$，封闭环公差值 $T_0=6\sigma_0$，带入式（7—1）可得

$$T_0=\sqrt{\sum T_i^2} \tag{7—2}$$

即当各环呈正态分布时，封闭环的公差等于各组成环公差平方和的平方根。

若各组成环公差都相等，即 $T_i=T_{av}$，则各组成环平均公差为 $T_{av}=T_0/\sqrt{m}$，而极值法计算的 $T_{av}=T_0/m$。两者相比，可明显看出概率法将组成环的平均公差扩大了 $\sqrt{m}$倍，m 越大，扩大倍数越大。所以，概率法适用于环数较多、精度较高（T_0 较小）的尺寸链的计算。

2. 封闭环上下偏差的计算

用概率法计算尺寸链时，利用封闭环和各组成环的平均尺寸进行计算往往比较方便。在图 7—7 中，左面为组成环尺寸的正态分布曲线，右面为组成环的公差带。可以看出，组成环尺寸分布中心与公差带中心是重合的。此时，组成环的平均尺寸按下式计算：

$$L_{iav}=L_i+\Delta_i \tag{7—3}$$

式中：L_i——组成环的基本尺寸；

Δ_i——组成环的中间偏差。

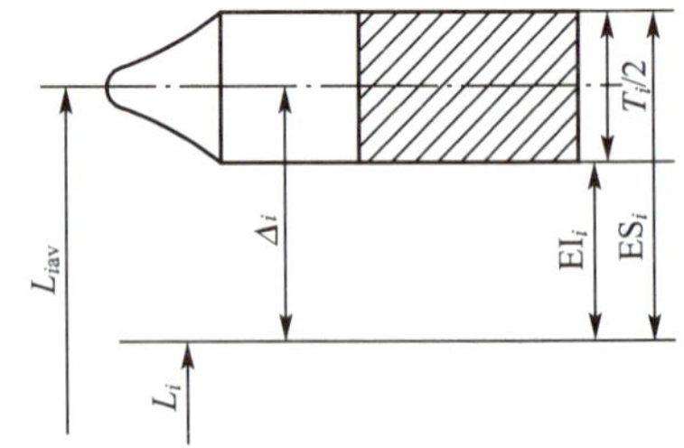

图 7—7　尺寸正态分布时的计算关系

根据尺寸链计算公式可得

$$\Delta_0=\sum\Delta_{zi}-\sum\Delta_{ji} \tag{7—4}$$

式中：Δ_0——封闭环的中间偏差；

Δ_{zi}——增环的中间偏差；

Δ_{ji}——减环的中间偏差。

由式（7—4）可以看出，封闭环的中间偏差等于所有增环的中间偏差之和减去所有减

环的中间偏差之和。

封闭环的上下偏差可按下式求得

$$ES_0 = \Delta_0 + T_0/2 \quad (7—5)$$

$$EI_0 = \Delta_0 - T_0/2 \quad (7—6)$$

第 3 节　保证装配精度的方法

机械产品的精度要求，最终是靠装配实现的。根据产品的性能要求、结构特点、生产类型以及生产条件，可采用不同的装配方法。保证产品装配精度的方法有：互换法、选择法、修配法和调整法。

装配尺寸链的计算方法与装配方法密切相关。同一项装配精度，采取不同的装配方法时，其装配尺寸链的计算方法也不相同。

装配尺寸链的计算可分为正计算和反计算。已知与装配精度有关的各零部件的基本尺寸及其偏差，求解装配精度要求的基本尺寸及其偏差的计算过程称为正计算。正计算用于对已设计的图纸进行校核验算。已知装配精度要求的基本尺寸及其偏差，求解与该项装配精度有关的各零部件基本尺寸及其偏差的计算过程称为反计算。反计算主要用于产品设计过程中。

一、互换装配法

互换装配法是指在装配过程中，零件互换后仍能达到装配精度要求的装配方法。产品采用互换装配法时，装配精度主要取决于零件的加工精度。互换法的实质就是控制零件的加工误差来保证产品的装配精度。

根据零件的互换程度不同，互换法又分为完全互换法和大数互换法。

1. 完全互换法

在全部产品中，装配时各组成环无需挑选或改变其大小或位置，装配后即能达到装配精度的要求，这种装配方法称为完全互换法。

完全互换法的特点是：产品装配质量稳定可靠，对装配工人的技术等级要求较低，装配工作简单、经济、生产效率高，便于组织流水线装配和实现自动化装配。另外，采用完全互换法可保证零部件的互换性，有利于组织专业化生产和协作生产。但是，当封闭环要求较严和组成环数目较多时，采用完全互换法势必对零件提出更高的精度要求，从而导致加工难度增大。因此，只要各组成环的加工在技术上有可能实现，而且经济上也合理时，应当尽量优先采用完全互换法。完全互换法主要用于那些具有高精度、尺寸环数少或低精度、尺寸环数多的尺寸链的机器的大批量装配生产中。例如，大批量生产汽车、拖拉机等产品都是采用完全互换法。

在完全互换法中，装配尺寸链采用极值法公式计算（与第 3 章中工艺尺寸链的计算公式完全相同）。

在进行装配尺寸链反计算时，即已知封闭环（装配精度）的公差 T_0，分配各有关零件（各组成环）公差 T_i 时，可按“等公差”原则（$T_1 = T_2 = \cdots = T_m = T_{avL}$）先确定它们的平均极值公差 T_{avL}：

$$T_{avL} = T_0 / m \tag{7—7}$$

然后根据各组成环尺寸的大小和加工的难易程度，对各组成环的公差进行适当调整。在调整时可参照下列原则：

（1）组成环是标准件尺寸（如滚动轴承内外环厚度）时，其公差值及其分布在相应的标准中已有规定，为已定值。

（2）组成环是几个尺寸链的公共环时，其公差值及其分布由对其要求最严的尺寸链先行确定，对其余尺寸链则视为已定值。

（3）尺寸相近、加工方法相同的组成环，其公差值取相等数值。

（4）难加工或难测量的组成环，其公差可取较大数值；易加工或易测量的组成环，其公差取较小值。

（5）确定好各组成环的公差后，孔、轴、槽等尺寸按"入体制"原则确定极限偏差。孔中心距的尺寸极限偏差按对称分布选取。注意尽可能使各组成环的公差大小和分布位置符合《公差与配合》国家标准的规定，以便生产组织。

显然，当各组成环都按上述原则确定其公差时，由公式计算得到的公差累积值常常不符合封闭环的要求。为此，需要选取一个组成环，其公差及其分布通过计算来确定，以便与其他组成环相协调，最后满足封闭环精度要求。这个事先选定的在尺寸链中起协调作用的组成环称为协调环。一般情况下，不能选取标准件或公共环作为协调环，因为其公差和极限偏差是已定值。通常可选易于加工的零件作为协调环，而对难以加工的零件的尺寸公差从宽选取。当然也可选取难以加工的零件作为协调环，而对易于加工的零件的尺寸公差从严选取。

除上述"等公差"原则以外，还有"等精度"原则。该原则使各组成环都按同一精度等级制造，由此求出平均公差等级系数，再根据尺寸查出各组成环的公差值，最后仍需适当调整各组成环的公差。由于"等精度"原则计算比较复杂，计算后仍要调整，故实际应用不多。

例 7—1 如图 7—8(a) 所示装配关系，轴是固定不动的，齿轮在轴上回转，要求保证齿轮与挡圈之间的轴向间隙为 0.1～0.35mm。已知：$A_1=30$mm、$A_2=5$mm、$A_3=43$mm、$A_4=3_{-0.05}^{\ 0}$mm（标准件）、$A_5=5$mm。现采用完全互换法装配，试确定各组成环公差和极限偏差。

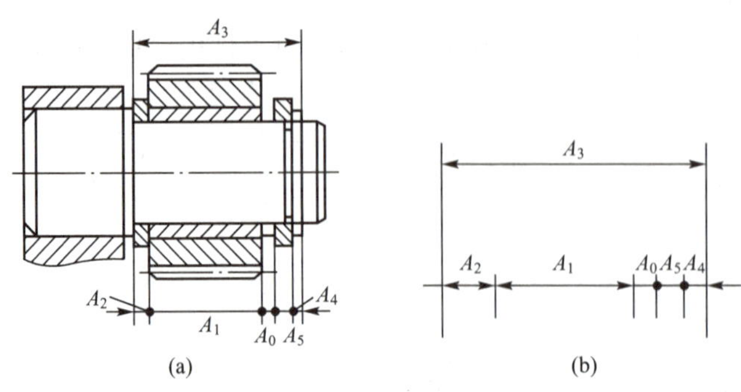

图 7—8 齿轮与轴的装配关系

解：（1）画装配尺寸链图，如图 7—8(b) 所示，并校验各环基本尺寸。

根据题意，由于轴向间隙为0.1～0.35mm，则封闭环为$A_0=0^{+0.35}_{+0.10}$mm，封闭环公差为$T_0=0.25$mm。本尺寸链共有5个组成环，即$m=5$，其中A_3为增环，A_1、A_2、A_4、A_5为减环。

由第3章尺寸链计算公式可得封闭环基本尺寸为

$$A_0=A_3-(A_1+A_2+A_4+A_5)=43-(30+5+3+5)=0\text{mm}$$

由计算可知，各组成环基本尺寸的数值已确定且准确无误。

(2) 确定各组成环公差和极限偏差。

计算各组成环平均极值公差：

$$T_{avL}=T_0/m=0.25/5=0.05\text{mm}$$

根据各组成环基本尺寸大小与零件加工难易程度，以平均极值公差为基础，确定各组成环极值公差。

A_5为一垫圈，其加工、测量都较为方便，故作为协调环。由于A_4为标准件，其公差与极限偏差为一定值，即$A_4=3^{\ 0}_{-0.05}$mm，$T_4=0.05$mm。其余各组成环公差等级为IT9级，根据其尺寸大小和加工难易程度分别确定极值公差为：

$$T_1=0.06\text{mm},\quad T_2=0.04\text{mm},\quad T_3=0.07\text{mm}$$

A_1和A_2为包络尺寸，A_3为被包络尺寸。按“入体制”原则标注为：

$$A_1=30^{\ 0}_{-0.06}\text{mm},\quad A_2=5^{\ 0}_{-0.04}\text{mm},\quad A_3=43^{+0.07}_{\ 0}\text{mm}$$

封闭环的中间偏差为

$$\Delta_0=(ES_0+EI_0)/2=(0.35+0.10)/2=+0.225\text{mm}$$

各组成环的中间偏差分别为

$$\Delta_1=-0.03\text{mm},\quad \Delta_2=-0.02\text{mm},\quad \Delta_3=+0.035\text{mm},\quad \Delta_4=-0.025\text{mm}$$

(3) 计算协调环A_5的极值公差和极限偏差。

由第3章尺寸链计算公式可得

$$\begin{aligned}EIA_5&=ESA_3-(EIA_1+EIA_2+EIA_4)-ESA_0\\&=+0.07-(-0.06-0.04-0.05)-0.35=-0.13\text{mm}\\ESA_5&=EIA_3-(ESA_1+ESA_2+ESA_4)-EIA_0\\&=0-(0+0+0)-0.10=-0.10\text{mm}\end{aligned}$$

即协调环A_5的尺寸和极限偏差为

$$A_5=5^{-0.10}_{-0.13}\text{mm}$$

其余各组成环尺寸和极限偏差为

$$A_1=30^{\ 0}_{-0.06}\text{mm},\quad A_2=5^{\ 0}_{-0.04}\text{mm},\quad A_3=43^{+0.07}_{\ 0}\text{mm},\quad A_4=3^{\ 0}_{-0.05}\text{mm}$$

2. *大数互换法*

在绝大多数产品中，装配时各组成环无需挑选或改变其大小或位置，装配后即能达到封闭环的公差要求，但少数产品有出现废品的可能性，这种装配方式称为大数互换法（亦称部分互换法）。

大数互换法的特点与完全互换法相似，只不过零件所规定的公差要比完全互换法所规定的公差大，尤其是在环数较多、组成环又呈正态分布时，扩大的组成环公差最显著。因此，大数互换法有利于零件的经济加工，装配过程与完全互换法一样简单、方便。但是在装配时，应采取适当的工艺措施，以排除个别产品因超出公差或极限偏差而产生废品的可能性。

大数互换法常用于生产节拍不是很严格的成批生产中。例如，机床、仪器、仪表等产品的生产。

为了便于比较，仍以图 7—8(a) 所示装配关系为例加以说明。

例 7—2 已知：$A_1=30\text{mm}$、$A_2=5\text{mm}$、$A_3=43\text{mm}$、$A_4=3_{-0.05}^{0}\text{mm}$（标准件）、$A_5=5\text{mm}$（各组成环尺寸在公差带内呈正态分布），装配后齿轮与挡圈之间的轴向间隙为 0.1～0.35mm。现采用大数互换法装配，试确定各组成环公差和极限偏差。

解：(1) 画装配尺寸链图，如图 7—8(b) 所示，并校验各环基本尺寸。

(2) 确定各组成环公差和极限偏差。

各组成环平均平方公差为

$$T_{avQ}=T_0/\sqrt{m}=0.25/\sqrt{5}\approx 0.11\text{mm}$$

A_3 为一轴类零件，与其他组成环相比加工较方便，故选 A_3 为协调环。

根据各组成环基本尺寸与零件加工难易程度，以平均平方公差为基础，选取各组成环公差：$T_1=0.14\text{mm}$，$T_2=T_5=0.08\text{mm}$，其公差等级约为 IT10 级；由于 A_4 为标准件，其公差与极限偏差为一定值，即 $A_4=3_{-0.05}^{0}\text{mm}$，$T_4=0.05\text{mm}$。

A_1、A_2、A_5 均为包络尺寸，按“入体制”原则标注为：

$$A_1=30_{-0.14}^{0}\text{mm},\quad A_2=5_{-0.08}^{0}\text{mm},\quad A_5=5_{-0.08}^{0}\text{mm}$$

由式（7—3）得各环的中间偏差分别为：

$$\Delta_0=+0.225\text{mm},\quad \Delta_1=-0.07\text{mm},\quad \Delta_2=-0.04\text{mm},\quad \Delta_4=-0.025\text{mm},\quad \Delta_5=-0.04\text{mm}$$

(3) 计算协调环公差和极限偏差。

由式（7—2）得协调环 A_3 的公差

$$\begin{aligned}T_3&=[T_0^2-(T_1^2+T_2^2+T_4^2+T_5^2)]^{1/2}\\&=[+0.25^2-(0.14^2+0.08^2+0.05^2+0.08^2)]^{1/2}\\&\approx 0.16\text{mm}\quad（只舍不进）\end{aligned}$$

由式（7—4）得协调环 A_3 的中间偏差

$$\begin{aligned}\Delta_3&=\Delta_0+(\Delta_1+\Delta_2+\Delta_4+\Delta_5)\\&=+0.225+(-0.07-0.04-0.025-0.04)\\&=+0.05\text{mm}\end{aligned}$$

由式（7—5）、(7—6）得协调环 A_3 的极限偏差为

$$ES_3=\Delta_3+T_3/2=+0.05+0.16/2=+0.13\text{mm}$$

$$EI_3=\Delta_3-T_3/2=+0.05-0.16/2=-0.03\text{mm}$$

即协调环 A_3 的尺寸和极限偏差为

$$A_3=43_{-0.03}^{+0.13}\text{mm}$$

其余各组成环尺寸和极限偏差为

$$A_1=30_{-0.14}^{0}\text{mm},\quad A_2=5_{-0.08}^{0}\text{mm},\quad A_4=3_{-0.05}^{0}\text{mm},\quad A_5=5_{-0.08}^{0}\text{mm}$$

由上述例题可以看出，采用大数互换法时，虽然各组成环公差较完全互换法有明显放大，但仍能保证相同装配精度要求。为了比较在组成环尺寸相同条件下，完全互换法与大数互换法在装配精度上的差别，现以例 7—1 计算结果为已知条件进行正计算，求解采用

大数互换法所获的封闭环公差及其分布。

例 7—3 装配关系如图 7—8(a) 所示，已知 $A_1=30_{-0.06}^{0}$ mm，$A_2=5_{-0.04}^{0}$ mm，$A_3=43_{0}^{+0.07}$ mm，$A_4=3_{-0.05}^{0}$ mm，$A_5=5_{-0.13}^{-0.10}$ mm，现采用大数互换法进行装配，试求封闭环公差及其分布。

解：(1) 封闭环基本尺寸

$$A_0=A_3-(A_1+A_2+A_4+A_5)=43-(30+5+3+5)=0\text{mm}$$

(2) 封闭环平方公差

$$T_{0Q}=(\sum T_i^2)^{1/2}=(T_1^2+T_2^2+T_3^2+T_4^2+T_5^2)^{1/2}$$
$$=(0.06^2+0.04^2+0.07^2+0.05^2+0.03^2)^{1/2}\approx 0.116\text{mm}$$

(3) 封闭环中间偏差

$$\Delta_0=\sum\Delta_{zi}-\sum\Delta_{ji}=\Delta_3-(\Delta_1+\Delta_2+\Delta_4+\Delta_5)$$
$$=+0.035-(-0.03-0.02-0.025-0.115)=+0.225\text{mm}$$

封闭环上偏差 $ES_0=\Delta_0+T_0/2=+0.225+0.116/2=+0.283$mm

封闭环下偏差 $EI_0=\Delta_0-T_0/2=+0.225-0.116/2=+0.167$mm

即封闭环尺寸为 $A_0=0_{+0.167}^{+0.283}$ mm。

比较例 7—1 与例 7—3 的计算结果可知，在装配尺寸链中，如果各组成环基本尺寸、公差以及极限偏差固定不变，则采用极值公差公式（完全互换法）计算的封闭环公差要比采用统计公差公式（大数互换法）计算的封闭环平方公差大，即 $T_{0L}=0.25\text{mm}>T_{0Q}=0.116\text{mm}$。但是，$T_{0L}$包括了装配中封闭环所能出现的一切尺寸，取 T_{0L}作为装配精度时所有装配结果都是合格的，即封闭环尺寸出现在 T_{0L}范围内的概率为 100%。而当 T_{0Q}在正态分布下的取值为 $6\sigma_0$ 时，装配结果出现在 T_{0Q}范围内的概率为 99.73%，有 0.27%的产品为废品，如图 7—9 所示。显然在同样的装配精度要求条件下，采用大数互换法装配时，各组成环的公差大于完全互换法装配时各组成环的公差，其组成环平均公差将扩大 $\sqrt{m}$倍，各加工零件精度下降，加工成本有所降低。

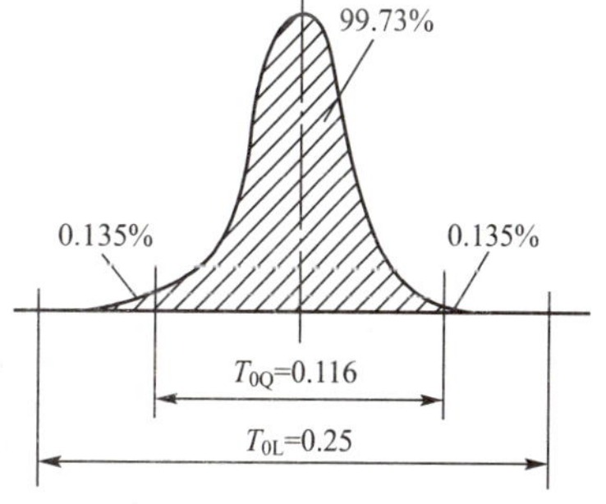

图 7—9 大数互换法与完全互换法的比较

二、选择装配法

选择装配法是将尺寸链中组成环的公差放大到经济可行的程度，然后选择合适的零件进行装配，以保证装配精度的要求。这种装配方法常用于装配精度要求很高而组成环数又极少的成批或大量生产中。

选择装配法可分为直接选配法、分组选配法和复合选配法。

1. 直接选配法

在装配时，由工人从许多待装配的零件中，凭经验直接选取合适的零件进行装配，以保证装配精度要求。

这种装配方法的优点是零件不必事先分组，能达到很高的装配精度。缺点是装配工人凭经验挑选合适的零件通过试凑进行装配，装配时间不易准确控制，装配精度在很大程度上取决于工人的技术水平。这种装配方法不宜用于生产节拍要求较严的大批量流水作业。

另外，采用直接选配法装配，一批零件严格按同一精度要求装配时，最后可能会出现无法满足要求的“剩余零件”。当各零件加工误差分布规律不同时，将会产生更多的“剩余零件”。

2. 分组选配法

这种装配方法是将组成环的公差相对于完全互换法所求的值增大若干倍，使其尺寸能按经济精度加工，然后根据测量将各组成环按其实际尺寸大小分为若干组，将各对应组进行装配，以达到装配精度要求。由于同组零件具有互换性，所以这种方法又称为分组互换法。

分组选配法在大批量生产中可降低对组成环的加工要求，而不降低装配精度要求。但是，分组选配法增加了零件测量、分组和配套工作，当组成环数较多时，这种工作就会变得非常复杂。所以，分组选配法适用于成批、大量生产中组成环数少而装配精度要求高的零部件装配，例如，滚动轴承的装配、内燃机活塞和缸套的装配、活塞与活塞销的装配以及精密机床中某些精密部件的装配等。分组选配法通常采用极值法公式计算有关装配尺寸链。

现以汽车发动机中活塞销与活塞销孔的装配为例，说明分组选配法的原理和装配过程。

如图 7—10(a) 所示为活塞销与活塞的装配关系，其中销径 $d=28_{-0.0025}^{\ 0}$mm，孔径 $D=28_{-0.0075}^{-0.0050}$mm。装配技术要求规定，活塞销与活塞销孔在冷态装配时有 0.002 5～0.007 5mm的过盈量，即最大过盈量 A_{max} 和最小过盈量 A_{min} 分别为 0.007 5mm 和 0.002 5mm。因此，封闭环的公差（过盈公差）$T_0=|A_{max}-A_{min}|=|0.0075-0.0025|=0.0050$mm。

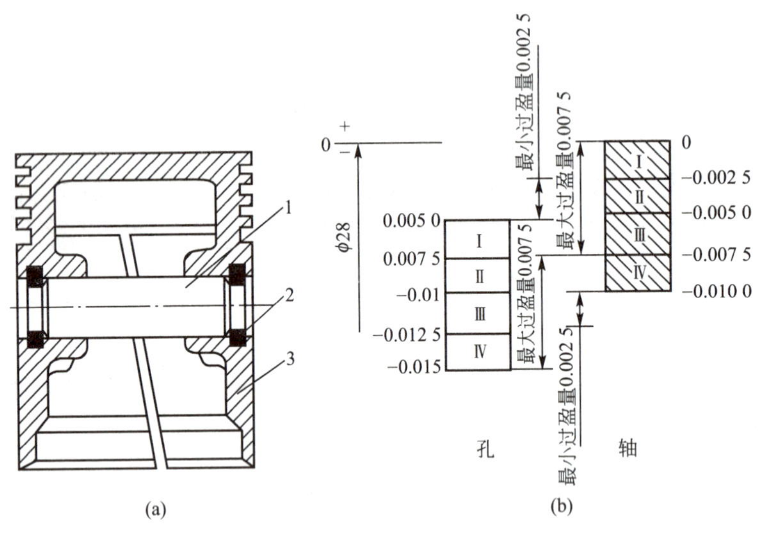

图 7—10　活塞销与活塞的连接

1—活塞销；2—挡圈；3—活塞

若采用完全互换法进行装配时，则销与销孔的平均极值公差为 0.002 5mm（当销与销孔的基本尺寸为 28mm 时，其公差等级为 IT2 级），显然制造这样精度的销与销孔既困难又不经济。因此，在实际生产中，采用分组选配法进行装配，可将销与销孔的公差在同方向都放大四倍（采用上偏差不动，变动下偏差），即由 0.002 5mm 放大到 0.01mm，此时销径变为 $d=28_{-0.01}^{\ 0}$mm，孔径变为 $D=28_{-0.015}^{-0.0050}$mm。这样，活塞销可用无心磨床加工，活塞销孔可用金刚镗床加工。然后，使用精密量具测量其尺寸，并按尺寸大小分成四组，涂上不同颜色加以区别，或装入不同的容器内。根据对应尺寸组进行装配，即大的活塞销配大的活塞销孔，小的活塞销配小的活塞销孔，装配后仍能保证过盈量的要求。具体分组情况如图 7—10(b) 和表 7—1 所示。

表 7—1 活塞销与活塞销孔直径分组

组别	颜色标志	活塞直径 $d=\phi 28_{-0.0100}^{0}$	活塞孔直径 $D=28_{-0.0150}^{-0.0050}$	配合情况	
				最小过盈量	最大过盈量
Ⅰ	红	$\phi 28_{-0.0025}^{0}$	$\phi 28_{-0.0075}^{-0.0050}$	0.002 5	0.007 5
Ⅱ	白	$\phi 28_{-0.0050}^{-0.0025}$	$\phi 28_{-0.0100}^{-0.0075}$		
Ⅲ	黄	$\phi 28_{-0.0075}^{-0.0050}$	$\phi 28_{-0.0100}^{-0.0075}$		
Ⅳ	绿	$\phi 28_{-0.0100}^{-0.0075}$	$\phi 28_{-0.0150}^{-0.0100}$		

采用分组选配法进行装配应满足以下条件：

(1) 为保证分组后各组件的配合性质及配合精度与原来的要求相同，配合件的公差应相等，公差增大时要同方向增大，增大的倍数应等于以后的分组数。

如果配合件公差不等时仍采用分组选配法进行装配，则将改变配合性质，故生产中应用不多。

(2) 为保证零件分组后在装配时各组零件数量相匹配，应使配合件的尺寸分布为相同的对称分布（如正态分布）。如果分布曲线不相同或为不对称分布，将产生各组相匹配零件数量不等，造成一些零件积压浪费，这在生产中往往是难以避免的。图 7—11 中，第一组与第四组的轴与孔数量相差较大，实际生产中常在聚集相当数量的不配套零件后，专门加工一批零件与剩余零件相配，以解决零件剩余问题。

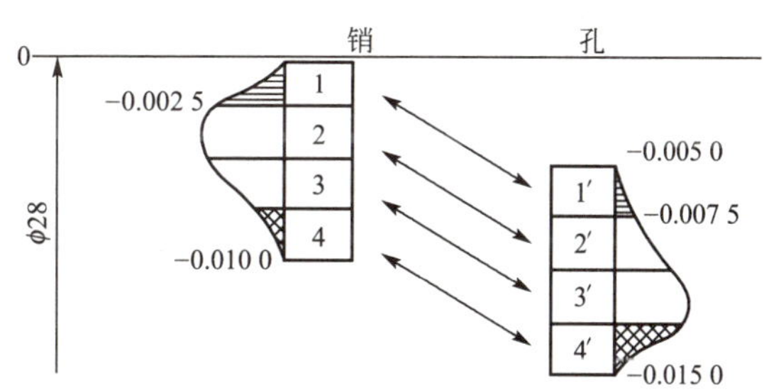

图 7—11 活塞销与活塞销孔的各组数量不等

(3) 分组数不宜太多，零件尺寸公差只要放大到经济精度即可，以避免过多地增加零件的测量、分类、保管工作，导致生产组织工作复杂。

(4) 配合件的表面粗糙度、相互位置精度和形状精度不能随尺寸精度放大而任意放大，应与分组公差相适应，否则无法满足配合精度及配合质量要求。

3. 复合选配法

复合选配法是分组选配法与直接选配法的复合形式。它是将组成环的公差相对互换法所求的值增大，零件加工后预先测量、分组，装配时工人在各对应组内进行选择装配。因此，这种方法吸取了前两种方法的优点，既能提高装配精度，又不必过多增加分组数，但是装配精度仍然要依赖工人的技术水平，工时也不稳定。这种方法常用于配合件公差不等时，作为分组选配法的一种补充形式。例如发动机中的气缸与活塞的装配多采用此法。

三、修配装配法

在成批生产或单件小批量生产中，当装配精度要求高、组成环数目较多时，若按照完全互换法进行装配，会对组成环公差提出过高的要求，造成加工困难甚至很难达到要求；若采用分组选配法进行装配，又因零件数量少、种类多而难以进行。这时，常采用修配装配法来保证装配精度的要求。

修配装配法是将尺寸链中各组成环按经济加工精度制造，在直接装配时封闭环有可能超差，因此，装配时要根据封闭环的实际结果，通过改变尺寸链中某一预定组成环的尺寸或通过配制这个环的方法来保证装配精度。在装配时，需经过修配的零件叫做修配件，该组成环称为修配环。由于这一组成环的修配是为了补偿其他组成环的累积误差以保证装配精度，故又称补偿环。

设为了保证装配精度，各组成环必需的公差为 T_1，T_2，…，T_{m-1}，增大后的公差为 T_1'，T_2'，…，T_{m-1}'。按公差 T_1，T_2，…，T_{m-1}进行装配，封闭环的公差为 $T_0=\sum T_i$；按公差 T_1'，T_2'，…，T_{m-1}'进行装配，封闭环的公差为 $T_0'=\sum T_i'$。因此修配量 Δ 应为 T_0' 与 T_0之差，即

$$\Delta=T_0'-T_0=\sum T_1'-\sum T_i \tag{7—8}$$

修配环应选择易于加工（修配）、装拆，对其他装配尺寸链无影响（不是公共环）的组成环。

为了保证装配精度和减少修配时的工作量，在确定修配环的加工尺寸时，要保证修配时有足够的而又是最小的修配量。修配装配法一般用于单件小批量生产，参加装配的环数多，而精度要求又很高的场合。在实际生产中，修配的方式较多，常见的有以下三种：

1．单件修配法

在多环装配尺寸链中，选定某一固定的零件做修配件（补偿环），装配时用去除金属层的方法改变其尺寸，以满足装配精度的要求。例如，图 7—2 所示车床尾座与主轴箱装配中，选尾座底板为修配件来保证尾座中心线与主轴中心线的等高性，这种修配法在生产中应用最广。

2．合并加工修配法

这种方法是将两个或更多的零件合并在一起再进行加工修配，合并后的尺寸可看做一个组成环，这样就减少了装配尺寸链中组成环的数目，并可以相应减少修配的工作量。例如，图 7—2 所示车床尾座装配时，也可以采用合并加工修配法，即将尾座 2 和底板 3 相配合的平面分别加工好，并配刮横向小导轨，然后把两零件装配为一体，以底板的底面为定位基准，镗削加工套筒孔。这样，A_2 和 A_3 合并为一环 A_{23}，此环公差可取得比较大，而且也可以保证底板面留有较小的刮研量。

利用合并加工修配法时，由于零件合并后再加工和装配，对号入座，给装配生产组织带来很多不便，故这种方法多用于单件小批量生产。

3．自身加工修配法

在机床制造中，有些装配精度要求较高，如果单纯依靠限制各零件的加工误差来保证，势必要提高各零件的加工精度，甚至无法加工，而且不易选择合适的修配件。为此，在机床总装时，用自己加工自己的方法来保证这些装配精度更为经济和方便，这种装配法称自身加工修配法。如图 7—12 所示的转塔车床，为了保证主轴中心线与转塔上各孔中心线的等高性要求，装配时在车床主轴上安装一把镗刀，转塔做纵向进给依次镗削转塔上的六个孔，这种自身加工方法可以方便地保证主轴中心线与转塔上各孔中心线的等高性要求。

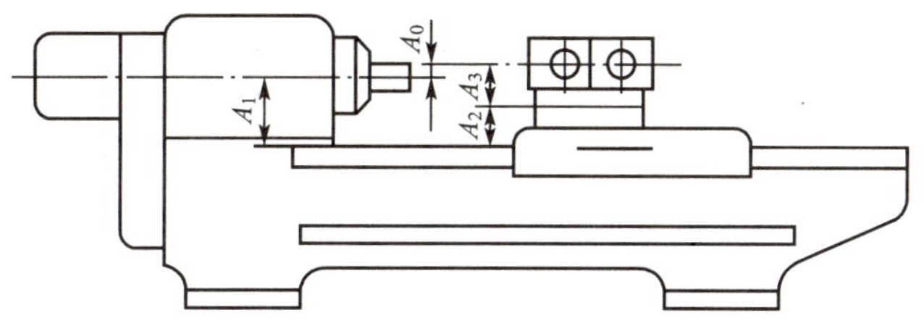

图 7—12　转塔车床自身加工修配

四、调整装配法

调整法与修配法的实质相同，也是将尺寸链中各组成环的公差相对于完全互换法所求的值放大，使其能在该生产条件下以比较经济的公差制造。装配时将尺寸链中某一个预先选定的环，采用调整法改变其尺寸或位置，使封闭环达到其公差与极限偏差的要求。预先选定的环（一般是指螺栓、斜楔、挡环和垫片等零件）称为补偿环（或称调整件），它用来补偿其他各组成环由于公差放大后所产生的累积误差。调整法通常采用极值法公式来计算有关装配尺寸链。调整法分为三种类型：可动调整法、固定调整法和误差抵消调整法。

1. 可动调整法

采用调整的方法来改变补偿环的位置（移动、旋转或移动与旋转同时进行），使封闭环达到其公差与极限偏差要求的方法称为可动调整法。

在机械产品中，可动调整法应用很广泛。如图 7—13 所示普通车床中丝杠 3 与螺母 1 和螺母 4 的间隙的调整就是采用可动调整法实现的。在该调整装置中，将螺母做成前螺母 1 和后螺母 4，前螺母的右端做成斜面，在前、后螺母之间装入一个左端也做成斜面的楔块 5。调整间隙时，先将前螺母固定螺钉放松，然后拧紧楔块的调节螺钉 2，将楔块向上拉，由于前螺母右端斜面和楔块左端斜面的作用，使前螺母向左移动，从而消除丝杠与螺母之间的间隙。再例如图 7—14 所示主轴箱中轴承间隙的调整，也是采用可动调整法来实现的。

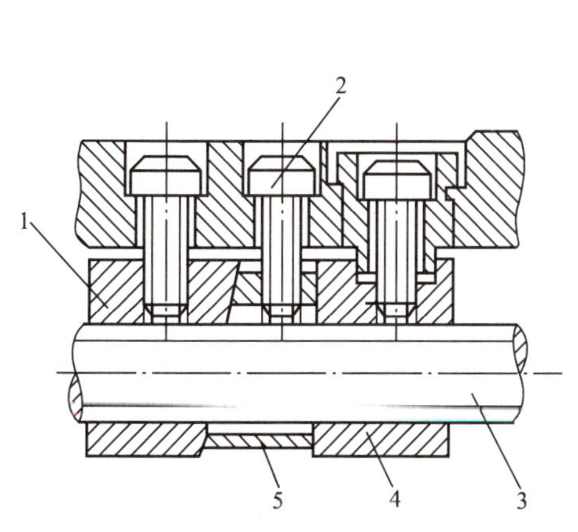

图 7—13　调整丝杠与螺母间隙装置

1—前螺母；2—调节螺钉；3—丝杠；4—后螺母；5—楔块

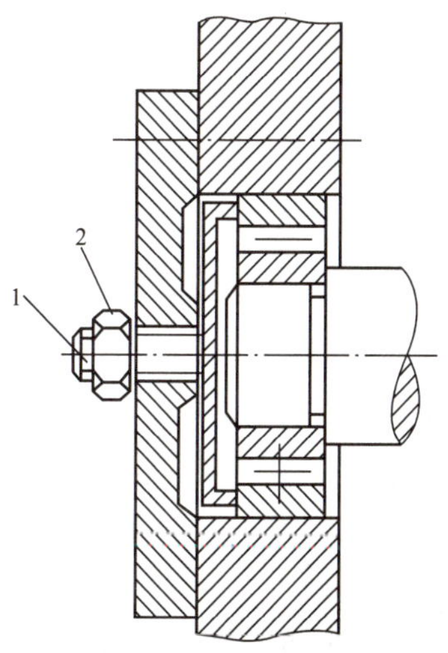

图 7—14　调整轴承间隙装置

1—调节螺钉；2—螺母

利用可动调整法不但调整方便，能获得比较高的精度，而且还可以补偿由于磨损和变形等所引起的误差，使设备恢复原有精度。所以，在一些传动机械或易于磨损机构中，常采用可动调整法。但是，可动调整法因可动零件的出现，削弱了机构的刚性，因此在刚性要求较高或机构比较紧凑，无法安排可调整件时，就需要采用其他调整法。

2. 固定调整法

采用更换调整件的方法来改变补偿环的尺寸，使封闭环达到其公差与极限偏差的要求的方法称为固定调整法。采用固定调整法时，调整件形状要简单，便于拆装，常用的调整件有垫片、套筒等。改变补偿环的实际尺寸的方法是根据封闭环公差与极限偏差的要求，分别装入不同尺寸的调整环。例如，当补偿环为减环时，因放大组成环公差后使封闭环公差变大，故此时取尺寸较大的调整环装入；反之，当封闭环实际尺寸变小时，就取尺寸较小的调整环装入。为此，需要预先按一定的尺寸要求制作成若干组不同尺寸的调整件，供装配时使用。

采用固定调整法时需要解决三个问题：

（1）选择调整范围；

（2）确定调整件的分组数；

（3）计算各组调整件的尺寸。

固定调整法常用于中批和大批量生产，且封闭环要求较严的多环装配尺寸链中，尤其是在比较精密的机械传动中用调整法还能补偿使用过程中的磨损和误差并恢复原有精度。如精密机械、机床和传动机械中锥齿轮啮合精度的调整，都广泛采用固定调整法，如图 7—15 所示。

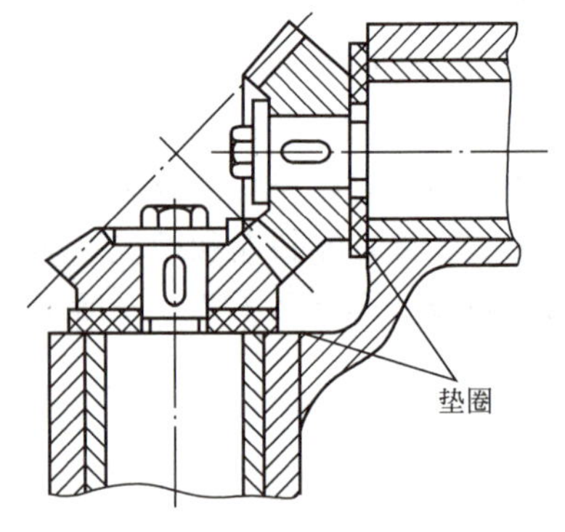

图 7—15　固定调整间隙

3. 误差抵消调整法

在产品或部件装配时，通过调整有关零件的相互位置，使其加工误差相互抵消一部分，以提高装配精度，这种方法称为误差抵消调整法。该方法在机床装配时应用较多。例如，在组装机床主轴时，通过调整前后轴承的径向跳动方向来控制主轴的径向跳动；在滚齿机工作台、分度蜗轮装配中，采用调整工作台和分度蜗轮偏心方向来抵消误差以提高两者的同轴度。

第 4 节　装配工艺规程的制定

将装配工艺过程用文件的形式固定下来就是装配工艺规程。装配工艺规程是指导装配生产的主要技术文件，是制定装配生产计划和进行技术准备的主要依据，也是作为新建或改建机器制造厂及装配车间的基本文件之一。制定装配工艺规程是生产技术准备工作的主要内容之一。

保证装配质量、提高装配生产效率、缩短装配周期、减轻装配工人的劳动强度、减少装配占地面积、降低生产成本等是否可以有效地实现，都取决于装配工艺规程制定的合理与否，这就是制定装配工艺规程的目的。

一、原始资料的准备

在制定装配工艺规程时，需要准备以下原始资料：

1. 产品的装配图及验收技术标准

产品的装配图应包括总装图和部件装配图，应能清楚地表示出所有零件相互连接的结构视图和必要的剖视图、零件的编号、装配时应保证的尺寸、配合件的配合性质及精度、装配技术要求、零件的明细表等。为了在装配时对某些零件继续进行机械加工和配作，并核算装配尺寸链，有时还需要某些零件图做参考。

产品的验收技术条件、检验内容和方法也是制定装配工艺规程的重要依据。

2. 产品的生产纲领

产品的生产纲领不同，生产类型也不同，从而使装配的组织形式、工艺方法、工艺过程的划分及工艺装备、手工劳动所占的比例均有较大的不同。

3. 现有的生产条件

在制定装配工规程时，应了解现有的装配工艺设备、工人技术水平、装配车间面积等情况。

二、制定装配工艺规程的基本原则

制定装配工规程时，应遵循以下原则：

(1) 保证产品装配质量，以延长产品的使用寿命。

(2) 合理安排装配顺序和工序，尽量减少钳工装配的工作量，以减轻劳动强度，缩短装配周期，提高装配效率。

(3) 尽可能减少装配的占地面积，有效提高场地的利用率。

三、制定装配工艺规程的步骤

根据上述原则和原始资料，可以按下列步骤制定装配工艺规程：

1. 研究产品的装配图及验收技术标准

这里包括审查图纸的完整性和正确性，对其中的问题、不足或错误提出解决方法和建议，经与设计人员研究后予以修改；对产品的装配结构进行尺寸分析（装配尺寸链分析与计算）和工艺分析；审核产品装配的技术要求和检查验收的方法，确切掌握装配中关键的技术问题，并制定出相应的技术措施。

2. 确定装配方法与组织形式

装配方法和组织形式主要取决于产品的结构特点（如尺寸、精度和重量等）、零件数量和生产纲领，并需要考虑现有的生产技术条件及设备。

3. 划分装配单元，确定装配顺序

(1) 划分装配单元。

将产品划分为若干个装配单元是制定装配工艺规程最重要的一个步骤，这对大批量生产的、结构复杂的机器装配尤为重要。只有将产品合理地分解为可进行独立装配的单元后，才能合理地安排装配顺序和划分装配工序，从而有效地组织装配工作、实行平行作业或流水作业。

（2）选择装配基准件。

无论哪一种装配单元，都要选择某一零件或比它低一级的装配单元作为装配基准件。装配基准件通常应是产品的基件或主干零部件。基准件通常应具有较大的体积和重量，有足够的支承面，以满足陆续装入零部件时的作业要求和稳定性要求；基准件的补充加工量应最小，尽可能不再有后续加工工序；基准件的选择应有利于装配过程中的检测以及工序间的传递运输、翻身和转位等作业。

（3）确定装配顺序，绘制装配系统图。

在划分装配单元、确定装配基准件之后，即可安排装配顺序，并以装配系统图的形式表示出来。

对于结构比较简单、零部件少的产品，可以只绘制产品装配系统图。对于结构复杂、零部件很多的产品，不仅要绘制产品装配系统图，而且还需要绘制各装配单元的装配系统图。装配系统图有多种形式，如图 7—16 所示为较常见的一种装配系统图。这种形式的装配系统图绘制方法如下：

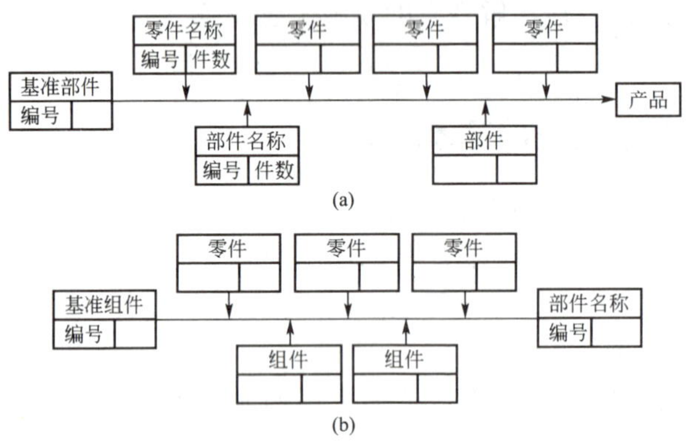

图 7—16　装配系统图

首先画一条较粗的横线，横线右端箭头指向表示装配单元的长方格，横线的左端为表示基准件的长方格；再按装配顺序从左向右，将装入装配单元的零件或组件引出，表示零件的长方格在横线上方，表示组件或部件的长方格在横线的下方。其中，长方格的上方注明装配单元的名称，左下方填写装配单元的编号，右下方填写装配单元的数量。

如图 7—17 所示为卧式车床床身装配简图，如图 7—18 所示为床身部件装配系统图。

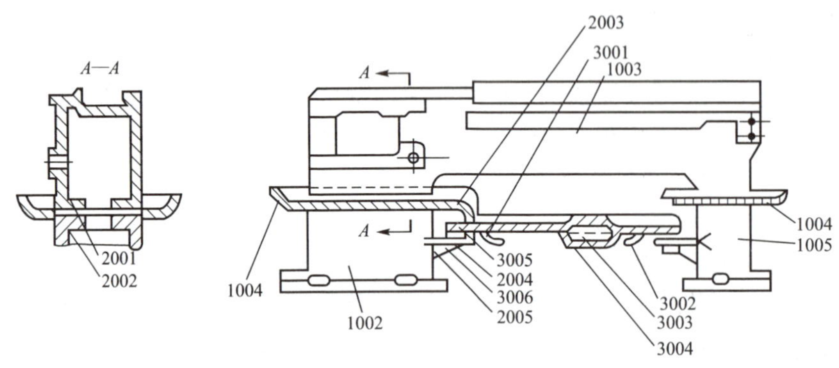

图 7—17　卧式车床床身装配简图

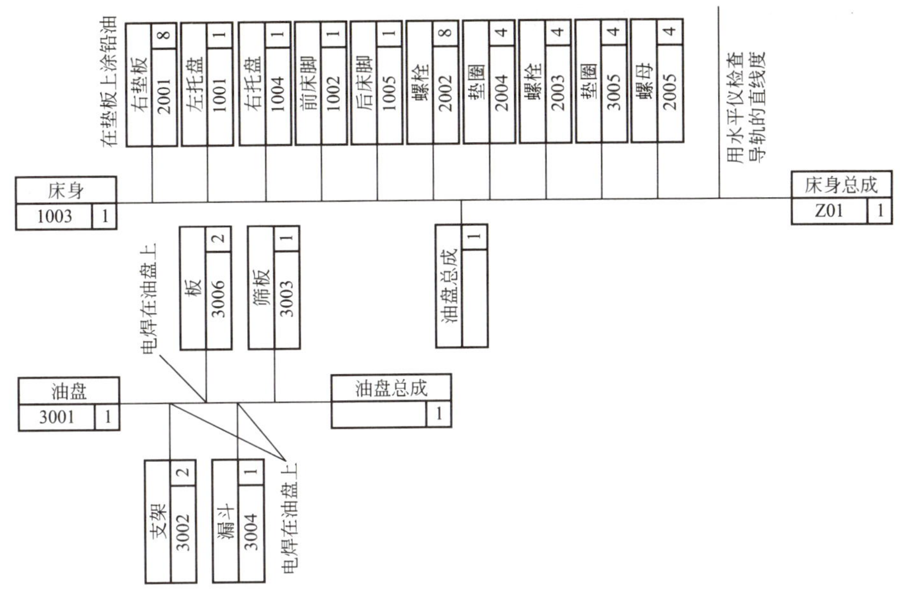

图 7—18 床身部件装配系统图

4. 划分装配工序

装配顺序确定之后，就可以将装配工艺过程划分为若干道工序，其主要工作如下：

(1) 确定工序集中与分散的程度。

(2) 划分装配工序，确定各工序的内容。

(3) 确定各工序所需的设备和工具。

(4) 制定各工序装配操作规范。

(5) 制定各工序装配质量要求、检测方法及检测项目。

(6) 确定各工序时间定额，平衡各工序的装配节拍。

(7) 分析各工序能力，评价各工序的可行性与可靠性，并进行工艺方案的技术经济分析。

5. 装配工艺规程文件的整理与编写

单件小批量生产时，通常不需制定装配工艺卡，而用装配系统图来代替。装配时，按产品装配图及装配系统图进行装配工作。

成批生产时，通常制定部件及总装的装配卡，不制定装配工序卡（关键工序除外）。但在工艺卡上要写明工序次序、简要工序内容、所需设备和工夹具名称及编号、工人技术等级与时间定额等。

大批量生产时，不仅要制定装配工艺卡，而且还要制定装配工序卡，以指导工人进行装配。

6. 制定产品检测与试验规范

产品装配完毕，在出厂前要按图纸要求制定检测与试验规范，主要有：

(1) 检测与试验的项目及检验质量指标。

(2) 检测与试验的方法、条件与环境要求。

(3) 检测与试验所需工装的选择与设计。

(4) 检测与试验的程序和操作规程。

(5) 质量问题的分析方法和处理措施。

本章小结

本章介绍了有关装配的基本概念、装配尺寸链、保证装配精度的方法、装配工艺规程的制定等内容。通过学习，学生应掌握各种装配精度方法的实质、适用场合及有关计算，能够制定一般部件、中等复杂程度（小型）机器的装配工艺规程。本章要点为：

(1) 装配的基本内容：组件、部件等概念，装配的工作内容与组织形式，装配精度的概念及项目。

(2) 装配尺寸链：装配尺寸链的概念、建立方法及应遵循的原则（尤其注意一件一环原则，一个零件不可能有两个尺寸在一个装配尺寸链中同时存在），装配尺寸链的计算方法（极值法和概率法），等公差分配法及其协调。

(3) 保证装配精度的方法：

1) 完全互换法。用极值法计算尺寸链，主要用于精度高、尺寸环数少的尺寸链计算，适用于大批量机器装配。

2) 大数互换法（不完全互换法）。用概率法计算尺寸链，有 0.27%的可能出现废品，主要用于生产节拍要求不太严格的成批生产中。

3) 选择装配法。直接选配法不易控制时间，装配质量取决于工人技术水平，用于中小批生产中；分组选配法可降低对组成环的加工精度而不降低装配精度要求，适用于成批、大量生产中组成环数少而装配精度高的场合。

4) 修配装配法。各组成环仍按经济加工精度加工，装配时修配其中一环。适用于装配精度高、组成环数多的成批或单件小批量生产中。

5) 调整装配法。有可动调整法、固定调整法、误差抵消调整法等，主要用于装配精度高、组成环又较多的场合。其中，固定装配法与修配装配法原理一样，只是在修配环（或调整环）的制作上有区别，前者是预先按要求加工出一组各类尺寸的调整环零件，后者是现场加工。

(4) 装配工艺规程的制定：制定装配工艺规程所需的原始资料、制定原则、步骤、装配文件的格式等。

习题

1. 装配工作的基本内容有哪些？装配精度包括哪些？它与零件加工和装配工艺方法等有何关系？

2. 如何建立和查找一个装配尺寸链？建立装配尺寸链为何要遵循最短路线原则？

3. 保证装配精度的方法有哪些？各有何特点？分别适用于何种场合？

4. 在分组装配中，相配合零件的公差大小不等会产生什么后果？

5. 什么叫装配工艺规程？它有何作用？其制定步骤及内容如何？

6. 如题图 7—1 所示，试用最少环数原则对照其进行尺寸标注，指出不合理之处，并给予改正。

7. 如题图 7—2 所示齿轮箱部件，要求装配后的轴向间隙 $A_0=0^{+0.7}_{+0.2}$mm。已知有关零件的基本尺寸为 $A_1=122$mm，$A_2=28$mm，$A_3=5$mm，$A_4=140$mm，$A_5=5$mm。试分别

按极值法和概率法确定各组成环零件有关尺寸的加工公差及上下偏差。

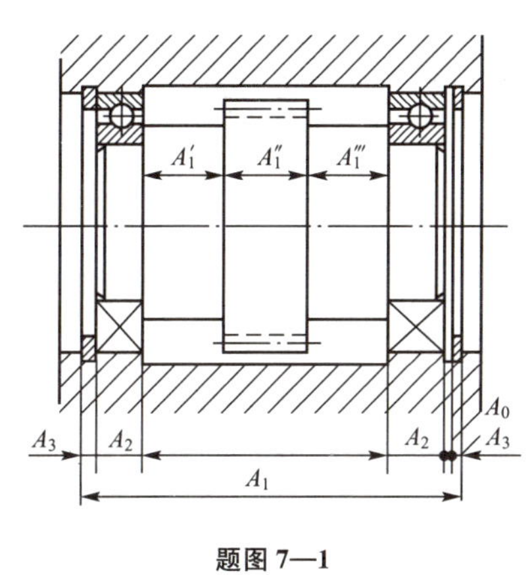

题图 7—1

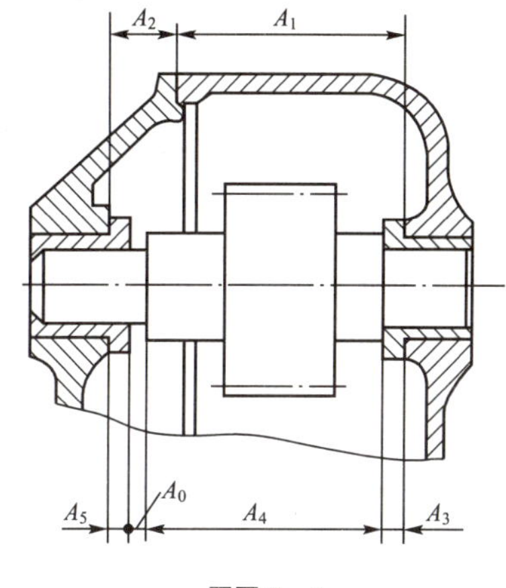

题图 7—2

8. 某配合副孔径尺寸为$\phi30^{+0.010}_{0}$mm，轴径尺寸为$\phi30^{-0.005}_{-0.015}$mm。为了使其符合加工经济精度，现将孔与轴的公差均放大 4 倍，按基孔制加工孔径，并采用分组装配法来保证装配精度要求。试确定分组数目并求各组尺寸的上下偏差及最大、最小间隙值。

9. 选择修配环的要求是什么？修配环被修配后，对封闭环的尺寸变化有何影响？计算修配环尺寸的上下偏差时应如何考虑这些影响？

10. 装配工艺规程制定的原则是什么？有哪些步骤？

第 8 章　现代制造技术概览

【学习内容】

计算机辅助工艺设计（CAPP）的意义、组成、种类以及各类计算机辅助工艺设计（CAPP）系统的工作原理、特点、应用场合；计算机集成制造系统（CIMS）的概念、特征及主要功能模块；敏捷制造（AM）的概念、基本原理、特点、组成等。

【学习要求】

了解计算机辅助工艺设计、计算机集成制造系统、敏捷制造的概念、基本原理、组成等基本知识。

第 1 节　现代制造技术简介

制造技术是使原材料变为产品所使用的一系列技术的总称。制造技术的发展，离不开市场需求的牵引和科技进步的推动。在市场需求不断变化的驱动下，制造业的生产规模沿着“小批量—少品种大批量—多品种变批量”的方向发展；在科技进步和制造技术本身的不断完善下，制造业的资源配置沿着“劳动密集—设备密集—信息密集—知识密集—智能密集”的方向发展。与之相适应，制造技术的生产方式沿着“手工—机械化—单机自动化—刚性流水自动化—柔性自动化—智能自动化”的方向发展；在加工方法日趋增多和完善的同时，一些新的制造技术也不断涌现并被采用，机械加工所能达到的精度也从 20 世纪初的毫米级向目前的纳米级发展。

为了能对制造技术的发展过程有一个比较清晰的认识，下面从制造业资源配置的变化情况了解制造技术发展的基本过程。

(1) 劳动密集型生产。

这是一种原始和落后的生产方式。其生产活动依赖于劳动力资源的大量投入，劳动生产率低，工人劳动强度大，生产规模和生产批量较小，产品精度的一致性较差。此时用于制造过程的主体技术是手工生产和早期的机械化作业。

(2) 设备密集型生产。

这是一种 20 世纪 20 年代随着汽车等产品普及而出现的生产方式。其生产活动依赖于大量专用高效机械设备的投入，劳动生产率较高，产品精度的一致性好，生产规模大，特别适合于汽车等机械产品少品种大批量生产。此时用于制造过程的主体技术是以高效、专用加工设备组成的刚性流水自动线技术。

(3) 信息密集型生产。

设备密集型生产可以很好地满足少品种大批量生产的要求。但自 20 世纪 50 年代后，市场需求发生了很大变化，产品的品种日益增多，产品的更新换代频率明显加快，这就要求制造过程应具有充分的适应性（柔性）。由于信息密集型生产方式实现了人与机器设备之间的信息交流，机器设备可通过获取的信息，快速、准确地实现加工和装配要求，故其生产自动化程度和适应性较强。此时用于制造过程的主体技术是以数控机床、加工中心为代表的数控加工技术。

（4）知识密集型生产。

20世纪80年代后，随着当代高新技术的迅猛发展和市场竞争的日益加剧，迫切要求制造系统具备必需的柔性和自动化程度，使制造系统不但能与人进行信息交流，而且还要求能在获得较少信息的情况下，自动地完成制造要求。因此，本身具有专家系统、数据库的知识密集型生产方式应运而生，此时用于制造过程的主体技术是柔性制造系统FMS（Flexible Manufacturing System）。

（5）智能密集型生产。

理想的制造系统不应该只是针对某一问题具有专一的、有限的知识，而应该具有模仿人类思维的能力，其本身应能根据市场的变化，迅速做出决断和响应。智能密集型生产方式是目前正在研究和实施的全新的生产方式，如智能化制造系统IMS（Intelligence Manufacturing System）、I-CIMS等。

近年来，在市场需求和科技进步的不断推动下，先进制造技术（又称现代制造技术）的发展速度是十分惊人的。为赢得日益激烈的市场竞争，满足不断发展的多样化和个性化的需求，建立现代先进企业的新形象，现代制造企业已开始将生产过程直接延伸到用户，出现了全新的生产方式。先进制造技术的前沿已经发展到知识密集型、柔性自动化的生产方式，以满足多品种、变批量的市场需求，并进一步向智能自动化的方向发展。在上述发展过程中，制造技术的内涵不断地延伸和扩展，已经形成了先进制造技术的全新概念。先进制造技术是传统制造技术不断吸纳机械、电子、信息、材料、能源、现代管理等多领域技术的最新成果，并将其综合应用于制造全过程，实现优质、高效、低耗、清洁、灵活的生产方式，取得理想的技术、经济效果的制造技术的总称。

如前所述，随着计算机、微电子、信息和自动化技术的迅速发展，先进制造技术的内涵现已相当广泛，在制造业中陆续出现了数字控制NC（Numerical Control）、计算机数字控制CNC（Computer Numerical Control）、直接数字控制DNC（Directly Numerical Control）、柔性制造单元FMC（Flexible Manufacturing Cell）、柔性制造系统FMS、计算机辅助设计与制造CAD/CAM（Computer Aided Design/Computer Aided Manufacturing）、计算机集成制造系统CIMS、准时生产JIT（Just In Time）、制造资源规划MRPⅡ（Manufacturing Resources Planning）、精良生产LP（Lean Production）、敏捷制造AM（Agile Manufacturing）等多项先进制造技术。本章仅简要介绍计算机辅助工艺设计CAPP（Computer Aided Process Planning）、CIMS、AM技术的内容。

第2节 计算机辅助工艺设计

一、概述

1. 计算机辅助工艺设计（CAPP）的概念及作用

当前，机械产品市场是多品种小批量生产占主导地位，传统的工艺过程设计存在一系列不足。首先是设计质量不稳定，对从事工艺设计的技术人员的素质依赖性过大，亦即受主观因素影响大，设计出的工艺过程一致性差，达不到标准化、规范化，也难以实现最佳化。其次是工艺设计中有大量的制表、查表、填表、绘图和一般简单计算等烦琐的事务性工作，用手工完成不仅效率低、周期长、容易出错，而且这些工作分散了工艺人员的精力，使工艺人员不能更好地从事新产品和新工艺的开发等创造性的思维和设计工作。

随着计算机应用技术的发展和应用，出现了 CAPP 技术。CAPP 技术使用计算机设计零件的制造规程，包括指定工艺路线（选择加工方法及安排工序顺序等）和工序设计（选择加工设备、工装、确定切削用量和工时定额等），最后设计出完整的工艺文件。CAPP 技术的出现，为解决传统手工方法设计工艺过程的不足提供了新途径。

（1）可以提高设计质量。

1）与传统手工工艺设计主要依靠个人经验不同，CAPP 系统可以存储和利用成熟可靠的工艺知识，使老一辈工艺专家的经验得以保存和继承，CAPP 系统的设计工作是建立在工艺专家群经验的基础上的，因而更具有权威性。

2）CAPP 系统设计工艺可以达到标准化、规范化，实现工艺方案的优化和工艺设计的一致性。

3）减少了计算失误和抄写错误的可能性。

（2）可以提高设计效率、降低成本。

1）能快速完成工艺设计。

2）能方便迅速地进行修改补充。

3）能提高工艺过程典型化和工装利用率。

4）减少和代替了大量的抄写、查表、计算等烦琐的、机械的重复性劳动，节省了工艺人员的劳动量。

（3）有利于促进工艺学理论研究的开展。

能将大量工艺人员从繁重的、大量的、重复性的手工设计等非创造性劳动中解脱出来，进而可以着重研究工艺过程的规律性，开展工艺理论及新工艺、新技术的开发、研究。

开发 CAPP 系统也需要为各种工艺课题的求解建立数学模型，这将会进一步促进工艺学理论的发展。

（4）实现计算机集成制造。

工艺设计是产品设计到产品制造的桥梁，目前计算机辅助设计技术已相当普及，生产过程中大量采用的数控机床、加工中心以及柔性单元和柔性制造系统都已实现了计算机辅助制造。手工设计工艺显然已不适于 CAD 和 CAM 的集成，CAPP 技术的应用是连接 CAD 和 CAM 的桥梁和纽带，是实现计算机集成制造必不可少的一环。

2. CAPP 与 CIMS 系统间的信息流向

20 世纪 80 年代以来，随着机械制造业向 CIMS 或 IMS 方向发展，CAD/CAM 集成化的要求越来越强烈。CAPP 系统从 CAD 系统中获取零件的几何信息、材料信息、工艺信息等，以代替人机交互方式的零件信息输入，CAPP 系统的输出是 CAM 系统所需的各种信息。随着 CIMS 的发展和推广应用，人们已认识到 CAPP 技术是 CIMS 的主要技术之一。在 CIMS 环境下，CAPP 系统与 CIMS 中其他系统的信息流如图 8—1 所示。

（1）CAPP 系统接收来自 CAD 系统的产品几何拓扑、材料精度、表面粗糙度等工艺信息；为满足并行产品设计的要求，需向 CAD 系统反馈产品的结构工艺性评价信息。

(2) CAPP 系统向 CAM 系统提供零件加工所需的设备信息、工装信息、切削参数、装夹参数以及反映零件切削过程刀具轨迹的文件；同时接收 CAM 系统反馈的工艺修改意见信息。

(3) CAPP 系统向工装 CAD 系统提供工艺过程文件和工装设计任务书。

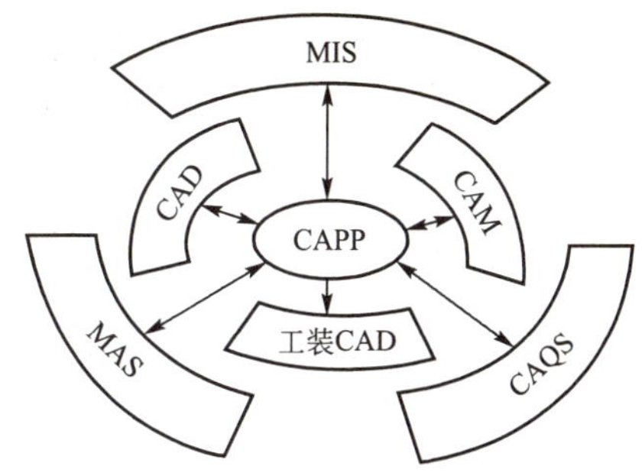

图 8—1 CAPP 系统的信息流向

(4) CAPP 系统向管理信息系统 MIS（Management Information System）提供工艺过程、设备、工装、工时、材料、定额等信息；同时接收 MIS 发出的技术准备计划、原材料库存、道具量具状况、设备变更等信息。

(5) CAPP 系统向制造自动化系统 MAS（Manufacturing Automation System）提供各种工艺工程文件和工具、刀具等信息；同时接收由 MAS 反馈的工作报告和工艺修改意见信息。

(6) CAPP 系统向质量保证系统 CAQS（Computer Aided Quality System）提供工序、设备、工装、检测工艺数据，以生成质量控制计划和质量检测规程；同时接收 CAQS 反馈的控制数据，用以修改工艺过程。

由以上可以看出，CAPP 系统对于保证 CIMS 中信息流的畅通，从而实现真正意义上的集成是至关重要的。

并行产品设计制造已成为目前制造业的热点问题之一。在并行环境下的 CAPP 系统接收产品设计信息，在完成工艺设计的同时，一方面对产品结构工艺性进行评价，从加工工艺的角度对产品的结构提出改进建议，另一方面向生产规划及调度系统传递工艺设计结果。生产规划及调度系统根据车间资源的动态变化情况，在满足资源合理配置的同时，在当前条件下对工艺设计所确定的工艺过程的可行性作出评价，如果当前的资源不能满足工艺设计的要求，则提出修改工艺过程的建议。因而并行环境下的 CAPP 系统，对并行产品设计制造在产品生命周期诸进程中作出全局最优决策也是至关重要的。

3. CAPP 系统的结构组成

CAPP 系统的构成，与其开发环境、产品对象、规模大小有关。如图 8—2 所示的系统构成是根据 CAD/CAPP/CAM 集成的要求而拟定的，其基本模块如下：

(1) 控制模块。

协调各模块运行，实现人机之间的信息交流，控制零件信息的获取方式。

(2) 零件信息获取模块。

零件信息的输入可以有下列方式：人工输入或从 CAD 系统直接获取或来自集成环境下统一的产品数据模型。

(3) 工艺过程设计模块。

进行加工工艺流程的决策，生成工艺过程卡。

(4) 工序决策模块生成工序卡。

(5) 工步决策模块生成工步卡及提供形成 NC 指令所需的刀位文件。

(6) NC 加工指令生成模块。

根据刀位文件，生成控制数控机床的 NC 加工指令。

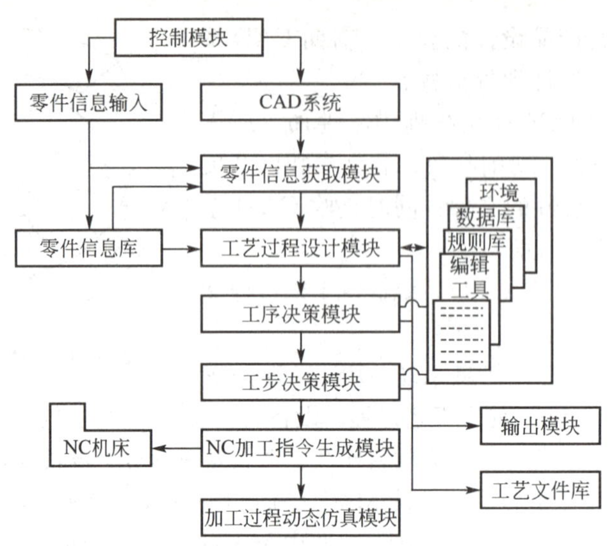

图 8—2 CAPP 系统的构成

(7) 输出模块。

可输出工艺过程卡、工序和工步卡、工序图等各类文档，并可利用编辑工具对现有文件进行修改后得到所需的工艺文件。

(8) 加工过程动态仿真模块。

注意检查工艺过程及 NC 指令的正确性。

上述的 CAPP 系统结构是一个比较完整的、广义的 CAPP 系统。实际上，并不一定所有的 CAPP 系统都必须包括上述全部内容。例如，传统概念的 CAPP 系统不包括 NC 指令生成及加工过程仿真模块，实际系统组成可以根据实际生产的需要而调整。但它们的共同点是应使 CAPP 系统的结构满足层次化、模块化的要求，具有开放性，便于不断扩充和维护。

4. CAPP 系统的基础技术

CAPP 系统的基础技术主要有以下几个方面：

(1) 成组技术 GT (Group Technology)。我国 CAPP 系统的研究和开发可以说是与成组技术密切相关的，早期的 CAPP 系统一般多为以 GT 为基础的变异性 CAPP 系统。

(2) 零件信息的描述和获取。CAPP 系统与 CAD 和 CAM 系统一样，都是按照自己的特点而各自发展的。零件信息（几何拓扑及工艺信息）的输入是排在第二位的，其次是在集成化、智能化的 CAD/CAPP/CAM 系统中，零件信息的生成与获取同样也是一项关键技术。

(3) 工艺设计决策机制。其核心为特征型面加工方法的选择，零件加工工序及工步的安排及组合。故其主要决策内容有工艺流程的决策、工序决策、工步决策、工艺参数决策。为保证工艺设计达到全局最优化，系统把这些内容集成在一起，进行综合分析、动态优化、交叉设计。

(4) 工艺知识的获取及表示。工艺设计是随设计人员、资源条件、技术水平、工艺习惯而变化的。要使工艺设计在企业内得到广泛有效的应用，必须总结出适应本企业的零件加工的典型工艺及工艺决策的方法，按所开发 CAPP 系统要求，用不同的形式表现这些经验及决策逻辑。

（5）工序图及其他文档的自动生成。
（6）NC 加工指令的自动生成及加工过程动态仿真。
（7）工艺数据库的建立。

二、CAPP 系统的类型及应用

目前已开发的 CAPP 系统种类很多，按工作原理可分为以下几种。

1. 检索型 CAPP 系统

检索型 CAPP 系统是最简单的 CAPP 系统，它根据输入信息直接检索整个工艺过程的解。在建立 CAPP 系统时，需要预先存入一系列标准工艺过程。运行 CAPP 系统时，则根据输入信息对标准工艺过程进行检索，若有符合加工要求的标准工艺过程，就作为求解结果而输出；否则就无解。因此，纯检索型 CAPP 系统不具备工艺路线的决策过程，严格来说，它只不过是一个工艺设计管理系统，所输出的工艺过程完全是工艺人员手工编制并存入计算机的。因此，检索型 CAPP 系统的工艺设计能力与预先存入的标准工艺过程数量密切相关。这种 CAPP 系统经常用于工件种类很少、工件变化不大且相似度很高的大批量生产模式中。

2. 创成型 CAPP 系统

功能最复杂的 CAPP 系统为创成型 CAPP 系统。创成型 CAPP 系统中不存在标准工艺过程，但有一个收集大量工艺数据的数据库和一个存储工艺专家知识的知识库。创成型 CAPP 系统运行的第一步也是进行检索，但它检索到的不是零件的整个加工工艺过程的“实体”，而是作为工艺过程最基本单元的“细胞”，即工艺学中所称的工步。为此，在建立 CAPP 系统时，要预先存入针对不同单元表面，满足不同加工要求的各种工艺方法，内容愈丰富，系统工作的基础愈好。CAPP 系统运行的第二步是对检索出来的工步集合进行“规划”，使无序的工步集成转换成一个完整的零件加工工艺过程，其中包括加工阶段的划分、加工工序的划分和排序、加工设备和工装的选择、基准的选择等。为此，在 CAPP 系统中，要建立复杂的能模拟工艺人员思考问题、解决问题的决策系统（推理机及相应的规则）。这部分工作被视为具有创造性，故称为“创成型”（有时也称“生成型”或“产生型”）CAPP 系统。建立创成型 CAPP 系统的具体工作步骤如下：

（1）确定零件的建模方式；
（2）确定 CAPP 系统获取零件信息的方式；
（3）工艺分析和工艺知识结构；
（4）确定和建立工艺决策模型；
（5）建立工艺数据库；
（6）系统主控模块设计；
（7）人机接口设计；
（8）文件管理和输出模块设计。

创成型 CAPP 系统不需要太多的工艺信息储备就能生产新零件的工艺规程，而且对用户所掌握的工艺知识水平要求较低，同时可以利用人工智能技术，综合工艺专家的知识和经验进行决策。但许多技术难点尚待突破，特别是处理模糊型工艺课题的能力很弱，目前的纯创成型 CAPP 系统还处于研制阶段，尚未达到实用程度。为了实用，在最简单的检索 CAPP 系统和最复杂的创成型 CAPP 系统之间出现了一系列中间形式。

3. 变异型 CAPP 系统

变异型 CAPP 系统（又称派生型、修订型 CAPP 系统）是以成组技术为基础发展起来的，其工作原理是利用零件的相似性，即相似的零件具有相似的工艺过程。

在建立系统时，首先对所有被加工零件按编码法则进行编码。然后按工艺相似性将零件分族（组），并为每族的零件确定典型工艺过程。各零件族的分组矩阵及对应的典型工艺过程都以文件的形式存放在外部存储器中，同时，还要将有关刀具、夹具、量具和机床的数据及材料数据、切削参数等以文件形式存入外部存储器，再配以相应的计算机程序，组成变异型 CAPP 系统。

当需要设计一个新零件的工艺规程时，首先输入零件的原始信息，其中包括组成零件表面的型面特征及其参数。零件的特征编码可以作为原始信息输入，也可以由系统根据输入的零件型面特征及参数主动生产。第二步，由零件族搜索模块，对文件中的零件族特征矩阵进行搜索，按编码寻找新零件属于哪一个零件族。第三步，若找不到所属零件族，则程序转向人机对话生产工艺规程模块。若找到所属族，则第四步就从典型工艺文件中将对应的典型工艺规程调入内存。第五步，程序根据输入的原始信息，对典型工艺过程进行编辑加工，生成新的加工工艺规程，确定出工序卡片上所要填写的各项内容，如切削用量、机动工时、工序成本等。最后将编制好的工艺规程存盘或输出。

变异型 CAPP 系统具有结构简单，容易开发，维护和使用方便，成本低，系统性能可靠稳定等优点，故应用比较广泛。此类系统存在的问题是不能完全摆脱对工作过程编制人员经验的依赖，不易适应生产技术和生产条件的多变发展。目前大多数实用型的 CAPP 系统都属于这种类型。

4. 混合型 CAPP 系统

混合型 CAPP 系统也称为半创成型 CAPP 系统，它将变异型与创成型结合起来，即采取变异与自动决策相结合的工作方式。如，当设计一个新零件的工艺规程时，首先通过计算机检索它所属零件族的标准工艺，然后根据零件的具体情况，对标准工艺进行修改，而工序设计则采用自动决策产生。这种系统既具有变异性 CAPP 系统的可靠成熟、结构简单、便于使用和维护的优点，又具有创成型 CAPP 系统的能够存储、积累、应用工艺专家知识的优点。这种系统非常灵活，便于结合企业的具体情况进行开发，是一种实用性很强、很有开发前景的 CAPP 模式。

5. 交互型 CAPP 系统

交互型 CAPP 系统是以人机对话的方式完成工艺过程的设计。实际上是按“变异型＋创成型＋人工干预”方式开发的一种系统，它将一些经验性强，模糊难定的问题留给设计人员去完成，这就简化了系统的开发难度，使其更灵活、方便。但系统的运行效率低，对人的依赖性强。系统通过人机交互输入可产生零件的工艺过程卡、工序卡、机床使用一览表、刀具使用一览表、对零件加工过程动态模拟的刀位文件及 NC 加工指令等。

6. 智能型 CAPP 系统

智能型 CAPP 系统是将人工智能技术应用在 CAPP 系统中形成的 CAPP 专家系统。与创成型 CAPP 系统相比虽然都可以自动生成工艺规程，但不同的是，创成型 CAPP 系统采用逻辑算术规则进行决策，而智能型 CAPP 系统则是以推理加知识的专家系统技术来解决工艺设计中经验性强、模糊和不确定的问题。它更加完善和方便，是 CAPP 系统的发展方向，也是当今国内外研究的热点之一。

第 3 节 计算机集成制造系统

科学技术的进步已将人类社会带入到一个崭新的信息时代，随之社会生产力得到了巨大的发展，同时也对市场竞争带来了巨大的影响。早期的市场经济主要围绕降低劳动力成本而展开；进入 20 世纪 70 年代后，随着生产技术的发展，降低劳动力成本已达到某种限度，成本降低的焦点开始转到如何提高企业的整体效率；20 世纪 80 年代后，用户对产品的要求不断提高，加上技术的进步及竞争对手不断增加，企业的一切活动开始转到以全面满足用户要求为核心的竞争中；20 世纪 90 年代以来，如何以最短时间开发出高质量及用户能接受价格的新产品，又成为市场竞争的新焦点。传统的生产模式已不能满足瞬间多变的市场需求，市场竞争焦点的变化为计算机集成制造系统（CIMS）的产生奠定了基础。

自 20 世纪 70 年代以来，随着计算机技术在企业的产品设计、制造和经营管理等整个生产领域中的应用，生产的特征由人工到局部自动化并走向全局自动化，即由原来的局限于产品制造的自动化向产品设计过程、生产过程和经营管理过程等全程自动化的方向发展。在相关的制造部门和制造过程中，首先出现了许多单一目的的计算机辅助自动化应用，如计算机辅助设计和制造、计算机辅助工艺过程设计、计算机辅助生产管理（Computer Aided Production Management，CAPM）、计算机辅助质量管理（CAQ）和柔性制造系统（FMS）等。它们一般都是在企业生产过程中按部门需要逐个建立起来的，从改进单项功能目标上体现了局部效益。由于缺少整体规划，这些单项应用相对而言都是独立的，各单项应用之间的信息数据不能共享，往往还会产生诸如数据不一致之类的矛盾和冲突。特别是因功能耦合关系不紧密而导致其整体效益不能体现。为此，人们把这些单项应用形象化地称为“自动化孤岛”。十分明显，这种孤岛现象必须改变，只有把孤立的应用通过计算机网络和集成技术联结成一个整体，才能消除企业内部信息和数据的冗余。这种集成不是各单项应用叠加式的组合，而应使得企业内部信息和数据处理具有充分的及时性、准确性、一致性和共享性。计算机集成制造系统就是在此基础上，同时随着新型多功能处理机、并行处理技术、高性能工作站和微型机、分布式网络化的计算网络及分布式数据库技术的不断发展而迅猛发展起来的。

一、CIMS 的基本概念

1. CIM 和 CIMS 的定义

CIMS 的基本概念包括 CIM 和 CIMS 的定义，前者表现为一种指导思想，它运用现代多种先进科学技术实现企业的信息流、物质流及价值流的集成和优化运行，是企业赢得市场竞争的经营战略思想；而后者是在 CIM 思想指导下的制造系统。

CIM 是一种理念，这种理念是在 1973 年由美国学者约瑟夫·哈林顿（Joseph Harrington）针对当时企业所面临的市场激烈竞争形势提出的。其基本思想有两点：一是企业生产活动是一个不可分割的整体，其各个环节彼此紧密关联；二是就其本质而言，整个生产活动是一个数据采集、传递和加工处理的过程，最终形成的产品可以视为“数据”的物质表现。他认为制造所包含的内容不应局限于产品的设计和加工，而必须有广义的理解，制造应包括从产品需求分析开始到销售、服务之间全过程的一切活动。另一方面，不应仅将制造的过程看做是一个从原料到产品的物料转换过程，必须将制造理解为一个复杂的信息转换过程，在制造中发生的相关活动都是信息处理整体中的一部分。哈林顿的这种关于制造的新观点指出了在企业组织生产的总体优化中，信息技术与制造过程相结合是制造业在信息社会中发展的新模式，也是企业发展的必然。但是由于当时计算机应用尚不普遍，市场竞争还未达到迫切发展 CIMS 的程度。这一概念当时并未引起人们的足够重视，直到 20 世纪 80 年代初，它才逐渐为人们所接受。20 多年间，人们对 CIM 理解不断深化，认为 CIM 是“一种组织、管理与进行企业生产的哲理，它在计算机和网络的支撑下，综合运用现代管理、制造、信息、自动化和系统工程等领域的技术，将企业生产全部过程中有关人、技术、经营管理三要素及其信息流和物质流有机地集成并优化运行，以实现产品质量高、成本低、上市快的目标，从而使企业赢得市场竞争”。也可以把 CIM 通俗地理解为“计算机通过信息集成实现现代化的生产制造，求得企业的总体效益”，即以计算机作为工具，制造为其内容（这里的“制造”是关于企业的一组相关操作和活动的集合，它包括市场分析、产品设计、材料选择，计划作业、生产、质量检验、生产管理和市场销售等一系列与制造企业有关的生产活动），其思想的核心为信息的“集成”。

CIMS 和 CIM 这种新指导思想的实现，应理解为一种工程技术系统。CIMS 是按 CIM 指导思想建成的复杂的人机系统，它从企业的经营战略目标出发，综合考虑企业中人、技术、资源和管理的作用，综合应用多种先进技术，实现企业生产经营全过程中的信息流和物质流的集成，在控制系统的协调及管理下，使产品质量、生产成本、生产周期等诸方面达到全局最优，为企业带来更大的经济效益。在 CIMS 的研究和实施中，必须强调“信息流”和“系统集成”这两个最基本的观点。

CIMS 的核心在于集成，在于企业内的人、生产经营和技术这三者之间的信息集成，以便在信息集成的基础上使企业组成统一的整体，保证企业内的工作流、物质流和信息流畅通无阻。

2. CIMS 的特征

CIM 指导思想只有一个，但是 CIMS 则由于企业类型、规模、需求、目标和环境不同而有很大差别，CIMS 的发展至今还没有形成一种统一的模式。但就技术而言，CIMS 的许多相关技术具有共性，按 CIM 概念改造企业，整个实施过程的方法和规范是一致的。尽管 CIMS 还没有固定的模式，但从 CIMS 已走过的发展道路来看，CIMS 具有如下一些基本特征：

(1) CIMS 包含了现在已经被制造企业采用的各种自动化单元技术。如制造过程的自动化技术（如 FMS）、产品设计过程的自动化技术（如 CAD/CAM）、计算机辅助质量管理技术（CAQ）、生产过程管理的自动化技术（如 MRP 和 TQC）等。

(2) CIMS 的集成必须高度依赖于计算机网络及分布式数据库。CIMS 的关键之一是必须建立一种适用于企业自动化的网络标准（如 TOP/MAP）和数据交换标准（如 IGES、STEP），并建立一个在逻辑上是全局性的，物理上是分布式的综合数据库。

(3) CIMS 特别强调提高企业经营管理效率，并使之与企业中其他单位系统相互协调集成。因此，CIMS 比工厂自动化（FA）具有更广泛的内涵。

(4) CIMS 是一个复杂的大系统，技术复杂、投资大、周期长，风险也大。为了实施 CIMS 的工程，必须建立一整套自上而下的系统设计方法，同时必须按开放式体系结构的原则来进行，以便适应长远发展的需要。

(5) CIMS 十分重视人的作用，尽管 CIMS 是建立在全部制造过程广泛依赖计算机的基础上的，但系统应用过程中人的作用始终是最重要的。

二、CIMS 的体系结构

CIMS 的体系结构反映了组成 CIMS 各部分之间的关系以及 CIMS 系统与它运行环境之间的关系。一般而言，可以从 3 个不同侧面提出 CIMS 体系结构的要求。一是期望 CIMS 有尽可能长的生命周期，适应此要求的结构称为时间上的 CIMS 开放性结构。二是期望 CIMS 的各组成部分在空间上能够有效地集成起来，使系统具有高效和高柔性的特点，称此为空间上的 CIMS 开放性结构。三是期望当系统进行调整时，尽可能多地利用原系统中的组成部分，对其中需要改造的部分能简易地、有效地予以替换，对其中需要增添的部分，也能方便地被集成到原有系统中。在开发 CIMS 应用工程中，由于不同企业的情况和环境不同，其体系结构的形式也必然是多种多样的，为满足不同要求，体系结构构成都力求体现抽象化、模块化、开放性和用户需求与系统实施相分离的原则。目前国际上已提出了近 20 种 CIMS 体系结构，但至今尚没有一个体系结构能完全实现这些原则。下面介绍两类 CIMS 体系结构，面向控制和面向功能的 CIMS 体系结构。

1. 面向控制的 CIMS 体系结构

按照系统工程原理，作为复杂、庞大的 CIMS，它必然要分解为不同的分系统，分系统再分解为更小的子系统，对系统的分解要做到正确、合理、精简而又充分，不应有冗余的分系统和子系统。CIMS 的控制系统是十分复杂的，其企业管理控制功能一般都是按纵向递阶层次展开的。这种结构既适应于当前信息技术和制造技术的发展水平，又接近于企业现行的控制习惯。

如图 8—3 所示为美国国家标准技术研究院提出 CIMS 的五层递阶控制体系结构。它采用模块式的分级结构，各级之间存在双向信息流，每一级都接受上一级的命令并将状况反馈至上一级，信息不能越级传递，每一模块都具有独立的数据存取接口。通过这

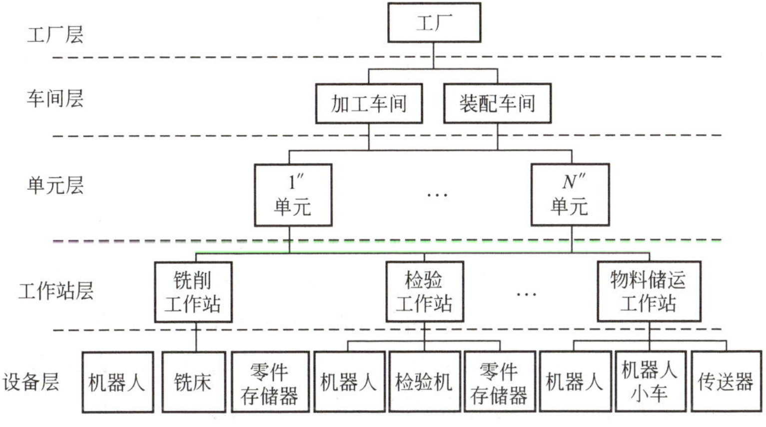

图 8—3 CIMS 的递阶控制系统结构

种分级式控制结构和模块化系统可将复杂的整体任务一级一级地分解成更细的具体任务来完成。

（1）工厂层控制系统。

这是最高一级控制系统，履行厂级职能。它规划的时间范围（指任何控制级完成任务的时间长度）可从几个月到几年。这一层按主要功能可分为三个子系统：生产管理子系统、信息管理子系统和制造工程子系统。

1）生产管理子系统。它跟踪主要项目，制订长期生产计划，明确生产资源需求，确定所需的投资，计算剩余生产能力，汇总质量性能数据、生产计划数据，并确定交给下一级的生产指令。

2）信息管理子系统。通过用户接口实现必要的行政或经营管理功能，如成本估算、库存统计、用户订单处理、采购、人事管理和工资单处理等。

3）制造工程子系统。制造工程子系统包括CAD、CAPP和CAM，其功能一般都是通过用户和数据接口并在人的干预下实现的。

（2）车间层控制系统。

这一层控制系统负责协调车间的生产和辅助性工作，并协调这些工作的资源配置。其规划时间从几周到几个月，它主要有以下两个模块：

1）任务管理模块。该模块负责安排生产能力计划，对订单进行分批，把任务及资源分配给各单位，跟踪订单直到完成。同时，安排所有刀具、夹具、机器人、机床及物料运输设备的预防性维修以及其他辅助性工作。

2）资源分配模块。它负责分配各单元进行各项具体加工时所需的工作站、储存站、托盘、刀具及材料等。

（3）单元层控制系统。

这一层控制系统负责安排零件分批通过工作站的顺序和管理物料储运、检验及其他有关辅助性工作，其规划时间可从几小时到几周。具体工作内容是完成任务分解、资源需求分析，向车间报告作业进展和系统状态，决定分批零件的动态加工路线，安排工作站的工序，给工作站分配任务以及监控任务进展情况等。单元层控制系统设有数个模块。

（4）工作站层控制系统。

工作站层控制系统负责指挥和协调车间中一个设备小组的活动，其规划时间范围可从几分钟到几个小时，一个典型的加工工作站由一台机器人、一台机床、一个物料储运器和一台控制计算机组成，它负责处理由物料储运系统交来的零件托盘。控制器将机床调整、零件夹紧、切削加工、切削清除、加工检验、拆卸工件以及清理工作等子系统排序。

（5）设备层控制系统。

这一层控制系统是“前沿”系统，是各种设备如机器人、机床、坐标测量仪器、小车、传送装置及储存/检索系统等的控制器。规划时间范围可以从几毫秒到几分钟。采用上述设备控制装置，是为了扩大现有设备的功能，并使它们符合控制和检测计量标准。设备控制系统研制的先进计量法包括热和运动误差的软件修正、在线超声波表面粗糙度检测、切屑形状声波发射监测、刀具磨损检测，以及在机床上探测和预先计算由夹紧力引起的变形等。

这一层控制系统向上与工作站控制系统接口连接，向下与厂家供应的设备控制器接口连接。设备控制器的功能是把工作站控制器命令转换成可操作的、有次序的简单任务，并通过各种传感器监控这些任务的执行。

2. 面向功能的 CIMS 体系结构

从功能角度看，CIMS 包含一个制造工厂的设计、制造及经营管理三方面的功能，要使这三者集成起来，还需要一个支撑环境，即分布式数据库和计算机网络，以及指导集成运行的系统技术。

美国的制造工程师学会（SME）提出 CIMS 的功能体系结构，用轮式图表示，如图 8—4 所示。该轮式图考虑了企业与顾客、供应商之间的交互作用的重要性。该轮式图由五层组成，分别是用户，人和技术及组织，共享的知识和系统，过程、资源和职责，制造基础结构。该轮式图将顾客作为轮式图的核心，充分表明要赢得市场竞争的胜利，占领市场，就必须满足用户不断增长的需要，所以可以说满足用户的需求是成功实施 CIMS 的关键，用户是 CIMS 的核心。

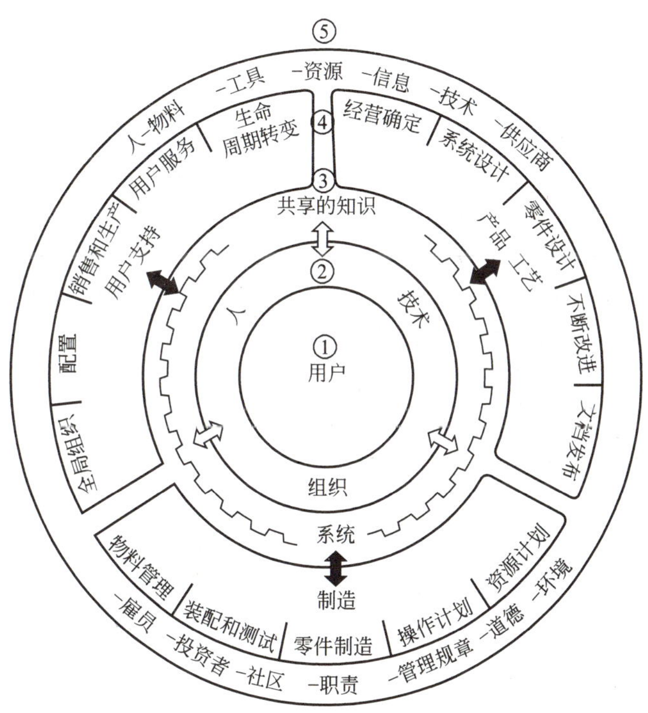

图 8—4 CIMS 轮式图

三、CIMS 的主要功能模版

CIMS 一般由两个支撑分系统和 4 个功能分系统构成，如图 8—5 所示为 6 个分系统的框图及其与外部信息的联系。两个支撑分系统分别为计算机网络分系统及数据库分系统；4 个功能分系统分别为工程设计集成分系统、制造自动化（柔性制造）分系统、质量保证分系统和管理信息分系统。企业在实施 CIMS 时，应根据企业自身的需求和条件，分步骤或局部实施。

1. 两个支撑系统

(1) 计算机网络系统(NETwork System，NETS)。

该系统是支持 CIMS 各个系统的开放型网络通信系统。采用国际标准和工业标准规定的网络协议（如 MAP、TCP/IP）等，可实现异种机互联、异构局域网同多种网络的互联，满足各应用分系统对网络支持服务的不同需求，支持资源共享、分步处理、分步数据库、分层递级和实时控制等。

(2) 数据库系统（Data Base System，DBS)。

该系统支持 CIMS 各分系统，覆盖企业全部信息，以实现企业的数据共享和信息集成。通常采用集中与分布相结合的 3 层控制体系结构——主要数据管理系统、分步数据管理系统、数据控制系统，具有安全性、一致性、易维护性等特点。

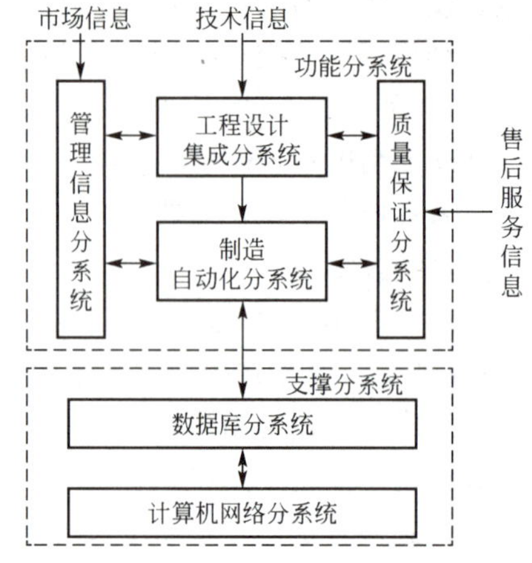

图 8—5　CIMS 分系统逻辑关系

2. 四个功能系统

(1) 工程设计集成系统（Engineering Design Integrated System，EDIS)。

该系统集成计算机辅助产品设计、制造准备以及产品性能测试等阶段工作，通常称为 CAD/CAPP/CAM 系统。它可以使产品开发工作高效、优质地进行。

CAD 系统的功能包括产品结构的设计、定型产品的变型设计及模块化结构的产品设计。CAPP 系统则完成计算机按设计要求将原材料加工成产品所需要的详细工作指令的准备工作。CAM 系统通常进行刀具路径的规划、刀位文件的生成、刀具轨迹仿真以及 NC 代码的生成。工程设计集成系统在接到管理信息系统下达的产品设计指令后，进行产品设计、工艺过程设计和产品数控加工编程，并将设计文档、工艺规程、设备信息、工时定额输送给管理信息系统，将 NC 加工等所需的工艺指令送给制造自动化系统。

(2) 制造自动化系统 MAS。

MAS 是工厂生产经营活动的基础系统，是自底向上实现 CIMS 递阶规划和控制的关键环节，它是在计算机的控制与调度下，按照 NC 代码将毛坯加工成零件并装配成部件或产品。制造自动化系统的主要组成部分有：加工中心、数控机床、运输小车、立体仓库及计算机控制管理系统等。MAS 为完成上述任务，必须具备如下基本功能：

1) 实现 MAS 的递阶结构控制，优化生产调度；

2) 对工具、夹具、量具进行集中管理和调度；

3) 满足多品种小批量生产需求，实现加工过程柔性化；

4) 信息采集自动化，具有工件检测、刀具监控和故障诊断的功能，使工作可靠，保证无故障运行；

5) 对零件加工质量进行统计分析，并将信息反馈给质量保证系统。

(3) 质量保证系统。

工业产品的质量反映一个国家科技水平的高低，也代表一个企业的生产和管理状况。所谓产品质量是指“产品满足规定需要或潜在需要的特征和特性的总和”。这里的：“规定需要”是指满足用户绝对产品功能及其质量保证的要求，或其他方面明确提出的要求（如标准化、使用经济性等)；“潜在需要”是指用户未提出或未明确提出，但企业进行市场调研、预测而得出的用户需要（如向国际标准靠近或贯彻国际先进技术规范)；质量管理是指“为确定达到产品质量要求所必需的职能和活动的管理，并负责质量方针的制定和实施”。质量保证系统要求企业以保证和提高产品质量为目标，运用系统原理与方法，贯彻全面质量控制的基本思想，设置专门组织机构，配备专业人员，把企业质量管理的各阶段、各部门、各环节的活动严密有效地组织起来，形成一个职责分明，相互协调，相互促进的有机整体。其应具备的基本功能如下：

1）协调并组织与产品质量有关的各部门实施全面质量管理。

2）根据用户需求及市场变化，以及企业质量技术状况和工程设计分析的要求，制订质量规划，制订产品和设备、工具、夹具、量具的检测规划及要求。

3）对采集的质量信息进行分析，并对设计和工艺提出改进建议，对生产过程提出相应的控制措施。

4）实现质量成本的有效管理分析。

(4）管理信息系统（MIS)。

管理信息系统是企业的一种现代化管理工具，该系统是以制造资源计划 MRP－Ⅱ为核心，包括预测、经营决策、各级生产计划、生产技术准备、销售、供应、财务、成本、设备、工具、人力资源等管理信息功能，通过信息集成，达到缩短产品生产周期，减低成本和流动资金占用率，提高企业经济效益和应变能力的目的。管理信息系统具有下列特点：

1）它是一个一体化的系统，把企业中各个子系统有机地集合起来。

2）它是一个开放系统，它与 CIMS 的其他分系统有着密切的信息联系。

3）所有的数据来源于企业的中央数据库（这里是指逻辑上的)，各子系统在统一的数据环境下工作。

上述四个分系统的相互关系及其信息流如图 8—6 所示。

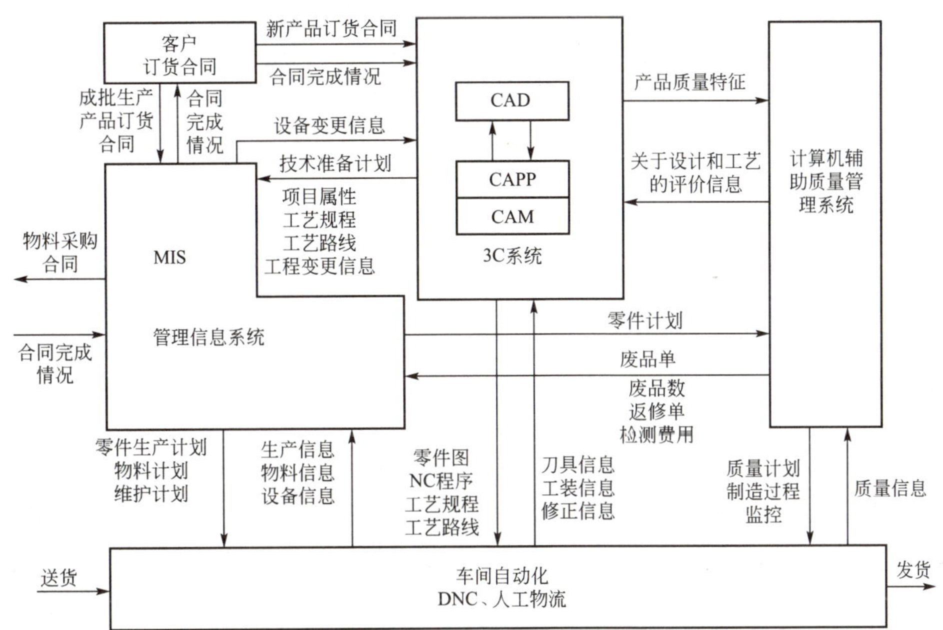

图 8—6 CIMS 信息流图

第 4 节　敏捷制造

一、概述

1. 敏捷制造的提出

20 世纪 80 年代以来，随着市场需求变化的加快，竞争日益激烈，企业生存和发展将取决于其响应市场需求的敏捷能力。各国政府、产业界及科技界对制造技术和发展策略进行了不断研究、开发和实践。特别是美国，随着其产品在世界市场上所占份额的不断下降，美国已清楚地认识到“制造业是一个国家国民经济的支柱，美国在世界事务上的威望不仅取决于强大的国防态势，而且取决于强大的制造能力。”因此，美国极为重视制造技术的研究，他们认为几十年的冷战给美国造成了两个并行的工业体系——国防工业和民品制造业。这两个行业各自采取不同的技术、经营策略和生产方式。这种分割状态增加了制造成本并降低了竞争能力。冷战后的世界新格局要求整个国家应具有统一的工业基础，军品和民品生产应共用一种制造技术，并实现敏捷的制造过程，以快速响应用户的需求变化。为了夺回美国在制造业的领导地位，必须打破传统企业组织结构和对资源的限制，对现有制造模式进行彻底革命。在这种背景下，美国国会要求国防部拟定一个长期的制造技术规则，要同时体现国防部和工业界的共同利益，要求政府、工业界和学术团体共同协作，以加强美国制造业的竞争力。为达到上述目的，美国国防部根据国会指令，委托里海大学（Lehigh）和通用汽车公司，经过分析研究美国工业界近期情况，提供了既能体现国防部和工业界的各自特殊利益，又能获取他们的共同利益的一种新的制造模式，这就是敏捷制造。敏捷制造策略指出，一个公司的生产操作可以利用其他公司的资源，扩展和加强自身的能力。这样，企业就可以利用分享外部资源的方式进行负荷平衡及处理紧急任务，以便加强军品及民品生产能力的双向转换。例如，国防工业的厂商在和平时期可以生产民品，民用工业在战争时期可以生产军品。敏捷制造策略将提高美国制造企业的竞争力。全部参加虚拟生产环境的公司将能以更低的成本，更少的风险，更短的周期来生产更高质量的产品，使美国重新获得其在制造业中的领导地位。

2. 敏捷制造的含义

敏捷制造是一种全新的制造概念。目前较权威的定义是：敏捷制造是一种多变的动态组织结构。它利用人工智能仿真技术、信息技术以及虚拟现实技术，通过多方面的协作，用改变企业沿用的复杂的多层递阶结构来改变传统的大量生产，其实质是在先进的柔性制造技术的基础上，通过企业内部的多功能项目组和企业外部的多功能项目组，组建虚拟公司。在这个结构中每一个公司都能开发自己的产品和实施自己的经营策略，构成这个结构的基石是三种基本资源：有创新精神的管理机构和组织，有技术、有知识的高素质人员，先进制造技术（柔性制造技术和管理制造技术）。敏捷源于这三种制造资源的有效集成。敏捷制造的目标是快速响应市场需求的变化，在尽可能短的时间内向市场提供适销对路的环保型产品。

敏捷制造技术包含了许多新思想、新概念：

(1) 可重构的和不断改变的生产系统；
(2) 以信息为主，与批量无关的制造系统；
(3) 充分发挥人的作用；
(4) 权力下放，精简机构；
(5) 建立虚拟公司（Virtual Company）；
(6) 采用并行工程等。

可以预料，随着敏捷制造技术的不断发展，将会带来制造业的又一次革命。

二、敏捷制造的基本原理及特点

1. 制造企业的敏捷性

制造企业的敏捷性就是能准确有效地处理各种市场信息，进行快速决策，通过引入新产品和新技术以及重组企业结构等来快速响应市场的需求变化。制造企业的敏捷性内涵很广，根据美国里海大学的报告，可以从四个方面定义企业的制造敏捷性：

(1) 基于价值的报价政策；
(2) 提高竞争力的合作；
(3) 从组织结构上响应变化；
(4) 信息的快递与共享。

2. 敏捷制造的基本原理

采用标准化和专业化的计算机网络和信息集成基础结构，以分布式结构连接各类企业，构成虚拟制造环境；以竞争合作为原则，在虚拟制造环境内动态选择成员，组成面向任务的虚拟公司进行快速生产；系统运行的最大目标就是最大限度地满足用户需求。

从总体上讲，敏捷制造研究的内容包括经营过程、信息技术和制造技术。因为，如果单独处理这些要求，企业就不具有灵敏性。企业实施敏捷制造的先决条件是：

(1) 经营重点放在满足用户需求上；
(2) 采用开放式信息环境；
(3) 信息也作为产品；
(4) 有能力与其他公司竞争与合作；
(5) 建立国家范围内的工业制造信息网络（需大量投资）；
(6) 企业之间（企业内部人与人之间）的充分信任与合作。

在企业经营方面，敏捷制造致力于建立电子化的市场（Electronic Market，EM）。EM是基于计算机网络的开放式和标准化的国际市场，EM可以按照企业分类，发布产品信息，提供各种产品的展示，并且有标准的查询单和订货单。企业或个人经过登记注册后成为电子市场的会员。系统将统一管理会员的有关信息，如通信地址、业务范围、经营规模等。会员进入市场时需要输入账户和口令，以便使系统可以跟踪会员的经营活动。

3. 敏捷制造的特点

敏捷制造的目标是快速响应市场的变化，在尽可能短的时间内向市场提供适销对路的环保型产品。为了实现这一目标，敏捷制造企业应具有如下特点：

(1) 最大限度地发挥人的作用。

有关研究表明，影响敏捷制造企业竞争力的最重要因素是工作人员的技能和创造力，而不是设备。工作人员的创造力和响应能力越强，企业取得成功的可能性就越大。因此，在敏捷制造企业中，十分重视发挥人的主观能动性，将人作为企业一切活动的中心，鼓励员工自己定向、自己组织管理，并且还通过不断地培训和教育来提高员工的素质和创新能力，从而赢得竞争的胜利。

(2) 柔性的、并行的动态组织管理机构。

敏捷制造的这一特点主要是由于现在及今后衡量竞争优势的准则是对市场反映的速度和满足用户的能力。要达到这一要求，依靠传统的以固定专业部门为基础的静态不变的宝塔形管理方式是绝对不行的，必须以最快的速度把企业内部的优势和企业外部不同公司的优势集成在一起，组成一个单一的经营实体（虚拟公司）。这种虚拟公司组织灵活，市场反应敏捷，能独立自主地完成项目任务。一旦任务完成，该虚拟公司即行解体，公司的各种资源（人员、设备、技术等）随即转入其他项目。敏捷制造企业只有采用这种既有竞争、又有合作的多变动态组织结构才能实现敏捷制造，才能适应日趋激烈的市场竞争。

(3) 具有良好的工作环境。

环境问题将会是 21 世纪最重要的问题之一，未来的敏捷制造企业将会高度重视环境问题。在制造企业内部，要给全体员工提供一个良好的工作环境，降低甚至取消制造过程中的一切污染（如噪声、振动、光污染），工作场地的布置应符合人机工程学原理，应提供必需的安全保护措施。另外，企业本身也不应成为污染源，减少甚至消除污染是制造企业发展中必须重视的问题。

(4) 先进的技术系统。

敏捷制造企业应具有领先的技术手段和拥有掌握这些技术的人员。除了大容量的高速计算机系统外，还应有完整的、覆盖全企业的数据库和高流通量的计算机网络。加上设计分析和仿真软件的进步，可以实现产品设计时的性能仿真和虚拟制造以及快速样件生成。这些手段可以保证产品设计的一次成功率，缩短设计制造周期，实现对市场需求的快速响应。另外，敏捷制造企业还应拥有可快速重组的、柔性的但并不强调完全自动化的加工设备。

(5) 敏捷制造的生产成本与生产批量无关。

敏捷制造的着眼点在于长期获取经济效益。对于传统的大批量生产企业而言，其竞争在于规模生产，即依靠大量生产同一产品来降低生产成本。一般的产品批量越大，每个产品所平摊的各类费用就越少。而敏捷制造则是采用先进制造技术和高速柔性化的设备进行生产，无需像大批量生产那样在短期内回收专用设备及工装等费用。这些具有高度柔性、可重组的设备可用于多种产品制造中，可以长期使用，并可在较长时间内获得经济效益。故它可以使生产成本与批量无关，做到完全按订单生产，充分把握市场中的每一个机会，使企业长期获得经济效益。

(6) 用户的参与。

传统的制造过程是收集用户的意见，由制造者进行设计，或者由制造者预测市场需求，在这种方式下，用户是被动地接受，否则就要订做，费用高、周期长。在敏捷制造方式下，用户参与产品设计过程，根据自己喜好提出设计要求，而且整个设计过程对用户是透明的，甚至销售过程都有用户参与。

三、敏捷制造的组成

敏捷制造所涉及的范围是一个国家乃至全世界，是企业在全球范围内对市场的集成，目标是将企业、商业、学校、行政部门、金融等行业都通过网络进行联通，形成一个与生活、制造、服务等密切相关的网络，实现面向网络的设计、面向网络的制造、面向网络的销售和面向网络的服务。它不同于先前的任何一种制造，是一种制造模式的突破。在这种环境下的制造企业将不再拘泥于固定的形式、集中的办公地点、固定的组织结构，而是一种以高度灵活方式组织的企业。当出现某种机遇时，以若干个具有核心资格的组织者，以及迅速联合的参加者形成一个新型的企业，从中获取最大的利益。当市场消失后，能够迅速解散，参加新的重组，迎接新的机遇。在这种意义下，敏捷制造主要有两部分组成：敏捷制造的基础结构和敏捷制造的虚拟企业。基础结构为虚拟企业提供环境和条件，敏捷的虚拟企业实现对市场不可预期变化的响应。

1. 敏捷制造的基础结构

虚拟企业生产和运行所需要的必要条件决定了敏捷制造基础的构成。一个虚拟公司存在的必要环境包括四个方面：物理基础、法律基础、社会环境和信息支持技术。它们构成了敏捷制造的四个基础结构。

（1）物理基础结构。

它是指虚拟企业运行所必需的厂房、设施、资源等物理条件。它们的行为服从物理定律。它是指一个国家乃至全球范围内的物理设施。这样考虑的目的是当一个机会出现时，为了抓住机会，尽快占领市场，只需要添置少量必需的设备，集中优势开发关键部分，而多数的物理设施可以通过选择伙伴得到，这样就可以实现敏捷制造。

对希望参与敏捷制造的企业来说，需要具有 CIMS，至少要实现网络化，这样才能够将本企业的设备、人员、能力等信息，通过网络，让具有核心资格的企业或公司查询到，以便进行伙伴选择，形成虚拟企业。企业运行中，可以通过网络接收或传送加工产品的技术信息和数控程序，以及参与虚拟企业的管理等。

（2）法律基础结构。

它称为规则法律基础结构，是指虚拟企业运行所必须遵循的规则，主要是指国家关于虚拟企业的法律、合同和政策。具体来说，它规定如何组成一个法律上承认的虚拟企业，如何交易，如何分享利益，如何使资本流动和获得，如何纳税，虚拟企业破产后如何还债，虚拟企业解散后如何保证产品质量的全程服务以及人员如何流动等。由于虚拟企业是一个新的概念，它给法律界带来了许多新的研究课题。

（3）社会基础结构。

虚拟企业要能生存和发展，还需要社会环境，即由社会提供为虚拟企业服务的公共设施等。例如，虚拟企业经常会解散和重组，人员的流动是一个非常自然的事。人员需要不断地接受职业培训，不断地更换工作环境，这些都需要社会来提供职业培训、职业介绍的服务环境。

（4）信息支持技术结构。

这是指敏捷制造的信息支持环境，包括能提供各种服务的网点、中介机构等一切为虚拟企业服务的信息手段。

敏捷制造的基本特征之一就是企业在信息集成基础上的合作与竞争，为此，必须高效率地管理、维护和交换各类信息，因此开发开放式计算机网络的信息集成框架就成为敏捷制造的重要研究内容之一。参加敏捷制造的企业可以分布在全国各地甚至全世界，随着计算机技术在制造业中的应用，企业一般都建立了内部的局域网络，将管理、设计、制造和控制系统连接起来。要建设敏捷制造环境，必须将各企业内部局域网连接起来，如图 8—7 所示。目前能满足上述要求的计算机网络只有计算机互联网（Internet），而且美国敏捷制造的理论研究与工程开发和 Internet 息息相关。敏捷制造的研究开发将以电子邮件、多媒体文件、超文本文件及信息存取的标准为基础，开发支持先进的分布式工程设计和电子商业服务的标准，并且进一步制定接口、协议和加工服务、中介人以及制造功能（如工艺规划和调度）等方面的标准。

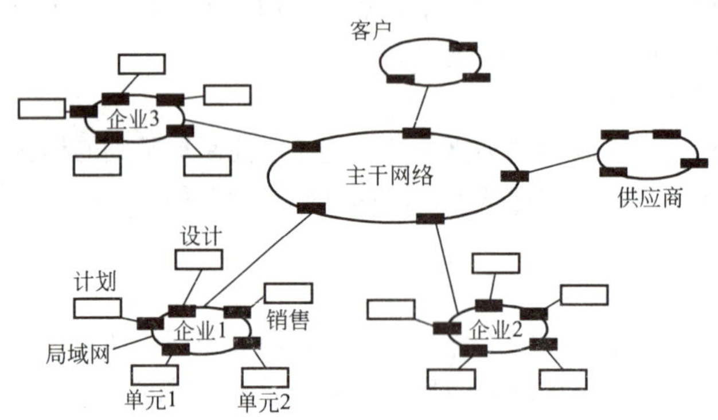

图 8—7　敏捷制造计算机网络环境

在企业的产品制造过程中，从计划、设计、制造、入库到发货，要产生大量的数据信息。企业的运行效益在很大程度上受到企业信息处理能力的制约。敏捷制造环境中产品制造过程更加复杂，不仅企业内部要进行信息交换，还要在企业之间进行信息交换。为了管理、维护和交换网络上的各类信息，必须开发协作式开放信息集成基础框架，在此基础上实现企业之间的集成。广义上讲，信息集成基础结构就是计算机网络硬件及应用程序系统对信息进行获取、存储、搜索、处理、交换和表达的一种软件开发平台。信息集成基础结构可以维护信息的一致性，连接各种应用系统，支持系统之间的合作，实现系统的集成。信息集成基础结构的概念已经被普遍地接受，几乎所有的大型分布式计算机应用系统都采用信息集成基础结构，以便实现系统的集成。科技界提出了多种信息集成基础结构，一些计算机公司也在开发各自的信息集成基础结构。根据应用系统的规模，信息集成基础结构的层次数目和功能有一定的变化。

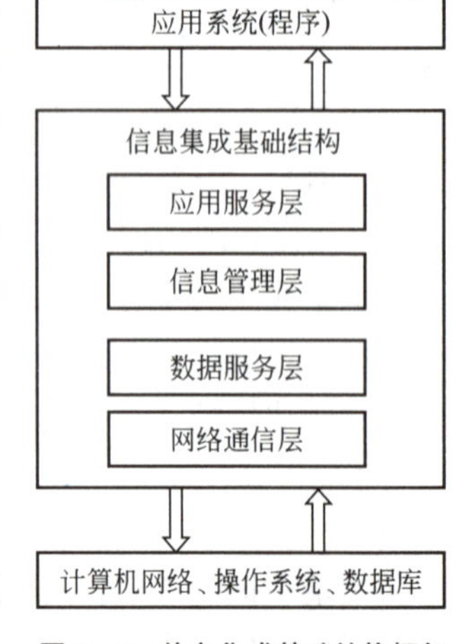

图 8—8　信息集成基础结构框架

如图 8—8 所示为一个典型的信息集成基础结构框架，其中有四个层次。

（1）网络通信层。

连接异构设备和资源，进行结构和目标描述，定义节点在网络中的位置。

(2) 数据服务层。

向计算机网络发送和从计算机网络节点请求信息，进行数据格式转换，在计算机网络节点间进行信息交换。

(3) 信息管理层。

提供通用软件包和程序库，具有信息导航功能，支持电子邮件和超文本文件的传送。

(4) 应用服务层。

提供支持企业经营、电子化贸易和加工制造活动的标准、协议、系统模型和接口等。

2. 敏捷的虚拟公司。

敏捷制造的关键是在计算机网络和信息集成基础结构之上构建虚拟制造环境，根据用户需要和社会经济效益组成虚拟制造公司。

虚拟公司有四种类型，分别为：对一个机会做出反应而形成的聚集体、为寻求机会形成的聚集体、供货链形式、投标财团。通常以机会为聚集原因的虚拟公司是敏捷制造的主要类型。这种虚拟公司和生命周期包括：从变化中把握机遇，选择伙伴；经营过程设计和仿真；签订合同，形成虚拟公司；运行、解散和重组。

虚拟公司是依靠电子信息手段进行联系的一个动态组成的临时合作竞争组织结构，它将分布在不同公司的人力资源和物质资源组织起来，实现快速响应某一市场需求。只要市场机会存在，虚拟公司就会继续存在，市场机会消失，虚拟公司就将解体。参加虚拟制造的公司将在通信网络上提供标准的、模块化的和柔性的设计制造服务。各类服务经过资格认证后就可以入网。另外，在虚拟制造环境中，有若干公司可以提供相同或类似服务，系统可以从最优的目标出发，在竞争的基础上择优录用。敏捷制造主要采用合作竞争的策略，分布在网络上的每个公司都缺乏足够的资源和能力来单独满足用户需求，各公司之间必须进行合作，各自求解一定的子问题，每个公司所得出的相应子问题解的集合便构成原问题的解。敏捷制造可以连接各种规模的生产资源，根据用户需求和虚拟制造环境中各公司现有能力，在合作竞争的基础上组成面向任务的虚拟公司。

采用虚拟制造政策后，外部用户可以向系统中相应的管理市场和用户订单的代理公司发出产品需求信息，这个代理公司则向管理生产计划的代理公司和设计代理公司发送请其帮助的任务信息，生产计划代理公司和设计代理公司在其他公司的支持下，形成若干产品的初步设计方案和报价，从中选择最好的能满足用户需求及成本最低的方案，据此与用户进行谈判达成协议以及确定订单。设计人员在系统的协助下进行产品的详细设计，分布在各个公司的设计人员、制造工程师可以互相合作，实现并行设计。在产品设计过程中，用户可以通过计算机与虚拟制造环境内管理用户的代理公司进行交互，查看设计方案，并提出修改意见，这样就可以得到最佳的产品设计方案和缩短产品设计周期。然后，设计代理公司可向各有关制造公司发出电子邮件，它将立即收到各公司制造车间的能力、设备、成本和可用性数据清单。根据这些数据清单，系统可选择若干公司并发出电子招标书，各相应的制造代理公司利用工程数据进行工艺设计、成本估计及交货日期确定，下达任务信息的代理公司和提供制造服务的代理公司可以定期通过多媒体电子邮件及桌面会议系统，讨论工程方案的细化及改变。最后管理人员选择若干个制造公司的生产车间和制造单元及设备构成面向任务的动态虚拟公司。在这样的虚拟公司中，生产计划代理公司可以向制造代理公司发出标准的电子化生产订单。订单立即被传送到生产控制系统，进行调度和加工制造。

本章小结

本章对部分先进制造技术做了介绍，包括 CAPP 的意义、组成、种类，各类 CAPP 系统的工作原理、特点、应用场合；CIMS 的概念、特征及主要功能模块；AM 的概念、基本原理、特点和组成；虚拟公司的种类和工作过程。

习题

1. CAPP 系统与传统的工艺设计的主要区别是什么？有何意义？
2. 简述 CAD、CAPP、CAM 间的信息流向情况。
3. CAPP 系统是基于哪些基础技术建立的？
4. 简述检索型、变异型、创成型、混合型、交互型 CAPP 系统的特点及工作过程。
5. 什么是 CIMS？它由哪几个主要分系统组成？它们的主要功能和相互关系是什么？
6. 什么是敏捷制造？有什么特点？
7. 敏捷制造的基本原理是什么？
8. 一个虚拟企业存在的必要环境有哪几个方面？企业实施敏捷制造的条件是什么？
9. 虚拟企业有几种类型？简述一个虚拟公司的工作过程。

参 考 文 献

[1] 姚智慧等. 现在机械制造技术. 哈尔滨：哈尔滨工业大学出版社，2000

[2] 孙家广. 计算机辅助设计技术基础. 北京：清华大学出版社，2000

[3] 陈宏钧. 实用机械加工工艺手册. 北京：机械工业出版社，2000

[4] 张世昌. 机械制造技术基础. 天津：天津大学出版社，2002

[5] 蔡光起. 机械制造技术基础. 沈阳：东北大学出版社，2002

[6] 王先逵. 机械制造工艺学. 北京：机械工业出版社，2003

[7] 盛定高. 现在制造技术概论. 北京：机械工业出版社，2003

[8] 肖继德等. 机床夹具设计. 北京：机械工业出版社，2003

[9] 陆剑中等. 金属切削原理与刀具. 北京：机械工业出版社，2004

[10] 兰建设. 机械制造工艺与夹具. 北京：机械工业出版社，2004

[11] 韩秋实. 机械制造技术基础（第二版）. 北京：机械工业出版社，2005

[12] 杨叔子. 机械加工工艺师手册. 北京：北京机械工业出版社，2006

[13] 机械加工工艺手册编委会. 机械工程师手册（第三版）. 北京：机械工业出版社，2007

[14] 柳青松. 机械设备制造技术. 西安：电子科技大学出版社，2007

[15] 王启平. 机械制造工艺学. 哈尔滨：哈尔滨工业大学出版社，1999

教师信息反馈表

为了更好地为您服务，提高教学质量，中国人民大学出版社愿意为您提供全面的教学支持，期望与您建立更广泛的合作关系。请您填好下表后以电子邮件或信件的形式反馈给我们。

<table>
<tr><td>您使用过或正在使用的我社教材名称</td><td></td><td>版次</td><td></td></tr>
<tr><td>您希望获得哪些相关教学资料</td><td colspan="3"></td></tr>
<tr><td>您对本书的建议（可附页）</td><td colspan="3"></td></tr>
<tr><td>您的姓名</td><td colspan="3"></td></tr>
<tr><td>您所在的学校、院系</td><td colspan="3"></td></tr>
<tr><td>您所讲授的课程名称</td><td colspan="3"></td></tr>
<tr><td>学生人数</td><td colspan="3"></td></tr>
<tr><td>您的联系地址</td><td colspan="3"></td></tr>
<tr><td>邮政编码</td><td></td><td>联系电话</td><td></td></tr>
<tr><td>电子邮件（必填）</td><td colspan="3"></td></tr>
<tr><td>您是否为人大社教研网会员</td><td colspan="3">□是，会员卡号：________________
□不是，现在申请</td></tr>
<tr><td>您在相关专业是否有主编或参编教材意向</td><td colspan="3">□是　　□否
□不一定</td></tr>
<tr><td>您所希望参编或主编的教材的基本情况（包括内容、框架结构、特色等，可附页）</td><td colspan="3"></td></tr>
</table>

我们的联系方式：北京市海淀区中关村大街 31 号
中国人民大学出版社教育分社
邮政编码：100080
电话：010－62515912
网址：http://www.crup.com.cn/jiaoyu/
E－mail：jyfs_2007@126.com